Edición original en inglés por

Katharine Cross, Katharina Tondera, Anacleto Rizzo, Lisa Andrews, Bernhard Pucher, Darja Istenič, Nathan Karres and Robert McDonald

Edición en castellano por

Carlos A. Arias, Ismael Leonardo Vera-Puerto y Tatiana Rodríguez Chaparro

Publicado por

IWA Publishing
Republic - Export Building, 1st Floor 2
Clove Crescent, E14 2BE
London, United Kingdom

T: +44 (0)20 7654 5500
F: +44 (0)20 7654 5555
E: publications@iwap.co.uk
W: www.iwapublishing.com

English edition first published 2021
© 2021 IWA Publishing
Spanish edition first published 2023
(c) 2023 IWA Publishing

Derechos de autor

Fotos de la portada, del extremo superior izquierdo y en sentido de las agujas del reloj:
Lubbock Land Application System ©Clifford Fedler; East Kolkata wetlands © supranhat/Shutterstock;
Taupinière French vertical-flow treatment wetlands ©INRAE; Green vertical living wall © josefkubes/Shutterstock

British Library Cataloguing in Publication Data
Un registro del catálogo CIP para este libro está disponible en la Biblioteca Británica.
ISBN: (Paperback) 9781789063028
ISBN: (eBook) 9781789063035

Prefacio

By Kalanithy Vairavamoorthy
IWA Executive Director

El Objetivo de Desarrollo Sostenible (ODS) 6 incluye proporcionar acceso a un saneamiento adecuado y equitativo, mejorar la calidad del agua y proteger y restaurar los ecosistemas relacionados con el agua. Sin embargo, se estima que el 80 por ciento de las aguas residuales a nivel mundial regresan a la naturaleza sin tratamiento, con graves implicaciones ambientales y a la salud pública. En la Unión Europea, solo el 40 por ciento de los ríos, lagos y estuarios cumplen con los estándares ecológicos mínimos debido a la degradación y contaminación del hábitat. Las presiones externas, como el cambio climático, el crecimiento de la población y la urbanización, están creando una mayor presión sobre los servicios de saneamiento.

Como resultado, si queremos cumplir con los ODS, necesitamos un enfoque de saneamiento sostenible que permita el tratamiento de las aguas residuales al tiempo que se mantienen los ecosistemas. Esto implica aprovechar tecnologías apropiadas e innovadoras, en particular las soluciones basadas en la naturaleza (SBN). Las SBN se han utilizado durante mucho tiempo para tratar aguas residuales, esto se remonta al uso de humedales para la eliminación de aguas residuales por civilizaciones antiguas, por ejemplo, en Egipto y China. Las SBN para el tratamiento de aguas residuales incluyen lagunas e infiltración en el suelo, así como enfoques innovadores como sistemas de evaporativos, paredes vivas, humedales construidos en el tejado, acuaponía e hidroponía.

Recientemente, ha habido un creciente reconocimiento de la función y la importancia de las SBN como una alternativa o complemento a los sistemas convencionales de tratamiento de aguas residuales. Por ejemplo, los humedales para tratamiento y las lagunas de estabilización son SBN que se utilizan a menudo como soluciones descentralizadas de tratamiento de aguas residuales. En algunas ocasiones, opciones viables para áreas rurales, así como para las zonas urbanas y periurbanas, que no tienen conexión a sistemas centralizados.

Esta publicación "Soluciones basadas en la naturaleza para el tratamiento de aguas residuales" se desarrolló como respuesta a la necesidad de una base de evidencia consolidada sobre el uso de las SBN para mejorar el saneamiento, con énfasis en los beneficios colaterales que estas tecnologías pueden proporcionar tanto a las personas como a los ecosistemas. Los beneficios adicionales de las SBN utilizados como parte de los sistemas de aguas residuales incluyen la regulación de la temperatura, el secuestro de carbono, la producción de biomasa, el suministro de hábitat para plantas y animales, y las áreas de recreación. Conocer y documentar estos beneficios puede ayudar a los municipios y operadores de aguas residuales a tener una comprensión completa del valor de las tecnologías NBS más allá del tratamiento de aguas residuales.

La publicación fue desarrollada por el grupo "Sanitation for and by Nature" grupo de trabajo codirigido por la Asociación Internacional del Agua (IWA) and The Nature Conservancy (TNC), y con el apoyo de Science for Nature and People Partnership (SNAPP). El proceso de desarrollo de esta publicación fue una demostración de cómo se puede aprovechar la red IWA para desarrollar soluciones sostenibles para la industria. El Grupo de Trabajo de la IWA sobre Soluciones Basadas en la Naturaleza para Agua y Saneamiento escribió y proporcionó una revisión de las fichas técnicas y los estudios de caso de este libro. Los grupos de especialistas de la IWA, incluidos Wetlands for Pollution Control y Wastewater Pond Technology, también fueron fundamentales en el desarrollo de la publicación.

En lugar de trabajar en contra de la naturaleza, ahora tenemos la oportunidad no solo de coexistir con ella, sino de aprovechar su poder para beneficio mutuo. Esta es una oportunidad que debemos aprovechar con ambas manos, si queremos proteger simultáneamente nuestro entorno natural y mejorar las oportunidades de vida de millones de personas en este planeta.

Prefacio

By Fabio Masi

Chair – IWA Task Group on Nature-Based Solutions for Water and Sanitation

Existe un interés cada vez mayor en la aplicación de las SBN en el sector del agua, para aumentar la sostenibilidad, superar los problemas relacionados con la capacidad de carga de sistemas de infiltración en el suelo, mejorar la circularidad en la gestión de recursos y mitigar los impactos del cambio climático. Hoy por hoy, las entidades financiadoras, las instituciones públicas, los municipios y los beneficiarios están considerando a las SBN como alternativas apropiadas para sus proyectos. Existe una necesidad evidente de una comprensión más amplia de la viabilidad técnica del uso de las SBN para el tratamiento de aguas residuales, así como de las diferentes opciones (incluidos los enfoques más nuevos) que se pueden aplicar en cada caso específico. Existe suficiente información científica y técnica disponible sobre las tecnologías basadas en la naturaleza, y a veces puede ser difícil navegar y comprender qué se puede usar y en dónde, así como identificar ejemplos que demuestren aplicabilidad en diferentes geografías y climas.

Lo que se puede extraer fácilmente de esta gran cantidad de información disponible es que las SBN para el tratamiento de aguas residuales ya se aplican ampliamente en todo el mundo y, en algunos casos, las instalaciones están bien monitoreadas, y su rendimiento y beneficios se han evaluado adecuadamente, por lo que pueden servir como referencias válidas para la replicación o adaptación a otros escenarios operativos. La tendencia de aplicar las SBN ha estado creciendo constantemente en los últimos años, y las principales razones de este éxito son que las SBN pueden tener un costo menor que las tecnologías convencionales de aguas residuales, adaptarse a diferentes climas, incorporarse a los sistemas convencionales de tratamiento de aguas residuales y generar beneficios adicionales más allá de mejorar la calidad del agua.

En 2018, la IWA decidió lanzar un Grupo de Trabajo (GT) específico sobre SBN para agua y saneamiento, con el objetivo específico de dedicar algunos esfuerzos de los numerosos especialistas entre sus Grupos de Especialistas para definir mejor el estado del arte de las tecnologías SBN e influir en los prestadores de servicio de saneamiento, planificadores urbanos y reguladores para diseñar e integrar instalaciones de tratamiento de aguas residuales con ecosistemas de una manera que beneficie la salud ecológica y humana. A medida que el conocimiento de las SbN como tecnologías adecuadas y apropiadas a los servicios de agua y saneamiento ha ganado más prominencia entre el público en general, las contribuciones del Grupo de Trabajo apoyan los esfuerzos en curso para mostrar y demostrar el valor de invertir en la naturaleza para tener un medio ambiente y personas saludables.

El principal resultado del grupo en SBN en cooperación con el grupo de trabajo NatureSan es el presente libro, que consolida información de una variedad de casos aplicados con evidencia científica sobre cómo la aplicación de las SBN como parte de la infraestructura de saneamiento beneficia tanto la salud ecológica como la humana. Haciendo uso de las competencias multidisciplinarias de los respectivos autores, las fichas técnicas y los estudios de casos tienen un énfasis particular en los beneficios colaterales y cómo esto proporciona más apoyo para el uso de las SBN. El grupo de SBN creó una plataforma para la colaboración continua sobre el tema, reuniendo a personas de diferentes orígenes. La aceptación por parte de las partes interesadas es un proceso continuo que continuará siendo monitoreado. ¡Disfruta la lectura!

TABLA DE CONTENIDO

Lista de Abreviaturas

ABREVIATURA	DESCRIPCION
HA	Humedales aireados
LA	Laguna Anaerobia
AWTF	Planta de tratamiento de Arcata
DBO$_5$	Demanda bioquímica de oxígeno a los 5 días
UFC	Unidades formadoras de colonias
LAC	Lodo activado convencional
DQO	Demanda química de oxigeno
CSO	Flujos del vertedero de excesos
HC-CSO	Humedal para tratamiento de flujos del vertedero de excesos
CWR	Humedal en el techo
DS	Sólidos secos
E. coli	*Escherichia coli*
HEC	Humedal Natural del Este de Calcuta
EW	Humedales mejorados
LF	Laguna facultativa
LCF	Lecho de carrizos tipo francés
SF	Humedales de flujo vertical tipo francés
HS	Humedal de flujo libre o superficial
HT - FS	Humedales para tratamiento de flujo libre o superficial
FH	Flujo horizontal
HFH	Humedal de flujo horizontal
TCH	Tasa de carga hidráulica
HRAP	Laguna anaerobia de alta tasa
TRH	Tiempo de retención hidráulico
IWA	International Water Association

ABBREVIATURA	DESCRIPCION
LAS	Sistemas de aplicación al suelo
MV	**Muros vedes**
AMC	Análisis multicriterio
MGD	Millones de galones por día
MLD	Millones de litros por día
MNBK	Minebank Run
LM	Laguna de maduración
SBN	Soluciones basadas en la naturaleza
NCEAS	National Center for Ecological Analysis and Synthesis
N-NH4	Nitrógeno del Amonio
N-NO2	Nitrógeno del Nitrito
N-NO3	Nitrógeno del Nitrato
NTU	Turbiedad
O&M	Operación y Mantenimiento
TCO	Tasa de carga orgánica
OPEX	Costos de operación
PE	Persona equivalente
PPCPs	Productos farmacéuticos y de cuidado personal
IR	Infiltración rápida
LAS	Laguna con aireación superficial
ODS	Objetivos de Desarrollo Sostenible
SNAPP	Science for Nature and People Partnership
PTAS	Planta de tratamiento de aguas servidas
HL	Humedal para tratamiento/secado de lodo
FB	Filtro biológico
TG	Grupo de trabajo

ABREVIATURA	DESCRIPCION
NTK	Nitrógeno total Kjeldahl
NT	Nitrógeno total
TNC	The Nature Conservancy
PT	Fósforo Total
SST	Sólidos suspendidos totales
HT	Humedal para tratamiento
UAF	Filtro anaerobio de flujo ascendente
UASB	Reactor anaerobio de flujo ascendente
USEPA	Agencia de Protección Ambiental de los Estados Unidos
FV	Flujo Vertical
HT-FV	Humedales para tratamiento de flujo vertical
COV	Carga orgánica volumétrica
WCS	Wildlife Conservation Society
WoS	Web of Science
WPT	Tecnología de lagunaje para aguas residuales
WSP	Laguna de estabilización para aguas residuales
WTP	Laguna para tratamiento de aguas residuales
PTAR	Planta de tratamiento de aguas residuales

Editores, autores y equipo de traducción

Editores (versión en inglés)

Katharine Cross, *International Water Association, Bangkok, Thailand*
Katharina Tondera, *INRAE, Villeurbanne, France*
Anacleto Rizzo, *IRIDRA, Florence, Italy*
Lisa Andrews, *LMA Water Consulting+, The Hague, The Netherlands*
Bernhard Pucher, *BOKU University, Vienna, Austria*
Darja Istenič, *University of Ljubljana, Ljubljana, Slovenia*
Nathan Karres, *The Nature Conservancy, Seattle, Washington, USA*
Robert McDonald, *The Nature Conservancy, Arlington, Virginia, USA*

Editores (versión en castellano)

Red Panamericana de Sistemas de Humedales (HUPANAM)

Carlos A. Arias, Universidad de Aarhus, Aarhus, Dinamarca
Ismael Leonardo Vera-Puerto, Universidad Católica del Maule, Talca, Chile
Tatiana Rodríguez Chaparro, Universidad Militar Nueva Granada, Bogotá, Colombia

Autores (en orden alfabético)

Carlos A. Arias, *Aarhus University, Aarhus, Denmark*
Lobna Amin, *IHE Delft Institute for Water Education, Delft, The Netherlands*
Ragasamyutha Ananthatmula, *CDD Society, Bangalore, India*
Lisa Andrews, *LMA Water Consulting+, The Hague, The Netherlands*
Horst Baxpehler, *Erftverband, Bergheim, Germany*
Leslie L. Behrends, *Tidal-flow Reciprocating Wetlands LLC, Florence, Alabama, USA*
Ricardo Bresciani, *IRIDRA, Florence, Italy*
Urša Brodnik, *LIMNOS, Ljubljana, Slovenia*
Gianluigi Buttiglier, *Institut Català de Recerca de l'Aigua (ICRA), Girona, Spain*
Norra Byvägen, *Tormestorp, Sweden*
Laura Castañares, *Institut Català de Recerca de l'Aigua (ICRA), Girona, Spain*
Florent Chazarenc, *INRAE, Villeurbanne, France*
Joaquim Comas, *Institut Català de Recerca de l'Aigua (ICRA), Girona, Spain*
Katharine Cross, *International Water Association, Bangkok, Thailand*
Tea Erjavec, *LIMNOS, Ljubljana, Slovenia*
Miquel Esterlich, *Blue Carex, Phytotechnologies, Purkersdorf, Austria*
Clifford B. Fedler, *Texas Tech University, Lubbock, Texas, USA*
Ganapathy Ganeshan, *CDD Society, Bangalore, India*
Heinz Gattringer, *Blue Carex, Phytotechnologies, Purkersdorf, Austria*
Robert Gearheart, *Humboldt State University, Arcata, California, USA*
Irene Groot, *Uppsala University, Uppsala, Sweden*
Samuela Guida, *International Water Association, London, UK*
Gu Huang, *CSCEC AECOM Consultants Co., Ltd., Shenzhen, China*
Darja Istenič, *University of Ljubljana, Ljubljana, Slovenia*
Andrews Jacob, *CDD Society, Bangalore, India*
Ranka Junge, *Zurich University of Applied Sciences (ZHAW), Wädenswil, Switzerland*
Rose Kaggwa, *National Water & Sewerage Corporation, Kampala, Uganda*
Rajiv Kangabam, *BRTC, KIIT University, Bhubaneswar, India*
Günter Langergraber, *BOKU University, Vienna, Austria*
Markus Lechner, *EcoSan Club, Weitra, Austria*

Wenbo Liu, *Chongqing University, Chongqing, China*
Rémi Lombard-Latune, *INRAE, Villeurbanne, France*
Fabio Masi, *IRIDRA, Florence, Italy*
Esther Mendoza, *Institut Català de Recerca de l'Aigua (ICRA), Girona, Spain*
Pascal Molle, *INRAE, Villeurbanne, France*
Ania Morvannou, *INRAE, Villeurbanne, France*
Susan Namaalwa, *National Water and Sewerage Corporation, Kampala, Uganda*
Steen Nielsen, *Orbicon, Taastrup, Denmark*
Per-Åke Nilsson, *Halmstad University, Halmstad, Sweden*
Miguel R. Peña-Varón, *Universidad del Valle, Instituto Cinara, Cali, Colombia*
Anja Potokar, *LIMNOS, Ljubljana, Slovenia*
Rohini Pradeep, *CDD Society, Bangalore, India*
Stéphanie Prost-Boucle, *INRAE, Villeurbanne, France*
Bernhard Pucher, *BOKU University, Vienna, Austria*
Anacleto Rizzo, *IRIDRA, Florence, Italy*
C. F. Rojas, *Sanitary Engineer and Freelance Consultant, Colombia*
Peder Sandfeld Gregersen, *Center for Recirkulering, Ølgod, Denmark*
Katharina Tondera, *INRAE, Villeurbanne, France*
Anne A. van Dam, *IHE Delft Institute for Water Education, Delft, The Netherlands*
Matthew E. Verbyla, *San Diego State University, California*
Martin Vrhovšek, *LIMNOS, Ljubljana, Slovenia*
Jan Vymazal, *Czech University of Life Sciences Prague, Czech Republic*
Scott Wallace, *Naturally Wallace Consulting, Stillwater, Minnesota, USA*
Sylvia Waara, *Halmstad University, Halmstad, Sweden*
Alenka Mubi Zalaznik, *LIMNOS, Ljubljana, Slovenia*
Maribel Zapater-Pereyra, *Independent Researcher, Munich, Germany*
Jun Zhai, *Chongqing University, Chongqing, China*

Equipo principal de traducción (versión en castellano)

Carlos A. Arias, Universidad de Aarhus, Aarhus, Dinamarca
Ismael Leonardo Vera-Puerto, Universidad Católica del Maule, Talca, Chile
Tatiana Rodriguez Chaparro, Universidad Militar Nueva Granada, Bogotá, Colombia
Rosa Miglio, Universidad Agraria La Molina, Lima, Perú
Luis Rojas, Universidad Católica del Maule, Talca, Chile
Carlos Andrés Ramírez-Vargas, Universidad de Aarhus, Aarhus, Dinamarca
Maribel Zapater-Pereyra, Investigadora Independiente, Alemania
Hernan Hadad, Universidad Nacional del Litoral & CONICET, Santa fe, Argentina
María Alejandra Maine, Universidad Nacional del Litoral, Santa fe, Argentina
Jose Luis Marín, El Colegio de Veracruz, Xalapa, México
Marco Antonio Rodríguez Dominguez Green Growth Group Mexico SA CV, México

Agradecimientos (versión inglesa)

Esta publicación fue apoyada por Science for Nature and People Partnership (SNAPP), que es resultado de una colaboración entre Nature Conservancy (TNC), Wildlife Conservation Society (WCS) y el Centro Nacional de Análisis y Síntesis Ecológica (NCEAS) de la Universidad de California, Santa Bárbara. La asociación crea "condiciones propicias" que permiten que un equipo de expertos de una diversidad de disciplinas se reúna en torno a un desafío global específico en la intersección de la conservación y el bienestar humano.

El grupo de trabajo de NatureSan también ha sido apoyado por Bridge Collaborative, que prevé que las comunidades de salud, desarrollo y medio ambiente resuelvan conjuntamente los desafíos complejos e interconectados de hoy.

Nos gustaría agradecer a los autores de los estudios de caso y fichas técnicas por contribuir con sus conocimientos y desarrollar la parte clave de esta publicación.

Agradecemos a los siguientes autores por sus valiosos comentarios en el desarrollo de los estudios de caso y las fichas técnicas, ellos son: Andrews Jacob, CDD India; Clifford Fedler, Texas Tech University; Fabio Masi, IRIDRA; Ganapathy Ganeshan, CDD India; Günther Langergraber, BOKU University; Magdalena Gajewska, Gdansk University, Faculty of Civil and Environmental Engineering; Mathieu Gautier, Univ Lyon, INSA Lyon; Marcos von Sperling, Federal University of Minas Gerais; Martin Regelsberger, Technisches Büro für Kulturtechnik; Matthew Verbyla, San Diego State University; Miguel R. Peña-Varón, Universidad del Valle; Robert K. Bastian; Robert Gearheart, Humboldt State University; Rohini Pradeep, CDD India; Rose Kaggwa, National Water and Sewerage Corporation; Samuela Guida, International Water Association;Susan Namaalwa, National Water and Sewerage Corporation.

Nos gustaría agradecer a Chris Purdon por la edición de copias, y a Vivian Langmaack por asumir el desafío de dar forma a la publicación tal como se observa. También nos gustaría agradecer a Alessia Menin en IRIDRA por desarrollar los bocetos en las fichas técnicas.

Y a todos los que no han sido mencionados explícitamente, pero han contribuido a la publicación de alguna manera, les damos las gracias

Agradecimientos (versión castellana)

Agradecemos a la IWA por su buena recepción y apoyo a la propuesta de traducción y edición, especialmente, por hacerlo accesible a todos, a través de su política "Open Access". También, agradecemos a los autores de la versión inglesa, por la iniciativa de generar material bibliográfico de alta calidad, y que fue la base para esta versión castellana. Así mismo, agradecer el esfuerzo de los colegas de diferentes países, quienes, de forma desinteresada, con la mejor recepción y compromiso, aceptaron el desafío de trabajar en el proceso de traducción de esta obra. Finalmente, agradecer a la Universidad de Aarhus, la Universidad Católica del Maule y la Universidad Militar Nueva Granada, así como también, a nuestras familias, quienes nos han apoyado de forma generosa, no solo en la realización de este libro, sino en el trabajo de varios años con tecnologías inspiradas en SBN.

Esperamos que este documento contribuya a ampliar el conocimiento de las SBN para tratar aguas residuales y que redunde en el uso adecuado de estas tecnologías. Este texto pretende difundir el estado del arte a colegas castellano-parlantes y, esperamos que resulte en nuevas alternativas, configuraciones e innovaciones para depurar aguas residuales.

Carlos A. Arias
Ismael Leonardo Vera-Puerto
Tatiana Rodríguez Chaparro
Editores de la versión castellana
Abril, 2023

Humedal de Tratamiento para Aliviadero de Excesos en el Parque acuático Gorla Maggiore, Italia. ©IRIDRA

Introducción

A nivel mundial, hay 2400 millones de personas sin saneamiento mejorado (instalaciones de saneamiento que separen higiénicamente los excrementos del contacto humano), y otros 2100 millones con saneamiento inadecuado (donde las aguas residuales drenan directamente a las aguas superficiales). A pesar de las mejoras en las últimas décadas, la gestión inapropiada de desechos fecales y aguas residuales sigue presentando un riesgo importante para la salud pública y el medio ambiente (United Nations, 2016). El Programa Mundial de Evaluación de los Recursos Hídricos estima que el 80 % de las aguas residuales se vierte sin tratar (WWAP, 2018). Existe un interés creciente en soluciones de tratamiento de bajo costo que se basen en el funcionamiento de los sistemas naturales. Sin embargo, para los administradores de servicios públicos, a menudo es difícil determinar la mejor combinación de infraestructuras tradicionales, como una planta de tratamiento de aguas residuales, con soluciones basadas en naturaleza como los humedales.

Esta publicación se centra en la aplicación de soluciones basadas en la naturaleza (SBN) para el tratamiento de aguas residuales y sus beneficios para la sociedad en general. Las SBN, acorde a la Unión Internacional para la Conservación de la Naturaleza, son "acciones para proteger, gestionar de manera sostenible y restaurar ecosistemas naturales o modificados que aborden los desafíos sociales de manera efectiva y adaptativa, proporcionando simultáneamente beneficios para el bienestar humano y la biodiversidad" (Cohen-Shacham et al., 2016).

Aplicación de SBN para tratamiento de aguas residuales.

Las SBN se puede aplicar en un sistema de tratamiento de aguas residuales de infraestructura gris[1], o se puede usar para tratar diferentes tipos de aguas residuales, incluidas aguas residuales municipales, agrícolas e industriales, lixiviados y aguas pluviales. La aplicación de SBN en el tratamiento de aguas residuales tiene como objetivo desarrollar sistemas de ingeniería que imiten y aprovechen el funcionamiento de los ecosistemas con una dependencia mínima de elementos mecánicos. Las SBN utilizan plantas, suelo, medios porosos, bacterias y otros elementos y procesos naturales para eliminar los contaminantes de las aguas residuales, incluidos sólidos en suspensión, compuestos orgánicos, nitrógeno, fósforo y patógenos (Kadlec y Wallace, 2009). Los SBN también tienen la capacidad de eliminar contaminantes emergentes como hormonas, esteroides y biocidas (Chen et al., 2019), productos de aseo personal (Ilyas et al., 2020), o pesticidas (Vymazal y Březinová, 2015). Se pueden combinar diferentes tipos de NBS para lograr la eficiencia de tratamiento deseada.

El uso de SBN para el tratamiento de aguas residuales puede contribuir a crear entornos más saludables al mejorar la calidad del agua y mejorar el entorno natural y los hábitats circundantes.

---

[1] "Las infraestructuras grises son estructuras construidas y equipos mecánicos, como embalses, terraplenes, tuberías, equipos de bombeo, plantas de tratamiento de agua y canales. Estas soluciones de ingeniería están integradas en cuencas hidrográficas o ecosistemas costeros cuyos atributos hidrológicos y ambientales afectan profundamente el desempeño de la infraestructura gris" (Browder et al., 2019).

Las áreas naturales y las SBN pueden promover la salud física y mental, aire y agua limpios, y ayudar a mejorar la salud humana. Además, las SBN puede proporcionar un atractivo estético y propiedades para restauración, uniendo a las personas y fortaleciendo los lazos comunitarios. Los beneficios económicos incluyen costos más bajos de tratamiento de agua, costos reducidos de daños por inundaciones, peces más saludables, mejores oportunidades recreativas, y mayor turismo y desarrollo económico. Para tener en cuenta tales beneficios al considerar las opciones de SBN, debe haber un análisis holístico de costo-beneficio (Elzein et al., 2016; WWAP, 2018).

Invertir en SBN puede ayudar a los operadores de tratamiento de aguas residuales a reducir sus costos operativos, acceder a nuevas fuentes de ingresos, aumentar la participación del cliente y proporcionar bienes y servicios ambientales públicos (European Investment Bank, 2020). Los costos de operación y mantenimiento, así como las inversiones iniciales, suelen ser más bajos que para sistemas de lodos activados convencionales (LAC), según los costos del suelo, las tecnologías utilizadas y la disponibilidad de recursos (Vymazal, 2010; Elzein et al., 2016). La Tabla 1 destaca las ventajas comunes y los desafíos frecuentes del uso de SBN para el tratamiento de aguas residuales.

Tabla 1. Ventajas comunes y desafíos frecuentes del uso de SBN para el tratamiento de aguas residuales

VENTAJAS COMUNES	DESAFIOS FRECUENTES
Proceso muy confiable	Pueden ser necesarios esquemas híbridos y de múltiples etapas para cumplir con límites estrictos de eliminación de nutrientes
Buena calidad del efluente	Alta demanda de área superficial en comparación con soluciones tecnológicas convencionales
Se usan en una amplia variedad de climas y ubicaciones	Operación y mantenimiento adecuados, incluyendo la etapa de tratamiento primario (remoción regular de lodos sedimentados)
Facilidad de construcción: se pueden utilizar materiales y plantas locales	Falta de guías estándar sobre diseño y dimensionamiento para tipos de SBN desarrolladas recientemente
Requisitos operativos, de mano de obra, químicos y energéticos reducidos en comparación con tratamientos convencionales	Requiere de diseños precisos acorde a condiciones locales
Sistemas de tratamiento de aguas residuales (operación y mantenimiento simple, y de bajo costo)	Acumulación de fósforo y metales en suelos u otros compartimientos de la SBN
Se puede aplicar para el tratamiento descentralizado	
Sostenible y ambientalmente amigable	
Funcionalidad multipropósito	
Puede reducir los impactos de escasez de agua	
Diversidad de comunidades microbianas	

Historia del uso de SBN para tratamiento de aguas residuales

Los SBN han apoyado el tratamiento de aguas residuales a lo largo de la historia; se conoce que las antiguas culturas egipcia y china utilizaban los humedales para la descarga de aguas residuales (Brix, 1995). Las aguas residuales se descargaban directamente a las aguas superficiales, lo que promovía el desarrollo de humedales naturales debido a la acumulación de biosólidos y nutrientes, seguida de la aparición de vegetación. Las aguas residuales serían tratadas naturalmente y el ecosistema se mantendría incluso con una baja carga contaminante (Brix, 1995).

Cuando las poblaciones comenzaron a aumentar, también lo hizo la contaminación de los ecosistemas, incluidos los cuerpos de agua. Con el tiempo, se desarrollaron tecnologías para tratar altas cargas contaminantes sin destruir los ecosistemas acuáticos. Esto llevó al aumento de las plantas de tratamiento de aguas residuales convencionales, que consisten en una combinación de procesos y operaciones físicas, químicas y biológicas para eliminar sólidos, materia orgánica y, cuando sea necesario, nutrientes de las aguas residuales. Sin embargo, desde la década de 1950, las SBN, como los humedales para tratamiento (HT), han evolucionado hasta convertirse en una tecnología confiable de tratamiento de aguas residuales capaz de tratar grandes cantidades de aguas residuales hasta la calidad de efluente deseada mientras se mantiene el ecosistema circundante (Vymazal, 2010). Esto se logra mediante la manipulación de varios componentes de los Humedales, como las macrófitas, los componentes del suelo (en sistemas de flujo superficial) o el uso de medios de relleno seleccionados adecuadamente, como arena y grava (en humedales de flujo subterráneo). Consideraciones similares también son válidas para las lagunas de estabilización, que se han aplicado ampliamente, especialmente en los países en desarrollo (Mara, 2003). Los HT y los sistemas lagunares ahora se consideran SBN adecuados para proporcionar tratamiento de aguas residuales y eliminación de patógenos dañinos (Brix, 1995), siendo una alternativa efectiva en comparación con las soluciones tecnológicas convencionales.

Los enfoques innovadores para aplicar SBN para tratar aguas residuales está creciendo. Por ejemplo, los muros verdes y los techos verdes tratan las aguas grises para reciclarlas (p. ej., para su uso en inodoros o riego de jardines), y tienen beneficios colaterales de tipo térmico y filtración de aire, y mejoran la estética en entornos urbanos (Pradhan et al., 2019; Boano et al., 2020). Otro ejemplo son los sistemas evaporativos con sauces, que utilizan aguas residuales para el riego y produce biomasa leñosa que se utiliza para múltiples funciones, incluida la leña para calefacción local, como enmienda del suelo, en paisajismo y ramas para la estabilización de riberas, entre otros. Este tipo de sistema se conoce como descarga cero, ya que todas las aguas residuales se evaporan o se utilizan en el crecimiento de las plantas. Estos ejemplos demuestran cómo las SBN para el tratamiento de aguas residuales pueden ser parte de un enfoque de economía circular cuyo objetivo es eliminar los desechos y el uso continuo de recursos (Masi et al., 2018; Nika et al., 2020).

Relación con los objetivos de desarrollo sostenible de la ONU

Las SBN se ven cada vez más como soluciones innovadoras para gestionar los riesgos relacionados con el agua, contribuyendo a la Agenda 2030 para el Desarrollo Sostenible, ya que brindan numerosos beneficios que incluyen la salud humana y los medios de subsistencia, la seguridad alimentaria y energética, el crecimiento económico sostenible y la rehabilitación de los ecosistemas (Gómez Martin et al., 2020). Múltiples servicios proporcionados por las SBN pueden apoyar el logro de diferentes metas de los Objetivos de Desarrollo Sostenible (ODS), por ejemplo, al reducir la emisión de gases de efecto invernadero y las toxinas ambientales, mantener un nivel estable de agua subterránea, e incluso enfriar el planeta (Seifollahi-Aghmiuni et al., 2019).

Las SBN para el tratamiento de aguas residuales están directamente relacionadas con el ODS 6 sobre Agua Limpia y Saneamiento. Al mismo tiempo, los beneficios que brindan las SBN pueden variar según las escalas espaciales y temporales, así como entre los grupos sociales, lo que significa que la contribución de las SBN a varios ODS será específica del contexto (Gómez Martin et al., 2020). Por ejemplo, los humedales por sí solos pueden afectar los procesos de los ecosistemas relacionados con varios ODS, incluidos el 1 (Fin de la pobreza), el 2 (Hambre cero), el 6 (Agua limpia y saneamiento), el 12 (Producción y consumo responsables), el 13 (Acción por el clima) y sus objetivos específicos (Seifollahi-Aghmiuni et al., 2019). Dependiendo de la ubicación y aplicación de las SBN, también podría haber contribuciones al ODS 3 (Salud y bienestar), ODS 7 (Energía asequible y no contaminante), 11 (Ciudades y comunidades sostenibles), 14 (Vida submarina), y 15 (Vida de ecosistemas terrestres) (Seifollahi-Aghmiuni et al., 2019).

Acerca de la Publicación

Esta publicación ha sido desarrollada por un grupo de trabajo de Science for Nature and People Partnership (SNAPP) (*https://snappartnership.net/teams/water-saneamiento-and-nature/*), llamado Sanitation for and by Nature (NatureSan). Con el apoyo de SNAPP y Bridge Collaborative, el grupo de trabajo de NatureSan en colaboración con el Grupo de trabajo de IWA sobre SBN para Agua y Saneamiento reunió a un grupo diverso de profesionales para examinar la evidencia sobre la interacción entre el saneamiento y la salud de los ecosistemas, así como de la gente.

El grupo de trabajo de NatureSan desarrolló una herramienta de apoyo a la toma de decisiones basada en la web que incluía un proceso de creación de una serie de hojas informativas y estudios de casos adjuntos. Se consideró que esto merecía una publicación independiente con el objetivo de inspirar e influir en los proveedores de saneamiento y los reguladores para diseñar e integrar instalaciones de tratamiento de aguas residuales con los ecosistemas de una manera que beneficie la salud ecológica y humana. Los operadores de aguas residuales deben usar más orientación técnica y experiencia para seleccionar la mejor SBN o combinación de éstas, para luego diseñar para su contexto. Las empresas consultoras y los expertos que respaldan la implementación de SBN deben tener referencias y conocimientos adecuados para el diseño y e implementación.

Alcance

Esta publicación es un punto de partida para identificar opciones para el uso de SBN para el tratamiento de aguas residuales domésticas y municipales. Se basa en el conocimiento existente (von Sperling, 2007; Kadlec and Wallace, 2009; Resh, 2013; Thorarinsdottir, 2015; Dotro et al., 2017; Verbyla, 2017; Junge et al., 2020; Langergraber et al., 2020), que une varias SBN para el tratamiento de aguas residuales en una estructura que permite comparar opciones y resaltar co-beneficios. Las fichas informativas y los casos de estudio ofrecen una selección de SBN como parte del proceso de tratamiento de aguas residuales domésticas, al mismo tiempo que se destacan los co-beneficios ecológicos y sociales. Se detallan casos de estudio para la mayoría de las opciones de SBN, que ilustran cómo este tipo de sistemas se han implementado en la práctica para tratamiento de aguas residuales.

La Tabla 2 incluye los principales tipos de aguas residuales que se consideraron en esta publicación, centrándose en las aguas residuales domésticas y municipales, incluyendo los flujos del vertedero de excesos en alcantarillados combinados (CSO) y aguas grises. Se incluyen SBN centralizadas y descentralizadas, así como sistemas de alcantarillado combinado y separativo. Las aguas residuales industriales, las aguas subterráneas y las aguas pluviales se consideraron fuera del alcance de la publicación

Tabla 2. Tipos y definiciones de aguas residuales utilizadas por SBN (en esta publicación) adaptadas de Von Sperling (2007)

TIPOS DE AGUA RESIDUAL	DEFINICIÓN
Agua residual doméstica cruda	Aguas residuales domésticas sin tratamiento previo y aguas residuales domésticas después de un tratamiento preliminar que elimina sólidos suspendidos gruesos (material grande y arena). El tratamiento preliminar generalmente se realiza mediante pantallas o rejillas, y desarenadores.
Agua residual con tratamiento primario	Aguas residuales domésticas que han pasado por un tratamiento primario que permite la eliminación de sólidos suspendidos sedimentables y sólidos flotantes. El tratamiento primario generalmente se realiza mediante tanques sépticos y de sedimentación.
Agua residual con tratamiento secundario	Aguas residuales domésticas que han pasado por un tratamiento secundario que permite la eliminación de partículas no sedimentables, materia orgánica soluble y nitrógeno amoniacal. Esta etapa de tratamiento biológico se puede realizar mediante diferentes tipos de sistemas, incluidos lodos activados, reactores de biopelículas aerobias, reactores anaerobios y otras SBN.

TIPOS DE AGUA RESIDUAL	DEFINICIÓN
Agua residual con tratamiento terciario	Aguas residuales domésticas que han pasado por un tratamiento terciario que permite la eliminación de, por ejemplo, nitrato-nitrógeno, fósforo total, patógenos, sólidos disueltos inorgánicos y sólidos suspendidos restantes. También puede proporcionar la eliminación de metales y compuestos no biodegradables. Este proceso de limpieza final se puede realizar mediante una, o una combinación de diferentes tecnologías, dependiendo del alcance (por ejemplo, absorción de plantas/algas, lodos activados, procesos de oxidación avanzada, ultrafiltración, desinfección UV).
Descargas (flujos) del aliviadero /vertedero de excesos	Aguas residuales domésticas crudas diluidas por aguas pluviales, que se descargan desde estructuras de alivio de alcantarillado combinado.
Aguas grises	Las aguas grises son el componente de las aguas residuales domésticas que no provienen de un inodoro o de un orinal. Las aguas grises son las aguas residuales generadas por el uso de duchas, bañeras, *spas*, lavamanos, lavaderos, lavadoras de ropa y, en algunos lugares, fregaderos de cocina y lavavajillas.
Agua residual diluida por ríos	Aguas residuales con tratamiento secundario diluidas por el agua del río.

Las SBN son multifuncionales, proporcionando diversos beneficios para el medio ambiente y la sociedad (Droste et al., 2017). En esta publicación, la atención se centra en los co-beneficios cuando se utilizan SBN para el tratamiento de aguas residuales, que se describen en la Tabla 3.

Esta información puede contribuir a los análisis de costo-beneficio de SBN que representan los beneficios más allá del tratamiento de la calidad del agua y pueden ser un paso esencial para lograr inversiones y apoyo eficientes en múltiples sectores (WWAP, 2018)

Tabla 3. Co-beneficios del uso de SBN para el tratamiento de aguas residuales

CO-BENEFICIOS	DEFINICIÓN	FUENTE
Biodiversidad (fauna)	Variabilidad entre los organismos vivos de todas las fuentes, incluidos, entre otros, los ecosistemas terrestres, marinos y otros ecosistemas acuáticos, y los complejos ecológicos de los que forman parte; esto incluye la diversidad dentro de las especies, entre las especies y de los ecosistemas. Todos los animales (reino Animalia), hongos (Fungí) y cualquiera de los diversos grupos de bacterias.	Adaptado del Convenio sobre la Diversidad Biológica de las Naciones Unidas, 1992
Biodiversidad (flora)	Variabilidad entre los organismos vivos de todas las fuentes, incluidos, entre otros, los ecosistemas terrestres, marinos y otros ecosistemas acuáticos y los complejos ecológicos de los que forman parte; esto incluye la diversidad dentro de las especies, entre las especies y de los ecosistemas. Cualquier organismo en el reino Plantae.	Adaptado del Convenio sobre la Diversidad Biológica de las Naciones Unidas, 1992

CO-BENEFICIOS	DEFINICIÓN	FUENTE
Polinización	La polinización animal es un servicio ecosistémico proporcionado principalmente por insectos, pero también por algunas aves y murciélagos. La polinización es esencial para el desarrollo de frutas, verduras y semillas.	TEEB (2010)
Secuestro de carbono	El proceso de eliminación de carbono de la atmósfera y su depósito en un reservorio o sumideros de carbono (como océanos, bosques o suelos) a través de procesos físicos o biológicos, como la fotosíntesis.	United Nations Framework Convention on Climate Change (2021)
Regulación de temperatura	La regulación de humedad y temperaturas localizadas durante condiciones climáticas cálidas, incluso a través de ventilación y transpiración.	Haines-Young and Potschin (2018). Baker et al. (2021)
Mitigación de inundaciones	La regulación de los flujos de agua en virtud de las propiedades o características químicas y físicas de los ecosistemas, que ayuda a las personas a gestionar y usar los sistemas hidrológicos, y que mitiga o previene el daño potencial al uso humano, la salud o la seguridad (por ejemplo, la mitigación de los daños como resultado de la reducción de la magnitud y la frecuencia de los eventos de inundación/tormenta).	Haines-Young and Potschin (2018)
Producción de biomasa	La recolección de material vegetal a través de cosecha y eliminación regulares. La recolección de biomasa puede, en algunos casos, aumentar la eliminación de nitrógeno y fósforo. El material de biomasa cosechado podrá utilizarse posteriormente para otros fines económicamente productivos.	Kim and Geary (2001)
Mitigación de extremos de precipitación	Durante los períodos de tormenta, el volumen de lluvia a veces puede exceder la capacidad de los sistemas de drenaje, lo que lleva a desbordamientos puntuales; las características de la mayoría de las SBN evitarán que esto suceda, a través de la infiltración, la retención y la detención. Por ejemplo, la permeabilidad y la porosidad del suelo donde se instalan las SBN facilitan la infiltración durante el evento extremo, y la vegetación aumenta la fricción a lo largo de la trayectoria del flujo de lluvia para prolongar el proceso de escorrentía y reducir el flujo máximo.	Brears (2018); Huang et al. (2020)

CO-BENEFICIOS	DEFINICIÓN	FUENTE
Fuente de alimento	Alimentos desde las plantas y animales silvestres. Esto incluye partes de una especie de plantas no cultivadas que se puede cosechar y utilizar para la producción de alimentos; y especies de animales silvestres no domesticadas y sus productos que pueden utilizarse como materia prima para la producción de alimentos.	Haines-Young and Potschin (2018)
Biosólidos	Los biosólidos son lodos de aguas residuales tratadas, que son material orgánico rico en nutrientes, producido a partir de instalaciones de tratamiento de aguas residuales. Cuando se tratan y procesan, estos residuos se pueden reciclar y aplicar como fertilizante para mejorar y mantener los suelos productivos y estimular el crecimiento de las plantas.	US Environmental Protection Agency (2021a)
Recreación	Las personas a menudo eligen dónde pasar su tiempo libre basándose en parte en las características de los paisajes naturales o cultivos en un área en particular. En el contexto de la utilización de SBN para tratamiento de aguas residuales, dependiendo del nivel de tratamiento, tecnología y diseño aplicados a un sitio, las personas pueden utilizar el entorno para el deporte y la recreación.	Millennium Ecosystem Assessment (2005); Haines-Young and Potschin (2018)
Valor estético	Algunas personas seleccionan su lugar de residencia por la belleza y/o valor estético de los ecosistemas, dependiendo de la presencia de parques, y el paisaje. Para las SBN utilizadas para el tratamiento de aguas residuales, sus características biofísicas o cualidades de las especies o ecosistemas (entornos/paisajes/ espacios culturales) que las personas aprecian, debido a sus cualidades no utilitarias.	Millennium Ecosystem Assessment (2005); Haines-Young and Potschin (2018)
Reutilización de agua	La reutilización del agua es el uso de aguas residuales tratadas (en este caso por SBN) para fines beneficiosos como la agricultura y el riego, el suministro de agua potable, la recarga de aguas subterráneas, los procesos industriales y la restauración ambiental. La reutilización del agua puede proporcionar alternativas a los suministros de agua existentes y utilizarse para mejorar la seguridad hídrica, la sostenibilidad y la resiliencia.	International Organization for Standardization (2018); US Environmental Protection Agency (2021b)

Público objetivo

Este libro está dedicado a administradores y operadores de servicios públicos de aguas residuales, gobiernos locales, municipalidades, y entes reguladores. Estos grupos pueden utilizar esta publicación para obtener una visión general de las opciones de SBN que se pueden incorporar en sus procesos de tratamiento, así como para comprender los posibles co-beneficios. La información proporcionada puede permitir a estos lectores realizar una evaluación inicial de costo-beneficio, considerando el diseño y la operación de diferentes SBN dentro de su contexto local.

Otras audiencias importantes incluyen partes interesadas con influencia sobre la planificación y el desarrollo de la infraestructura urbana, incluidos planificadores urbanos y desarrolladores urbanos, así como de instituciones de financiación. Las SBN descritas en esta publicación puede complementar otros objetivos de planificación urbana, como la mejora de la habitabilidad, a través de espacios verdes. Del mismo modo, se proporcionan detalles sobre los co-beneficios específicos que pueden ser respaldadas por las SBN que se alinean con los objetivos socioeconómicos más amplios de las instituciones de financiación, como los bancos internacionales de desarrollo. Además, los grupos ambientalistas y las asociaciones relacionadas pueden usar la información de este libro para comprender mejor la aplicabilidad de diferentes SBN en relación con las condiciones locales del proyecto. Los estudiantes y académicos también se beneficiarán de la consolidación de información clave y referencias para una variedad de SBN.

Metodología

El proceso de selección de SBN para el tratamiento de aguas residuales domésticas fue llevado a cabo por el grupo de trabajo NatureSan utilizando los parámetros descritos en la sección de alcance. Los tipos de SBN se determinaron y acordaron a través de una serie de talleres en los que también se esbozó la información necesaria para cada hoja informativa y estudio de caso. Se incluyó una serie de SBN para tener en cuenta las que pueden aplicarse tanto en los países desarrollados como en los países en desarrollo. Las SBN seleccionadas no solo fueron tecnologías específicas para el tratamiento de aguas residuales, sino también aquellas que contribuyen al pulimiento y reutilización (por ejemplo, hidroponía, acuaponía, restauración de causes, humedales naturales). En consecuencia, la información sobre cada SBN incluye la mejor manera de incorporarlos como parte de un sistema de tratamiento integral.

Las hojas informativas y los casos de estudio de las SBN fueron desarrollados y revisados por pares tanto por el grupo de trabajo de NatureSan como por los miembros del Grupo de Trabajo de la IWA sobre SBN para Agua y Saneamiento. Este proceso se resume en la Figura 1. Como las hojas informativas y los estudios de caso también estarán disponibles como documentos independientes, estos están escritos para ser leídos como parte de la publicación o individualmente

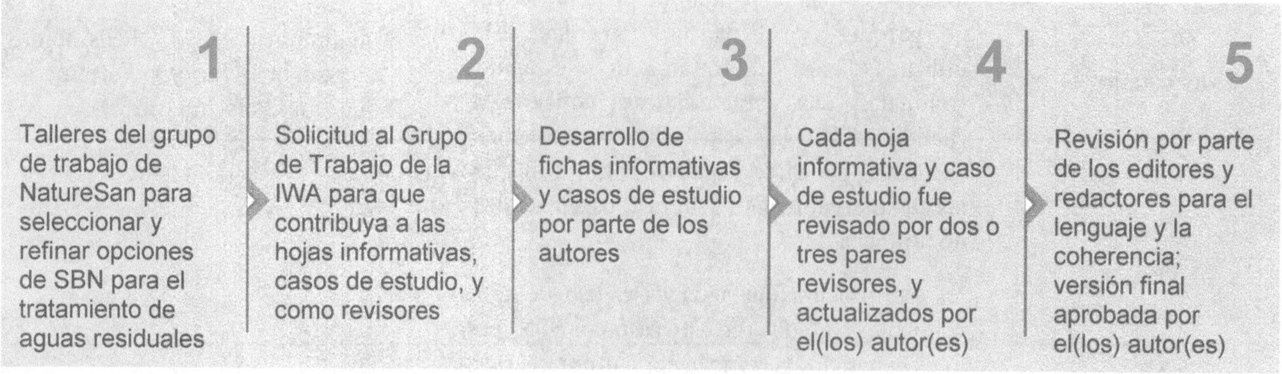

1	2	3	4	5
Talleres del grupo de trabajo de NatureSan para seleccionar y refinar opciones de SBN para el tratamiento de aguas residuales	Solicitud al Grupo de Trabajo de la IWA para que contribuya a las hojas informativas, casos de estudio, y como revisores	Desarrollo de fichas informativas y casos de estudio por parte de los autores	Cada hoja informativa y caso de estudio fue revisado por dos o tres pares revisores, y actualizados por el(los) autor(es)	Revisión por parte de los editores y redactores para el lenguaje y la coherencia; versión final aprobada por el(los) autor(es)

Figura 1. Visión general de la elaboración de fichas informativas y casos de estudio.

Fichas técnicas

El nombre de los tipos de SBN fue acordado por el grupo de trabajo NatureSan en colaboración con el Grupo de Trabajo de la IWA de SBN para Agua y Saneamiento. Cabe señalar que el término "humedales para tratamiento" se utiliza en lugar de otros términos como humedales construidos.[2]

Cada hoja informativa incluye una breve **descripción**, seguida de una lista de ventajas y desventajas que se han estandarizado para que sea más fácil comparar entre las opciones de SBN. Es importante que el usuario revise esta lista y la breve descripción porque pueden indicar algunas de las limitaciones que pueden necesitar ser consideradas para algunos tipos de SBN. Las **ventajas y desventajas** comunes (desafíos frecuentes) no se incluyen en la hoja informativa, pero se describen en la Tabla 1. En el caso de los humedales naturales, se hace hincapié en los problemas y los posibles daños a los ecosistemas, si los humedales no se diseñan y gestionan adecuadamente.

Se proporciona una lista de **Co-beneficios**, que se clasifican como bajos, medios o altos. Estos niveles se determinaron en una serie de talleres de discusión con miembros del grupo de trabajo; proporcionan una indicación general del nivel comparativo que la SBN proporcionaría como beneficio conjunto. Por ejemplo, los sistemas evaporativos tienen un beneficio clave de producir un mayor nivel de biomasa en comparación con algunos de los otros HT. En algunos casos hay una sección de notas donde se describen otros Co-beneficios más allá de la lista estándar. Si corresponde, se proporciona una descripción de **las compatibilidades con otras SBN**, y una lista de **casos de estudio** que demuestran la aplicación de SBN, ya sea en esta publicación o en otro lugar, para que el lector tenga referencia. Se proporciona una tabla con información sobre la **operación y el mantenimiento** en las categorías de regular, extraordinario y solución de problemas. Esto da una indicación del nivel de esfuerzo necesario para mantener el sistema y los posibles problemas que se pueden encontrar.

La segunda parte de la ficha proporciona **detalles técnicos** para la SBN, incluido el tipo de afluente, la eficiencia del tratamiento, los requisitos (área, energía y otros elementos), los criterios de diseño, las configuraciones comúnmente implementadas y las condiciones climáticas. El **tipo de afluente** incluirá qué aguas residuales ingresan en los sistemas. Estos tipos se limitan a los tipos de aguas residuales definidos en la sección Alcance (ver Tabla 1).

La **eficiencia del tratamiento** indica el porcentaje de eliminación de diferentes parámetros que varían según la SBN, pero pueden incluir la demanda química de oxígeno (DQO), la demanda biológica de oxígeno durante 5 días (DBO$_5$), el nitrógeno total (NT), el nitrógeno amoniacal (N-NH4), el fósforo total (PT) y *Escherichia coli* (*E. coli*).), entre otros. La eficiencia del tratamiento se derivó de una combinación de una revisión bibliográfica en profundidad y una evaluación del grupo de trabajo. La información puede ser útil para determinar qué SBN sería más efectiva para producir efluentes de una calidad deseada o que cumpla con las regulaciones locales.

Los **requisitos** incluyen la electricidad y el área necesaria para implementar la SBN, y cualquier otra información que se necesite para hacer una estimación de la inversión básica requerida para configurar el sistema. La mano de obra requerida se puede evaluar desde la parte de operación y mantenimiento de la ficha. Como los costos de mano de obra, tierra y electricidad difieren según la ubicación, la idea es que esto proporcione un punto de apoyo para estimar el costo aproximado de desarrollar la SBN como parte de un sistema de tratamiento de aguas residuales.

Los **criterios de diseño** proporcionan una visión general de los parámetros de carga, como la tasa de carga hidráulica (TCH), la tasa de carga orgánica (TCO) y la carga total de sólidos en suspensión (SST). También puede haber información sobre el flujo, el tiempo de retención, el tamaño del medio de soporte (e.g., arena o grava), y el grosor de las capas de arena o grava. Es importante destacar que los criterios de diseño pretenden ser sólo indicativos; para un diseño adecuado de la SBN, se invita al lector a consultar libros, manuales, directrices y publicaciones científicas reportadas en la sección literatura de cada hoja informativa.

Las **configuraciones comúnmente implementadas** proporcionan una referencia de cómo la SBN puede encajar con otras SBN en un sistema de tratamiento. Esto permite al usuario considerar una serie o SBN de varias etapas. Las **condiciones climáticas** dan una indicación del clima donde la SBN es más efectiva y comúnmente utilizada. Si hay algún detalle adicional relevante para la SBN, éste se incluye en **otra información**.

---

[2] el término "treatment wetland" o en castellano "humedal para tratamiento" ha sido acordado por el grupo de trabajo y otras comunidades científicas (acción COST 17133 - https://circular- city.eu/) para enfatizar mejor la capacidad de tratamiento y saneamiento de aguas residuales de los sistemas de humedales (Kadlec and Wallace, 2009; Fonder and Headly 2013; Dotro et al., 2017; Langergraber et al., 2020).

Casos de estudio

Los casos de estudio proporcionan la evidencia de cómo se han implementado varias SBN en la práctica, al tiempo que destacan los Co-beneficios. Cada caso de estudio tiene un resumen con el tipo de SBN aplicada, la ubicación, el tipo de tratamiento (es decir, primario, secundario, terciario), el costo en moneda local (de construcción y operación si está disponible), las fechas de operación y el área necesaria para el sistema. Para algunos tipos de SBN (infiltración rápida en el suelo, humedales flotantes, hidroponía y acuaponía), el grupo de trabajo no pudo solicitar casos de estudio a autores contribuyentes. En el caso de las lagunas de estabilización de aguas residuales, los casos de estudio muestran una combinación de tipos de lagunas y no son un tipo individual de lagunaje como se describe en las hojas informativas. Estos casos de estudio se etiquetan simplemente como "lagunas de estabilización de aguas residuales".

Para cada caso de estudio, la información de antecedentes proporciona una visión general del sitio específico y el contexto del proyecto, así como imágenes que muestran la ubicación y el sitio (si está disponible). Una tabla con un resumen técnico incluye información sobre la fuente de aguas residuales (ver definiciones en la Tabla 1), criterios de diseño (tasa de entrada, área, población equivalente y área para la población equivalente), parámetros de los afluentes y efluentes, y costos de construcción y operación. Los parámetros de los afluentes y efluentes varían entre casos de estudio en función de la información disponible.

Además de la tabla de resumen, se proporcionan descripciones adicionales para el diseño y la construcción, el tipo de afluente/tratamiento, la eficiencia del tratamiento, la operación y el mantenimiento, y más detalles sobre los costos.

La siguiente sección proporciona información sobre los co-beneficios ecológicos y sociales identificados a partir de cada caso de estudio. Esto es especialmente importante ya que esta publicación tiene como objetivo enfatizar y proporcionar evidencia sobre los co-beneficios de la aplicación de SBN para el tratamiento de aguas residuales. Cuando es factible con la información disponible, se elaboran posibles contraprestaciones entre las diferentes consideraciones de diseño y objetivos de rendimiento. Pueden existir contraprestaciones por razones tales como competencia por usos de la tierra, cuando el tipo de tratamiento requerido no puede maximizar los co-beneficios para las personas y la naturaleza, y cuando los diferentes objetivos de tratamiento pueden alterar los costos. La última sección destaca las lecciones aprendidas, incluidos los desafíos y sus soluciones, así como los comentarios de los usuarios (si están disponibles). Se proporcionan referencias para que el lector aprenda más sobre cada caso de estudio.

SBN para tratamiento de aguas residuales: fichas técnicas y casos de estudio

Los tipos de SBN utilizadas en el tratamiento de aguas residuales incluyen una gama de sistemas basados en agua y sustrato que se describen en las Figuras 2-4. La Figura 2 proporciona una visión general de las categorías de sistemas basados en agua que incluyen lagunajes, restauración de cauces, HT de flujo superficial, hidroponía y acuaponía; y sistemas basados en sustratos que incluyen infiltración en suelos, sistemas en edificaciones, descarga cero, HT de flujo subsuperficial, y de tratamiento de lodos. Los sistemas híbridos o multietapas pueden utilizar una combinación de sistemas basados en agua y sustrato dependiendo de las necesidades de tratamiento, el clima, el suelo y la energía disponible. Las Figuras 3 y 4 proporcionan más detalles de los sistemas basados en agua y sustrato, respectivamente, y los diversos tipos de SBN indicadas están disponibles como hojas informativas individuales.

Además de clasificar las SBN para el tratamiento de aguas residuales en sistemas basados en sustrato y agua, los tipos de SBN también se pueden ordenar de acuerdo con su complejidad en términos de diseño y operación, incluidos los avances tecnológicos integrados. Estos aspectos de la complejidad pueden conferir posteriormente diferencias en los requisitos del proyecto, como la variación de los costos y la experiencia. Dado que estas pueden ser consideraciones importantes para la selección apropiada de SBN para el tratamiento de aguas residuales, en esta publicación los tipos de SBN se ordenan dentro de las tablas desde sistemas de infiltración al suelo simples y más extensos, seguidos de lagunajes, HT simples y complejos, hasta sistemas más sofisticados como muros verdes, humedales en techos y tecnologías hidro/acuapónicas

SBN para tratamiento de aguas residuales: sistemas básicos

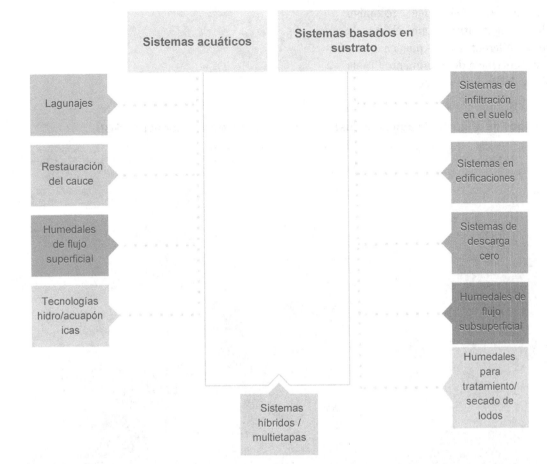

Figura 2. Clasificación de grupos básicos de SBN para el tratamiento de aguas residuales

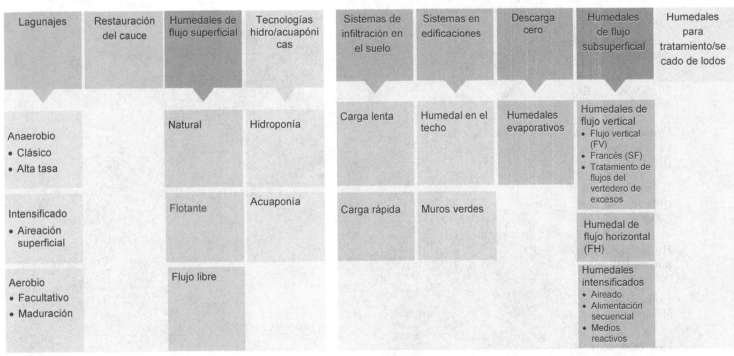

Figura 3. Clasificación de SBN acuáticas para el tratamiento de aguas residuales.

Figura 4. Clasificación de SBN basadas en sustrato para el tratamiento de aguas residuales.

Tablas resumen

Se proporcionan tablas resumen que recopilan información de las hojas informativas sobre el tipo de aguas residuales que las diferentes SBN pueden tratar (Tabla 4), la aplicación y eficiencia de tratamiento (Tabla 5) y los beneficios colaterales derivados (Tabla 6).

Tabla 4. Resumen de tipos de afluente de agua residual que pueden ser tratados por varios SBN

TIPO DE SBN	AGUA SIN TRATAR	AGUAS GRISES	TRATAMENTO PRIMARIO	TRATAMIENTO SECUNDARIO	DILUIDAS EN RIOS	APLICACION ESPECIAL
Infiltración en el suelo a carga lenta		X	X	X		
Infiltración en el suelo a carga rápida		X	X	X	X	
Sistemas evaporativos		X	X	X		
Lagunas con aireación superficial	X		X	X		
Lagunas facultativas	X		X			
Lagunas de maduración				X		
Lagunas anaerobias	X		X			
Lagunas anaerobias de alta tasa						
Humedales de flujo vertical (FV)		X	X			
Humedal de flujo vertical tipo francés (SF)	X					
HT de flujos del vertedero de excesos						Aliviadero / Vertedero de excesos
Humedales de flujo horizontal		X	X	X		
Humedales aireados		X	X			
Humedales con alimentación secuencial			X			

TIPO DE SBN	AGUA SIN TRATAR	AGUAS GRISES	TRATAMIENTO PRIMARIO	TRATAMIENTO SECUNDARIO	DILUIDAS EN RIOS	APLICACION ESPECIAL
Humedales con medios reactivos						Eliminación de fósforo
Humedales de flujo libre		x		x		
Humedales naturales				x		
Humedales flotantes		x	x			
Humedales para tratamiento multietapas	x		x	x		x
Humedales para tratamiento/secado de lodos (HL)						Tratamiento de lodos
Muros verdes		x				
Humedal en el techo		x	x			
Sistemas hidropónicos				x	x	x
Sistemas acuapónicos				x	x	x
Restauración del cauce				x	x	Descarga del aliviadero / vertedero de excesos

Tabla 5. Resumen de aplicación y eficiencia del tratamiento para diferentes SBN utilizadas para el tratamiento de aguas residuales

TIPO DE SBN	TAMAÑO REQUERIDO POR PE	SOLUCIÓN UNIFAMILIAR	DQO (%)	DBO$_5$ (%)	NT (%)	N-NH$_4$ (%)	PT (%)	SST (%)	COLIFORMES FECALES	E. COLI
Infiltración en el suelo a carga lenta	60–740	Si	~94–99	90–99	50–90	~80	80–99	90–99		
Infiltración en el suelo a carga rápida		Si	~78	95–99	25–90	~77	0–99	95–99		
Sistemas evaporativos	30–75	Si	92–100	98–100	85–100	90–100	~100	~100		<1,000 CFU/100mL
Lagunas con aireación superficial	1–5		50–85	~77	20–90	50–95	30–45	53–90	≤1–2 log$_{10}$	
Lagunas facultativas	1–3		~34	40+56	20–39	~44	1–25	27	≤1–2 log$_{10}$	
Lagunas de maduración	3–10		~16	~33	15–50	20–80	20–50	~16	≤1–3 log$_{10}$	
Lagunas anaerobias	0.2		~50	50–70	10–23		10–23	44–70	≤1–1.5 log$_{10}$	
Humedales de flujo vertical (FV)	4	Si	70–90	~83	20–40	80–90	10–35	80–90	≤2–4 log$_{10}$	
Humedal de flujo vertical tipo francés (SF)	2	Si	>90	~93	20–60	60–90	10–22	>90		
HT de flujos del vertedero de excesos			>60	~94	n/a	10–50	15–50	>80		≤1–3log$_{10}$
Humedales de flujo horizontal	3–10	Si	60–80	~65	30–50	20–40	10–50	>75	n/a	
Humedales aireados	0.5–1	Si	>90		15–60	>90	20–30	80–95	≤2–3 log$_{10}$	

TIPO DE SbN	TAMAÑO REQUERIDO POR P.E.	SOLUCIÓN UNIFAMILIAR	DQO (%)	DBO$_5$ (%)	NT (%)	N-NH$_4$ (%)	PT (%)	SST (%)	COLIFORMES FECALES	E. COLI
Humedales con alimentación secuencial	3	Si	~89	86–99	47–70	83–94	20–43	90–99	≤2–3 log$_{10}$	
Humedales con medios reactivos	0.2–1	Si	n/a	n/a	n/a	n/a	50–99	n/a	n/a	
Humedales de flujo libre	3–5		41–90	~54	30–80	~73	27–60			
Humedales naturales	–		53–76	65–75	66–80	~17	40–53	65–76		
Muros verdes (valores para aguas grises)	1–2	Si	15–99	~42	15–95	~19	3–61	15–93	≤2–3 log$_{10}$	
Humedal en el techo	170	Si	~80	>90	70–90	86	80–97	85–90		
Sistemas hidropónicos	No aplica	Si	~50		~66	~50	~30	~84		
Sistemas acuapónicos	No aplica	Si	>73		62–90	~34	60–90	>90		
Restauración del cauce					20 – 27	10 – 26	0.08			

Tabla 6. Resumen de los Co-beneficios derivados de diferentes SBN (A, alto; M, medio; B, bajo)

SBN	BIODIVERSIDAD (FAUNA)	BIODIVERSIDAD (FLORA)	REGULACIÓN DE TEMPERATURA	MITIGACIÓN DE INUNDACIONES	MITIGACIÓN DE EXTREMOS DE PRECIPITACIÓN	SECUESTRO DE CARBONO	PRODUCCIÓN DE BIOMASA	VALOR ESTÉTICO	RECREACIÓN	POLINIZACIÓN	FUENTE DE ALIMENTO	REUTILIZACIÓN DE AGUA	BIOSÓLIDOS
Infiltración en el suelo a carga lenta	B	B	B		B			B				A	
Infiltración en el suelo a carga rápida	B	B	B		B			B				A	
Sistemas evaporativos	M	M		M		A	A	M	M	A			
Lagunas con aireación superficial	B	B	B			B		B	B			A	A
Lagunas facultativas	M	B	B			B		B	B			B	B
Lagunas de maduración	M	B	B			B		B	B			A	B
Lagunas anaerobias	M	B	B					B	B			B	M
Lagunas anaerobias de alta tasa	M	B	B					B				B	M
Humedales de flujo vertical (FV)	M	B				B	M	B	B			A	
Humedal de flujo vertical tipo francés (SF)	M	B			B	B	M	B	B			A	A
HT de flujos del vertedero de excesos	M	B			A	B	M	B	B			A	
Humedales de flujo horizontal	M	B				B	M	B	B			A	

	Biodiversidad (fauna)	Biodiversidad (flora)	Regulación de temperatura	Mitigación de inundaciones	Mitigación de extremos de precipitación	Secuestro de carbono	Producción de biomasa	Valor estético	Recreación	Polinización	Fuente de alimento	Reutilización de agua	Biosólidos
Humedales aireados	B	B				B	M	B	B			A	
Humedales con alimentación secuencial	M	B				B	M	B	B			A	
Humedales con medios reactivos	M	B				B	M	B	B			A	
Humedales de flujo libre	A	A	B	M		M	A	A	M	M	A	A	
Humedales naturales	A	A	B	A	A	A	A	A	A	M		A	
Humedales flotantes	A	A	B	M		M	A	A	M	M		M	
Humedales evaporativos	M	B				B	M	B	B			A	A
Muros verdes	M	A	A			M	B	A	B	A	B	A	
Humedal en el techo	M	A	A		M	M	B	A	B	A	B	A	
Sistemas acuapónicos						M		B			A	A	M
Sistemas hidropónicos						M		B			A	A	B
Restauración de cauce	A	A		A		M	B	A	A		M		

SISTEMA DE INFILTRACIÓN EN EL SUELO A CARGA LENTA

AUTHOR

Samuela Guida, *International Water Association, Export Building, First Floor, 2 Clove Crescent, London E14 2BE, UK*
Contact: *samuela.guida@iwahq.org*

1 - Descarga
2 Campo Agrícola
3 – Infiltración en el suelo a carga lenta
4 - Agua subterránea

Descripción

Un sistema de infiltración a carga lenta consiste en la aplicación controlada de aguas residuales con tratamiento primario o secundario previo a una superficie vegetada. Para la aplicación y la distribución de las aguas, se utilizan métodos de riego estándar para repartir el agua homogéneamente en campos agrícolas, pastos o áreas forestales. Las aguas residuales se infiltran desde la superficie del suelo vegetado y fluyen a través de la zona radicular de las plantas y la matriz del suelo. El agua puede percolar a las aguas subterráneas, a drenajes subterráneos o a pozos para facilitar la recuperación de agua y su reutilización.

.

Ventajas

- Bajo consumo de energía y con posibilidad de ser alimentada por gravedad o por medio de un sifón
- Bajo riesgo de albergar mosquitos
- Sistema robusto que soporta variaciones en carga contaminante
- Recarga de acuíferos y control de aguas subterráneas

Desventajas

- Modificación en la estructura del suelo, como resultado de altas concentraciones de sal en el agua aplicada, si el diseño no es adecuado

Co-beneficios

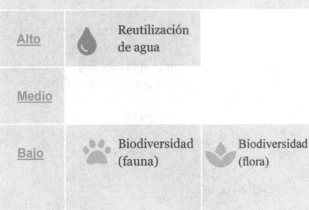

Alto	Reutilización de agua				
Medio					
Bajo	Biodiversidad (fauna)	Biodiversidad (flora)	Regulación de temperatura	Mitigación de excesos hidráulicos por escorrentía	Valores estéticos

Compatibilidad con otras tecnologías SBN

La infiltración a carga lenta funciona bien como complemento a sistemas de tratamiento basados en lagunajes, especialmente los sistemas de lagunajes en serie y como unidad de infiltración final, posterior a sistemas de humedales para el tratamiento.

Casos de Estudio

En esta publicación

- Tratamiento avanzado de aguas residuales a través de un sistema de infiltración a carga lenta en Lubbock, Texas, EE. UU.
- Reutilización de aguas residuales de un sistema de infiltración en el suelo baja a carga lenta en el condado de Muskegon, Michigan, EE. UU.

Otros

- Sistema forestado en Dalton, Georgia, USA en Lubbock, Texas, USA
(*htFTs://www.dutil.com/land-application-system/*)

Operación y Mantenimiento

Regular

- Monitoreo de la calidad de las aguas residuales afluentes, aguas subterráneas, suelo y vegetación
- Cosechas rutinarias según necesidad
- Inspecciones periódicas de infraestructuras, bombas, válvulas y elementos mecánicos

Solución a problemas

- Gestión típica para operaciones agrícolas con cualquier cultivo dotado de riego.

Referencias

Adhikari, K., Fedler, C. B. (2020). Water sustainability using pond-in-pond wastewater treatment system: case studies. *Journal of Water Process Engineering*, **36**, 101281.

Bhargava, A., Lakmini, S. (2016). Land treatment as viable solution for wastewater treatment and disposal in India. *Journal of Earth Science and Climatic Change*, 7, 375.

U.S. Environmental Protection Agency (2002). Wastewater Technology Fact Sheet Slow Rate Land Treatment. Washington, D.C.

U.S. Environmental Protection Agency. (2006). EPA Process Design Manual: Land Treatment of Municipal Wastewater Effluents (EPA/625/R-06/016; September 2006).

Detalles técnicos

Tipo de Afluente

- Aguas residuales domésticas con tratamiento primario
- Aguas residuales domésticas con tratamiento secundario
- Aguas grises

Eficiencia del tratamiento

- DQO   94-99%
- DBO_5 90–99% (<2 mg/L)
- NT   50–90% (<3 mg/L, Dependiendo de la carga aplicada, de la relación C: N, y de la asimilación por parte del cultivo y la eliminación).
- $N-NH_4$ ~80%
- PT   80–99% (<0.1 mg/L)
- SST   90–99% (<1 mg/L)

Requisitos

- Área neta necesaria:
  - Área requerida: 60–740 m² (Esta área no incluye zonas de amortiguación, vías y caminos de acceso y desagües para caudales de 1 m³/d)
  - Profundidad del suelo al menos 0,6–1,5 m
  - Permeabilidad del suelo: 1,5–51 mm/hora
- Requisitos de electricidad, energía para operar bombas
- Otros
  - Pretratamiento mínimo: sedimentación primaria
  - Técnicas de aplicación: aspersión, superficie o goteo
  - Vegetación: requerida
  - El clima, la pendiente del terreno y las condiciones del suelo requieren un diseño preciso

Criterios de diseño

- Cargas anuales: 0,5–6 m/año

Detalles técnicos

Configuraciones usualmente implementadas

- La infiltración en el suelo a carga lenta implica la aplicación controlada de aguas residuales a una superficie de suelo con vegetación. Hay dos tipos de sistema de infiltración de carga lenta:
  - Tipo 1: máxima carga hidráulica, es decir, aplicar la máxima cantidad de agua en la menor superficie de terreno posible; concepto de sistema para "tratamiento"
  - Tipo 2: de acuerdo con el potencial de riego óptimo, es decir, aplicar la menor cantidad de agua para que el cultivo o la vegetación se mantenga saludable; esto significa ser un sistema de riego o de reutilización de aguas, siendo el tratamiento de las aguas un objetivo secundario.

Condiciones climáticas

- Ideal para climas cálidos, pero también apta para climas fríos, si se cultivan cultivos de temporada. Límite mínimo de temperatura: −4 °C.

TRATAMIENTO AVANZADO DE AGUAS RESIDUALES A TRAVES DE UN SISTEMA DE INFILTRACION EN EL SUELO A CARGA LENTA EN LUBBOCK, TEXAS, USA

TIPO DE SOLUCION BASADA EN LA NATURALEZA (SBN)
Sistema de infiltración en el suelo a carga lenta

LOCALIZACIÓN
Lubbock, Texas, EE. UU.

TIPO DE TRATAMIENTO
Reutilización de aguas residuales a través de la aplicación en el terreno y riego

COSTOS
Estimados, ver más detalles en la sección de costos

FECHAS DE FUNCIONAMIENTO
Desde 1925 al presente (uno de los sistemas más antiguos en funcionamiento continuo en EE. UU.)

AREA/ESCALA
Aproximadamente 7.300 acres, 2.950 hectáreas

Antecedentes del Proyecto

La reutilización de aguas residuales para riego y aplicación en el suelo juegan un papel importante en la reducción del potencial de contaminación de las aguas residuales a cuerpos de agua receptores (Toze 2004 en Fedler et al., 2008). Esto porque las aguas residuales se descargan en el suelo en lugar de descargarse en los cuerpos de agua. Las aguas residuales aplicadas en el suelo pueden eficazmente sustituir agua utilizada para el riego (Agencia de Protección Ambiental de EE. UU. (USEPA) 1992 en Fedler et al., 2008). Como resultado, la aplicación de aguas residuales en el suelo puede reducir la presión que ejerce el riego agrícola sobre los recursos hídricos naturales (Fedler, 2017). Además, las aguas residuales pueden ser fuente de fertilizantes y suministrar nutrientes orgánicos e inorgánicos, tales como nitrógeno y fosfato, cuando las aguas residuales se reciclan como agua de riego para los cultivos (Toze 2004 en Fedler et al., 2008)

En la década de 1930, la ciudad de Lubbock tenía un acuerdo contractual para bombear todo el efluente de aguas residuales de la ciudad a la granja Grey (USEPA, 1986). El contrato estipulaba un flujo diario promedio de efluente con tratamiento secundario de 1 millón de galones por día (MGD) para aplicarlo en una superficie de 200 acres (80 hectáreas (ha)) (Fedler, 1999).

El contrato se firmó debido a que las lluvias en la región eran insuficientes para sostener los cultivos y el agua subterránea no está disponible en todos los lugares. Además, esta opción era una forma más económica de tratar y eliminar las aguas residuales de la ciudad.

AUTORES:
Lisa Andrews, *LMA Water Consulting+, The Hague, The Netherlands*
Clifford B. Fedler, *Civil, Environmental, and Construcción Engineering, Room 203B, Texas Tech University, Lubbock, Texas, USA*
Contacto: Lisa Andrews, *lmandrews.water@gmail.com*

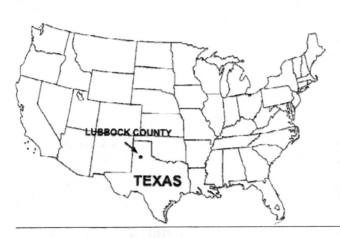

Figura 1: Localización del LLAS (fuente: Segarra et al., 1996)

Figura 2: Terreno sembrado con alfalfa, irrigado por un pivote central LLAS; foto grafía de Clifford Fedler

A medida que la ciudad creció, la finca Grey se amplió a 1.489 ha; sin embargo, en ese momento el sistema de riego por surcos existente no estaba distribuyendo las aguas residuales de manera efectiva. Como resultado, el agua subterránea acumulada debajo del terreno de la granja presentó una acumulación de aguas que contenía concentraciones elevadas de nitrato-nitrógeno que excedían los estándares para agua potable (USEPA, 1986). En 1981, el Sistema de Aplicación de Tierras de Lubbock (LLAS) se amplió para incluir la granja de la familia Hancock, ubicada 25 km al sureste, lo que resultó en un área nueva, más grande, para el sistema de tratamiento de 2.967 ha (USEPA, 1986). La expansión del sistema fue diseñada para reducir la carga bombeada a la granja Grey y para manejar el aumento de más de 10 MGD en el volumen de aguas residuales, como resultado del crecimiento urbano entre los años del establecimiento del sistema de aplicación de aguas en el suelo (LAS) y 1980, y así, resolver los problemas de contaminación de las aguas subterráneas. Para aumentar la eficiencia de los métodos de riego, se adoptó un riego por aspersión con equipo de riego de pivote central (USEPA, 1986) con tiempos y volúmenes de riego prescritos para ambas fincas.

Como un primer paso para reducir el aumento de acumulación de aguas residuales en el subsuelo, un volumen de aguas residuales se desvió a la granja Hancock, y al mismo tiempo, disminuir la contaminación por nitratos. Unos años más tarde, se instaló un sistema de bombeo de agua subterránea para mantener el flujo de agua en el Sistema de Lagos del Cañón Yellowhouse en el Parque McKenzie, ubicado a 15 km aproximadamente al oeste del sitio LLAS, lo que también contribuyó a reducir la acumulación de agua subterránea, y resultando en una reducción en las concentraciones de NO_3 (USEPA, 1986). La combinación del riego por aspersión eficiente y el cultivo de alfalfa en las áreas irrigadas fueron los factores principales en el cambio de cantidad y calidad el agua infiltrada (USEPA, 1986). Por tanto, este sistema ha

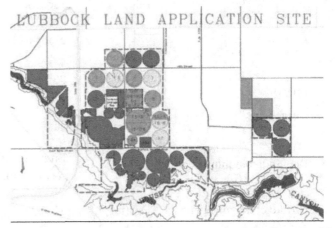

Figura 3: diagrama del Sistema e LLAS mostrando la ubicación del pivote central y los terrenos de riego por surcos (Fedler, 1999).

brindado una opción segura y factible para suministrar agua y nutrientes a los cultivos (Toze 2004 en Fedler et al., 2008), y, además, para reducir la presión sobre los recursos de agua dulce que cada vez son más escasos.

A lo largo de los años, y para mantenerse al día con las siempre cambiantes normas de descarga, y superar los desafíos asociados con este sistema innovador, el sistema LLAS se actualizó a lo que es hoy: 6.000 acres (2.420 ha) de los cuales 2.950 acres (1.190 ha) están irrigados por 31 pivotes centrales, con superficie suficiente para reducir la tasa de aplicación a un promedio de 1,4 m (4,6 pies) al año (Fedler, 1999).

Resumen técnico

Tabla de resumen

TIPO DE AFLUENTE	Aguas residuales domésticas, como menos del 30% de fuentes industriales (USEPA, 1986)
DISEÑO	
Caudal (m³/día)	Aproximadamente 49.000 m³/día o 13 MGD (Segarra et al., 1996)
Población equivalente (Hab.-Eq.)	129.000
Área (ha)	2.967 ha (USEPA, 1986)
Área por población equivalente (m²/Hab.-Eq.)	230
AFLUENTE	
Demanda bioquímica de oxígeno (DBO_5) (mg/L)	En promedio, DBO_5<60. Una vez sometido a tratamiento secundario, la concentración se redujo a alrededor de 20.
Nitrato como nitrógeno ($N\text{-}NO_3$) (mg/L)	20–25
EFLUENTE	(% ELIMINACIÓN)
DBO_5 (mg/L)	< 2 (Estudios de campo en columnas de suelo. Aunque no del sistema de Lubbock, sería representativo de lo que se espera cuando se diseñan adecuadamente. (Fedler, 2009).
Nitrato como nitrógeno ($N\text{-}NO_3$) (mg/L)	$N\text{-}NO_3$ concentraciones por debajo de 3 (Estudios de campo en columnas de suelo. Aunque no del sistema de Lubbock, sería representativo de lo que se espera cuando se diseñan adecuadamente (Fedler, 2009).)

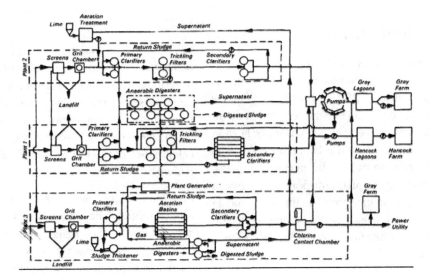

Figura 4: Diagrama de flujo de la planta de regeneración de aguas de Southeast (versión original en inglés, sin traducción) (USEPA, 1986)

Diseño y construcción

La Planta de Regeneración de Agua del Sudeste de Lubbock es una planta de tratamiento de lodos activados, donde el efluente no clorado, se bombea a las dos granjas. Las unidades de riego de pivote central reciben el agua de un depósito de almacenamiento, y fueron diseñadas para regar hasta 15 cm en 20 días con una pérdida máxima permitida del 20% debido a la evaporación (USEPA, 1986).

A lo largo de los años, se ha hecho evidente que el diseño de un LAS debe incluir los componentes limitantes de la tierra, el riego y las ineficiencias respectivas, el balance hídrico, la evapotranspiración y la selección de cultivos que incluyen la asimilación de nutrientes y los requisitos de lixiviación (Fedler, 1999). Desde entonces, se han realizado actualizaciones al LLAS para hacerlo más eficiente y menos costoso, considerando el balance hídrico como el paso principal para diseñar un LAS de aguas residuales que sea ambientalmente racional (Fedler et al., 2008).

Con los problemas que históricamente ha presentado el sistema actual, quedaban dos preocupaciones principales: el nitrógeno y la sal (Fedler et al., 2008). Por lo tanto, el nuevo diseño debería garantizar que estos se eliminaran o procesaran de manera eficiente y dentro de las regulaciones exigidas por el estado de Texas y la USEPA. El primer paso en el nuevo proceso de diseño de 1988 fue eliminar el nitrato del agua subterránea, minimizando así la fuente de nitrato. El dimensionamiento de los depósitos de almacenamiento de efluentes, junto con la definición del área de terreno, y los tipos de cultivos efectivos para eliminar el nitrógeno, fueron los parámetros de diseño primarios (Fedler, 1999).

Se hizo necesario reducir el tamaño del almacenamiento de efluentes, debido a los altos costos asociados, especialmente con las diferencias en el consumo entre invierno y verano (Fedler, 1999). El volumen de almacenamiento del suelo también debe incluirse en la ecuación, ya que tenía la capacidad de almacenar agua sin lixiviación (Fedler, 1999). Desde entonces, se ha seguido el nuevo diseño operativo, con solo modificaciones menores necesarias para tener en cuenta los diferentes cultivos requeridos por las condiciones climáticas u otros factores externos (Fedler, 1999)

Otra consideración de diseño importante es la uniformidad en la distribución de las aguas residuales aplicadas, lo que afecta la variabilidad espacial del sistema de aplicación superficial (Fedler et al., 2008). Además de diseñar el sistema para una distribución uniforme, se debe evitar la escorrentía en el sitio de aplicación. Para minimizar e incluso para evitar la escorrentía, el tiempo y la frecuencia de aplicación del riego y la tasa de aplicación se deben diseñar de acuerdo con las condiciones climáticas y del suelo existentes a lo largo de todo el año (Fedler et al., 2008).

El resultado más sobresaliente de esta investigación es que todos los sistemas de riego aplicados en la superficie pueden diseñarse para tener un efecto mínimo en el medio ambiente, siempre que se siga el principio de balance de masas en el diseño (Duan & Fedler, 2009).

Tipo de Afluente/tratamiento

El sistema LAS recibe aguas residuales domésticas con tratamiento secundario y menos del 30% de aguas residuales industriales (USEPA, 1986). Las aguas residuales se distribuyen en la superficie a través de un sistema de riego de pivote central y, al pasar por la zona de raíces de los cultivos, nutren a las plantas, a lo que simultáneamente se eliminan de las aguas residuales. Por ejemplo, desde la implementación de la nueva manera de operar, y la inclusión de un esquema de bombeo de agua subterránea, resultó en una reducción en la concentración de nitrato de alrededor del 11% por año (Fedler, 1999).

Eficiencia del tratamiento

En un estudio realizado por Fedler et al. (2008), se observó que la eliminación total acumulada de nitrógeno fue superior al 96 %, lo que demuestra que la aplicación al suelo de efluentes de aguas residuales tratadas no tiene efectos adversos sobre las aguas subterráneas en lo que respecta a la contaminación por nitrógeno. Sin embargo, las concentraciones de sal variaron de acuerdo con la tasa de lixiviación diseñada y oscilaron entre 1261 y 2794 µS/cm (Fedler et al., 2008). Los datos de este estudio se recolectaron de un sitio donde se cultiva pasto Bermuda y se usó un sistema de riego fijo por aspersión para distribuir las aguas residuales que se tomaron de un sistema de tratamiento de lagunas aerobias (Fedler et al., 2008).

Un estudio epidemiológico de la población en las áreas circundantes indicó que el riego por aspersión no produjo enfermedades evidentes durante el período del proyecto (USEPA, 1986); sin embargo, la tasa de infecciones virales fue ligeramente mayor entre los participantes y que tenían un alto grado de exposición a los aerosoles (USEPA, 1986).

Parcelas de prueba sembradas con alfalfa aparentemente eliminaron todos los nutrientes contenidos en las aguas aplicadas (USEPA, 1986).

Operación y mantenimiento

Toda la operación y el mantenimiento necesario de los sistemas de aplicación al suelo, son los mismos que para cualquier otro sistema de producción de cultivos, excepto que se deben tomar y analizar muestras periódicas del suelo para asegurarse de que las concentraciones de nitrógeno y sal no aumenten con el tiempo. Si los niveles de nitrógeno o sal aumentan más allá de la tolerancia de las plantas, entonces se necesitan acciones correctivas.

Costos

La información sobre los costos de este sistema no es fácilmente accesible y, por lo tanto, los siguientes párrafos describen cómo los sistemas LAS son soluciones beneficiosas para todos, que reducen los costos de tratamiento y aumentan los ingresos a través de la producción de cultivos. Los valores estimados han sido calculados por el Prof. Clifford Fedler, Texas Tech University.

Si bien las opciones para desarrollar nuevos abastecimientos de agua a través de enfoques tradicionales son limitadas, las aguas residuales municipales están fácilmente disponibles y se producen cerca de donde se encuentran los sitios de producción de cultivos. En los Estados Unidos, actualmente, se recolectan y tratan alrededor de 45×109 m³/año ($1,2 \times 1012$ galones/año) de aguas residuales (FAO, 2008). De ese volumen, menos del 6% se recupera con fines benéficos. Sin embargo, si esta agua se recuperara para la producción de cultivos, se podrían irrigar aproximadamente 10 millones de hectáreas (25 millones de acres), lo que representa aproximadamente la mitad del área de cultivo regada en los Estados Unidos. Debido a que el nivel de tratamiento de aguas residuales requerido para la descarga en cuerpos de cuerpos de agua es considerablemente mayor que el necesario para el riego de cultivos, el uso de agua regenerada reduciría el costo de tratamiento de aguas residuales para los municipios. Si el 10% de las aguas residuales tratadas fuera tratada para su aplicación directa a los cultivos, el ahorro en operaciones y mantenimiento sería de aproximadamente $3 mil millones anuales, de los cuales aproximadamente un tercio de ese ahorro representa costos de energía. Además, considerando el costo reducido en la construcción de plantas de tratamiento, en el futuro y a medida que crezca la población se podrían ahorrar miles de millones más.

Los sistemas de tratamiento por lagunaje-dentro-lagunaje (PIP por su sigla en inglés pond in pond treatment), es un sistema más nuevo, que tiene el potencial y pueden ayudar a reducir aún más los costos del proceso de tratamiento de aguas. La mayoría de los sistemas de tratamiento cuestan en promedio US$10–12/ (0,003 m3/día), pero estos costos varían según la ubicación. Los sistemas PIP pueden reducir los costos de tratamiento entre la mitad y dos tercios, y además son también adecuados para pequeñas comunidades de 50 000 habitantes o menos donde haya tierras agrícolas aledañas.

Co-beneficios

Beneficios ecológicos

Como resultado del cambio climático y la creciente demanda de la agricultura, la industria y los municipios Estados Unidos se enfrenta a una grave escasez de agua (USEPA, 1986). Se ha demostrado que la aplicación de aguas residuales municipales a los suelos dedicados a la agricultura es un método de tratamiento rentable, lo que resulta en una mayor conservación de agua, al reducir la demanda de recursos de aguas superficiales y subterráneas (USEPA, 1986; Fedler, 2017).

Beneficios sociales

La aplicación de aguas residuales al suelo proporciona una alternativa a la descarga de aguas residuales, mientras que, al mismo tiempo, proporciona recursos potenciales de agua y nutrientes para el crecimiento de las plantas, y a la vez, genera mayores ingresos para recuperar parte de la inversión y los costos operativos del sistema de tratamiento de aplicación al suelo (Segarra et al., 1996). Además de los beneficios ambientales, la aplicación superficial de aguas residuales puede proporcionar beneficios económicos, al reducir los costos como la implementación de tratamiento avanzado y la descarga de aguas residuales, al valorizar la tierra y las propiedades, y obtener ingresos adicionales por la venta de agua regenerada y los productos agrícolas (Lazarova y Bahri 2005 en Fedler et al., 2008). La aplicación de aguas residuales al suelo puede aumentar la producción local de alimentos, lo que es especialmente importante para las personas y las comunidades en las regiones áridas o semiáridas y en vías de desarrollo en todo el mundo (Fedler et al., 2008).

Además, se desarrolló un programa de bombeo, utilizando 27 pozos que bombearon el agua subterránea a los lagos en el Cañón Yellowhouse. Este programa fue desarrollado para mejorar la estética de un parque en la ciudad, dentro del cañón, proporcionando una forma adecuada de aprovechar el agua subterránea con fines recreativos. Sin embargo, esta agua solo mantuvo el nivel del agua en los seis lagos (Fedler, 1999).

Contraprestación

Como cualquier sistema natural de tratamiento de aguas residuales, la principal contraprestación es el área requerida, lo que es sin duda un factor en los LAS. Si el sistema está bien diseñado, los efectos y contraprestaciones subsiguientes se pueden minimizar. En Lubbock, el nuevo diseño del sistema distribución de agua redujo los problemas históricos, que incluían la acumulación y el deterioro de la calidad del agua subterránea por la acumulación de nitrato, así como, la salinidad dentro del perfil del suelo.

Lecciones aprendidas

Desafíos y soluciones

Desafío 1: comunicación entre las partes interesadas

El diseño de sistemas de aplicación en el suelo de carga lenta es clave para promover la reutilización de aguas residuales; sin embargo, su diseño sigue siendo un desafío. El problema radica en la falta de comunicación entre los diseñadores y los operadores involucrados en el sistema. A menudo, la parte agrícola olvida que el propósito de la aplicación a la tierra es tratar las aguas residuales y no maximizar las ganancias del cultivo que se produce. Por otro lado, los ingenieros olvidan que las "buenas prácticas agrícolas" son necesarias para un sistema más efectivo a largo plazo (Fedler, 1999)

Desafío 2: acumulación de agua subterránea

En las primeras décadas de funcionamiento, la estimación de las necesidades de agua de los cultivos era desconocida y, por tanto, una ciencia nueva. Así, las tasas de aplicación se basaron principalmente en la disponibilidad de suelo. Debido a este enfoque, para determinar la tasa de aplicación y también al hecho de que el riego se realizaba con surcos (uno de los métodos menos eficientes disponibles), se estaban acumulando aguas subterráneas (Fedler, 1999). Como se mencionó anteriormente en los beneficios sociales y para reducir la acumulación de agua subterránea, se desarrolló un programa de bombeo utilizando pozos que bombeaban el agua subterránea a los lagos en Yellowhouse Canyon, (Fedler, 1999).

Desafío 3: concentraciones de nitratos en aguas subterráneas

En un área del LLAS anterior a 1988, el propietario/operador aplicó un exceso de efluente, lo que provocó un aumento en la concentración de nitrato por encima de lo permitido para el agua potable (10 mg/L N-NO3) en el agua subterránea. Desde la implementación del nuevo diseño operativo y la inclusión de un esquema de bombeo de agua subterránea, ha resultado en una reducción en la concentración de nitrato de alrededor del 11% por año (Fedler, 1999).

El agua contenía niveles elevados de nitrógeno como nitrato (NO3-N). Con esta nueva información, y para utilizar de manera efectiva los nutrientes disponibles en el agua subterránea, la ciudad implementó un programa integral de bombeo para reciclar el agua subterránea en parques, en un campo de golf y terrenos agrícolas (Fedler, 1999). Por lo tanto, cuando se utiliza el enfoque de diseño considerando un balance de masa adecuado, se elimina la necesidad de tratamiento de las aguas subterráneas.

Desafío 4: cambio en las normas vigentes

Con la aparición de nuevas normas ambientales en torno a las operaciones de los sitios de aplicación y el desarrollo de nuevas tecnologías, la ciudad de Lubbock decidió en 1986 comprar LAS junto con terrenos adicionales, para permitir la ampliación. En ese momento, el caudal de aguas residuales era de aproximadamente 12 MGD. Además de la compra, la ciudad actualizó el método de aplicación de riego a un sistema de pivote central que tenía una eficiencia de aplicación mucho mayor en comparación con el método de riego por surcos. Este sistema ahora tiene suficiente terreno para reducir la tasa de aplicación a un promedio de 4.6 pies anuales (Fedler, 1999).

Desafío 5: acumulación de sal en los suelos (Fedler et al., 2008)

La acumulación de sal se puede reducir determinando el equilibrio adecuado de sal en el agua afluente y los cultivos utilizados. Además, al diseñar el sistema utilizando datos locales de precipitaciones, de modo que ningún período de retorno de 5 años exceda la asignación de sal, y así, se minimizan los efectos negativos en la producción de cultivos, mientras que se mantiene la calidad del agua subterránea.

Desafío 6: contaminación de aguas subterráneas por *Escherichia coli* y productos farmacéuticos y de cuidado personal (PPCP)

La inclusión de PPCP en el agua subterránea de un LAS se puede minimizar pues el suelo actúa como un filtro natural. A partir de un breve estudio de cuatro compuestos de PPCP evaluados, se logró una eliminación de estos a más del 99 % (Fedler et al., 2008).

Desafío 7: degradación de las propiedades del suelo

Las propiedades del suelo pueden verse afectadas negativamente en un sistema LAS mal diseñado, hasta el punto de que ya no puede mantener el crecimiento de cultivos forrajeros típicos como la alfalfa. Se ha demostrado que cuando se usó el balance de masa adecuado en el diseño, no se identificaron impactos negativos en el suelo, resultado que se ha mantenido a lo largo de la operación del sistema LAS, después de 20 años de operación como consecuencia de usar el mejor enfoque de diseño (Fedler et al., 2008).

Referencias

Adhikari K. and Fedler, C. B. (2020). Configuration of Pond-In-Pond Wastewater Treatment System: A Review. *Journal of Environmental Chemical Engineering*, 8(2), 103523.

Adhikari K. and Fedler, C. B. (2020). Water Sustainability Using Pond-In-Pond Wastewater Treatment System: Case Studies. *Journal of Water Process Engineering*, 36101281.

Amoli, B.H., Fedler, C. B. (2011). Removal of PPCPs within surface application wastewater systems. ASABE Annual International Meeting, Louisville, KY, 7–10 August 2011. Paper No. 110689. ASABE.

Duan, R., Fedler C. B. (2009). Field study of water mass balance in a wastewater land application system. *Irrigation Science*, 27(5), 409–416.

Fedler, C. B. (1999). Long-term land application of municipal wastewater-a case study. ASCE International Water Resources Engineering Conference, Seattle, WA, 8–11 August.

Fedler, C. B. (2000). Impact of long-term application of wastewater. Presented at the 2000 ASAE Annual International Meeting, Milwaukee, Wisconsin, July 9-12, 2000. Paper No. 002055. ASAE, 2950 Niles Road, St. Joseph, MI 49085-9659. USA.

Fedler, C., Duan, R., Borrelli, J., Green, C. (2008). Design & Operation of Land Application Systems from a Water, Nitrogen & Salt Balance Approach. Final Report for Project No. 582-5-73601.

Segarra, E., Darwish, M.R., Ethridge, D.E. (1996). Returns to municipalities from integrating crop production with wastewater disposal. *Resources, Conservation and Recycling*, 17(2), 97–107.

USEPA (1986). Project Summary: The Lubbock Land Treatment System Research and Demonstration Project. EPA/600/S2-B6/027.

REUTILIZACIÓN DE AGUAS RESIDUALES A TRAVÉS DE UN SISTEMA DE INFILTRACIÓN AL SUELO A CARGA LENTA EN EL CONDADO DE MUSKEGON, MICHIGAN, EE. UU

TIPO DESOLCUION BASADA EN LA NATURALEZA (SBN)
Sistema de infiltración al suelo de carga lenta usando laguna de almacenamiento para irrigación, irrigación estacional e infiltración en el suelo

UBICACIÓN
Muskegon County, Michigan, USA

TIPO DE TRATAMIENTO
Tratamiento primario con lagunas aireadas y lagunas de almacenamiento seguidas de infiltración en el suelo para reutilización de aguas residuales en irrigación

COSTO
US$120 millones

FECHA DE OPERACION
1974 al presente

AREA/ESCALA
Toda la PTAR, la laguna de almacenamiento, la tierra para irrigación y la tierra para drenaje, tienen un área total de 4,500 hectáreas

Antecedentes del Proyecto

En la década de los 60's, el condado de Muskegon, al igual que las comunidades adyacentes, trataban sus propias aguas residuales municipales e industriales en instalaciones de tratamiento pequeñas y sobrecargadas. Muchas de las industrias y comunidades del condado de Muskegon descargaban aguas residuales con tratamiento insuficiente, directamente en los lagos cercanos y no cumplían con los requisitos de descarga.

Como resultado, los tres principales lagos recreativos de Muskegon estaban siendo contaminados. El impacto de la contaminación fue visible con períodos de malos olores, floraciones severas de algas y pérdida del espejo del agua abierta a causa de la invasión de malezas. Actividades como nadar, navegar y pescar se vieron afectadas, y se volvieron inseguras, debido a estas malas condiciones de la calidad del agua. El tratamiento de las aguas residuales deficientes generadas por la comunidad hizo que las industrias se fueran o inclusive cerraran en lugar de ampliarse y nuevas industrias y negocios no llegaban a Muskegon. Las frustraciones y tensiones de estos problemas superpuestos estaban causando que los residentes perdieran la esperanza y el orgullo de vivir en sus comunidades.

Como resultado de esta situación, los líderes comunitarios y los planificadores del condado de Muskegon decidieron diseñar y construir un sistema de riego por aspersión, que trataría de manera efectiva hasta 191.000 m³/día (42 MGD) de aguas residuales. Esta solución, con visión de futuro ha servido a la comunidad desde 1973 y ahora se erige como un activo importante para atraer el desarrollo económico a la comunidad. A principios de la década de 1970 el condado de Muskegon compró 4460 hectáreas (1800 acres) a alrededor de 30 propietarios diferentes, para establecer la infraestructura.

AUTOR:

Robert Gearheart, *Humboldt State University, Arcata, California*
Contacto: Robert Gearheart, *rag2@humboldt.edu*

Figura 1: Abajo: Ubicación de Muskegon, Michigan; Arriba: Vista aérea del sistema de tratamiento de aguas residuales de irrigación/infiltración rápida de Muskegon Michigan, coordenadas 43° 14′ 58.8″ N, 86° 2′ 7.6″ W; 43.249657, –86.035438

Como resultado, el condado de Muskegon construyó un sistema que consta de tres procesos de tratamiento natural para tratar las aguas residuales de manera eficaz y económica: lagunas aireadas, seguidas de una gran laguna de almacenamiento, cuyo efluente se utiliza para el riego superficial de cultivos y paja, e infiltración en la columna de agua del suelo. El suelo y las plantas en este sistema filtran, atrapan y tratan los contaminantes contenidos en las aguas residuales a través de varios mecanismos, al tiempo que se drena a través del perfil del suelo. Este sistema también es conocido como sistema de aplicación al suelo (LAS). Las aguas residuales proporcionan una fuente eficaz de nutrientes que las raíces de la vegetación asimilan. Una vez se estableció la planta de tratamiento de aguas residuales, todas las descargas directas de aguas sin tratamiento previo a los lagos recreativos se detuvieron (Biegel et al., 1998) y, como resultado, la calidad del agua de los lagos mejoró drásticamente.

La planta de tratamiento de aguas residuales de riego/infiltración de suelo de Muskegon está ubicada en el estado de Michigan, EE. UU., en la costa este del lago Michigan.

Resumen técnico
Tabla resumen

AGUA AFLUENTE	25% domésticas, 50% plantas de papel, 25% industrial
DISEÑO	
Caudal (m³/día)	205.000
Habitantes equivalentes (Hab-Eq.)	180.000
Área (ha)	4.460
Área por persona equivalente (m²/Hab.-Eq.)	248
AFLUENTE	
Demanda bioquímica de oxígeno (DBO$_5$) (mg/L)	290
Demanda química de oxígeno (DQO) (mg/L)	800
Sólidos suspendidos totales (SST) (mg/L)	300
Escherichia coli (Unidades formadoras de colonias (UFC)/100 mL)	10^6
EFLUENTE	
Demanda bioquímica de oxígeno carbonácea (CDBO$_5$) (mg/L)	3
DQO (mg/L)	28
SST (mg/L)	<0,05 mg/L
Escherichia coli (UFC/100 mL)	Menor que 10
COSTOS	
Construcción	US$59 millones
Operación (anual)	US$12 millones

Los requisitos de descarga son algo complejos ya que se basan en la variación estacional y los factores climáticos. La temporada de crecimiento es el factor principal, ya que ésta determina las necesidades de riego y la absorción de nitrógeno y fósforo por parte de la planta, que deben ser equivalentes a los límites de descarga, como se ve en la tabla de resumen anterior.

Figure 2: Izquierda: equipo de riego de pivote central; Derecha: Laguna aireada para el tratamiento y laguna de almacenamiento

Diseño y Construcción

El Sistema de Tratamiento de Aguas Residuales del Condado de Muskegon, fue construido en 1974 como un proyecto demostrativo de sistemas de tratamiento por infiltración en los EE. UU., con 4.460 hectáreas de suelo arenoso e improductivo. El sitio fue seleccionado por su ubicación y la disponibilidad de una gran área de terreno requerida para el proyecto. El condado estaba usando alrededor del 70 % de las 4460 hectáreas (MCWMS, 2019).

"Al diseñar el sistema, los ingenieros y científicos estimaron que la esperanza de vida total del suelo en la instalación de tratamiento sería de unos 40 años (es decir, una vez se alcanza el límite de eliminación por parte del suelo de fósforo (P) en las aguas residuales). La estimación se basó en información sobre la composición del suelo, la tasa de aplicación promedio, el contenido promedio de fósforo de las aguas residuales y los cultivos a sembrar. Una vez que los suelos se saturaran, aumentaría el riesgo de contaminación de las aguas subterráneas y superficiales, lo que ocasionaría regresar a los problemas de eutrofización" (Biegel et al., 1998).

Se construyó un sistema de drenaje de aproximadamente 1 metro de profundidad, para descargar el caudal filtrado por el subsuelo en un punto del río Muskegon. Las dos lagunas de almacenamiento se construyeron con un tiempo de retención hidráulica de 120 días y un caudal de 74 millones de metros cúbicos por día. Las lagunas de almacenamiento tienen un volumen de 13 millones de cm^3 a una profundidad de 6 metros y con una superficie de 202 hectáreas. Las dos lagunas de oxidación parcialmente aireadas tienen una capacidad de 170.000 cm^3 por día

Se construyeron e instalaron 30 unidades de riego de pivote central, al mismo tiempo que los sistemas de abastecimiento de aguas residuales y bombas necesarias para la operación. La tecnología de riego de pivote central es accionada por motores hidráulicos activados por bombas en la impulsión del mismo sistema. Estos componentes implican algunas de las siguientes ventajas: menos costos de inversión, eliminan la descarga directa de aguas residuales, permiten el reciclaje de nutrientes para las plantas y permiten cultivar suelos con poca capacidad de retención de agua. Algunas de las desventajas incluyen mayores superficies y acumulación de fósforo en el suelo.

Tipo de afluente/tratamiento

El caudal afluente de aguas residuales es de alrededor de $1,25 \times 10^8$ L de aguas residuales cada día. Las aguas residuales se recolectaron en el centro de Muskegon y luego se bombearon a la planta para su tratamiento y almacenamiento antes del riego. Aproximadamente el 50% de las aguas residuales proviene de las plantas de producción de papel cercanas, el 25% del agua proviene de otros tipos de industria y, el 25% restante, proviene de fuentes domésticas. En la década de 1990 se agregó una capacidad adicional al sistema para tratar desechos con alta concentración (tanto de DBO_5 o de sólidos). Al rebajar las tasas para tratar aguas residuales con alta concentración, el condado tiene la capacidad de reducir los costos de producción comercial o industrial respetando y cuidando el medio ambiente. Actualmente, el sistema trata las descargas de aguas de empresas dedicadas a la fabricación de productos químicos orgánicos, el procesamiento de alimentos y una variedad de metales de las industrias de revestimiento y conformados de chapas metálicas El sistema también recibe desechos de tanques sépticos provenientes de otros condados, incluidos algunos de fuera del estado de Michigan.

Capacidad del Sistema: 42 millones de galones (159 millones de litros) de agua residual por día; 73 ton por día de sólidos en suspensión, y 72 ton por día de DBO_5 (MCWMS, 2019).

Límites estacionales de descarga para CDBO and SST, CDBO limitaciones
(Tardini, 2020)

LÍMITES CDBO	LÍMITE DE CARGA MÁSICA (kg/Día)			CONCENTRACIÓN LÍMITE (mg/L)		
FECHAS	MENSUAL	PROMEDIO 7-DIAS	DIARIO	MENSUAL	PROMEDIO 7-DIAS	DIARIO
10/1–11/30	2.948	4.400	–	18	–	27
12/1–4/30	4.082	6.350	–	25	40	–
5/1–5/31	1.769	2.767	–	11	–	17
6/1–9-30	1.451	2.132	–	9.0	–	13
SST LÍMITES	LÍMITE DE CARGA MÁSICA (kg/Día)			CONCENTRACIÓN LÍMITE (mg/L)		
FECHAS	MENSUAL	PROMEDIO 7-DIAS	DIARIO	MENSUAL	PROMEDIO 7-DIAS	DIARIO
Todo el año	2.449	4.082	–	15	25	–

Concentraciones (mg/L) de sustancias seleccionadas en diferentes puntos del tratamiento *(USEPA, 1980)*

PARÁMETRO	AFLUENTE	POSTERIOR A LA AIREACIÓN	POSTERIOR AL ALMACENAMIENTO (ANTES DEL RIEGO)	POSTERIOR A LA RENOVACIÓN DEL SUELO
Fósforo Total (mg/L)	2,4	2,4	1,4	0,05
Amonio (N-NH$_4$) (mg/L)	6,1	4,1	2,4	0,6
Nitrógeno en nitrato (N-NO$_3$) (mg/L)	Trazas	0,1	1,1	1,9
Zinc[a] (mg/L)	0,57	0,41	0,11	0,07
DBO$_5$ (mg/L)	205	81	13	3
DQO (mg/L)	545	375	118	28
Coliformes Fecales (UFC/100 mL)	>10^6	>10^6	10^3	<10^2

[a] Representativo del contenido de metales pesados

Eficiencia del tratamiento

Aireación y almacenamiento

El primer paso en el proceso de depuración es con lagunas aireadas de mezcla completa. "Durante 1,5 días, se inyectó aire al agua en una laguna completamente agitada. Posteriormente, el agua fluye a una laguna de aireación-sedimentación donde se retiene durante 3 días para permitir que los sólidos sedimentaran. En la laguna aireación-decantación y durante la retención en ella solo se proporcionó aireación suficiente para evitar que el sistema se volviera anaerobio. Las lagunas de sedimentación solo requirieron limpieza al cabo de dos años. Durante el periodo de limpieza de una de las lagunas, las aguas residuales se desviaron a una segunda laguna de sedimentación. Más del 90 % de los compuestos orgánicos en el afluente se eliminaron en este punto del proceso como resultado de volatilización, sedimentación en el lodo y/o biodegradación. Los compuestos remanentes tendían a ser relativamente no volátiles y/o resistentes a procesos bacterianos (persistentes). El agua procesada se mantuvo en lagunas de almacenamiento (embalse) hasta que se utilizó para el riego de cultivos". (Biegel et al., 1998). La temporada de riego se extiende desde finales de mayo hasta septiembre.

A través de la aplicación de aguas residuales y a medida que se agrega fósforo al suelo, éste puede ser inmovilizado por la materia orgánica, adsorbido (o absorbido) por partículas del suelo, o reaccionar rápidamente con otros iones en el suelo para formar precipitados insolubles. Aunque la absorción por el cultivo puede dar cuenta de la eliminación de fósforo en el rango de 20 a 59 kg/ha-año, el nivel de fósforo regado en el suelo podría aumentar constantemente si la tasa de carga másica de fósforo es mayor que la tasa de absorción por el cultivo. Para evitar una eutrofización acelerada en el sistema acuático que recibe efluentes de un sistema de tratamiento de aguas residuales terrestres, la concentración de fósforo en el efluente debe ser lo suficientemente baja.

El sistema ha estado en operación desde 1974, cumpliendo con el límite de descarga, compensando las tarifas de los usuarios con cultivos irrigados y proporcionando co-beneficios como educación ambiental y de vida silvestre. Los niveles de DBO$_5$ y SST están dentro del límite que se muestra en la tabla de resumen anterior. Los niveles de DBO$_5$ de los efluentes de los diferentes procesos en la línea de tratamiento muestran una reducción gradual y efectiva, aun considerando el aumento que pudiera deberse a las algas en la laguna de almacenamiento. El nivel de SST a lo

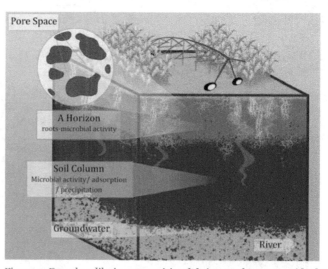

Figura 3: Derecha: dibujo esquemático del sistema de aguas residuales por LAS y que descarga al río Muskegon; Izquierda: tratamiento en el suelo con los diferentes medios a través de los cuales se infiltra el agua de riego, lo que permite un alto nivel de tratamiento (Gearheart, 2020) (versión original en inglés, sin traducción)

largo del proceso muestra un aumento en la laguna de almacenamiento, pero con una remoción efectiva durante el tratamiento de infiltración en el suelo. La concentración de fósforo total (PT) es un parámetro clave, pues tiene el potencial de producir eutrofización en las aguas receptoras.

La combinación de la absorción por las plantas en la temporada de crecimiento y la adsorción del suelo, reduce los niveles de fósforo efectivamente por debajo de los requisitos de descarga. Los niveles de Coliformes fecales se reducen en 4 órdenes de magnitud a los niveles de descarga requeridos, eliminando la necesidad de un paso adicional para garantizar la desinfección.

Operación y mantenimiento

El riego por pivote central se usa para regar aguas residuales tratadas en 2.200 hectáreas de terreno en el que se cultivan especies, como maíz (*Zea mays L.*), soja (*Glycine max (L.) Merr.*) y ocasionalmente alfalfa (*Medicago sativa L*). A principios de la primavera y finales del otoño, se utilizó riego por goteo para evitar que el agua se congelara y dañara las plataformas. El volumen de aguas residuales necesario para el riego depende del cultivo en particular, el tipo de suelo y la composición de las aguas residuales. En promedio, se aplican de 6 a 10 cm de aguas residuales por semana durante la temporada de crecimiento. El fósforo presente en cualquier residuo del cultivo que quede en el campo regresará finalmente al suelo. Un factor adicional a considerar, que a menudo es pasado por alto, es si un cultivo debe secarse en el campo antes de la cosecha. Durante el secado del campo, la aplicación al suelo debe detenerse y las aguas residuales deben desviarse a otro campo hasta que se coseche el cultivo.

Costos

El financiamiento inicial para el sistema de tratamiento y reutilización de aguas residuales de infiltración rápida de Muskegon fue a través del programa de subvenciones "USEPA Construction" que pagó el 87% del costo inicial del sistema, excluyendo el costo del terreno. El costo total en 1974 fue de $US 25 millones, sin incluir el costo de la tierra (superficie que se riega). Se desconoce el costo unitario del tratamiento, el preliminar (tamizado), las lagunas aireadas, las lagunas de almacenamiento, la desinfección y los elementos de riego del pivote central.

Se estima en US$ 120 millones el costo de construcción a 2020, comparado con el costo de 1974, sin incluir el costo del terreno. El costo estimado por usuario para 2020 es de aproximadamente US$200 per cápita, sobre la base de una población equivalente a 600.000 habitantes. Esta estimación considera que el 30% del caudal se atribuye a fuentes municipales (180.000 personas), y el resto se atribuye a caudales industriales.

En promedio, la agricultura compensa el 25% del costo operativo, y depende en gran medida, del precio del producto. Los nutrientes en las aguas residuales irrigadas compensan una cantidad significativa de fertilizantes necesarios para los cultivos. El valor del tratamiento por la absorción de nitrógeno y fósforo por parte de las plantas y, la eliminación de estos compuestos a través del manto del suelo, reemplaza los costosos procesos de eliminación de nutrientes.

Co-beneficios

Beneficios ecológicos

Durante la migración de aves, se pueden encontrar un gran número de aves acuáticas en los lagunajes, especialmente patos cuchara del norte y patos rufo. Los bordes fangosos a lo largo de los caminos con diques que corren entre los estanques atraen a las aves playeras migratorias. En verano, esta área ha sido el lugar más seguro para encontrar somormujos orejudos, algo raro en el estado, y a fines del otoño y el invierno, los caminos con diques han atraído búhos y escribanos nivales, e incluso, una vista única de un halcón gerifalte.

Los campos adyacentes son un buen lugar para buscar ratoneros calzados, chorlitejos dorados americanos, chorlitejos de vientre negro, alondras cornudas, bisbitas americanos, escribanos de Laponia y escribanos nivales. En algunos años, un águila real puede unirse a una o dos águilas de cabeza blanca, que se alimenta de las abundantes aves acuáticas presentes. El sitio también sirve de refugio para aves migratorias, que se encuentran en campos, bosques y cursos de agua adyacentes. Puede valer la pena investigar, ya que muchas aves acuáticas utilizan este sitio para largas escalas durante su migración. El manejo regular del hábitat de las aves playeras sería muy beneficioso.

Beneficios sociales

El Sistema de Gestión de Aguas Residuales del Condado de Muskegon aporta múltiples beneficios para la sociedad y la economía, incluidos bajos cargos por el tratamiento de las aguas residuales y tasas de recarga para las industrias. Adicionalmente, el sistema produce energía mediante una planta hidroeléctrica y el vertedero de residuos produce metano para las industrias locales (MSWMS, 2019).

Los hábitats del sitio principalmente proporcionan campos herbáceos/de cultivo en hileras, con grandes lagunas y cuencas de infiltración y tierras altas boscosas que ocupan una porción más pequeña del sitio. Las aguas residuales se esparcen en los cultivos en lugar de descárgalas directa a los cuerpos de agua, con lo cual proporcionan los nutrientes y el agua necesarios a los cultivos, al tiempo que mantiene las sustancias indeseables fuera de las aguas naturales, todo a un costo mínimo. Los beneficios adicionales de la aplicación en el suelo incluyen la reducción de la aplicación de fertilizantes y la reducción de los problemas ambientales (Biegel et al., 1998). Por lo general, las aguas residuales proporcionaron 55.000 kg de fósforo, 68.000 kg de nitrógeno y 100.000 kg de potasio como fertilizante al año. El uso de aguas residuales para el riego convirtió a suelos improductivos en tierras de cultivo útiles, al tiempo que optimiza el uso del agua y minimiza la contaminación de las fuentes de agua naturales.

Además, las instalaciones de tratamiento de Muskegon se han convertido en un importante destino para la observación de aves. El Sistema de Aguas Residuales de Muskegon es el más grande de Michigan, y quizás debido a los campos abiertos que los rodean, en uno de los más grandes de los EE. UU., con 11,000 acres (4.452 ha) de lagunas de sedimentación.

Lecciones aprendidas

Retos y soluciones

Reto 1: ciertos factores afectan la idoneidad de la aplicación de aguas tratadas en el suelo.

Por ejemplo, la textura y composición del suelo influye cuando se aplica agua tratada en el suelo y funciona mejor con suelos arenosos que con suelos arcillosos. Los suelos arcillosos drenan muy lentamente, por lo que la parte superior del perfil del suelo no está en condiciones ni permanecerá aerobia. Si, por el contrario, un suelo en particular drena demasiado rápido, existe un mayor riesgo de contaminación del agua subterránea. La esperanza de vida del suelo se estimó utilizando la cantidad de Fe presente en el suelo donde el criterio es la cantidad de fósforo retenido. También es importante el tipo y la materia orgánica del suelo.

Reto 2: El clima

En climas muy fríos, se necesita una mayor capacidad de almacenamiento de aguas, ya que la temporada de crecimiento es más corta. El efluente se puede aplicar cuando el suelo está congelado, pero es más probable que escurra por la superficie congelada. Además, dado que las plantas no están creciendo activamente, el fósforo se acumulará. En climas muy lluviosos, el exceso de agua lluvia puede disminuir la aireación del suelo, aumentar la lixiviación, disminuir el tiempo de retención y, por lo tanto, reducir el grado de biodegradación. Si aumenta la precipitación, se debe reducir la cantidad de aguas residuales aplicadas.

Reto 3: A largo plazo, la aplicación de aguas residuales modifica las propiedades químicas del suelo.

Especialmente, los cambios en el pH del suelo y la cantidad de calcio absorbido por el suelo son significativos. Cuando se diseñó la planta de Muskegon, se estimó el horizonte del sistema en unos 25 a 50 años.

Comentarios/evaluación de los usuarios

"El sistema provee un beneficio enorme a la comunidad casi inconmensurable", exfiscal del condado de Muskegon

La solución técnica fue el proyecto de obras públicas más grande jamás realizado en el condado: un sistema con un costo de US$43,4 millones el cual se inauguró en 1973 y que, según los defensores del proyecto, ha funcionado sorprendentemente bien a lo largo de los años de operación. El concepto de tomar aguas residuales y aplicarlas a un "filtro de tierra" no se aprobó en el momento de construcción e incluso tuvo oposición y contradictores de muchas personas en la Agencia de Protección Ambiental de EE. UU (USEPA).

Kirby Adams, de Audubon Michigan, afirma: "Michigan en el condado de Muskegon, tiene suerte de tener una de las mejores plantas de tratamiento de aguas residuales del país, desde la perspectiva de la observación de aves".

El sistema de gestión de aguas residuales del condado de Muskegon (generalmente llamado Muskegon Wastewater por los observadores de aves) rivaliza con puntos críticos como Pointe Mouillee y Whitefish Point para avistamientos de aves raras en Michigan.

"Muskegon Wastewater" abarca 11,000 acres (4.500 ha) de celdas de tratamiento, lagunas de almacenamiento, granjas, bosques y pastizales. Las dos lagunas de almacenamiento de 850 acres (354 ha) son lo suficientemente grandes como para estar entre los 100 mejores lagos de Michigan, nada mal en un estado con miles de lagos".

Es un proyecto piloto de gestión de aguas residuales para la USEPA, que es tan grande, que inclusive ha sido visto por astronautas de la NASA mientras que orbitan la tierra.

Referencias

Biegel, C., Linda, L., Graveel, J., Vorst, J. (1998). Muskegon county wastewater management: an effluent application decision case study. *Journal of Natural Resources and Life Sciences Education,* **27**, 137–144.

Crites, R. W., Reed, S. C., and Bastian R. K. (2000). Land Treatment Systems for Municipal and Industrial Wastes. McGraw-Hill, New York.

Hicken, B., Tinkey, R., Gearheart, R., Reynolds, J., Filip, D. (1978). Separation of Algal Cells from Wastewater Lagoon Effluents. Volume III: Soil Mantle Treatment of Wastewater Stabilization Pond Effluent - Sprinkler Irrigation.
U.S. Environmental Protection Agency, Washington, D.C., EPA/600/2-78/097.

Muskegon County Wastewater Management System (MCWMS). (2019). History. *htFTs:// muskegoncountywastewatertreatment.com/about-us/ history/* (accessed 15 April 2020).

Tardini, J. (2020). Supervisor of Muskegon Wastewater Management Laboratory, personal communication.

USEPA (1980). Muskegon County Wastewater Management System. EPA 905/2-80-004, US EPA Great Lakes Programs Office, Chicago, IL.

USEPA (1984). Process Design Manual, Land Treatment of Municipal Wastewater: Supplement on Rapid Infiltration and Overland Flow. EPA 625/1-81013A, US EPA CERI, Cincinnati, OH

SISTEMA DE INFILTRACIÓN EN EL SUELO A CARGA RÁPIDA

AUTOR

Samuela Guida, *International Water Association, Export Building, First Floor, 2 Clove Crescent, London E14 2BE, UK*

Contacto: *samuela.guida@iwahq.org*

1 - Afluente

2 – Sistema de distribución

3 -- Nivel del agua

4 – Infiltración rápida en el suelo

5 – Aguas subterránea

Descripción

La infiltración rápida en el suelo, que también se conoce como tratamiento al suelo para el acuífero, es una técnica de tratamiento que utiliza el ecosistema del suelo para tratar las aguas residuales. A medida que las aguas residuales se filtran, a través de la matriz del suelo altamente porosa, sufre un proceso de intercepción y filtrado físico, precipitación química, intercambio iónico, adsorción y oxidación, asimilación y reducción biológica. Luego, las aguas residuales se recolectan para su posterior tratamiento; o, dependiendo de la calidad del agua y las normas existentes, puede fluir hacia aguas superficiales o acuíferos subterráneos. El agua recuperada se puede utilizar para el riego de cultivos o para usos industriales.

Ventajas

- **Es un** sistema robusto a las fluctuaciones de carga
- Demanda superficies menores que el tratamiento de infiltración a carga lenta
- Recarga aguas subterráneas, a niveles controlados.

Desventajas

- Exige una evaluación detallada de la profundidad del suelo, la permeabilidad y la profundidad del agua subterránea antes de decidir el establecimiento del sistema.
- Los sistemas de infiltración en el suelo a carga rápida no cumplen con los estrictos niveles de tratamiento de nitrógeno requeridos para la descarga a los acuíferos de agua potable.
- Pueden colmatarse.

Co-beneficios

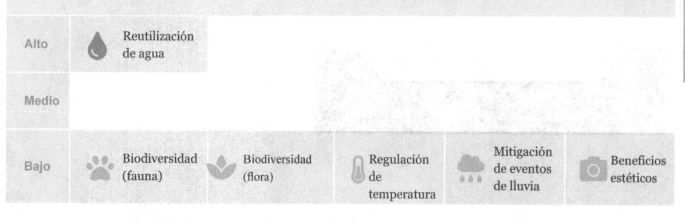

Alto	Reutilización de agua				
Medio					
Bajo	Biodiversidad (fauna)	Biodiversidad (flora)	Regulación de temperatura	Mitigación de eventos de lluvia	Beneficios estéticos

Compatibilidades con otros SbN

Pueden ser integradas con lagunas de estabilización de aguas residuales y humedales para tratamiento.

Operación y mantenimiento

Regular

- Controlar las cargas hidráulicas, las cargas de nitrógeno y las cargas orgánicas
  - Distribución de aguas residuales en periodos de 4 horas a 2 semanas
  - Periodos secos de 8 horas a 4 semanas
- Reemplazo de la capa superficial del suelo con regularidad.
- Remover los depósitos de material orgánica anualmente
-

Solución a problemas

- Mantener y controlar las tasas de infiltración para saber cuándo necesitan mantenimiento los lechos.

Referencias

U.S. Environmental Protection Agency (2002). Wastewater Technology Fact Sheet. Slow Rate Land Treatment. Washington, D.C.

Bhargava, A., Lakmini, S. (2016). Land Treatment as viable solution for wastewater treatment and disposal in India. *Journal of Earth Science and Climatic Change*, 7, 375.

Detalles Técnicos

Tipo de AFLUENTE

- Agua residual con tratamiento primario
- Agua residual con tratamiento secundario
- Aguas grises
- Aguas residuales diluidas en ríos

Eficiencia del tratamiento

- DQO $\quad$ ~78%
- DBO$_5$ $\quad$ 95–99%
- NT $\quad$ 25–90%
- N-NH$_4$ $\quad$ ~77%
- PT $\quad$ 0–99%
- SST $\quad$ 95–99%

Requisitos

- Área neta necesaria:
  - Permeabilidad mínima del suelo, 1,5 cm/h
  - Textura del suelo: arenas gruesas, Gravas arenosas
  - Profundidad mínima del suelo, 3,0–4,5 m
  - Tamaño de cada lecho, 0,4–4,0 hectáreas
  - Altura de los diques, 0,15 m sobre el máximo nivel del agua
- Necesidades eléctricas: energía para las bombas

Criterios de diseño

- Área de infiltración por lecho: 148 m²/m³/día
- Tasa de carga hidráulica: 6–90 m/año
- Carga de DBO$_5$: 2,2–11,2 g/m²/día
- Bajos contenidos de sólidos (posiblemente se necesite pretratamiento)

Condiciones climáticas

No hay restricciones climáticas

SISTEMAS EVAPORATIVOS CON SAUCES

AUTHORS

Darja Istenič, *University of Ljubljana, Faculty of Health Sciences,*
Zdravstvena pot 5, 1000 Ljubljana, Slovenia
Contact: *darja.istenic@zf.uni-lj.si*
Carlos A. Arias, *Aarhus University, Department of Biology –*
Aquatic Biology, Ole Worms Alle 1, 8000 Aarhus C,
Denmark Contact: *carlos.arias@bios.au.dk*

1 - Afluente
2 – Sistema de alimentación
3 - Suelo
4 – Sistema de drenaje
5 - Suelo
6 - Arboles
7 – Tubo de mantenimiento
8 - Impermeabilización
9 – Tubo de inspección

Descripción

Los sistemas basados en sauces (*Salix sp.*) son humedales desarrollados para tratamiento de aguas, dominados por sauces. Se utilizan para el tratamiento de aguas residuales *in situ*, donde se recuperan recursos mediante la producción y reutilización de biomasa leñosa. Están diseñados para tratar toda el agua afluente, a través de la evapotranspiración y, por lo tanto, no hay descarga de aguas del sistema al medio ambiente. Los sistemas basados en sauces, de descargas cero, son apropiados para sitios con estándares estrictos de descarga de aguas residuales o donde la infiltración del suelo no es posible. Sin embargo, también es posible diseñar e instalar sistemas de sauces que producen efluentes o donde la descarga percola en el suelo. Los sistemas con sauces de descarga cero producen una cantidad considerable de biomasa que se puede utilizar con fines energéticos, como materiales para enmienda del suelo, para producción de fibras, proteína, etc.

Ventajas

- No genera riesgos de proliferación de mosquitos
- Robusto ante las fluctuaciones de carga
- Cero emisiones de contaminantes al medio ambiente.
- No exige el uso de aguas receptoras o infiltración
- Producción de biomasa

Desventajas

- Exige el desarrollo de rutinas de cosecha de la biomasa producida y de su uso y valorización

Co-beneficios

Altos	🌿 Producción de biomasa	♻ Secuestro de Carbono	🐞 Polinización		
Medios	🐾 Biodiversidad (fauna)	🌸 Biodiversidad (flora)	〰 Mitigación de inundaciones	📷 Valor estético	🏃 Recreación, educación

Compatibilidad con otras SBN

Puede combinarse con humedales de flujo horizontal y flujo vertical, así como también, con humedales y lagunajes donde los sistemas evaporativos con sauces estarán diseñados para evapotranspirar los efluentes y producir biomasa o, para contribuir al tratamiento cuando se opera como un sistema de flujo continuo

Estudios de caso

En esta publicación

- Sistemas de tratamiento de aguas basados en sauces sin descarga

Operación y mantenimiento

Regular

- Control de tratamiento primario e inspección fitosanitaria (visual)
- Se estiman 12 horas para mantenimiento regular por año; 15 minutos adicionales por 100 m² en caso de cosecha mecánica de sauces, y sólo durante el año de cosecha
- Eliminación de lodos acumulados en el pretratamiento. El intervalo de vaciado depende del volumen del tanque y del número de habitantes servidos
- Cosecha (la mitad o un tercio del sistema cada dos o tres años, respectivamente)

Extraordinarias

- Control del nivel de agua en caso de eventos de precipitación de alta intensidad o larga duración (extraordinarios)

Solución a problemas

- Aumento de la salinidad después de 20 años o más de funcionamiento: posiblemente implica purgar el sistema, a través de las tuberías de mantenimiento

Referencias

Brix, H., Arias, C. A. (2011). Use of willows in evapotranspirative systems for on-site wastewater management – theory and experiences from Denmark. "STREPOW" International Workshop, Novi Sad, Serbia, February 2011, pp. 15–29.

Curneen, S. J., Gill, L. W. (2014). A comparison of the suitability of different willow varieties to treat on-site wastewater effluent in an Irish climate. *Journal of Environmental Management*, **133**, 153–161.

Detalles técnicos

Calidad del afluente

- Agua con tratamiento primario previo
- Agua con tratamiento secundario
- Aguas grises

Eficiencia del sistema

Los sistemas de descarga cero, no producen efluentes, lo que da como resultado una eficiencia de tratamiento general del 100 %. Los contaminantes como los metales pesados y sales pueden acumularse en el sistema

Los sistemas donde la infiltración es una alternativa, alcanzan las siguientes eficiencias de tratamiento:

- DQO — 92–100%
- DBO_5 — 98–100%
- NT — 85–100%
- $N-NH_4$ — 90–100%
- PT — ~100%
- SST — ~100%
- *Escherichia coli* — <1,000 CFU/100 mL

Requisitos

- Requerimientos de área neta: dependen del uso y producción de agua (carga hidráulica, en lugar de la carga contaminante). En el caso de Dinamarca es de 68 a 171 m² por cada 100 m³ de agua por año o de 30–75 m² per cápita (si la producción de agua estimada es de 120 L/hab/d)
- Consumo eléctrico por cuenta del sistema de bombeo: 7–10 kWh/Hab./año

Criterio de diseño

- DQO y SST (carga contaminante g/m²/día): debido a la descarga cero, los sistemas con sauces se diseñan de acuerdo con el volumen de agua a utilizar (ver requisitos); la DQO y SST no son criterios de diseño.
- TCH: depende de la tasa de evapotranspiración del sauce en una ubicación geográfica específica.

Configuraciones usualmente implementadas

- Sistemas descentralizados individuales (usualmente)
- FH/FV/SFL – sistemas de sauces

Detalles técnicos

Condiciones climáticas

Adecuado para climas cálidos y fríos; sin embargo, se deben seleccionar especies locales y clones de sauce con alto potencial de evapotranspiración.

En zonas con mayor evapotranspiración, la superficie necesaria puede ser menor y viceversa

INSTALACIONES DE AGUAS RESIDUALES CERO-DESCARGA: SISTEMAS CON SAUCES

TIPO DE SOLUCIÓN BASADA EN NATURALEZA (SBN)
Sistema Evaporativo con Sauces

UBICACIÓN
Karise en el municipio de Faxe, Dinamarca

TIPO DE TRATAMIENTO
Tratamiento primario y secundario sin descarga de aguas tratadas

COSTOS
Aproximadamente €3.400/año

FECHAS DE OPERACIÓN
octubre 2017 al presente

AREA/SCALA
8.800 m²

Antecedentes del proyecto

Con el deseo de vivir de una manera sostenible y circular, una comunidad de personas de la isla de Selandia, Dinamarca, decidió establecer un pueblo llamado Permatopia, siguiendo los principios orgánicos y de permacultura. Establecieron una granja al lado del pueblo de Karise en el municipio de Faxe, Dinamarca. Permatopia se fundó con la idea de crear un sistema de coviviendas importante y moderno que permita un bajo costo de vida y la sostenibilidad ambiental basada en la filosofía de la permacultura.

En Karise, ya había un sistema de alcantarillado de propiedad privada/municipal, al que se podría haber conectado la nueva comunidad sostenible; sin embargo, la comunidad decidió instalar su propio sistema de alcantarillado, estableciendo un sistema basado en sauces que no descargaría aguas y así mantener un estilo de vida independiente de la red de alcantarillado público, a la vez de mantener costos bajos. Los beneficios de este sistema incluyen implementar el reciclaje de aguas residuales para reutilizar los nutrientes como compost y carbono para los invernaderos y/o la producción de vegetales. Además, existía la posibilidad de separar la orina para usarla como fertilizante. Finalmente, cultivar sauces como sistema de tratamiento de aguas residuales es una opción de permacultura, por lo que es un escenario en la que la comunidad se beneficia.

El objetivo de una instalación de evaporativa con sauces (sin producir efluente) es que todos los desechos y el exceso de nutrientes presentes sean eliminados por el sistema, y nada se descargue al medio ambiente después del tratamiento. Esto sucede a través de la evapotranspiración (evaporación del suelo y transpiración por las hojas de las plantas) y la absorción de todos los nutrientes y minerales en las aguas residuales por el sistema de sauces. Este tipo de sistema también produce biomasa, que se puede utilizar como leña para la calefacción local.

AUTOR:

Peder Sandfeld Gregersen
Center for Recirkulering, Ølgod, Denmark
Contacto: Peder Sandfeld Gregersen, *psg@pilerensning.dk*

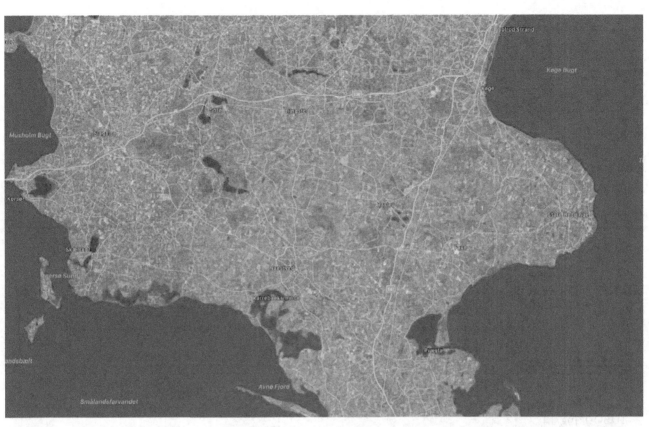

Figura 1: Karise Permatopia, Dinamarca (source: Google Maps)

Figura 2: Permatopia en Julio de 2017

Resumen técnico

Tabla de resumen

TIPO DE AFLUENTE	Aguas residuales domésticas
DISEÑO	
Carga hidráulica (m³/año)	6.276
Población equivalente (Hab.-Eq.)	190–250
Área (m²)	8.800
Promedio de Hab-Eq. servidos durante varios años.	225 personas (calculadas de acuerdo con la carga de nutrientes); la infraestructura fue dimensionada como un sistema descentralizado, de acuerdo a la evapotranspiración potencial del sitio y las plantas seleccionadas.
AFLUENTE	
Demanda bioquímica de oxígeno (DBO$_5$) (mg/L)	~55
Demanda química de oxígeno (DQO) (mg/L)	~400
Solidos suspendidos totales (SST) (mg/L)	~125
EFLUENTE	El sistema plantado con sauces no produce descarga, esto porque fue diseñado para ser un sistema sin descarga.
PRODUCCION DE BIOMASA	
Producción de biomasa seca por hectárea (ha)	Después de 3 años de plantado con tres clones distintos, la producción es del orden de 17 ton/ha
Nitrógeno (kg/ha)	170
Fósforo (kg/ha)	38
Potasio (kg/ha)	200
COSTOS	
Construcción	€531.000
Operación (anual)	~€3.400/año, excluyendo los costos del vaciado de lodos del tanque de sedimentación primario

Diseño y Construcción

La cantidad de aguas residuales y la capacidad de evapotranspiración deben calcularse con precisión, dado que el sistema debe dimensionarse para que retenga carga orgánica y nutrientes producidos por la comunidad y, además, que tenga la capacidad para evapotranspirar todas las aguas residuales producidas y el caudal generado por la precipitación local a lo largo del año. Durante el diseño y construcción de las viviendas para la comunidad, se consideró la cantidad de aguas residuales. Los baños se han diseñado con un sistema separativo, pero sin capacidad de almacenamiento. En el caso de que la orina se desvíe de la descarga principal de aguas residuales, la comunidad necesitará cultivar leguminosas (p. ej., *Trifolium sp.*) dentro del sistema de sauces para suplir el déficit de nitrógeno; de lo contrario, se inhibirá el crecimiento de los sauces y, en consecuencia, la evapotranspiración. Las plantas exigen una combinación de nutrientes para producir biomasa y mantener la evapotranspiración; en caso de ausencia de alguno de los nutrientes esenciales, como el nitrógeno, el crecimiento será deficiente.

Además, se implementaron diferentes tipos de sistemas de ahorro de agua: por ejemplo, se utilizaron inodoros de separación de dos caudales; de pequeña descarga de agua de 0,2 L por descarga y de mayor descarga de 2 L. Adicionalmente, se instalaron grifos, lavadoras, lavavajillas y duchas ahorradores de agua (no bañeras). Como resultado, el consumo total de agua podría ser tan bajo como 6276 m³ por año de toda la comunidad, incluidos los huéspedes potenciales que puede alcanzar hasta 1000 días-persona por año, lo que resulta en 191 L por hogar por día. El tamaño calculado de la instalación considerando las variables expuestas, resultó en un área total de 8.800 m². Esta superficie también incluyó el cálculo del volumen necesario para el almacenamiento de agua en los lechos durante el invierno, cuando no hay hojas y la evapotranspiración es baja.

Para mantener la tasa de evapotranspiración alta, se requiere de una distancia de al menos de 5 m entre lechos, lo cuales tienen 8 m de ancho. La eficiencia de todo el sistema con sauces (evapotranspirativo), depende de tres procesos principales.

1. "Efecto tendedero de ropa": el ancho de los lechos debe ser pequeño para permitir el paso del viento y transportar la humedad del aire a zonas sin árboles.

2. "Efecto de oasis": como el viento proviene de una superficie lisa se encuentra y golpea una superficie rugosa (arboles), que lo obliga a cambiar de dirección, hacia arriba y ejercer menor presión. Por tanto, no debe haber demasiadas hileras plantadas en el sistema ni bosques adyacentes.

3. Intercepción de precipitación: la densidad de sauces y hojas debe mantenerse alta, para atrapar la mayor cantidad de precipitación posible y evaporarla antes de que llegue al suelo.

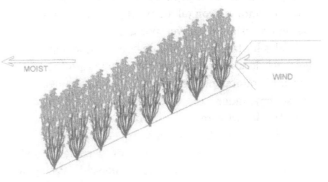

Figura 3: El "efecto tendedero de ropa": las lenticelas en hojas y tallos de los árboles liberan humedad al aire, y de la misma manera que la ropa húmeda en un tendedero, el viento se lleva la humedad. Cuando el aire alrededor de los árboles es seco, este puede absorber la humedad recién liberada de hojas y tallos.

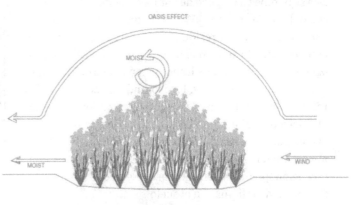

Figura 4: El "efecto oasis": el viento que sigue el contorno superior de los árboles en un oasis tiene que recorrer la misma distancia que el viento que pasa sobre la superficie de arena. Este fenómeno crea un diferencial de presión, que extrae la humedad de los árboles.

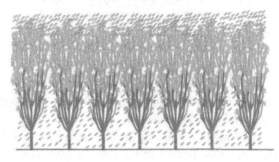

Figure 5: Interceptación: una pequeña cantidad de precipitación es interceptada por la alta superficie y cobertura de hojas y se evapora directamente desde allí sin llegar al suelo. Durante eventos de lluvias fuertes se espera que solo el 40% de la precipitación alcance al suelo.

Tipo de afluente/tratamiento

El sistema evaporativo basado en sauces consta de 10 lechos, cada uno de 8 m de ancho, 110 m de largo y 1,2 m de profundidad con taludes de 45° en todos los lados. Las aguas residuales fluyen por gravedad desde las 90 viviendas hasta una estación de bombeo que impulsa el agua del decantador primario al sistema propiamente dicho. El tratamiento primario consiste únicamente en un sedimentador. En el sedimentador existen dos cámaras: la primera con un volumen de 26 m³ y la segunda de 21 m³. Le sigue una arqueta de bombeo de 5 m³ y una bomba de 1,5 kW. El decantador está dimensionado para retener los sólidos de las aguas residuales y es vaciado cada seis meses. Una vez se vacía, los lodos se transportan y son tratados con lodos de origen doméstico. A largo plazo, hay planes para usar los lodos como acondicionador de suelo compostado, y así aprovechar los nutrientes. Una vez el agua es decantada, esta se bombea a un pozo de bombeo donde se instalaron cinco bombas de 1,1 kW cada una, por las que se alimentan las aguas residuales a los lechos. El pozo de bombeo está ubicado en el medio de la instalación (lado izquierdo Figura 6). Los lechos están construidos como se muestra en la Figura 7. La profundidad efectiva es de 1,2 m y con una capa de arena en el fondo de la instalación. Normalmente y en este tipo de instalaciones, el suelo de relleno del lecho proviene del mismo material de la excavación. Este Sistema es una excepción por ser Permatopia y debido a la posible existencia de reliquias en el suelo.

Eficiencia del tratamiento

El tratamiento es muy eficaz ya que no hay efluente; esto significa que las aguas residuales (y la precipitación) se eliminan a través de la evapotranspiración y el sistema con sauces que absorbe todos los nutrientes y minerales.

Operación y mantenimiento

Durante el primer año de funcionamiento, el plantado de los árboles no se realizó en la estación ideal y por tanto, solo recibió aguas al final de la temporada de crecimiento. Esto resultó en un déficit de nutrientes en los árboles y problemas de crecimiento. Un grupo de habitantes se ofreció como voluntario para mantener las instalaciones, controlar el nivel del agua y el crecimiento. Al mismo tiempo, desyerbaron para mejorar el crecimiento de los sauces. Los voluntarios también controlaron el funcionamiento de bombas y la distribución. En los lechos donde los sauces crecían más lentamente, fue necesario bombear agua de otros lechos o de lo contrario los sauces se eliminaban.

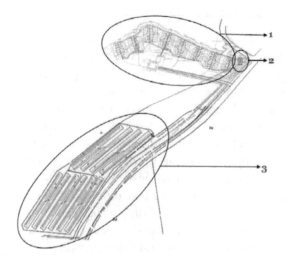

Figura 6: Asentamiento de Permatopia (1), tanques de sedimentación (2) y sistema de sauce con 10 lechos (3)

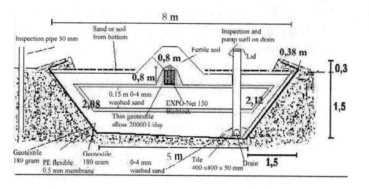

Figura 7: Sección transversal de los lechos en Permatopia (versión original en inglés, sin traducción)

Una parte importante del mantenimiento de una instalación con sauces es cosecharlos. Normalmente, todos los sauces se cortan a 15 cm del suelo, después del primer año de crecimiento. La rotación en los años siguientes implica talar los sauces cada 3 o 4 años. Esto normalmente se hace en dos pasos para cada lecho: se cortan tres filas en un lado de seis, mientras que las otras tres filas se dejan sin talar y se talan al siguiente año. Normalmente, y si se plantan como esquejes a mediados de abril, las especies de sauces seleccionadas en el primer año alcanzan los 3 m de altura. En esta etapa tienen uno o dos tallos y producen alrededor de 5 toneladas de materia seca por hectárea al año. Los sauces talados en el segundo año normalmente retoñan con seis a ocho tallos y crecen a 4,5 m de altura y producen unas 10 toneladas de materia seca por hectárea al año. En el tercer año y en los siguientes, los sauces crecen hasta 6 o 7 m con hasta 20 tallos y producen de 16 a 19 toneladas de materia seca por hectárea por año. En Permatopia, la primera cosecha se almacenó en una pila para juntar más biomasa con el siguiente corte. El plan fue usar una parte como fertilizante triturado en un invernadero y el resto como abono para devolver los nutrientes a los campos para el cultivo de hortalizas.

Costos

El costo total para la construcción del sistema con sauces de descarga cero, incluidos los dos pozos de bombeo y el tanque de sedimentación, fue de solo 44.000 DKK (5.900 € o 6.900 USD) por hogar, para los 90 hogares, incluidos los 26.000 m³ del transporte de suelo traídos al sitio para construir los lechos. En comparación con otros sistemas daneses, el costo del tratamiento de aguas residuales es muy bajo, debido a que el único costo de operación es hacer funcionar las bombas (mantenimiento por voluntarios de la instalación, de donde obtienen nutrientes reciclados y carbón o biomasa para calefacción y compostaje). El mantenimiento de las instalaciones y las bombas cuesta 25.500 DKK al año, o aproximadamente 3.400 € (3.900 USD). Esto no incluye el costo de retirar el lodo del tanque de sedimentación. En comparación con los gastos estándar mencionados anteriormente, el periodo de amortización de la instalación es corto, redundando en un ahorro a largo plazo.

Co-beneficios

Beneficios ecológicos

Los sistemas de sauces de descarga cero tienen muy poco impacto en el medio ambiente y son un sistema totalmente circular, con absorción de nutrientes y secuestro de carbono en los sauces.

Beneficios sociales

El sistema de sauces de descarga cero permite que Permatopia mantenga bajos costos operativos y la comunidad obtiene múltiples beneficios del sistema, incluido el uso de nutrientes, biomasa, fertilizantes y energía para calentar los hogares. Este tipo de sistemas también genera bajo impacto en al medio ambiente circundante.

En áreas templadas, la biomasa de un solo hogar suele ser suficiente para calentar agua durante el período de abril a septiembre. Como regla general, el contenido energético de la biomasa es 7 veces superior a la energía utilizada para la producción de material para la Construcción y para el funcionamiento de una instalación durante su vida útil. La biomasa se cosecha en una rotación de 3 o 4 años y vuelve a crecer a partir del tallo de la raíz sobrante. De esa manera, el sistema de sauces puede retener de 1,3 a 1,4 toneladas de equivalentes de CO_2 por hectárea (más absorbido en la biomasa) en comparación con el cultivo de cereales

Lecciones aprendidas

Retos y soluciones

Reto 1: Cumplir con la legislación

Para obtener un permiso de instalación de un sistema de carga cero, la comunidad primero tuvo que hacer lo siguiente:

- Se hizo una solicitud al ayuntamiento para que concedieran el permiso para el proyecto y evitar ser conectado al alcantarillado municipal/privado. A la comunidad se le concedió el permiso porque el consejo encontró que el proyecto cumplía con los objetivos de un sistema más verde y de economía circular;

- presentar la documentación completa para el funcionamiento de toda la instalación de tratamiento (tanque de sedimentación, estación de bombeo y sistema con sauces)

- presentar un informe completo sobre la evaluación de impacto ambiental;

- presentar un plano del sistema total con datos de GPS;

- presentar un plan de gestión y riesgos para la instalación en operación

Estas tareas fueron realizadas por la consultora Danacon y el Centro de Reciclaje como socios externos. La directiva de la asociación Permatopia también solicitó al Centro de Reciclaje que licite la Construcción para crear un nivel de competencia. Dos empresas fueron contactadas para ofertar (ver próximo desafío).

Reto 2: arqueología

Todos los permisos se concedieron cuando la construcción estaba a punto de comenzar, pero los arqueólogos les prohibieron excavar debido a la posible presencia de reliquias antiguas en el sitio. El inversor tenía dos opciones: pagar una excavación y estudio arqueológico o poner 1,2 m de suelo encima de toda la zona. Al colocar la capa de suelo encima de toda el área, los lechos de sauce podrían colocarse en este nuevo suelo y no impactarían el suelo original donde se conservarían las reliquias. El área total, incluyendo el tamaño total de los lechos de sauces y los caminos y superficies de mantenimiento, fue de 16.000 m². La junta optó por construir encima de la superficie con tierra reciclada de las excavaciones de las obras de Construcción en los alrededores de Copenhague. La construcción comenzó en mayo de 2017 cuando había suficiente suelo para llenar el primer lecho.

Reto 3: plantado de sauces

Un total de 15.720 esquejes de sauce se plantaron en macetas Jiffy a mediados de abril y fueron cuidados por los nuevos habitantes de la aldea Permatopia la cual estaba también en construcción. El último sauce se plantó en octubre de 2017 cuando finalizó la construcción. Debido a que todos los estanques de sauces no se construyeron y plantaron al mismo tiempo, sino uno tras otro, hubo gran diferencia en el crecimiento de los sauces entre los lechos. Por lo general, todos los lechos de una instalación se construyen primero y luego se plantan al mismo tiempo, normalmente con esquejes de sauce en abril para que el crecimiento en todos los lechos sea igual.

Mas información

Peder S. Gregersen desarrolló la tecnología e instalaciones con sauce de descarga cero mientras trabajaba en un departamento de desarrollo en el Centro Universitario de Sydjysk, Esbjerg, Dinamarca, de 1996 a 2000, y desde 2000 en el Centro de Recircularing.

Además, se han construido más de 100 instalaciones para otros fines: casi la mitad son instalaciones para aguas superficiales de superficies impermeables en fincas. El resto son para otro tipo de aguas residuales sin desechos humanos. Estos filtros vegetados están diseñados sin impermeabilización. Los nutrientes son absorbidos por los árboles y la evapotranspiración disminuye la infiltración para facilitar la absorción.

La instalación más grande es de 35 hectáreas para 170.000 m³ de aguas residuales por año de una empresa que produce fécula de papa; otra de 9 hectáreas trata 90.000 m³ de aguas residuales al año provenientes de una lechería orgánica. También hay muchos sistemas para pequeñas empresas productoras de alimentos en áreas rurales.

También se ha prestado asesoramiento y asistencia técnica para la construcción de instalaciones con sauces en Irlanda, Noruega, Suecia, Finlandia, Alemania, Bielorrusia, Inglaterra, Mozambique (con bambú) y España. También hay instalaciones en China. Además, se han construido cuatro instalaciones con clones especiales de sauce con el objetivo de ser biorremediador de metales pesados. Más información está disponible en:

www.pilerensning.dk/english/index.php?option=com content&view=article&id=53&Itemid=56&lang=en

Referencias

Brix, H., Gregersen, P. (2002). Water balance of willow dominated constructed wetlands. In: Proceedings of the 8th International Conference on Wetland Systems for Water Pollution Control, Arusha, Tanzania 16–19, volume 1, pp. 669–670. Dar es Salam, Tanzania.

Gregersen, P. (1995). Det jordnære energisystem, Sydjysk Universitetscenter sept.

Gregersen, P. (1996). Det jordnære ressourcesystem, Sydjysk Universitetscenter sept.

Gregersen, P. (1998). Rural innovation in a Danish context, strategies for sustainable development. In: Proceedings of the Nordic-Scottish Universities Network Conference.

Gregersen, P. (1999a). Beboere i det åbne land, Landsbynyt No. 6.

Gregersen, P. (1999b). Vegetationsfiltre til rensning af regnvandsbetinget overløbsvand. Syddansk Universitet, Esbjerg (unpublished).

Gregersen, P. (1999c). Vegetationsfiltre til rensning af spildevand fra malkerum, Bovilogisk.

Gregersen, P. (2000a). Pilerensningsanlæg til rensning af husspildevand. Stads- og Havneingeniøren

Gregersen, P. (2000b). Rensning af husstandsspildevand i pilerenseanlæg. Center for Recirkulering januar (unpublished).

Gregersen, P. (2000b). Rensning af husstandsspildevand i pilerenseanlæg. Center for Recirkulering januar (unpublished).

Gregersen, P. (2007). Life Cycle Assessment for Willow Systems. Center for Recirkulering.

Gregersen, P. (2017). Center for Recirkulering, Hubert de Jonge, Sorbisense. Næringsstoffer har værdi – spildevand kan bruges i energipil

Gregersen, P., Brix, H. (2000). Treatment and recycling of nutrients from household wastewater in willow wastewater cleaning facilities with no outflow. In: Proceedings of the 7th International Conference on Wetland Systems for Water Pollution Control, vol. 2, pp. 1071–1076. University of Florida.

Gregersen, P., Brix, H. (2001). Zero-discharge of nutrients and water in a willow dominated constructed wetland. *Water Science & Technology*, **44**, 407–412.

Gregersen, P., Gabriel, S., Brix, H., Faldager, I. (2003). ReNTingslinier for etablering af pileanlæg. *Stads- og Havneingeniøren*, **6/7**, 40–43.

Gregersen, P., Gabriel, S., Brix, H., Faldager, I. (2003). Guidelines for establishment of willow wastewater facilities up to 30 PE, Guidelines for establishment of willow facilities with percolation up to 30 PE. Background report for willow facilities. Danish Environmental Agency.

Larsen, S. U., Ravn, S. S., Hinge, J. Teknologisk Institut, Uffe Jørgensen & Paul Henning Krogh, Aarhus Universitet, Bo Vægter & Laura Bailon, Aarhus Vand, Anne Berg Olsen, Thise Mejeri, Rikke Warberg Becker, Aarhus Kommune, Peder S. Gregersen, Center for Recirkulering, Henrik Bach, Ny Vraa Bioenergy. (2018) Hubert de Jonge, Sorbisence, Article in FIB Forskning i Bioenergi, Brint & Brændselsceller, Biopress.

Thalbitzer, F. (2019). Energiafgrøder parkerer kulstof i jorden, interview with Jørgen E Olesen Aarhus University. *htFTs://Landbrugsavisen.dk/avis/energiafgr%C3%B8d er- parkerer-kulstof-i-jorden* (accessed 17 July 2020).

LAGUNAS CON AIREACIÓN SUPERFICIAL

AUTOR

Matthew E. Verbyla, *Department of Civil, Construction and Environmental Engineering, San Diego State University, California*
Contact: *mverbyla@sdsu.edu*

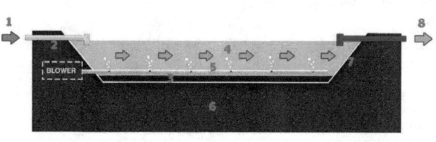

1 - Afluente
2 – Sistema de Alimentación
3 - Lodo
4 – Nivel del agua
5 – Sistema de aireación
6 - Suelo
7 - Impermeabilización
8 - Efluente

Descripción

Las lagunas con aireación superficial (LAS) pertenecen a una de las clases de lagunas de estabilización utilizadas para el tratamiento de las aguas residuales (TAR). Las LAS, también conocidas como lagunas aireadas, son lagunas no tan profundas (típicamente 1,5–2,0 m) de superficie libre, construidas con taludes inclinados, generalmente de forma rectangular y revestidas en mortero u otro tipo de material sintético, que usan una combinación entre aireación mecánica y procesos naturales para el tratamiento del agua. Los aireadores mecánicos son utilizados para mantener el nivel de oxígeno disuelto igual o mayor que 2 mg/L cerca de la superficie. Las condiciones aerobias se presentan en la superficie y las anóxicas en el fondo. El uso de los aireadores puede ser estacional.

Ventajas

- Robustas ante fluctuaciones de carga.
- No se necesita cosechar biomasa.
- Bajos costos de construcción en comparación con los humedales subsuperficiales.

Desventajas

- Potencial hábitat de mosquitos.
- Uso de tecnología compleja, que no es necesaria en sistemas pasivos de humedales para tratamiento de agua.
- Consumo adicional de energía, operación y mantenimiento debido al sistema de aireación.

Co-beneficios

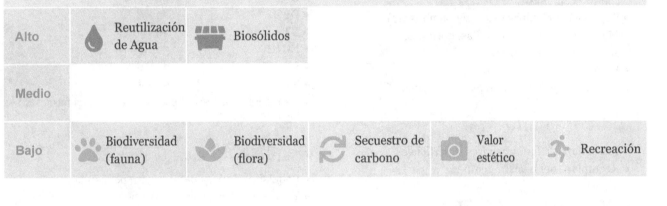

Alto	Reutilización de Agua	Biosólidos			
Medio					
Bajo	Biodiversidad (fauna)	Biodiversidad (flora)	Secuestro de carbono	Valor estético	Recreación

Compatibilidad con otras SBN.

Principalmente usadas para tratamiento secundario de aguas residuales; generalmente usadas en combinación con lagunas anaerobias, lagunas facultativas, y lagunas maduración.

Operación y mantenimiento

Regular

- Control de sumergencia, presencia de sustancias flotantes, en general presencia de vegetación en el sitio (semanalmente)
- Prevención/control de la erosión (estacionalmente)
- Control de plagas (cuando sea necesario)
- Mantenimiento de las estructuras de control (periódicamente)
- Supervisión de filtraciones (semanalmente)
- Mantenimiento de vías, vallas, portones, señalización (anualmente)
- Retiro del lodo (cada 2–10 años)
- Revisión bianual del sistema de aireación

Extraordinario

- Reemplazo de los aireadores superficiales
- Reemplazo del revestimiento

Solución de problemas

- Olores: debido a la sobrecarga orgánica
- Daño mecánico de los aireadores superficiales

Literatura

Triplepoint Water Technologies Blog. *www.triplepointwater.com/wastewater-lagoon-blog*

Verbyla, M.E. (2017). Ponds, Lagoons, and Wetlands for Wastewater Management. (F.J. Hopcroft, editor). Momentum Press, New York, NY, USA.

Verbyla, M. E., von Sperling, M., Maiga, Y. (2017). Waste stabilization ponds. In: Sanitation and Disease in the 21st Century: Health and Microbiological Aspects of Excreta and Wastewater Management (J. B. Rose and B. Jiménez-Cisneros, editors), Part 4, Management of Risk from Excreta and Wastewater (J. R. Mihelcic and M. E. Verbyla editors). Global Water Pathogens Project, Michigan State University, E. Lansing, MI, USA. UNESCO: *www.waterpathogens.org*.

Detalles técnicos

Tipo de afluente

- Agua residual doméstica cruda
- Agua residual con tratamiento primario
- Agua residual con tratamiento secundario

Eficiencia del tratamiento

- DQO   50–85%
- DBO_5 ~77%
- NT   20–90%
- $N-NH_4$ 50–95%
- PT   30–45%
- SST   53–90%
- Indicadores bacteriológicos   Coliformes fecales $\leq$ 1–2 $\log_{10}$

Requisitos

- Requisitos de área neta: 1–5 m² per cápita
- Requisitos eléctricos: 1–7 W/m³

Parámetros de diseño

- TRH: 5–20 días (10 d-normas estatales usadas en USA) recomendación 8,5–17 días para 70% de reducción de DBO, dependiendo de la temperatura operacional. Para un 80% de eliminación de DBO_5, se recomienda un tiempo de retención de entre 14–29 días, dependiendo de la temperatura (se requieren mayores tiempos para climas fríos)
- COS: 100–400 kg DBO/hectárea/día
- L: A relación: 1:1–4:1
- Tipos de aireador: fijo/aireadores flotantes en la superficie
- Tasa de acumulación del lodo: 0.03–0.08 m³/año y per cápita

Configuraciones empleadas comúnmente

- LAS
- LAS – Laguna facultativa (LF) – Laguna de maduración (LM)
- Laguna anaerobia (LA) – LAS – LF

Condiciones climáticas

- Apropiadas para climas templados y cálidos.
- Apropiadas para climas tropicales.

Literatura

von Sperling, M. (2007). Waste Stabilisation Ponds. Volume 3: Biological Wastewater Treatment Series, IWA Publishing, London, UK.

Wastewater Committee of the Great Lakes--Upper Mississippi River Board of State and Provincial Public Health and Environmental Managers (2004). 10 States Standards – Recommended Standards for Wastewater Facilities: Policies for the Design, Review, and Approval of Plans and Specifications for Wastewater Collection and Treatment Facilities. Health Research Inc., Health Education Services Division, Albany, NY, USA.

LAGUNAS FACULTATIVAS

Autor

Miguel R. Peña-Varón, *Universidad del Valle, Instituto Cinara, Cali, Colombia*
Contact: *miguel.pena@correounivalle.edu.co*

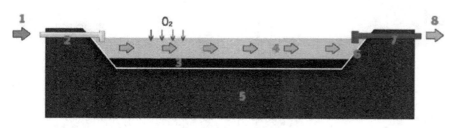

1 - AFLUENTE
2 – Sistema de alimentación
3 - Lodo
4 – Nivel del agua
5 - Suelo
6 - Impermeabilización
7 - Efluente

Descripción

Las Lagunas Facultativas (LF) son un tipo de lagunas de estabilización utilizadas para el tratamiento del agua residual (TAR). Hay dos tipos de LF: laguna facultativa primaria (LFP), que recibe el agua residual cruda (posterior al tamizaje y rejillas) y, laguna facultativa secundaria (LFS), que recibe el agua residual sedimentada del tratamiento primario (usualmente el efluente de la Laguna Anaerobia). Las LF son diseñadas para remover la DBO_5 con base en su carga orgánica superficial. Este término se refiere a la cantidad de materia orgánica aplicada por hectárea del área superficial de la laguna (kilogramos de DBO_5 por hectárea de área superficial de la LF: kg DBO_5/ha/día). Los valores de carga orgánica utilizada son relativamente bajos (usualmente en el rango entre 80–400 kg DBO_5/ha/día, dependiendo de la temperatura de diseño) para permitir el desarrollo de la comunidad de algas. La profundidad de las LFs está en el rango entre 1–2 m, siendo 1,5 m el valor más común.

El mantenimiento de la salud en la comunidad de algas es muy importante, ya que las algas generan el oxígeno necesario para que las bacterias heterotróficas remuevan la DBO_5. Las algas proporcionan en las LF un color verde oscuro.

Las LF pueden ocasionalmente tornarse rojas o rosadas, debido principalmente a la presencia de bacterias anaerobias purpura sulfuro reductoras. Este cambio ecológico en las LF ocurre debido a una ligera sobrecarga de DBO_5, por lo que los cambios de color en una LF son muy buenos indicadores cualitativos del funcionamiento de la laguna. La concentración de algas en una LF con buen funcionamiento esta usualmente en el rango entre 500–1000 µg de clorofila-a por litro.

Ventajas

- Bajo uso energético (alimentación por gravedad)
- Soportan altas fluctuaciones de carga
- No es necesario cultivar la biomasa
- Costo de construcción más bajo en comparación con el tratamiento por medio de humedales subsuperficiales.
- Carbono neutral debido a los procesos en el día y en la noche (fotosíntesis versus respiración)

Desventajas

- Hábitat potencial de mosquitos
- Alta concentración de algas en el efluente
- El nitrógeno es absorbido en gran parte por las algas, solo una pequeña parte pasa al aire en forma de amonio.

Co-beneficios

Medio	🐾 Biodiversidad (fauna)				
Bajo	Biodiversidad (flora)	Regulación de la temperatura	Secuestro de carbono	Valor estético	Recreación
BAJO	Biosólidos	Reutilización del agua			

Compatibilidad con otras SBN.

Las lagunas facultativas secundarias se usan principalmente para tratar el efluente de las lagunas anaerobias. Las LF primarias reciben el agua pretratada. En sistemas pequeños con población igual o menor a 1,000 habitantes, las LF deben estar acopladas con tanques sépticos. Las LF pueden acoplarse aguas abajo con unidades de filtración gruesa (rocas) para obtener una remoción efectiva de algas y nitrificación en el efluente final.

Casos de estudio

En esta publicación

- Tratamiento de aguas residuales usando tecnología por lagunas en Mysore, India: combinación de lagunas facultativas y de maduración
- Tratamiento de aguas residuales usando tecnología de lagunas anaerobias, facultativas y de maduración en Trichy, India
- Tratamiento de aguas residuales por lagunas de estabilización en El Cerrito, Colombia

Operación y mantenimiento

Diario

- Registros diarios del caudal de ingreso y salida
- Control del crecimiento de macrófitas flotantes
- Monitoreo de parámetros de campo

Semanal

- Chequeo de válvulas, vertederos y tuberías

Extraordinario

- Reparar/remplazar el revestimiento si esta averiado
- Recorte de césped y toma de muestras en el afluente y efluente
- Envío de muestras para análisis en el laboratorio

Solución de problemas

- Cambios de color: debido a una sobrecarga, bien sea por el mal funcionamiento de la unidad anterior o sobrecarga general de todo el sistema

Referencias

Mara, D. D. (2004). Domestic Wastewater Treatment in Developing Countries, 2nd edition. Earthscan, London, UK.

Mara, D. D., Peña, M. R. (2004). Waste Stabilisation Ponds: Thematic Overview Paper-TOP. IRC: International Water and Sanitation Centre. Technical Series. Delft, The Netherlands.

Peña, S (2019). Aerial photograph taken with DJI Spark Drone. Camera 12 megapixels. Altitude 70 m. Photograph taken in August 2019. NBS system at Ginebra, Colombia.

Verbyla, M. E. (2017). Ponds, Lagoons, and Wetlands for Wastewater Management. (F. J. Hopcroft, editor). Momentum Press, New York, NY, USA.

von Sperling, M. (2007). Waste Stabilisation Ponds. Volume 3. Biological Wastewater Treatment Series, IWA Publishing, London, UK.

Detalles técnicos

Tipo de afluente

- Agua residual doméstica cruda
- Agua residual doméstica con tratamiento primario

Eficiencia del tratamiento

- DQO   ~34%
- DBO_5 (total)   40–56%
- DBO_5 (filtrada)   70–80%
- NT   20–39%
- $N-NH_4$ ~44%
- PT   1–25%
- SST   27%
- Indicador bacteriológico   Coliformes fecales ≤ 1–2 log_{10}

Requerimientos

- Requisitos de área neta: 1–3 m^2 per cápita
- Requisitos eléctricos: las LF generalmente se operan por gravedad, en algunas ocasiones se hace necesario el bombeo

Parámetros de diseño

- Tiempo de retención hidráulica: 4 a 8 días, dependiendo de la carga de agua residual y la temperatura
- Largo: ancho relación 1:2 a 1:3

Configuraciones empleadas comúnmente

- LF – Laguna de maduración (LM)
- Laguna anaerobia (LA) – LF – LM
- Tanque séptico – LF – Humedales para tratamiento (HT)

Condiciones climáticas

- Adecuada para climas fríos y cálidos
- Muy apropiada para climas tropicales

LAGUNAS DE MADURACION

AUTOR

Matthew E. Verbyla, *Department of Civil, Construction and Environmental Engineering, San Diego State University, California*
Contact: *mverbyla@sdsu.edu*

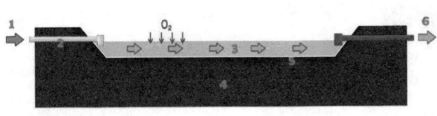
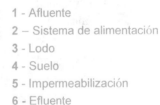

1 - Afluente
2 – Sistema de alimentación
3 - Lodo
4 - Suelo
5 - Impermeabilización
6 - Efluente

Descripción

Las Lagunas de maduración (LMs) son un tipo de lagunas de estabilización para tratamiento de aguas residuales. Las LMs son poca profundas (típicamente 1 m) de superficie abierta, cercada por terraplenes de tierra, generalmente de forma rectangular y típicamente revestida en concreto o materiales sintéticos. Las LMs utilizan procesos naturales para pulir y desinfectar el agua residual proveniente del tratamiento secundario. Las condiciones aerobias prevalecen típicamente en toda la columna de agua. Algunas veces se utilizan pantallas para aproximar el flujo a condiciones de flujo pistón y ajustar la relación largo: ancho, dependiendo de la disponibilidad del terreno.

Ventajas	Desventajas
• Posibilidad de bajo consumo energético (alimentación por gravedad) • Robusta ante fluctuaciones de carga • No es necesario cultivar la biomasa • Costo de construcción más bajo en comparación con el tratamiento por medio de humedales subsuperficiales.	• Potencial hábitat para mosquitos

Co-beneficios

Alto	💧 Reutilización de agua				
Medio	🐾 Biodiversidad (fauna)				
Bajo	🌸 Biodiversidad (flora)	🌡 Regulación de la temperatura	♻ Secuestro de carbono	📷 Valor estético	🛒 Biosólidos

Notas

Otros co-beneficios incluyen acuacultura y cosecha de biomasa

Compatibilidad con otros SBN

Se utiliza principalmente para tratar el efluente de las lagunas facultativas, aunque también pueden ser utilizadas para tratar el efluente secundario de otros procesos para tratamiento de aguas residuales (reactores anaerobios, filtros percoladores, humedales para tratamiento), enfocadas en mejorar la reducción de nutrientes y patógenos. Recientemente algunas investigaciones han mostrado el potencial para la foto biodegradación de los microcontaminantes.

Casos de estudio

En esta publicación

- Tratamiento de aguas residuales usando tecnología por lagunas en Mysore, India: combinación de lagunas facultativas y de maduración
- Tratamiento de aguas residuales usando tecnología de lagunas anaerobias, facultativas y de maduración en Trichy, India

Operación y mantenimiento

Regular

- Controlar la vegetación sumergida, flotante y en general de todo el sitio (semanalmente)
  - Controlar la eficiencia del pretratamiento; previniendo el crecimiento de macrófitas
  - Remoción de las capas de algas que se forman en la superficie
- Prevención/control de la erosión (estacionalmente)
- Control de plagas (cuando sea necesario)
- Mantenimiento de las estructuras de control (periódicamente)
- Monitoreo de filtraciones (semanalmente)
- Mantenimiento de caminos de entrada, cercas, vallas, señalización (anualmente)
- Retiro del lodo (cada 2–10 años)

Extraordinario

- Reparar/remplazar el revestimiento si esta averiado

Solución de problemas

- Olor: debido a la sobrecarga

Referencias

Verbyla, M. E. (2017). Ponds, Lagoons, and Wetlands for Wastewater Management. (F. J. Hopcroft, editor). Momentum Press, New York, NY, USA.

Verbyla, M. E., Mihelcic, J. R. (2015). A review of virus removal in wastewater treatment pond systems. *Water Research*, **71**, 107–124.

Verbyla, M. E., von Sperling, M., Maiga, Y. (2017). Waste stabilization ponds. In: Sanitation and Disease in the 21st Century: Health and Microbiological Aspects of Excreta and Wastewater Management (J. B. Rose and B. Jiménez-Cisneros, editors), Part 4, Management of Risk from Excreta and Wastewater (J. R. Mihelcic and M. E. Verbyla editors). Global Water Pathogens Project, Michigan State University, E. Lansing, MI, USA. UNESCO: *www.waterpathogens.org*.

von Sperling, M. (2007). Waste Stabilisation Ponds. Volume 3: Biological Wastewater Treatment Series. IWA Publishing, London, UK.

Detalles técnicos

Tipo de afluente

- Agua residual proveniente de tratamiento secundario

Eficiencia del tratamiento

- DQO ~16%
- DBO$_5$ ~33%
- NT 15–50%
- N-NH$_4$ 20–80%
- PT 20–50%
- SST ~16%
- Indicador bacteriológico Coliformes fecales ≤ 1–3 log$_{10}$

Requerimientos

- Requisitos de área neta: 3–10 m² per cápita
- Requisitos eléctricos: se operan generalmente por gravedad, aunque en algunas ocasiones se hace necesario el bombeo

Parámetros de diseño

- TRH: ideal >20 días para la reducción de patógenos
- L: A relación: 1:2–1:3

Configuraciones empleadas comúnmente

- Laguna facultativa (LF) – LM
- Laguna Anaerobia (LA) – LF – LM
- Humedal de flujo horizontal/vertical – LM
- Reactor biológico – LM

Condiciones climáticas

- Adecuada para climas fríos y cálidos
- Muy apropiada para climas tropicales

LAGUNAS ANAEROBIAS

AUTOR

Miguel R. Peña-Varón, *Universidad del Valle, Instituto Cinara. Cali, Colombia*
Contact: *miguel.pena@correounivalle.edu.co*

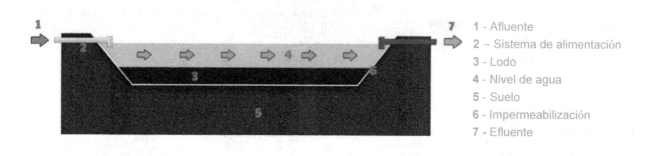

1 - Afluente
2 – Sistema de alimentación
3 - Lodo
4 - Nivel de agua
5 - Suelo
6 - Impermeabilización
7 - Efluente

Descripción

Las Lagunas Anaerobias (LA) son un tipo de lagunas de estabilización para tratamiento de aguas residuales (TAR). Las LA son las primeras y más pequeñas unidades entre la serie de las lagunas. Se dimensionan de acuerdo con su valor de carga orgánica volumétrica (COV), la cual indica la cantidad de material orgánica expresada en gramos de DBO_5 por día aplicados por cada metro cubico del volumen de la laguna. Las LA deben recibir la COV en el rango entre 100–350 g $DBO_5/m^3/día$,dependiendo de la temperatura de diseño.

El rango permisible de la COV es de 100 g/m^3/día para temperaturas menores o iguales a 10 °C, incrementándose linealmente hasta 300 g/m^3/día a 20 °C, y luego más lentamente a más de 350 g/m^3/día a 25 °C y valores superiores. La temperatura de diseño es el valor medio de la temperatura del mes más frio.

Ventajas

- Estabilización del lodo por digestión anaerobia
- Soporta altas fluctuaciones de carga
- Posibilidad de bajo consumo energético (alimentación por gravedad)
- No es necesario cultivar la biomasa
- Costo de construcción más bajo en comparación con el tratamiento por medio de humedales subsuperficiales.

Desventajas

- Potencial hábitat para mosquitos
- Posibles problemas por olores debido a fallas de operación y mantenimiento

Co-beneficios

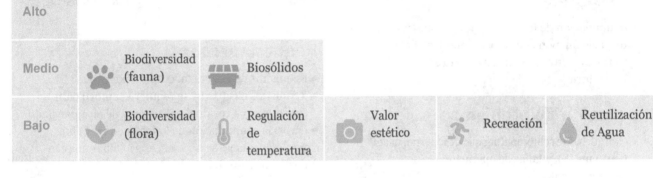

Alto					
Medio	Biodiversidad (fauna)	Biosólidos			
Bajo	Biodiversidad (flora)	Regulación de temperatura	Valor estético	Recreación	Reutilización de Agua

Notas

Otros co-beneficios incluyen los siguientes:

El lodo estabilizado puede ser usado como restaurador de suelos, fertilizante de cultivos; el biogás puede ser recuperado dependiendo del tipo de agua residual y el tamaño de la LA, se puede reducir la huella de carbono, si se cubre la LA y se recolecta el biogás (ver lagunas anaerobias de alta tasa).

Casos de estudio

En esta publicación

- Tratamiento de aguas residuales usando tecnología de lagunas anaerobias, facultativas y de maduración en Trichy, India
- Tratamiento de aguas residuales por medio de lagunas de estabilización en El Cerrito, Colombia

Compatibilidad con otros SBN

Las LA se utilizan como tratamiento primario de aguas residuales, se combinan generalmente con las lagunas facultativas y los humedales para tratamiento.

Operación y mantenimiento

Diario

- Registro de los datos de caudal, limpieza de las unidades de tamizaje y rejillas, control del caudal en las unidades de tratamiento, monitoreo de parámetros de campo

Semanal

- Chequeo de las bombas en el sistema, chequeo de tuberías obstruidas, vertederos, válvulas

Extraordinario

- Acumulación de lodo, remoción, secado y disposición, poda de césped, muestreo del afluente y efluente, envío de muestras para análisis al laboratorio

Solución de problemas

- Olor: debido a sobrecarga orgánica, exceso de sulfato ($\geq$400 mg/L), y fallas de operación y mantenimiento
- Eficiencia: reducción en la eficiencia de eliminación debido a la acumulación de lodo ($\geq\frac{1}{3}\times$V, donde V es el volumen de la LA)

Referencias

Mara, D. D. (2004). Domestic Wastewater Treatment in Developing Countries. Earthscan. 2nd edition London, UK.

Mara, D. D., Alabaster, G. P., Pearson, H. W., Mills, S. W. (1992). Waste Stabilization Ponds: A Design Manual for Eastern Africa. Lagoon Technology International, Leeds, UK.

Peña, M. R. (2002). Advanced primary treatment of domestic wastewater in tropical countries: development of high-rate anaerobic ponds. PhD thesis, University of Leeds, UK.

Sanchez, A. (2005). Dispersion Studies in Anaerobic Ponds of Valle del Cauca región, Colombia. M.Sc. dissertation, Universidad del Valle, Instituto Cinara, Cali, Colombia. [In Spanish.]

Detalles técnicos

Tipo de afluente

- Agua residual doméstica cruda
- Agua residual proveniente del tratamiento primario

Eficiencia del tratamiento

- DQO $\sim$ 50%
- DBO$_5$ 50–70%
- NT 10–23%
- PT 10–23%
- SST 44–70%
- Indicador bacteriológico Coliformes fecales $\leq$ 1.0–1.5 $\log_{10}$

Requerimientos

- Requisitos de área neta: 0,20 m^2 per cápita
- Requisitos eléctricos: se requiere bombeo para elevar el agua residual del sistema de alcantarillado
- Otros: la acumulación de lodos puede ser alta, por lo que luego se hace necesario tener un plan de disposición final

Parámetros de diseño

- TRH: 1–2 días, dependiendo del tipo de agua residual y la temperatura de diseño
- COV: 100–350 g DBO$_5$/m^3/día
- Profundidad: 3–5 m
- Relación Largo: Ancho: 1:3

La tasa de acumulación es 0,03–0,01 m^3 per cápita por año

Configuraciones empleadas comúnmente

- LA + Laguna Facultativa (LF)
- LA+ Humedal para tratamiento de Fujo Vertical/Horizontal
- LA + HT flotante

Condiciones climáticas

- Adecuada para climas fríos y cálidos
- Muy apropiada para climas tropicales

LAGUNAS ANAEROBIAS DE ALTA TASA

AUTOR

Miguel R. Peña-Varón, *Universidad del Valle, Instituto Cinara. Cali, Colombia*

Contact: *miguel.pena@correounivalle.edu.co*

1 - Afluente
2 – Sistema de alimentación
3 - Lodo
4 – Nivel de agua
5 - Suelo
6 - Impermeabilización
7 - Efluente

Descripción

Las Lagunas Anaerobias de Alta Tasa (LAAT) son un tipo de lagunas de estabilización empleadas para el tratamiento de aguas residuales (TAR). Las LAAT son las primeras y más pequeñas unidades entre series de lagunas. Se dimensionan de acuerdo a su valor de carga orgánica volumétrica (COV), la que indica la cantidad de material orgánica expresada en gramos de DBO_5 por día aplicados por cada metro cubico del volumen de la laguna. Las LAAT combinan el alto desempeño de los reactores de alta tasa anaerobios (i.e., UASB, UAF) con la simpleza de la construcción y la operación de las lagunas anaerobias convencionales (ver hoja de información de LA).

Las LAAT deben recibir COV en el rango entre 700 a 1,000 g DBO_5/m^3/día, dependiendo de la temperatura de diseño. Estos valores altos de carga son bien tolerados debido a que en el sistema hay una cámara de mezcla de flujo ascendente que se encuentra acoplada a la zona de sedimentación. Así, el tiempo de retención hidráulica para el agua residual y para el lodo están separados.

Ventajas	Desventajas
• Posibilidad de consumo energético bajo (alimentación por gravedad) • Soporta altas fluctuaciones de carga • Estabilización del lodo por una intensa digestión anaerobia • No es necesario cultivar la biomasa • Costo de construcción más bajo en comparación con el tratamiento por medio de humedales subsuperficiales. • Recolección y recuperación de biogás	• Posibles molestias por olores debido a fallas de operación y mantenimiento

Co-beneficios

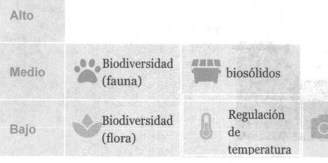

Alto				
Medio	Biodiversidad (fauna)	biosólidos		
Bajo	Biodiversidad (flora)	Regulación de temperatura	Valor estético	Reutilización de agua

Notas

Otros co-beneficios incluyen los siguientes:

El lodo estabilizado puede ser usado como restaurador de suelos, fertilizante de cultivos; el biogás puede ser recuperado; se puede reducir la huella de carbono y el área para tratamiento.

Compatibilidad con otras SBN

Las LAAT se usan como tratamiento primario avanzado de aguas residuales, generalmente se combinan con las lagunas facultativas o humedales para tratamiento.

Caso de estudio

En esta publicación

• Lagunas de estabilización para tratamiento de aguas residuales en El Cerrito, Colombia

Operación y mantenimiento

Diario

- Registro de los datos de caudal, limpieza de las unidades de tamizaje y rejillas, control del caudal en las unidades de tratamiento, monitoreo de los parámetros de campo
- Las unidades de biofiltración del biogás necesitan un monitoreo continuo para garantizar la estabilidad en el contenido de humedad y el medio de soporte.

Semanal

- Chequeo del sistema de bombeo, chequeo tuberías obstruidas, vertederos, y válvulas

Eventual

- Acumulación de lodo, retiro, secado y disposición final, poda de césped, muestreo en el afluente y efluente, y envío de muestras para análisis de laboratorio

Solución de problemas

- Olor: debido a sobrecarga orgánica, exceso de sulfato (≥400 mg/l) en el afluente, y fallas de operación y mantenimiento
- Escape de lodos de la cámara de mezcla debido a la sobreacumulación y falta de retiro del lodo

Detalles técnicos

Tipo de afluente

- Agua residual doméstica cruda
- Agua residual proveniente de tratamiento primario

Eficiencia de tratamiento

- DBO$_5$ 70–75%
- NT   10–15%
- PT   10–12%
- SST   65–72%
- Indicador bacteriológico CF ≤ 1.0 to 1.5 log$_{10}$

Requerimientos

- Requisitos de área neta: 0,08–0,10 m^2 per cápita
- Requisitos eléctricos: se requiere bombeo para elevar el agua residual del sistema de alcantarillado

Parámetros de diseño

- Tiempo de retención hidráulica: 0,5–1,0 días, dependiendo del tipo de agua residual y la temperatura
- COV: 700–1.000 g DBO$_5$/m^3/día

Configuraciones empleadas comúnmente

- LAAT + Laguna Facultativa (LF)
- LAAT + HT
- LAAT + HT flotante

Condiciones climáticas

- Adecuada para climas fríos y cálidos
- Muy apropiada para climas tropicales

Referencias

Mara, D. D. (2004). Domestic Wastewater Treatmentin Developing Countries (2nd edition). Earthscan, London, UK.

Peña, M. R. (2002). Advanced primary treatmentof domestic wastewater in tropical countries: development of high-rate anaerobic ponds. PhD.Thesis, University of Leeds, UK.

Peña, M. R. (2010). Macrokinetic modelling of chemicaloxygen demand removal in pilot-scale high-rate anaerobic ponds. *Environmental Engineering Science*, **27**(4), 293–299.

Peña, S (2019). Aerial photograph taken with DJI Spark Drone. Camera 12 megapixels. Altitude 200 m.Photograph taken in August 2019. NBS system at El Cerrito, Colombia.

TRATAMIENTO DE AGUAS RESIDUALES POR MEDIO DE LAGUNAS DE ESTABILIZACION EN MYSORE, INDIA: UNA COMBINACION DE LAGUNAS FACULTATIVAS Y DE MADURACION

TIPO DE SOLUCIÓN BASADA EN LA NATURALEZA (SBN)
Lagunas de estabilización de aguas residuales, también conocidas como Lagunas para tratamiento de aguas residuales

UBICACIÓN
Vidhyaranyapuram, Mysore, India

TIPO DE TRATAMIENTO
Tratamiento primario y secundario usando combinación de lagunas facultativas y de maduración

COSTO
Gastos de capital: US$1.961.897
Gastos operacionales (mano de obra, energía, químicos/consumibles): US$162.428
Gastos operacionales (beneficios):US$5.765

DATOS DE OPERACIÓN
2002 – al presente

AREA/ESCALA
Área: 128,42 km²
Huella del sistema: 1.416.000 m²

Antecedentes del proyecto

Mysore fue una de las primeras ciudades de la India en tener un sistema de drenaje urbano combinado. En las zonas más antiguas de la ciudad, el sistema de drenaje fue finalizado en 1904. Mysore comprende cinco distritos de drenaje (A–E), cubriendo diferentes áreas. Las aguas residuales provenientes de fuentes puntuales y no puntuales de los diferentes distritos de drenaje de Mysore se colectan en pozos que son tratados posteriormente en plantas de tratamiento de aguas residuales (PTAR). Las lagunas aireadas facultativas y tanques de sedimentación fueron las tecnologías seleccionadas para todas las plantas de la ciudad debido a la facilidad en la construcción y los bajos requerimientos en operación y mantenimiento. La planta de tratamiento para el drenaje del distrito B tiene una capacidad de 67,65 millones de litros por día y está localizada en Sewage Farm, Vidyaranyapuram, Mysore. Las aguas residuales que provienen de la cuenca de drenaje se transportan por gravedad y por bombeo de los pozos. La planta de tratamiento de aguas residuales de Vidyaranyapuram (PTAR) (latitud 12.273681-12.270031°N y longitud 76.650737–76.655947° E, Figura 1) fue construida en 2002 con un área of 27,21 km² (Figura 2).

AUTORES:
P. G. Ganapathy, P. Rohini, A. Ragasamyutha
CDD India Survey No 205, Opp to Beedi workers colony, K S Town, Bangalore, India
Contacto: Rohini Pradeep, *rohini.p@cddindia.org*

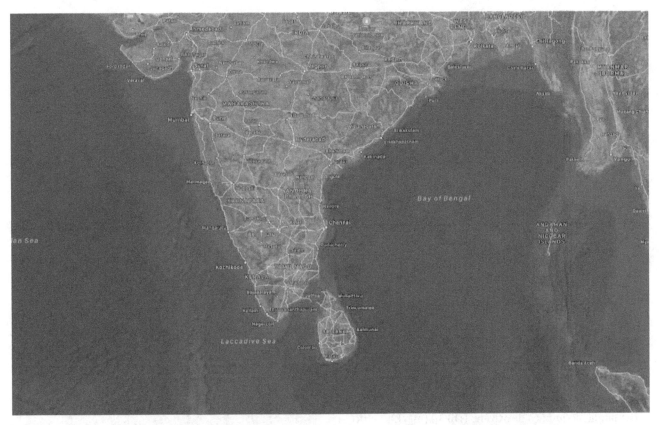

Figura 1: Mapa de localización de la PTAR Vidyaranyapuram

Figura 2: Fotografías del Proyecto Vidyaranyapuram PTAR

Resumen técnico

Tabla resumen

TIPO DE AFLUENTE	Agua residual de la ciudad de Mysore
DISEÑO	
Caudal (litros/día)	Capacidad de tratamiento: 67,65 millones Capacidad actual de tratamiento: 51 millones
Población equivalente (p.e.)	411.000
Área (km²)	34
Área por población equivalente (m²/Hab.-Eq)	1 m² por cada 45–50 personas (calculada a partir de la densidad poblacional en esta área).
AFLUENTE	
Demanda bioquímica de oxígeno (DBO$_5$) (mg/L)	300
Demanda química de oxígeno (DQO) (mg/L)	650
Sólidos suspendidos totales (SST) (mg/L)	250
EFLUENTE	
DBO$_5$ (mg/L)	<20
DQO (mg/L)	<50
SST (mg/L)	<20
Coliformes fecales (Unidades formadoras de colonia/100ml)	17.200
COSTOS	
Construcción	Total: 147.000.000 Rupias Indias / US$1.923.605
Operación (anual)	12.170.328 Rupias Indias por año / US$160.000

Es importante mencionar que, hasta el momento, el lodo de las lagunas no ha sido retirado.

Diseño y construcción

La PTAR de Vidyaranyapuram consiste en dos lagunas facultativas aireadas con estanques de sedimentación (Figura 3). Cada una de ellas cuenta con un área superficial de 50.544 m² (longitud, 312 m × ancho, 162 m) y un volumen de 176.904 m³ (profundidad, 3,5 m). La superficie de aireación está compuesta por 36 sopladores de 20 caballos de potencia, los cuales son operados adecuadamente para asegurar la reducción en la acumulación de lodo y los malos olores. Adicionalmente, la PTAR tiene dos lagunas de maduración (LM) (Figura 3), cada una con un área superficial de 24.940 m² (longitud, 172 m × ancho, 145 m) y un volumen de 37.410 m³ (1.5 m profundidad). El promedio del tiempo de retención hidráulica del agua residual en cada laguna facultativa es de 11,8 días, mientras que para cada laguna de maduración es 2,5 días.

Tipo de afluente/tratamiento

El agua residual del distrito de drenaje B del centro del área de Mysore, incluyendo Mani Mohalla, Ittigegud, Agrahara, y Vidyaranyapuram es transportado a la PTAR. Esta área está compuesta por unidades residenciales y comerciales, y por lo tanto, el afluente a la PTAR es de naturaleza doméstica con una demanda bioquímica de oxígeno (DBO$_5$) menor que 200 mg/L.

El tratamiento primerio consiste en una serie de cámaras de rejillas tanto manuales como mecánicas, y una canaleta parshall para la medición del caudal.

El tratamiento secundario consiste en una unidad de tanque de aireación con aireadores fijos y lagunas de pulimiento. El agua tratada efluente del tratamiento secundario es enviada a los desagües de aguas lluvias y finalmente llega al tanque Dalvai. (Figura 4 y 5).

Figura 3: PTAR de Vidyaranyapuram, Lagunas facultativas y de maduración (Maturation: Maduración; Facultive: Facultaivo)

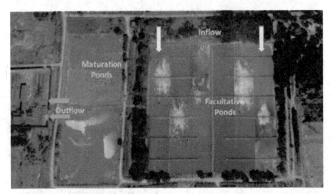

Figura 4: Flujo de entrada y flujo de salida de Vidyaranyapuram PTAR (Inflow: entrada; outflow: salida)

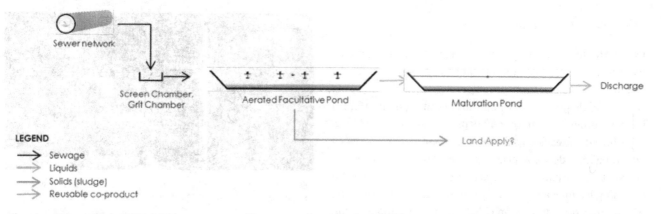

FigurA 5: Esquema de la PTAR de Vidyaranyapuram (Sewer network: red de alcantarillado; screen chamber: cámara de rejas;grit chamber: cámara desarendora; aerated facultative pond: laguna facultativa aireada; Maturation Pond: laguna de maduración; Land Apply: aplicación en suelo; dicharge: descarga; sewage: agua residual; liquids: liquidos; solids: sólidos; sludge: lodo; reusable co-product: producto reutilizable).

Eficiencia del tratamiento

La PTAR tiene un tiempo de residencia de 14,3 días y un desempeño moderado, el cual es evidente por la eliminación de la demanda química de oxígeno total (DQO) (60%), la filtrable, DQO (50%), DBO$_5$ total (demanda bioquímica de oxígeno) (82%) y DBO$_5$ filtrable (70%)) a medida que las aguas residuales se transportan desde la entrada hasta la salida (Durga Madhab Mahapatra & Ramachandra, 2013).Asimismo, el contenido de nitrógeno presenta fuertes variaciones, con una eliminación de nitrógeno total Kjeldahl de 36%; N-amonio (N-NH$_4$) con una eficiencia de eliminación de 18%, nitrato (N-NO$_3$), y nitrito (N-NO$_2$) con una eficiencia de eliminación de 57,8% (Durga Madhab Mahapatra & Ramachandra, 2013).

Figura 6: Fotografía del agua a la entrada y la salida en la PTAR

COSTOS	
Gastos de capital	Total = 147.000.000 Rupias Indias (Rs) (US$1.964.282,14)
Costos de operación	Total = 12.170.328 Rs/año (US$162.625,56) • Mano de obra = 3.080.328 Rs/año (US$41.160,77) • Energía = 5.400.000 Rs/año (US$72.157,30) • Químicos/consumibles = 3.690.000 Rs/año (US$49.307,49)
Gastos de operación (beneficios) • Desglose	Total = 432.000 Rs/año (US$5.772,58) • Reutilización del agua (se vende al club de golf y a la guardería) = 432.000 Rs/año

Operación y mantenimiento

Hay 11 operadores y 12 auxiliares trabajando en la PTAR en tres turnos. Para garantizar un monitoreo regular de la calidad del agua tratada, la PTAR cuenta con un laboratorio que facilita los equipos e instrumentos, así mismo, están instalados medidores de caudal y medidores de energía. Los registros de laboratorio son guardados por una agencia operativa, y los registros se archivan en discos duros.

Co-beneficios

Beneficios ecológicos

El agua tratada es utilizada por el distrito de riego de árboles en ladera de las colinas de Chamundi.

Beneficios sociales

El agua tratada se reutiliza tanto en el campo de Golf de Mysore, como también para la elaboración de compost en el sitio de disposición final de residuos sólidos contiguo a la PTAR.

Contraprestaciones

Actualmente, la planta no es totalmente operada debido a las perdidas en la red de recolección en las áreas de drenaje. Existe el esfuerzo para superar estas limitaciones en las conexiones, así como mejorar el acceso vial, de esta forma, la planta podría ser operada para la capacidad total.

Lecciones aprendidas

Retos y soluciones

El ochenta por ciento de los gastos de operación y mantenimiento por año fueron por energía. El mayor problema para iniciar la operación de la PTAR fue la falta de electricidad, lo que forzó a parar la operación por varios días. Adicionalmente, hubo varias quejas de los residentes del área por la presencia de malos olores. Por tanto, para reducir los costos de energía y mejorar

la estabilidad de la electricidad, se introdujo una mezcla especial de microorganismos benéficos y enzimas. Este resultado, permitió un menor consumo de energía eléctrica y reducción en la producción de lodo. También, se obtuvo una reducción del 46% en costos de electricidad.

Comentarios/evaluación

La actual PTAR es capaz de tratar el agua residual a los niveles requeridos; sin embargo, hay un potencial de reutilización del agua de forma eficiente. Se debe concientizar a los interesados para que se considere esta opción.

Referencias

Centre for Innovations in Public Systems (2015). Innovative approach to Sewage Treatment - Case Study of STP, Vidyaranyapuram, Mysore City Corporation. *http://www.cips.org.in/documents/VC/2015/SEWAGE-TREATMENT-PLANT_MYSORE.pdf* (accessed 15 June 2020).

Mahapatra, D., Hoysall, C., Ramachandra, T. V. (2013). Treatment efficacy of algae-based sewage treatment plants. *Environmental Monitoring and Assessment*, **185**(9), 7145–7164.

Sulthana, A. (2015). Studies on Wastewater Models and Anaerobic Digestion of Municipal Sludge Using Lab Scale Reactor. PhD thesis, JSS University, Mysore, India.

Sulthana, A., Latha, K., Rathan, R., Ramachandran, S., Balasubramanian, S. (2014). Factor analysis and discriminant analysis of wastewater quality in Vidyaranyapuram sewage treatment plant, Mysore, India: a case study. *Water Science & Technology*, **69**(4), 810–818.

TRATAMIENTO DE AGUAS RESIDUALES POR MEDIO DE LAGUNAS DE ESTABILIZACION CON LAGUNAS ANAEROBIAS, FACULTATIVAS Y DE MADURACION EN TRICHY, INDIA

TIPO DE SOLUCIÓN BASADA EN LA NATURALEZ (SBN)

Lagunas de estabilización de aguas residuales, también conocidas como Lagunas para tratamiento de aguas residuales.

UBICACIÓN
Panjappur, Tiruchirapalli, India

TIPO DE TRATAMIENTO
Tratamiento primario, secundario y terciario, usando una combinación de lagunas anaerobias, facultativas y de maduración.

COSTOS
Gastos de capital
US$0,17 millones

Gastos operacionales
US$11.926

DATOS DE OPERACION
1998 – al presente

AREA/ESCALA
Área de la planta:
2,32 km²
Cobertura: 64,26 km²

Antecedentes del proyecto

Tiruchirappalli, también conocida como Trichy, es la cuarta ciudad más grande en Tamil Nadu. Está localizada a lo largo del delta del Río Cauvery y se extiende en un área de 167,23 km² (Figura 1). Trichy tiene una población de 0,847 milliones (número de hogares 0,214 millones) en 2014 y una población flotante diaria estimada alrededor a 0,25 millones (en 2016). Según el censo del año 2011, 81% de los hogares en Trichy tienen un sistema individual de letrinas caseras. Además, mientras el 14% de los hogares usaron baños públicos, el 5% restante defeca a cielo abierto. La ciudad tiene alrededor de 450 baños comunitarios los cuales han sido operados y mantenidos con ayuda de grupos de mujeres. En diciembre del año 2016, Trichy fue declarada espacio libre para defecación a cielo abierto. Existe una red de alcantarillado que recibe las aguas residuales separadas de las lluvias, que actualmente cubre cerca del 30% de la ciudad. El agua residual es bombeada a la planta de tratamiento por medio de 52 estaciones de bombeo. Tres de estas estaciones de bombeo están equipadas con sistemas para lodos sépticos en donde el transporte urbano de recolección de lodos sépticos descarga también su carga.

Las Lagunas de estabilización para tratamiento de aguas residuales en Panjappur en Tiruchirappalli, fueron construidas en el año 1998 (Figura 2). Los requerimientos de baja operación y mantenimiento, junto con la disponibilidad de terreno adecuado, fueron las principales razones para seleccionar a las lagunas de estabilización como el mecanismo de tratamiento. La planta de tratamiento de aguas residuales (PTAR) recibe sectores de la ciudad totalmente cubiertos (12,95 km²) y parcialmente cubiertos (51.31 km²) por la red de alcantarillado. Algunas estimaciones sugieren que aproximadamente 44.000 conexiones domiciliares son atendidas por la PTAR y que cada conexión atiene múltiples domicilios.

AUTORES:

P. G. Ganapathy, P. Rohini, A. Ragasamyutha
CDD India Survey No 205, Opp to Beedi workers colony, K S Town, Bangalore, India
Contacto: Rohini Pradeep, *rohini.p@cddindia.org*

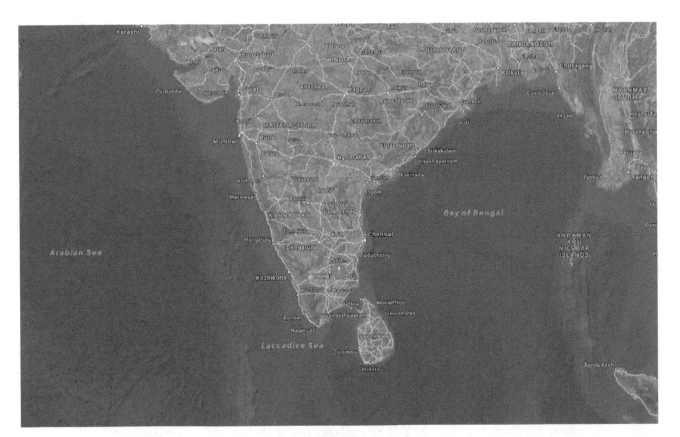

FigurA 1: Mapa de localización

Figura 2. Planta de tratamiento de aguas residuales en Panjappur en Tiruchirappalli

Resumen técnico

Tabla resumen

TIPO DE AFLUENTE	Agua residual municipal, lodo de pozo séptico y, efluentes industriales (descargas ilegales)
DISEÑO	
Caudal (Mega litros por día, MLD)	Caudal de diseño, 88,64 (30 sistema viejo + 58 sistema nuevo)Caudal de operación actual, 45–50 (al 2017)[a]
Población equivalente (p.e.)	Número de conexiones por vivienda, i.e. 40.000
Área (km²)	2,32
Área por población equivalente (m²/Hab.-Eq.)	N/A
AFLUENTE [b]	
Demanda bioquímica de Oxígeno (DBO$_5$) (mg/L)	103
Demanda química de Oxígeno (DQO) (mg/L)	303
Sólidos suspendidos totales (SST) (mg/L)	163
Nitrógeno Total (TN) (mg/L)	45
Nitrógeno Amoniacal (N-NH$_4$) (mg/L)	32

Un breve resumen de las Lagunas de estabilización para tratamiento de aguas residuales se presenta en la tabla anterior. Actualmente hay nueve celdas de lagunas, seis de las cuales está operando. (Sistema operacional), mientras que otras tres no (Sistema viejo). El caudal de diseño original fue de 88,64 millones de litros por día (MLD) para las nueve lagunas, 30 MLD para el Sistema Viejo, y 58 MLD para el Sistema operacional.

Es necesario resaltar que el lodo en las lagunas de estabilización nunca ha sido removido, por lo tanto, no hay detalles disponibles sobre las características del lodo.

EFLUENTE[c]	
DBO$_5$ (mg/L)	42 (eficiencia de tratamiento, 59%)
DQO (mg/L)	130 (eficiencia de tratamiento, 57%)
SST (mg/L)	40 (eficiencia de tratamiento, 76%)
NT (mg/L)	27 (eficiencia de tratamiento, 39%)
N-NH$_4$ (mg/L)	21 (eficiencia de tratamiento, 35%)
COSTO	
Construcción	US$0,17 millones
Operación (anual)	US$11.926

Diseño y construcción

La PTAR tiene una capacidad de 88,64 MLD y fue diseñada para tratar el agua residual de las viviendas en la zona aguas arriba del área de la PTAR. La planta cuenta con tratamiento preliminar y dos lagunas anaerobias (LAN), dos lagunas facultativas (LFP), y dos lagunas de pulimiento actualmente en servicio (Figura 3). Las tres celdas adicionales que comprenden "la vieja planta", no están en operación desde que se encuentran en reparación, y se espera su pronta apertura. El agua residual tratada de la PTAR se descarga en el Rio Koraiyar que finalmente desemboca en el Rio Cauvery. La nueva planta se diseñó para 58 MLD mientras que la vieja planta tiene una capacidad de 30 MLD. Esta fue construida en 1987 y se basa en un sistema de lagunaje. Esta fue ampliada en 2003, proporcionado unidades de pretratamiento y Lagunas Anaerobias, bajo el Plan Nacional del Acción del Rio. Los 58 MLD, forman actualmente parte del Sistema operacional, para ser tratados en la PTAR.[d]

Tipo de afluente/tratamiento

La demanda bioquímica de oxígeno en el afluente (DBO$_5$) fue estimada en 270 mg/L y una DQO de 650 mg/L, valores que se componen de las aguas residuales provenientes del sistema de alcantarillado y algún porcentaje provenientes de lodo séptico.

La planta de pretratamiento, también conocida como la "cabecera", incluye (1) un medidor de caudal, (2) un sistema de rejillas, y (3) desarenador. El efluente pretratado luego es llevado a la siguiente etapa, las LAN. El modelo de operación actual son dos trenes de tratamiento en paralelo. LA1, LFP1, y una Laguna de Maduración (LM)1 son el primer tren, mientras que LA2, LFP 2, y LM2 son el segundo tren. La función de las cámaras de reparto es partir el caudal desde la cabeza uniformemente hacia las dos lagunas anaerobias.

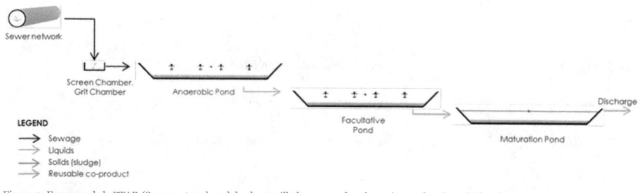

Figura 3: Esquema de la PTAR.(Sewer network: red de alcantarillado; screen chamber: cámara de rejas;grit chamber: cámara desarendora; anaerobic pond: laguna anaerobia; facultative pond: laguna facultativa; Maturation Pond: laguna de maduración; dicharge: descarga; sewage: agua residual; liquids: liquidos; solids: sólidos; sludge: lodo; reusable co-product: producto reutilizable).

Eficiencia de tratamiento

La PTAR de Panjappur fue diseñada para alcanzar una DBO_5 menor a 30 mg/L y solidos suspendidos totales (SST) menores a 100 mg/L como estándares para la descarga. Un estudio realizado por la Corporación de la Ciudad de Trichy (CCT) para tratamiento de aguas residuales y lodo fecal, observaron que la eficiencia de eliminación de DBO_5 fue de 59% y de DQO fue de 57%. La baja eficiencia de tratamiento ha sido atribuida principalmente a la acumulación excesiva de los lodos en las lagunas, al mal funcionamiento de los equipos en el tratamiento primario, y la falta de regulación de las descargas de los efluentes de la industria química, etc. El lodo y la espuma acumulados en las LF, se pasa a las siguientes lagunas, y de este modo se afecta la eficiencia del sistema en general. Las Lagunas no han sido desenlodadas desde la implementación. Por tanto, no hay datos disponibles de las características del lodo.

Operación y mantenimiento

En Trichy, son varias las instituciones que están involucradas en el manejo de los servicios de agua residual. Mientras que Tamil Nadu empresa de abastecimiento de agua y drenaje es la responsable por la planeación, diseño y construcción del Sistema de alcantarillado, CCT es la responsable por esta operación y mantenimiento. Los operadores privados de desenlode y la CCT son responsables por el mantenimiento de los pozos sépticos. La CCT otorga licencias para la gestión de los lodos sépticos a operadores privados y les permite disponerlos en cuatro estaciones de bombeo secundarias las cuales funcionan como sitios de decantación. Adicionalmente, la organización para el control de la contaminación de Tamil Nadu es la responsable por el monitoreo y evaluación de las PTAR.

CCT contrata al sector privado para la operación y el manejo de las plantas y estaciones de bombeo. Los contratos son otorgados por un período de 1 año. Los deberes y responsabilidades de los contratistas, supervisores, y operadores son comunes en todas las estaciones de bombeo del sistema de alcantarillado. En Panjappur, el contrato de la operación y mantenimiento (O&M) de la PTAR está a cargo de la empresa Power Electrical works. El alcance de esta tarea incluye lo siguiente:

- motor O&M.
- remoción de lodo/limo; y
- limpieza de las lagunas y en general el aseo interno.

Para la O&M de las estaciones de bombeo, aplica lo siguiente:

- Estaciones principales de bombeo
  - Tres empleados, un supervisor (diploma en Ingeniería Eléctrica con licencia), un operador (EE-ITI, con licencia);
  - Un auxiliar (10th pase estándar);
  - Opera en tres turnos.

- Otra alta tensión (AT)/baja tensión (BT) estaciones.
  - Dos empleados: un operador (Instituto de Capacitación Industrial de Ingeniería Eléctrica)
  - Un auxiliar (10th pase estándar);
  - Dos turnos (6.00a.m. to 2.00p.m., 2.00p.m. to 10.00p.m.). Por el momento no hay requerimiento de los turnos de noche (Habría un impacto en el presupuesto del personal, ya que el uso de los pozos en la noche es menor)

- Estaciones elevadoras
  - Un operador.

Las estaciones elevadoras deben ser localizadas en los costados de las carreteras, debido a que los operadores no están disponibles 24/7; ellos operan las bombas solo durante las horas pico.

Costos

La Fase I del Proyecto fue construida con un costo de capital de US$15.382.679 (116 crores INR). La fase II se propone ser construida a un costo de US$21.217.488 (160 crores INR). Los gastos actuales para la O&M en la planta en Panjappur es US$11.935 (9 lakhs) por año.

Los gastos totales para el mantenimiento de la planta, estaciones de bombeo, y otros equipos son de US$315.610,134 (2.83 crores INR) por año.

Co-beneficios

Beneficios ecológicos

Las lagunas de estabilización son unidades que usan menos energía, esta tecnología no necesita fuentes externas para su operación. Las Lagunas tienen un impacto positivo debido a su habilidad de mejorar las condiciones de microclima y abrigar nueva biodiversidad. Como resultado, ellas sirven como lagunas, lagos y ofrecen beneficios tales como proveer de hábitat para pájaros y otras especies de vida silvestre, incluyendo cabras, peces, y tortugas.

Beneficios sociales

Las Lagunas, adicional a facilitar el tratamiento de las aguas residuales, sirven como criadero de patos; el agua tratada también es usada por los agricultores de la región. La implementación de la fase I de las estaciones de bombeo y tratamiento por medio de lagunas ha resultado apropiada para el manejo de las aguas residuales en cerca del 30% del área de Trichy.

El efluente tratado de la PTAR ha adicionado valor agregado, debido al potencial que tiene de ser usado para irrigación, entre 2,000 a 4,000 acres o más de cultivos de fibra (estimación aproximada), tales como, algodón, cáñamo, o yute (cultivos comunes producidos en Tamil Nadu). Los requerimientos de agua para el algodón, por ejemplo, están entre 0,09 y 0,3 pulgadas de agua irrigada por día. La cantidad exacta de tierra que puede ser irrigada por el efluente depende de los cultivos y su rotación, así como también, del método de irrigación (rociar, goteo, surco). Las tierras a lo largo del río en ambas orillas de la planta de tratamiento son privilegiadas para esta actividad.

Contraprestaciones

La construcción y uso de la PTAR no presentan ningún impacto negativo a los alrededores.

Lecciones aprendidas

Retos y soluciones[9]

Mal funcionamiento de los equipos

Los equipos actuales tales como el medidor de flujo, rejillas y desarenadores no son funcionales debido a la falta de mantenimiento, y necesitan ser reemplazados o reparados. Los medidores de caudal pueden ser reemplazados por canaletas parshall para reducir los requerimientos de mantenimiento.

Falta de datos operacionales

La falta de datos tales como los parámetros en el afluente y efluente y perfiles de lodo, hace difícil la toma de decisiones. Debe ser planeado un adecuado programa de monitoreo que incluya profundidad de los lodos, medición de caudal, además de información cuantitativa y cualitativa.

Acumulación excesiva de lodo

Para prevenir una alta concentración en el efluente de DBO_5 y SST debido a la excesiva acumulación de lodo en las lagunas, se recomienda evaluar la profundidad del lodo por lo menos dos veces al año. El desenlode debería ser hecho cuando los niveles de lodo alcancen el 15% del volumen de la celda.

Algas y espuma en las lagunas

Las estructuras de salida de las lagunas pueden ser reacondicionadas o reemplazadas con unidades apropiadas (por ejemplo, bafles flotantes con pantallas instaladas) para atrapar las algas y espuma antes que pasen a las siguientes lagunas.

El emisario final de la red de alcantarillado

El emisario final, está entre la llegada y las lagunas anaerobias, actualmente se encuentra por debajo de la cota original, lo que resulta en una bolsa de aire al interior. La instalación de una válvula de purga ayudaría a aliviar las presiones y permitir el flujo.

Ingreso de cargas indeseables

Implementar sitios destinados para el tratamiento de las aguas provenientes de las actividades comerciales, tener programas de operación y mantenimiento y controles puntuales para los aportes los pozos sépticos, son propuestas para contrarrestar este problema.

Cortocircuitos

Los cortocircuitos hidráulicos están afectando el desempeño de las lagunas facultativas, de maduración y anaerobias en gran proporción. La instalación de bafles o paredes deflectoras o múltiples entradas en el afluente y efluente en cada laguna, podría ayudar para reducir los cortocircuitos.

Falta de planes de salud y seguridad en el trabajo

Esta situación pone en riesgo a los trabajadores y trae como consecuencia que la gerencia no tenga estrategias para cumplir cuando ocurren problemas Se recomienda implementar un plan de O&M, con funciones definidas, estrategias de operación y conocimiento del equipo de trabajo.

Comentarios/evaluación

Conclusiones del reporte de la PTAR de Trichy

Para las condiciones actuales de operación (flujos actuales), la cobertura y la eficiencia de la PTAR existente, es inadecuada para el tratamiento y disposición de las aguas residuales y lodos de pozo séptico. Adicionalmente, el desempeño deficiente parece estar relacionado con las condiciones actuales de la PTAR, así como los planes inadecuados de O&M.

Referencias

Cotton Incorporated (2020). Cotton Water Requirements. *http://www.cottoninc.com/fiber/AgriculturalDisciplines/ Engineering/Irrigation-Management/Cotton-Water-Requirements/* (accessed 10 October 2020).

Mara, D. (1997). Design Manual for Waste Stabilization Ponds in India. Lagoon Technology International Ltd.

Indian Standard 5611 – 1987, Code of Practice for Construction of Waste Stabilization Ponds (Facultative Type), Second Reprint December 2010.

Operation of Wastewater Treatment Plants: A Field Study Training Program, prepared by California State University Sacramento, Ken Kerri Project Director, vol. 1, 4th edn, 1994.

Sanitation Capacity Building Platform. Panjappur STP, Trichy Co-treatment Case Study- NIUA *https://scbp.niua. org/sites/default/files/Trichy_0_0.pdf* (accessed August 15th, 2020). Sulthana, A. (2015). Studies on Wastewater Models and Anaerobic Digestion of Municipal Sludge Using Lab Scale Reactor. PhD thesis, JSS University, Mysore, India.

Tamil Nadu Urban Sanitation Support Programme (2019). Review and Recommendations - Wastewater Management Program in Tiruchirappalli City - An output of the Tamil Nadu Urban Sanitation Support Programme. *http:// muzhusugadharam.co.in/ resources/*.

US Environmental Protection Agency (2011). Principles of Design and Operations of Wastewater Treatment Pond Systems for Plant Operators, Engineers, and Managers, EPA/600/R-11/088.

NOTAS DE PIE

[a] Source: Wastewater Management Program in Tiruchirappalli City -An output of the Tamil Nadu Urban Sanitation Support Programme.

[b] Source: Review and Recommendations - Wastewater Management Program in Tiruchirappalli City -An output of the Tamil Nadu Urban Sanitation Support Programme

[c] Source: Review and Recommendations - Wastewater Management Program in Tiruchirappalli City -An output of the Tamil Nadu Urban Sanitation Support Programme

[d] Source: Review and Recommendations - Wastewater Management Program in Tiruchirappalli City -An output of the Tamil Nadu Urban Sanitation Support Programme

[e] Source: Review and Recommendations - Wastewater Management Program in Tiruchirappalli City -An output of the Tamil Nadu Urban Sanitation Support Programme

[f] Source: http://www.cottoninc.com/fiber/AgriculturalDisciplines/Engineering/Irrigation-Management/Cotton-Water-Requirements/.

[g] Source: Review and Recommendations - Wastewater Management Program in Tiruchirappalli City -An output of the Tamil Nadu Urban Sanitation Support Programm

LAGUNAS DE ESTABILIZACIÓN PARA TRATAMIENTO DE AGUAS RESIDUALES EN EL CERRITO, COLOMBIA

TIPO DE SOLUCIÓN BASADA EN LA NATURALEZA (SBN)

Lagunas de estabilización de aguas residuales, también conocidas como Lagunas para tratamiento de aguas residuales

UBICACIÓN

El Cerrito, Valle del Cauca, Colombia

TIPO DE TRATAMIENTO

Tratamiento primario y secundario en lagunas de estabilización anaerobias de alta tasa, seguidas por lagunas facultativas mejorada con bafles

COSTO

US$1 millones (2014)

DATOS DE OPERACIÓN

2014 al presente

ÁREA/ESCALA

Toda la planta completa (PTAR) y el espacio abierto ocupan:300 acres (121,4 hectáreas

Área del humedal: 40 acres (16,2 hectáreas)

Antecedentes del proyecto

El municipio de El Cerrito está localizado al este del Rio Cauca dentro de un área agroindustrial de cultivo de caña de azúcar, a 46,5 km desde Santiago de Cali, la capital de la región. El área total del municipio es de cerca de 426.795 hectáreas y el área urbana del pueblo del Cerrito es aproximadamente de 300 acres (121,4 hectáreas). La ciudad tenía 40.000 habitantes en el 2018 (la población total del municipio fue 53,900 habitantes). El promedio anual de la temperatura en el municipio es de 28 °C, y las cuencas principales que abastecen son La Amaime, Zabaletas, y el Rio Cerrito. Estas cuencas nacen en la cordillera central de los Andes y fluyen hacia el oeste en el Río Cauca. Los Ríos Zabaletas y el Cerrito son de especial interés debido a que ellos cruzan el municipio de el Cerrito y ambos reciben las descargas de las aguas residuales crudas municipales.

El objetivo de esta solución basada en la naturaleza (SBN) es tratar las aguas residuales del municipio de El Cerrito para cumplir con las regulaciones ambientales colombianas (i.e. efluentes tratados descargados en los ríos). Esta opción natural o ecotecnología fue escogida con base en la confianza, simplicidad de operación y mantenimiento, accesibilidad por los usuarios finales, y la relación costo-beneficio. La Figura 1 muestra la ubicación de la SBN en el municipio de El Cerrito.

La línea de tiempo del proyecto comienza con la participación para el diseño de la PTAR en el año 2004; la construcción tomo cerca de 4 años debido a las restricciones de presupuesto y fue finalmente finalizada en el año 2010. El gobierno municipal recibió el Sistema, pero solo se inició la operación en el año 2012, cuando la autoridad regional ambiental entrego los recursos para el arranque y puesta en marcha de la SBN. Posteriormente, alrededor de mediados del año 2014, la PTAR paro la operación debido a problemas administrativos en la oficina del gobierno municipal a cargo del sistema.

AUTORES:

M. R. Peña, A. F. Toro, *Universidad del Valle, Instituto Cinara. Cali, Colombia*
C. F. Rojas, *Sanitary Engineer, and Freelance Consultant*
Contacto: M. R. Peña, *miguel.pena@correounivalle.edu.co*

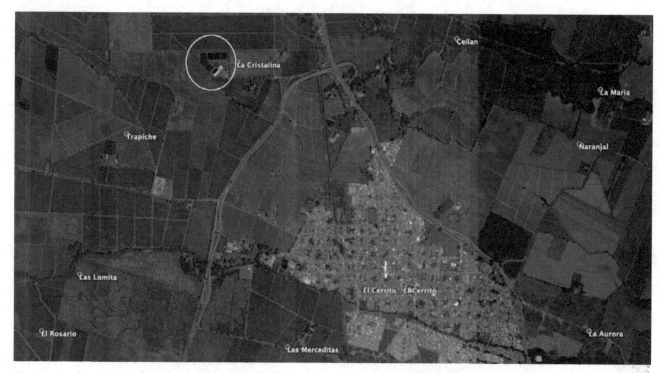

Figura 1: Localización de la SBN en relación con el municipio El Cerrito. Fuente: Google Earth Locator (2016). Altitud 2,100 m; coordenadas: 3° 42′ 6.28″ N, 76° 19′ 43.57″ W

Sin embargo, a comienzos del año 2016, el gobierno local elegido hizo una convocatoria pública para dar en concesión la operación y mantenimiento de la PTAR. Desde entonces, la PTAR, ha operado en buenas condiciones incluso excediendo los valores de eliminación exigidos por la regulación colombiana.

La PTAR del El Cerrito (Figura 2) consiste en dos trenes de tratamiento con las siguientes unidades para realizar el tratamiento natural de las aguas residuales municipales: rejillas gruesas, estación de bombeo, rejillas finas, desarenador, Lagunas Anaerobias de Alta Tasa, (LAAT), y una Laguna Facultativa con bafles (LF) (laguna superficial de algas/humedal). Esta PTAR combina el tratamiento anaerobio primario (agua residual/lodo) con la recolección del biogás, seguido de la fitorremediación de la materia orgánica remanente (carbón y nitrógeno) más algunos residuos remanentes de cromo provenientes de los efluentes de las curtiembres. La eficiencia de eliminación total de esta SBN supera el 80% para la demanda bioquímica de oxígeno (DBO$_5$) y los sólidos suspendidos totales (SST), respectivamente.

Figura 2: PTAR El Cerrito, fotografía del proyecto. Fuente: S. Peña (2018). fotografía tomada con DJI Sparck Drone. Camara 12 megapixels. Altitud: 200 m.

Resumen técnico

Tabla resumen

TIPO DE AFLUENTE	Principalmente es agua residual doméstica, alguna parte es comercial e institucional y pequeñas curtiembres
DISEÑO	
Caudal (m³/día)	7.776 como caudal de diseño
Población equivalente (Hab.-Eq.)	50.900
Área (m²)	4 hectáreas (40,000 m²)
Área por población equivalente (m²/Hab.-Eq.)	0,786
AFLUENTE	
Demanda bioquímica de oxígeno (DBO$_5$) (mg/L)	300
Demanda química de oxígeno (DQO) (mg/L)	530
Sólidos suspendidos totales (SST) (mg/L)	260
Escherichia coli (Unidades Logarítimicas)	9.5
Huevos de Helminto (huevos/L)	70
Boro (mg/L)	0,12
Cromo (mg/L)	0,11 (0,05 es el valor permisible en Colombia)
EFLUENTE	
DBO$_5$ (mg/L)	45
DQO (mg/L)	63
SST (mg/L)	46
Escherichia coli (log units)	5,5

COSTO	
Construcción	Total, US$1.0 Millón Per cápita US$19,6
Operación (anual)	Total US$72.000 Per cápita US$1,42

Diseño y construcción

Esta PTAR fue diseñada siguiendo las recomendaciones técnicas de la literatura para tecnologías de tratamiento de aguas residuales por medio de lagunas (Peña, 2002; Peña et al., 2002; Mara, 2004; Peña & Mara,2004). Las Lagunas Anaerobias Convencionales (LAN) (baja tasa), son típicamente diseñadas con base en la carga orgánica volumétrica en función de la temperatura del agua. Sin embargo, las LAAT pueden soportar cargas orgánicas volumétricas altas, una vez que estas son como los reactores anaerobios en los cuales hay una zona de reacción separada de una zona de sedimentación. Así, como el tiempo de retención en la celda y las aguas residuales están separados, se permite una mayor capacidad de tratamiento y eficiencia, respectivamente (Peña, 2010).

Las Lagunas Facultativas o lagunas algales, son diseñadas con base en la carga orgánica superficial en función de la temperatura del agua. Estas lagunas trabajan teniendo en cuenta la relación simbiótica entre las algas y las bacterias heterótrofas para degradar aerobiamente la materia orgánica disuelta y nutrientes provenientes de las lagunas anaerobias. Estas Lagunas tienen una profundidad que esta generalmente entre 1,20 y 1,50 m y tiene tres zonas diferentes, la zona inferior o capa béntica, que es oscura y anaerobia (0.10–0.30 m); la capa intermedia, que es la zona facultativa (0.80–0.90 m); y la capa superior, que es la zona aerobia donde llega la luz (0.30 m). La comunidad microbiana de estas Lagunas realiza múltiples procesos y transformaciones bioquímicos, reproduciendo los ciclos biogeoquímicos del carbón y del nitrógeno en la columna de agua. Es más, se ha incrementado el desempeño de estas unidades mejorando el comportamiento de la hidrodinámica, a través de la compartimentación del volumen total, introduciendo arreglos de pantallas o bafles (Shilton, 2001). La actual PTAR de El Cerrito tiene dos LF mejoradas cada una con bafles, localizadas a los L/3 y 2/3de L, respectivamente.

La construcción de este tipo de sistemas es relativamente simple, una vez que esta implica principalmente movimiento de tierra. Esta PTAR consta de cuatro depósitos revestidos con tierra (dos LAATs y dos LFs mejoradas) más algunas estructuras de concreto, junto con la recolección del biogás, una estación de bombeo, tratamiento preliminar, lechos de secado para lodos, y tuberías,(Peña et al., 2005) (Figura 3). La siguiente Tabla muestra las unidades y los materiales empleados para la construcción de la PTAR El Cerrito.

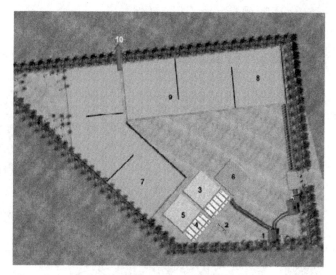

Figura 3: Esquema del diseño de PTAR-SBN El Cerrito. Fuente: Cinara (2003)

Operaciones unitarias y materiales de construcción de PTAR-SBN El Cerrito

(Peña et al.,2005)

PROCESOS/OPERACIONES UNITARIAS	MATERIALES DE CONSTRUCCION	COMENTARIOS
ESTACIÓN DE BOMBEO		
Pozo de bombeo	Concreto	Las tuberías dentro de la estación son todas de hierro
Bombas	Metal	La tubería entre las unidades es PVC
PRE-TRATRATAMIENTO		
Rejillas (gruesas y finas)	Hierro	–
Desarenadores	Concreto	–
TRATAMIENTO PRIMARIO		
LAAT	Cámara de mezcla (concreto), zona de sedimentación (compartimiento recubierto)	La Cámara de mezcla contiene el lodo anaerobio. El dispositivo de recolección de biogás está en la parte superior de la cámara. Los lechos de secado reciben el lodo retirado de la Cámara.
Dispositivo de recolección de biogás	Fibra de vidrio más tubería en PVC	
Lechos de secado de lodos	Mampostería más tubería en PVC	
TRATAMIENTO SECUNDARIO		
LFS mejorada	Depósitos revestidos con dos bafles de concreto transversales a los L/3 y 2L/3	Los bafles crean un flujo uniforme permitiendo que los tiempos de retención hidráulica (TRH) estén cerca de los TRH teóricos

Tipo de afluente/tratamiento

El afluente de la PTAR del El Cerrito es un agua residual de concentración media. Este municipio tiene pequeñas y medianas curtiembres que descargan la materia orgánica, nutrientes y sales de cromo residual. Por lo tanto, el sistema de fitorremediación facilita la remoción de la materia orgánica, nutrientes y en alguna proporción el cromo. Este último es eliminado por medio del lodo retirado de la LAAT y por los procesos simbióticos entre algas y bacterias en la LF (Ajayan et al., 2015). El tren de tratamiento del agua residual consiste en rejillas (gruesas y finas), remoción de arena, tratamiento primario avanzado anaerobio en una LAAT (remoción de materia orgánica, recolección de biogás, estabilización del lodo y remoción parcial del cromo) y tratamiento secundario en LF mejoradas (remoción de material orgánica disuelta, remoción de nutrientes, más remoción de cromo residual). En la PTAR hay un espacio provisional para una futura implementación de filtros de pulimiento para remoción de algas y nitrificación del efluente final antes de ser reutilizado directamente en agricultura.

LAGUNAS DE ESTABILIZACIÓN

CASO DE ESTUDIO

Soluciones basadas en la naturaleza para tratamiento de aguas residuales I 91

Eficiencia de tratamiento

La PTAR de El Cerrito tiene un valor promedio de eliminación de DBO_5 y SST de 85 ± 4%, y 82 ± 5%, respectivamente. La regulación actual colombiana no reconoce la diferencia entre la naturaleza y comportamiento de los sólidos debido a las algas y a los sólidos que se encuentran normalmente en las plantas de tratamiento de aguas residuales (PTAR). En la directiva europea, por el contrario, la concentración de SST en los efluentes de las lagunas de estabilización es calculada a partir de las muestras filtradas. Sin embargo, la PTAR de El Cerrito cumple con los valores de vertimiento establecidos en la regulación para tratamiento de aguas residuales municipales: esto es, 80% de eliminación total para DBO_5 y SST. Actualmente, esta PTAR es la única que cumple con la normatividad colombiana en toda la región del Valle del Cauca. En el caso que en un futuro existieran regulaciones más exigentes, el sistema tiene espacio destinado para colocar unidades de filtración como pulimento; así, esta eficiencia de eliminación teórica subiría hasta un 90% para DBO_5 y SST, y cerca de 65–70% para nutrientes (nitrógeno y fósforo).

Operación y mantenimiento

La operación y mantenimiento (O&M) de la PTAR es muy simple y accesible para los usuarios de las soluciones convencionales de tratamiento de aguas residuales. En el caso de la PTAR El Cerrito, la mayoría de las actividades de O&M son aún manuales. La única parte mecanizada es la estación de bombeo, en la cual se usan dispositivos hidráulicos y grúas para mover las bombas y los motores eléctricos que se utilizan, bien sea para mantenimiento o reparación. El único proceso que tiene problemas de O&M es la unidad de purificación del biogás. Actualmente, hay una propuesta para implementar la recuperación del biogás *insitu,* y monitorear algunos parámetros para el control del proceso de forma tal que se mejore la operación del sistema completo.

El operador actual encargado del sistema lleva a cabo actividades diarias de O&M tales como medición de caudal, limpieza de rejillas, desarenadores, control del flujo hacia las unidades de tratamiento, monitoreo de parámetros de campo, e inspección de la recolección del biogás. Semanalmente las actividades incluyen el chequeo del sistema de bombeo, el chequeo de la acumulación del lodo en las LAAT, el chequeo del bloqueo de las tuberías, vertederos, y válvulas. Eventualmente, las actividades incluyen el retiro de los lodos, el secado y disposición final, poda de césped, muestreo en el afluente y efluente, y envío de las muestras para análisis en el laboratorio. Existe en cuaderno en el sitio para realizar el registro regular de las actividades de O&M. En estas actividades, también se informan las situaciones por emergencia, tales como problemas en la red eléctrica o cambios fuertes en el clima.

Costos

El Costo total de capital de este sistema fue de US$1,0 millón y US$19,6 per cápita (~€750.000 y €14,7 per cápita). Esto fue financiado por la autoridad ambiental regional, CVC, como parte del programa de inversión para mejorar la calidad del agua del Río Cauca. Mientras que, el costo operacional de la SBN es US$72.000 y US$1,42 per cápita (total €54.135 and €1,06 per cápita) (Rojas, 2020). El costo de la O&M fue financiado por la Alcaldía del El Cerrito en cumplimiento de la Ley Nacional sobre el mejoramiento de los servicios de acceso a agua potable y saneamiento básico para pequeñas comunidades. Sin embargo, la O&M fue un reto para el equipo de administración del municipio, y optaron por hacer la O &M por medio de una concesión a un operador privado. Actualmente, hay un nuevo gobierno local elegido y el contrato de concesión de O&M está cerca de terminar. Todo el dinero para la O&M proviene del presupuesto municipal a través de la financiación de los servicios para agua potable y saneamiento básico. Es de resaltar que tanto los costos de capital como los costos de O&M, son más bajos que en las tecnologías convencionales, lo que demuestra la asequibilidad y sostenibilidad de las alternativas SBN. La sostenibilidad en este caso también tiene que ver con el desempeño, confiabilidad, estabilidad, y facilidad del funcionamiento del sistema, lo cual a su vez, hace con que este sea resiliente ante cualquier contingencia (natural o antropogénica), situaciones que normalmente dejarían fuera de servicio a los sistemas más mecanizados o automatizados.

Co-beneficios

Beneficios ecológicos

El agua residual cruda de El Cerrito era descargada directamente al Río Cerrito antes de la construcción de la PTAR. La combinación de una alta concentración de materia orgánica junto a una carga de cromo proveniente de las curtiembres, tenía un impacto extremo en la ecología del río, haciendo que el oxígeno disuelto se disminuyera y causando problemas de ecotoxicidad tanto en el micro como en el macrosistema acuático. En el pasado, las aguas del Río El Cerrito estaban siendo usadas para irrigación agrícola, configurando una reutilización indirecta de aguas residuales sin tratar para riego.

Actualmente, el efluente tratado de la PTAR se vierte al Rio Zabaletas, desde ahí, este es reutilizado durante la estación seca en la irrigación de cultivos de caña de azúcar. Esta nueva reutilización indirecta del efluente es segura para la salud pública dada la distancia grande que hay desde el punto de la descarga y el tipo de cultivo que es irrigado.

Durante la fase de diseño, todas las curtiembres fueron llamadas para un plan de cumplimiento (por la autoridad ambiental regional, CVC) e implementar al menos tecnologías con tratamiento primario para reducir el cromo. Esto fue un prerrequisito para proteger el funcionamiento del sistema a cargas toxicas una vez fuera construido.

Por otro lado, es común hoy en día ver diferentes especies migratorias y pájaros acuáticos volando por las instalaciones después de varios años de adecuado funcionamiento y un buen programa de la PTAR. Ocasionalmente, algunas especies de patos se asientan en el SBN, usando las lagunas como hábitat temporal para su reproducción antes de continuar con su ruta migratoria (Figura4). Algunas especies de anfibios, como la rana mugidora también han sido observados cerca de la parte final de las LF.

Beneficios sociales

La implementación de esta SBN llevo a amplios beneficios sociales para toda la población urbana del municipio El Cerrito, y específicamente, a las partes interesadas y relacionadas con el ciclo urbano del agua. El mayor beneficio fue el mejoramiento de la calidad ambiental del Río El Cerrito, por ejemplo, mejor calidad de agua fresca, reducción de olores desagradables, taludes limpios, mejores paisajes, y recuperación de la vida acuática. Una gran proporción de la comunidad de El Cerrito vive cerca al río, principalmente en los sectores del sur y sureste del pueblo. Igualmente, este es el segundo río más importante de todo el municipio.

Empresarios del sector del curtido se movilizaron para atender el plan de cumplimiento solicitado por la autoridad ambiental, lo que trajo mejores condiciones ambientales tanto para la población del municipio como para la operación de la PTAR. El equipo de la administración del municipio aprendió como abordar el problema de saneamiento que se había creado por la descarga del agua residual directamente en el río.

Figura 4: Especies de pato viviendo temporalmente en las LFs de PTAR-SBN El Cerrito. Fuente: Medina (2000).

La pequeña zona rural de San Antonio, localizada aguas abajo, se beneficia con un agua más limpia del río para su riego agrícola, de esta forma se reducen los riesgos a la salud pública y enfermedades para esta comunidad.

Contraprestaciones

Las principales contraprestaciones que se identificaron de este proyecto son las siguientes:

1. Durante la fase de diseño de la PTAR, las quejas iniciales de la comunidad rural estuvieron relacionadas con la cantidad insuficiente de agua para riego agrícola, una vez que el efluente de la PTAR iba a ser descargado en otra corriente de agua. Sin embargo, esto no trajo una mejora de la calidad del agua del Rio Cerrito una vez fue construido el sistema. Así, se observa una clara contraprestación entre la cantidad de agua para riego que esperaba la comunidad y la mejora de la calidad del agua del río (menores riesgos para la salud pública y menos enfermedades para la comunidad).

2. Antes de comenzar la operación de la PTAR, el cumplimiento de los requerimientos de tratamiento de las aguas residuales industriales proveniente de las curtiembres, se interpretó como una amenaza para la economía de este sector, incluso, después de ver el beneficio que resulto de la mejora en la calidad ambiental. Este fue un asunto difícil de resolver para el sector del curtido.

Lecciones aprendidas

Retos y soluciones

Hubo dos desafíos importantes que se abordaron durante el proceso.

Reto 1: Oposición de las curtiembres

El primer reto fue la oposición de los dueños de las curtiembres al Proyecto, ya que lo vieron como el obstáculo principal para cumplir con los estándares actuales de tratamiento de aguas residuales industriales. Sin embargo, estos requerimientos han sido regulados por la ley desde los años setenta y, por lo tanto, son obligatorios. Este reto fue superado por la participación en encuentros entre los dueños de las curtiembres, la autoridad ambiental y representantes del gobierno local, en talleres de discusión, y se firmaron algunos acuerdos para diseñar e implementar gradualmente el plan de cumplimiento.

Reto 2: Gestión por parte de no expertos

El segundo reto fue conectar a la administración del sistema, que, aunque suene sencillo, resultó ser un verdadero obstáculo para la administración pública municipal, debido a la falta de personal capacitado para operar el sistema adecuadamente. En primer lugar, fue resuelto por un contrato de concesión de las actividades de O&M con un operador privado con experiencia en tratamiento de aguas residuales. Actualmente, la administración municipal está considerando conformar un grupo interno de personas capacitadas para continuar con los contratos de concesión de O&M.

Comentarios/evaluación

El párrafo abajo resume una transcripción narrativa de tres audios cortos proporcionados por Carlos H. Botero y Carlos F. Rojas, ex asesores de planificación y Vivienda de la Alcaldía El Cerrito, y responsables del Contrato de Concesión para la O&M de esta PTAR, respectivamente (Botero & Rojas, 2020).

"... En relación con la PTAR natural El Cerrito, allí hay grandes mejoras en el entorno de la calidad ambiental: bajo riesgo en la salud pública, ausencia de malos olores dentro y fuera de la PTAR, buena calidad del agua del efluente antes de la descarga en el río, y mejora de las condiciones ecológicas del río Zabaletas. La pesca y la extracción de arena se recuperaron en el rio Cerrito, una vez que la calidad del agua tuvo una mejoría drástica a causa de la implementación de la PTAR.

Actualmente, es posible reutilizar directamente el efluente final en irrigación de la caña de azúcar y otros cultivos en los alrededores de la PTAR. Esta experiencia exitosa ha sido confirmada y resaltada por diferentes instituciones de planeación, medio ambiente, gobierno y sectores tanto del nivel regional como del nivel nacional. Otro asunto de importancia es todo el aprendizaje que tuvo la administración municipal debido a la complejidad en la administración de la PTAR natural, que, aunque simple en términos de funcionamiento, aún necesita un cuidado adecuado y continuo monitoreo. Considerando todo esto, y a pesar de algunas dificultades iniciales, esta ha sido una experiencia formativa para todos nosotros los que hemos estado envueltos en este proceso..."

Agradecimientos

Los autores expresan sus agradecimientos al Municipio El Cerrito (especialmente al señor Carlos H. Botero, exasesor de planificación y Vivienda) para llevar a cabo este trabajo, así como también por el plan de O&M que se implementó en el lugar para promover el buen funcionamiento de la PTAR. También agradecemos a la Ingeniera Luisa Fernanda Medina, actual ingeniera de O&M en la PTAR El Cerrito. Nuestras gracias también al Hub de Sostenibilidad en seguridad del agua y sostenibilidad (financiado por el UKRI) por el soporte y la recopilación de datos e información que permitieron el desarrollo de este caso de estudio.

Referencias

Ajayan, K. V., Muthusamy, S., Pachikaran, U., Palliyath, S. (2015). Phycoremediation of tannery wastewater using microalgae *Scenedesmus* species. *International Journal of Phytoremediation*, **17**(10), 907–916.

Botero, C. H. & Rojas, C. F. (2020). Feedback on the functioning and impact of the NBS-WPT system at El Cerrito, Colombia. Personal communication and short audio files provided on 18 June 2020.

Cinara (2003). Report from the participatory design workshop of El Cerrito WPT system. Universidad del Valle, Instituto Cinara. Cali, Colombia.

Mara, D. D. (2004). Domestic Wastewater Treatment in Developing Countries, 2nd edn. Earthscan, London, UK.

Medina, L. F. (2020). Photographic registry of the O&M Manual for the NBS system at El Cerrito. Photo taken in March 2020. El Cerrito, Colombia.

Peña, M. R. (2002). Advanced Primary Treatment of Domestic Wastewater in Tropical Countries: Development of High-Rate Anaerobic Ponds. PhD thesis, University of Leeds, UK.

Peña, M. R. (2010). Macrokinetic modelling of chemical oxygen demand removal in pilot-scale high-rate anaerobic ponds. *Environmental Engineering Science*, **27**(4), 293–299.

Peña, M. R., Madera, C. A., Mara, D. D. (2002). Feasibility of waste stabilization pond technology for small municipalities in Colombia. *Water Science & Technology*, **45**(1), 1–8.

Peña, M. R., Mara, D. D. (2004). Waste Stabilisation Ponds: Thematic Overview Paper-TOP. Technical Series. IRC-International Water and Sanitation Centre. Delft, The Netherlands.

Peña, M. R., Aponte, A., Herrera, M., Acosta, C. (2005). Report on Process and Physical Design Calculations of the WPT System at El Cerrito. Cali, Colombia.

Rojas, F. (2020). Operator of the NBS system at El Cerrito. Data from O&M budget and current expenses accountant. Personal Communication. February 2020. El Cerrito, Colombia.

Shilton, A. (2001). Studies into the Hydraulics of Waste Stabilisation Ponds. Ph.D. thesis, Massey University, New Zealand.

HUMEDALES CONSTRUIDOS DE FLUJO VERTICAL

AUTOR

Günter Langergraber, *Institute of Sanitary Engineering and Water Pollution Control, BOKU University, Muthgasse 18, 1190 Vienna, Austria*
Contacto: *guenter.langergraber@boku.ac.at*

1 – Afluente
2 – Sistema de Alimentación
3 – Capas de medio poroso de diferente tamaño
4 – Sistema de drenaje
5 – Suelo original
6 – Plantas
7 – Chimenea de aireación
8 – Cubierta impermeable
9 – Cámara de regulación
10 – Efluente

Descripción

En los humedales construidos (HC) de flujo vertical (FV), las aguas residuales con tratamiento primario se cargan intermitentemente en la superficie del filtro y percolan verticalmente a través de él. Durante dos cargas, el aire reingresa a los poros y airea el filtro, de modo que se producen principalmente procesos de degradación aerobia. Se requiere un tratamiento primario eficaz para eliminar los sólidos y evitar la colmatación del filtro. Se requiere un tanque de carga para almacenar las aguas residuales con tratamiento primario entre dos cargas consecutivas. Se utiliza vegetación de humedales de tipo emergente.

Los HC-FV se utilizan cuando se requiere un tratamiento aerobio de las aguas residuales (p. ej., nitrificación). La eficiencia del tratamiento y la tasa de carga orgánica aceptable dependen en gran medida de la granulometría del medio filtrante utilizado.

Ventajas

- Requerimiento de tierra más bajo que otras SBN
- Menor riesgo de colmatación en comparación con el HC de flujo horizontal (FH)
- Posibilidad de un bajo consumo de energía (alimentación por gravedad)
- Sin peligro específico con la reproducción de mosquitos
- Robusto contra las fluctuaciones de carga
- Es posible su funcionamiento en sistemas de alcantarillado separados y combinados
- Potencial de reutilización de efluentes a escala residencial (descarga de inodoros, riego)

Desventajas

- El sistema de alimentación necesita un componente mecánico (sifones) o electromecánico (bombas)

Co-beneficios

Alta	Reutilización de agua			
Media	Biodiversidad (fauna)	Producción de biomasa		
Baja	Biodiversidad (flora)	Captura de carbono	Valor estético	Recreación

Compatibilidad con otras SbN

Los FV se pueden combinar con otros tipos de humedales construidos, por ejemplo, humedales de flujo horizontal (FH) y humedales de flujo libre (FS), según el objetivo del tratamiento.

Casos de estudio

En esta publicación:

- Humedales de flujo vertical para el control de la contaminación en la cuenca del río Pingshan, Shenzhen, China
- Humedal de flujo vertical en dos etapas para Bärenkogelhaus, Austria
- Humedal de flujo vertical para el Hospital Matany, Uganda

Operación y Mantenimiento

Regular

- La nitrificación se puede comprobar midiendo como mínimo, el nitrógeno amoniacal efluente mensualmente, utilizando con un kit de prueba.

- Las mediciones deben registrarse en un "libro de mantenimiento" junto con todo el trabajo de mantenimiento realizado y los problemas operativos que ocurran.

Tareas anuales

- Eliminación de lodos del tratamiento primario para evitar descargas hacia el lecho del humedal vertical (FV). El intervalo de vaciado depende del volumen del tanque, pero los lodos deben eliminarse al menos una vez al año.

- La carga intermitente se puede comprobar midiendo la diferencia de altura en el tanque de carga antes y después de un evento de carga.

- Para evitar la congelación de las aguas residuales en las tuberías de distribución, es fundamental que después de una carga no quede agua en las tuberías. Esto debe revisarse una vez al año.

- Las plantas de los humedales deben cortarse cada 2 o 3 años. Si se corta antes de la estación fría, el material vegetal debe dejarse en la superficie del filtro para proporcionar una capa de aislamiento.

Extraordinaria

- Durante el primer año se deben eliminar las malezas o malas hierbas, hasta que se establezca una cubierta madura de vegetación de humedal.

Problemas

- Después de algunos años, la parte de goma de algunos sifones puede volverse porosa, lo que permite que las aguas residuales se filtren continuamente y, por lo tanto, solo se carga una parte del filtro de FV.

Detalles Técnicos

Nota: se dan detalles técnicos para los FV con carga intermitente que utilizan arena (0,06–4 mm) como capa filtrante principal.

Tipo de afluente

- Aguas residuales con tratamiento primario
- Aguas grises

Eficiencias de eliminación

- DQO   70–90%
- DBO$_5$ ~83%
- NT   20–40%
- N-NH$_4$ 80–90%
- PT   10–35%
- SST   80–90%
- Indicador de bacterias Coliformes fecales ≤ 2–4 log$_{10}$

Requerimientos

- Área neta requerida: 4 m² per cápita
- Necesidades de electricidad: pueden operar por flujo gravitacional, de lo contrario se requiere energía para las bombas.
- Otros:
    - El tratamiento primario es esencial
    - La granulometría del medio filtrante determina la eficiencia del tratamiento y la carga aplicable.

Criterios de diseño

- TCH: sobre los 0,1 m³/m²/día
- COS: 20 g DQO/m²/día
- Capa principal: 50 cm de arena limpia (0–4 mm)
- Capa intermedia: 10 cm de grava (4–8 mm)
- Capa de drenaje: 15 cm de grava (16–32 mm)

Existe más información para una capa principal de arena lavada (0,06–4 mm). El efecto de diferentes medios filtrantes sobre la eficiencia del tratamiento se describe, por ejemplo, en Pucher y Langergraber (2019).

Referencias

Dotro, G., Langergraber, G., Molle, P., Nivala, J., Puigagut, J., Stein, O. R., von Sperling, M. (2017). Treatment wetlands. Biological Wastewater Treatment Series, Volume 7, IWA Publishing, London, UK, 172 pp.

Pucher, B., Langergraber, G. (2019). Influence of design parameters on the treatment performance of VF wetlands – a simulation study. *Water Science & Technology*, **80**(2), 265–273.

Stefanakis, A. I., Akratos, C. S., Tsihrintzis, V. A. (2014). Vertical Flow Constructed Wetlands: Eco-engineering Systems for Wastewater and Sludge Treatment. Elsevier Publishing, Amsterdam.

Detalles técnicos

Configuraciones comúnmente implementadas

- Flujo vertical descendente con carga intermitente

- Se puede aplicar una recirculación del 50–100 % del volumen de salida a los tanques de carga para permitir la desnitrificación

- Los FV de una sola etapa generalmente se implementan para el tratamiento de aguas residuales de viviendas unifamiliares, pequeños asentamientos, y municipalidades de hasta 1.000 personas

Condiciones climáticas

- Se han implementado humedales del tipo FV en todas las condiciones climáticas.

HUMEDALES DE FLUJO VERTICAL PARA EL CONTROL DE LA CONTAMINACIÓN EN LA CUENCA DEL RÍO PINGSHAN, SHENZHEN, CHINA

TIPO DE SOLUCIÓN BASADA EN LA NATURALEZA (SBN)
Humedales construidos de flujo vertical (FV)

UBICACIÓN
Cuenca del Rio Pingshan, Shenzhen, Guangdong, China

TIPO DE TRATAMIENTO
Tratamiento terciario/pulido usando HC-FV

COSTO
US$53 millones

DATOS DE OPERACIÓN
2018 al presente

ÁREA/ESCALA
El área de los ocho humedales es de aproximadamente 50 hectáreas

Antecedentes del proyecto

El distrito de Pingshan está ubicado en el noreste de la ciudad de Shenzhen, provincia de Guangzhou, con una población de 428.000 habitantes (Figuras 1 y 2). En el distrito, la cuenca del río Pingshan ocupa el 77% del área total (129,4 km²). Los ríos de Shenzhen tienen niveles de agua bajos, con acumulación de sedimentos y el clima de la zona es oceánico subtropical. En el pasado, la cuenca del río Pingshan estaba rodeada de industrias, y las aguas residuales industriales y domésticas se descargaban en el río, haciéndolo altamente contaminado. Las industrias comenzaron a salir del área de la cuenca del río Pingshan a partir de 2011.

Por lo tanto, se construyeron ocho humedales de flujo vertical (VF) entre 2014 y 2018 para restaurar y rehabilitar la función ecológica de la cuenca del río Pingshan (Figura 3). Con una capacidad total de 50 hectáreas, se construyeron e implementaron los FV para tratar los efluentes de la planta de tratamiento de aguas residuales (PTAR) de Shangyang, con una capacidad de 1.365.000 m³/día. El área de servicio de la PTAR de Shangyang incluye el distrito de Pingshan y otras áreas como el distrito de Longgang. La población equivalente estimada de la PTAR de Shangyang es de aproximadamente 340.000. Los FV se diseñaron como una etapa de pulimento para cumplir con el estándar nacional de Grado VI incluido en "Estándares de calidad ambiental para aguas superficiales" (GB3838-2002). Los límites para el estándar de Grado VI son 30 mg/L para demanda química de oxígeno (DQO), 6 mg/L para la demanda bioquímica de oxígeno (DBO$_5$), 1,5 mg/L para N-NH$_4$, 0,3 mg/L para fósforo total (PT), y 5 mg/L para oxígeno disuelto.

AUTORES:

Jun Zhai, Wenbo Liu, *School of Environment and Ecology, Chongqing University, China*,
Gu Huang, *CSCEC AECOM Consultants Co., Ltd., Shenzhen Branch, China*
Lobna Amin, *IHE Delft Institute for Water Education, Delft, The Netherlands*
Contacto: Jun Zhai, *zhaijun@cqu.edu.cn*

Figura 1: Ubicación del rio Pingshan en la ciudad de Shenzhen

Figura 2: Vista general del rio Pingshan

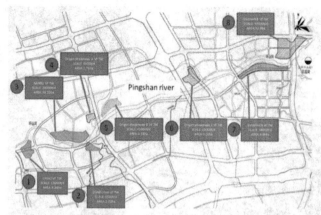

Figura 3: Ubicación de los ocho humedales para tratamiento a lo largo del río Pingshan (22° 42′ 28.2384″ N, 114° 23″ 22.6752″ E')

El efluente pulido de la PTAR de Shangyang sirve como una fuente adicional de agua en el río Pingshan y mejorando su calidad. Además, las industrias con altos índices de contaminación fueron trasladadas de esta zona, lo que contribuyó a que las concentraciones de contaminantes en el río fueran más bajas. En conjunto, los FV son un SBN de bajo costo que también ha creado un área recreativa verde para los residentes de Shenzhen. Los humedales proporcionan hábitat para plantas y animales a lo largo de la cuenca del río Pingshan y aumentan la biodiversidad en el área. Esto satisface el requisito de que las ciudades recientemente desarrolladas de China deben tener un área verde de al menos el 30% del área total de la ciudad.

Diseño y construcción

La capacidad de tratamiento diseñada para todos los FV a lo largo de la cuenca del río Pingshan en la estación húmeda es de 196.500 m³/día. En estaciones secas, el caudal es 136.500 m³/día. El área de cada uno de los humedales para tratamiento varía entre 1,76 hectáreas y 12,8 hectáreas, con un total aproximado de 50 hectáreas. Las plantas utilizadas en los humedales construidos incluyen *Cyperus alternifolius*, *Pontederia cordata*, *Cyperus papyrus*, etc.

La carga hidráulica promedio de los FV va desde 0,4 hasta 0,5 m³/m²/día. Algunas unidades de FV consisten en un conjunto de pequeños VF en paralelo. Por ejemplo, hay 22 unidades de humedales para tratamiento en Chiao (Figura 4). Después de bombear el efluente de la PTAR de Shangyang, el agua se distribuye nuevamente en diferentes FV a través de estaciones de bombeo. Posteriormente, el agua ingresa a zonas de purificación ecológica que se integran con el paisaje acuático y funcionan como un parque ecológico.

Figura 4: Diseño del humedal para tratamiento de Chiao

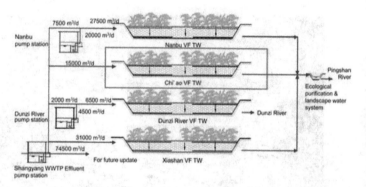

Figura 5: Proceso técnico de un humedal para tratamiento. Pump station: estación de bombeo; efluent: efluente; VF-TW: Humedal para tratamiento de flujo vertical; River: río.

La zona de depuración ecológica es la combinación de humedales para tratamiento y estanques. La zona ecológica se compone de plantas acuáticas sumergidas y emergentes. Esta zona limpiará aún más el agua y proporcionará paisajismo al mismo tiempo. Las Figuras 4 y 5 muestran el diseño general de los FV a lo largo del río Pingshan, y la Figura 6 muestra fotografías del sistema.

Figura 6: Humedales para tratamiento

Resumen técnico

Tabla resumen

TIPO DE AFLUENTE	Efluentes domésticos de la PTAR de Shangyang
DISEÑO	
Caudal (m³/día)	Estación seca: 136.500 Estación húmeda: 196.500 Nota: el afluente de los humedales para tratamiento viene de la PTAR de Shangyang. El área de servicio de la PTAR no se limita al Distrito de Pingshan.
Población equivalente (Hab.-Eq.)	340.000
Área (m²)	Primer humedal: 43.800 Segundo humedal: 23.200 Tercer humedal 103.500 Cuarto humedal: 17.600 Quinto humedal: 45.800 Sexto humedal: 53.600 Séptimo humedal: 89.600 Octavo humedal: 12.800 Área total: 505.100
Área por población equivalente (m²/Hab.-Eq.)	1,5
AFLUENTE	
Demanda bioquímica de oxígeno (DBO$_5$) (mg/L)	10 (promedio)
Demanda química de oxígeno (DQO) (mg/L)	50 (promedio)
Solidos suspendidos totales (SST) (mg/L)	10 (promedio)
Escherichia coli (unidades formadoras de colonias (UFC)/100 mL)	1000
EFLUENTE	
DBO$_5$ (mg/L)	≤6 (promedio)
DQO (mg/L)	≤30 (promedio)

EFLUENTE (cont.)	
SST (mg/L)	2 (promedio)
Escherichia coli (UFC/100 mL)	No requerido
COSTO	
Construcción	Total: US$53 millones Per cápita: US$125 per cápita
Operación (anual)	Total: US$1,5 millones por año Per cápita: US$3,5 per cápita por año

Tipo de afluente/tratamiento

El afluente de los FV proviene de la PTAR de Shangyang, que recibe aguas residuales municipales. La PTAR cuenta con tratamiento primario y secundario. Como resultado, las concentraciones de contaminantes que ingresan a los humedales para tratamiento son muy bajas. Este efluente de la PTAR de Shangyang cumple con el Estándar Nacional 1-A de estándar de descarga de contaminantes para plantas de tratamiento de aguas residuales municipales (GB 18918-2002). Las concentraciones de DQO, DBO$_5$, N-NH$_4$ y, PT son 50 mg/L, 10 mg/L, 5 mg/L, y 0,5 mg/L, respectivamente.

Eficiencia del tratamiento

Los ocho FV ayudan a mejorar aún más la calidad del agua para cumplir con los límites de la legislación. La calidad del agua propuesta para el río Pingshan es estándar de Grado VI incluida en "Estándares de calidad ambiental para aguas superficiales (GB3838-2002)", que requiere 30 mg/L DQO, 6 mg/L DBO$_5$, 1,5 mg/L N-NH$_4$, 0,3 mg/L de PT, y 5 mg/L de oxígeno disuelto. La temperatura en Shenzhen varía de 20 a 28°C. La precipitación anual es de unos 1,705 mm; sin embargo, la eficiencia del tratamiento de los FV se mantiene estable durante todo el año. Los contaminantes orgánicos (DBO$_5$ y DQO) y nutrientes (NH$_4$-N y PT) se reducen al estándar Grado VI (GB3838-2002) mediante los FV.

Operación y mantenimiento

La operación de los FV requiere un mantenimiento diario e incluye el manejo de las plantas (cosecha, deshierbe, etc.), mantenimiento del sistema de distribución de agua de los FV y gestión de la seguridad. En época seca, el caudal es de 136.500 m³/día, mientras que en época húmeda el caudal es de 196.500 m³/día. Aunque el diseño de los FV cumple con los requisitos en el incremento del caudal a la entrada, la operación de los humedales para tratamiento en la estación húmeda requiere un tiempo de almacenamiento más corto en el sistema.

Costos

Los ocho FV a lo largo de la cuenca del río Pingshan se instalaron en el marco del "Proyecto de mejora de la calidad del agua y tratamiento integral de la corriente principal del río Pingshan". Este proyecto tiene como objetivo pulir aún más el efluente de la PTAR de Shangyang. Inicialmente, se esperaba que el costo de construcción del proyecto fuera de US$67 millones. Sin embargo, el costo directo de construcción fue de US$53 millones, sin incluir una futura actualización del sistema. Hay planes potenciales para mejorar la calidad del agua del río Pingshan con medidas más allá de los humedales para tratamiento.

Calidad de agua del afluente y efluente para diseño de los humedales (mg/L)

ITEM	SÓLIDOS SUSPENDIDOS	DQO$_{CR}$	DBO$_5$	N-NH$_3$	FÓSFORO TOTAL	OXÍGENO DISUELTO
Afluente del humedal (efluente PTAR Shangyang)	10	50	10	5	0,5	—
Efluente del humedal	10	≤30	≤6	≤1,5	≤0,3	5
Eficiencia de eliminación (%)	—	≥40%	≥40%	≥70%	≥40%	—
Estándar Grado VI (GB3838-2002)	—	30	6	1,5	0,3	5

Los costos de operación y mantenimiento de los humedales para tratamiento de FV son principalmente de bombeo (efluentes de la PTAR de Shangyang a los humedales para tratamiento de FV y efluentes de humedales para tratamiento de FV al río Pingshan) y recolección de plantas. Los costos de operación de los sistemas de humedales son de aproximadamente US$1,5 millones por año.

Co-beneficios

Beneficios ecológicos

Los ocho humedales para tratamiento a lo largo de la cuenca del río Pingshan ayudan a reducir aún más las concentraciones de contaminantes en el agua antes de que ingrese al río, mejorando así su calidad del agua. Del mismo modo, se espera que los humedales mejoren la calidad ambiental en la cuenca del río, lo que se traducirá en un aumento de la polinización y la biodiversidad. Esto ayudará a crear nuevos hábitats y lograr la rehabilitación y restauración del ecosistema

A través de este proyecto, los ecosistemas presentes en la cuenca del río Pingshan pueden brindar sus múltiples servicios ecosistémicos y volverse más resilientes. También se espera que los humedales para tratamiento de FV regulen las inundaciones, controlen las aguas pluviales y proporcionen regulación para la captura de carbono.

Beneficios sociales

Los parques ecológicos multifuncionales, que también fueron construidos, hacen que los barrios sean más atractivos y habitables. Además, la mejora en la calidad del agua y el medio ambiente aumentan la estética del área y la percepción pública del río. Como resultado, este proyecto trae beneficios sociales para el público. Por ejemplo, se espera que el área circundante se use para recreación y el agua tratada de los FV pueda reutilizarse.

La mejora de la habitabilidad en los vecindarios dentro de la cuenca del río Pingshan resultó en valores más altos de los terrenos a lo largo del río y una contribución al desarrollo económico local. Al mismo tiempo, el proyecto puede considerarse como un buen ejemplo para los sistemas de humedales en China, lo que lleva a un aumento de su potencial de mercado.

Contraprestaciones

Dado que el proyecto es relativamente nuevo (2018), aún es necesario identificar las contraprestaciones. La principal contraprestación identificada hasta el momento es el espacio necesario para los FV.

Lecciones aprendidas

Desafíos y soluciones

Desafío/Solución 1: falta de personal experimentado

La compañía de agua de Shenzhen no tiene suficiente experiencia con los FV. Tuvieron problemas con el sistema de distribución del afluente a los humedales, debido a las variaciones de la calidad del agua. Sin embargo, se espera que la calidad del agua sea estable en el futuro ya que las operaciones mejorarán con auditorías frecuentes.

Desafío 2: cumplir con los estándares de agua receptora y la planificación de la ciudad

Un desafío continuo es cumplir con los requisitos reglamentarios de los "Estándares de calidad ambiental para aguas superficiales (GB3838-2002)", así como con los requisitos de planificación de la ciudad. Estos estándares y la planificación requieren que los FV no solo traten los efluentes de la PTAR para cumplir con el estándar de Grado IV en los "Estándares de calidad ambiental para aguas superficiales (GB3838-2002)", sino que también protejan todos los usos beneficiosos existentes y agreguen nuevos usos, incluido el control de inundaciones, mejora del paisaje y contribuir al nexo naturaleza-sociedad.

Desafío/Solución 3: implementación de humedales para tratamiento en áreas residenciales

El río Pingshan cruza el distrito de Pingshan y ocupa el 66% del área total del distrito. Por lo tanto, los FV están ubicados cerca de áreas residenciales. Como resultado, los FV tuvieron que planificarse cuidadosamente para minimizar sus efectos potenciales sobre los residentes urbanos.

En este proyecto, los humedales para tratamiento de FV se construyen en forma de parques ecológicos a lo largo del río. De esta manera, estos parques proporcionarán no solo FV para el tratamiento de efluentes de la PTAR y el control de la contaminación del agua, sino también vecindarios más atractivos y habitables para los residentes cercanos.

Desafío/Solución 4: variación estacional y funcionamiento a largo plazo

El caudal de los FV depende de las variaciones estacionales. En la estación húmeda, el caudal es un 40% más alto que en la estación seca. Aunque el diseño ha tenido en cuenta esta variación estacional, aún es importante monitorear las operaciones para lograr el rendimiento esperado del tratamiento.

La operación a largo plazo de los FV requiere personal capacitado que sepa cómo funcionan y cómo identificar los factores operativos. Por lo tanto, la empresa que opera y mantiene estos FV debe organizar cursos regulares para el personal, aunque las tareas diarias para la operación de FV son mucho menores que para las PTAR normales. Los cursos de capacitación deben incluir las estrategias para la cosecha regular de las plantas y otras estrategias y controles estacionales. Además, para mantener el rendimiento de FV como paso para pulir los efluentes de la PTAR y como parte del paisaje urbano, se requiere la comprensión y la cooperación del público. Para ello, las ventajas de los FV deben ser divulgadas por las empresas y apoyadas por el gobierno local.

Comentarios/evaluación de los usuarios

"En los viejos tiempos, el río estaba sucio, maloliente y fangoso, por lo que la gente solo quería quedarse dentro de la casa. Después de que se construyeron los HC, se mejoró el río, el agua se volvió clara y no había mal olor. A la gente le gusta dar un paseo por el río para ver el paisaje". El Sr. Li, que ha vivido cerca del río Pingshan durante décadas.

Según el "Informe anual sobre el estado ambiental de Shenzhen en 2018" de la Oficina de Medio Ambiente Ecológico de Shenzhen, la calidad del agua del río Pingshan ha mejorado. El índice compuesto de contaminación disminuyó un 21,4 % de 2017 a 2018. El índice es un método integral para evaluar la contaminación del agua. El índice se puede calcular de la siguiente manera:

$$P=1/n \sum_{i=1}^{n} (C_i/S_i)$$

donde P es el índice de contaminación compuesto; n es el número de ítems evaluados; Ci es la concentración medida del contaminante i (mg/L); y Si es la concentración permisible del contaminante i en el estándar (mg/L).

Referencias

Interview with Professor Jun Zhai, technical leader of the design of the TW, Chongqing University, Chongqing, China. E-mail: *zhaijun@cqu.edu.cn*

Shenzhen Habitat Environment Committee. (2019). Annual report on the Environmental State of Shenzhen in 2018. *http://meeb.sz.gov.cn/xxgk/tjsj/ndhjzkgb/201904/ t20190411_16764040.htm* (accessed 8 August 2019).

The Pingshan River comprehensive improvement project has completed 60% of the image progress (2018). *https://new. qq.com/omn/20181101/20181101A08FQB.html* (accessed 8 August 2019).

HUMEDAL DE FLUJO VERTICAL DE DOS ETAPAS EN BÄRENKOGELHAUS, AUSTRIA

TIPO DE SOLUCIÓN BASADA EN LA NATURALEZA (SBN)
Humedales de flujo vertical (FV)

UBICACIÓN
Bärenkogel, Mürzzuschlag, Austria

TIPO DE TRATAMIENTO
Tratamiento secundario en dos etapas por humedales de flujo vertical

COSTO
€45,000 (2010)

FECHAS DE OPERACIÓN
Abril del 2010 al presente

ÁREA/ESCALA
Tamaño de diseño: 40 Hab.-Eq.; área del humedal de flujo vertical: 2 × 50 m²

Antecedentes del proyecto

El sistema de humedales construidos de flujo vertical (FV) en Bärenkogelhaus, Austria, es la primera implementación a gran escala de un sistema de FV en dos etapas desarrollado para aumentar la eliminación de nitrógeno (Langergraber et al., 2008). El sistema de humedales se construyó para Bärenkogelhaus, que se encuentra en Styria, en la cima de la montaña Bärenkogel, a 1.168 metros sobre el nivel del mar. Bärenkogelhaus tiene un restaurante con 70 asientos, 16 habitaciones para invitados durante la noche y es un sitio popular para visitas de un día, especialmente durante los fines de semana y días festivos. El sistema de FV se construyó en el otoño de 2009 y comenzó a operar en abril de 2010, cuando se reabrió el restaurante. Durante 2010, el restaurante de Bärenkogelhaus estuvo abierto 5 días a la semana, mientras que desde 2011 Bärenkogelhaus solo ha estado abierto bajo demanda para eventos.

AUTOR:

Günter Langergraber, *Institute of Sanitary Engineering and Water Pollution Control, University of Natural Resources and Life Sciences (BOKU), Vienna, Austria*
Contacto: Günter Langergraber, *guenter.langergraber@boku.a c.at*

Resumen técnico

Tabla resumen

TIPO DE AFLUENTE	Aguas residuales domesticas
DISEÑO	
Caudal (m³/día)	2,5 (caudal de diseño)
Población equivalente (Hab.-Eq.)	40
Área (m²)	100 (cada etapa de 50 m²)
Área por población equivalente (m²/Hab.-Eq.)	2,5
AFLUENTE	
Demanda bioquímica de oxígeno (DBO$_5$) (mg/L)	560
Demanda química de oxígeno (DQO) (mg/L)	1.015
Solidos suspendidos totales (SST) (mg/L)	151
Nitrógeno total (NT) (mg/L)	65,3
Nitrógeno amoniacal (N-NH$_4$) (mg/L)	50,8
EFLUENTE	
DBO$_5$ (mg/L)	3
DQO (mg/L)	20
SST (mg/L)	4
NT (mg/L)	19,2
NH$_4$-N (mg/L)	0,06
COSTO	
Construcción	ca. €45.000 o €1.150 / Hab.-Eq.
Operación (anual)	ca. €1.700 o €42 / Hab.-Eq.

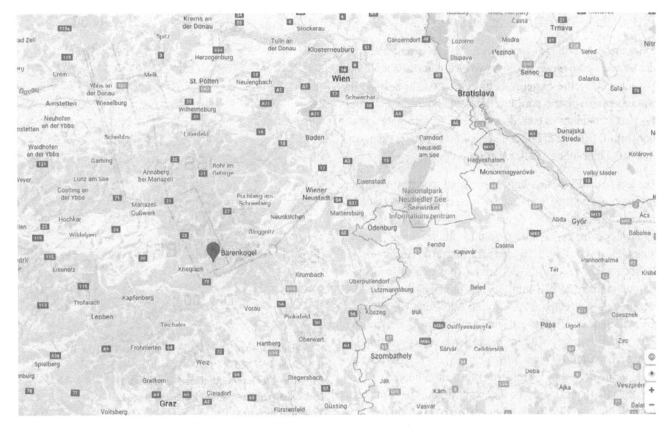

Figura 1: Lechen 26, A-8682 Mürzzuschlag, Austria

Figura 2: Etapa 1 (izquierda) y etapa 2 (derecha) en 2012 (alrededor de 2 años después del comienzo de su operación)

Diseño y construcción

Tal como lo describe Langergraber (2014), el sistema de FV de dos etapas a gran escala se construyó en la cima de la montaña Bärenkogel a 1.168 m sobre el nivel del mar. El sistema de tratamiento se diseñó para una población equivalente (Hab.-Eq.) de 40 habitantes con una superficie específica de 2,5 m² por Hab.-Eq. (carga orgánica de diseño 32 g DQO/m²/día) con una carga hidráulica de 2.500 L/día.

Los lechos del FV de dos etapas funcionan en serie y se cargan intermitentemente con aguas residuales pretratadas mecánicamente. La carga de ambas etapas se realiza mediante sifones, con una carga única de 580 L, a ambas camas con una superficie de 50 m2 c/u. La capa principal de 50 cm del primer lecho (etapa 1) consta de arena con una distribución granulométrica de 2–4 mm; la capa principal de 50 cm del segundo lecho (etapa 2) de arena, tiene una distribución granulométrica de 0,06– 4 mm. Ambas etapas tienen una capa superior de grava de 10 cm (4–8 mm) y están plantadas con carrizo común (*Phragmites australis*). La capa de drenaje en el fondo de ambos lechos tiene una profundidad de 20 cm de grava (8-16 mm), estando la capa de drenaje de la primera etapa inundada. El sistema se construyó en el otoño de 2009 y comenzó a funcionar en abril de 2010 cuando el restaurante volvió a abrir.

En 2010, el restaurante del Bärenkogelhaus estuvo abierto de forma continua 5 días a la semana (cerrado los lunes y martes). A finales de 2010, el inquilino rescindió su contrato y, desde entonces, el Bärenkogelhaus solo ha estado abierto bajo demanda para eventos. Los primeros eventos tuvieron lugar en julio de 2011. Durante el verano, el Bärenkogelhaus estuvo abierto para eventos casi todos los fines de semana, y durante las otras temporadas, aproximadamente una vez al mes.

Tipo de afluente/tratamiento

El afluente es agua residual doméstica de un restaurante. Como se requiere nitrificación para todas las PTAR en Austria, sólo se puede aplicar humedales para tratamiento de flujo vertical con carga intermitente (Langergraber et al., 2018). Para el sistema de tratamiento de Bärenkogelhaus, se permiten las siguientes concentraciones máximas de efluentes: 25 mg DBO_5/L, 90 mg DQO/L, 10 mg $N-NH_4$/L (sin embargo, sólo para temperaturas del agua efluente superiores a 12 °C). El efluente tratado se puede infiltrar mediante un lecho de infiltración.

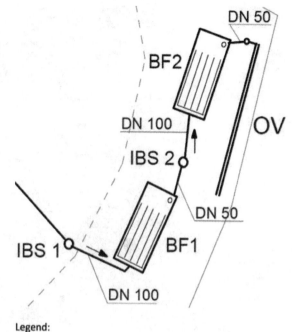

Legend:
BF1 = stage 1 VF bed
BF2 = stage 2 VF bed
IBS 1 = shaft for intermittent loading of stage 1
IBS 2 = shaft for intermittent loading of stage 2
OV = infiltration bed

Figura 3: Esquema del diseño. Stage: Etapa; bed: cama o lecho; shaft for intermittent loading: pozo para carga intermitente.

Eficiencia de tratamiento

Todas las concentraciones efluentes medidas durante el período de investigación de 3 años para el sistema FV de dos etapas cumplieron con los requisitos de las reglamentaciones austriacas (25 mg DBO_5/L; 90 mg DQO/L y 10 mg $N-NH_4$/L, respectivamente). Las concentraciones de $N-NH_4$ en el efluente del sistema de FV de dos etapas son muy bajas. La concentración máxima del efluente medida en invierno fue inferior a 0,5 mg $N-NH_4$/L. Las eficiencias de eliminación requeridas para DQO (85 %) se cumplieron durante todo el período de investigación. Durante periodos con concentraciones afluentes muy bajas, las eficiencias de eliminación de DBO_5 han estado por debajo del 95% solicitado, aunque las concentraciones de los efluentes medidos estuvieron por debajo del límite de detección (3 mg DBO_5/L). Además, se podrían lograr eficiencias estables de eliminación de nitrógeno de más del 70 % sin recirculación utilizando el diseño de humedales de dos etapas.

Concentraciones afluentes y efluentes y eficiencias de eliminación

(resumida de Langergraber et al., 2014)

PARÁMETRO (mg/L)	OPERACIÓN CONTINUA HASTA DICIEMBRE, 2010 VALORES MEDIOS (N=10)				OPERACIÓN PARA EVENTOS DESDE JULIO, 2011 A JUNIO, 2013 VALORES MEDIOS (N=39)			
	DBO_5	DQO	$N-NH_4$	NT	DBO_5	DQO	$N-NH_4$	NT
AFLUENTE (mg/L)	560	1.015	50,8	65,3	149	346	56,6	66,0
EFLUENTE ETAPA 1 (mg/L)	49	147	13,9	16,1	7	46	15,9	19,2
EFLUENTE FINAL (mg/L)	3	20	0,06	19,2	3	12	0,03	16,6
EFICIENCIA DE ELIMINACIÓN (%)	99,4	98,0	99,88	70,5	98,0	96,0	99,92	74,4

Operación y mantenimiento

El trabajo de operación rutinario incluye controles regulares del sistema (p. ej., funcionamiento del sifón) y autocontrol mediante muestreo semanal y pruebas de las concentraciones de nitrógeno amoniacal en el efluente (usando tiras reactivas). Debido a la baja carga general del sistema de humedales, el lodo primario debe eliminarse solo cada 2 o 3 años.

Adicionalmente, las autoridades solicitan monitoreo externo dos veces al año. La empresa que realiza el monitoreo externo también tiene un contrato de mantenimiento del sistema. Esto significa que los profesionales revisan el sistema de humedales dos veces al año y los posibles problemas operativos pueden resolverse en una etapa temprana.

Costos

Los costos de inversión rondaron los 36.500€ (excluido el IVA) incluyendo diseño, construcción y subvenciones. Además, los propietarios del sistema contribuyeron con unas 200 horas de trabajo (por ejemplo, trabajo de preparación, incluida la tala de árboles). Los costos totales de operación y mantenimiento rondan los 1.700 € al año. Esto incluye monitoreo externo dos veces al año (460 € por año, incluido el contrato de mantenimiento), eliminación de lodos primarios cada 2 o 3 años (600 € por vaciado) y

tiempo de trabajo de 20 horas por año por parte del propietario para controles de rutina y autocontrol. El tiempo de trabajo de los propietarios se calculó usando 50 € por hora.

Co-beneficios

Beneficios ecológicos

El agua residual tratada es de excelente calidad y puede ser infiltrada al suelo. Antes de la implementación del sistema de tratamiento con humedales, las aguas residuales del restaurante se recolectaban en pozos negros y debían ser transportadas con camiones a la planta de tratamiento de aguas residuales del municipio en el valle.

Beneficios sociales

El sistema de tratamiento con humedales se encuentra junto al estacionamiento de Bärenkogelhaus. Se colocó un cartel explicativo de la función de los sistemas de FV de dos etapas. Esta medida ayuda a mejorar la conciencia sobre la tecnología de humedal y la importancia del tratamiento de aguas residuales en un lugar como la cima de la montaña de Bärenkogel.

Lecciones aprendidas

Desafíos y soluciones

En general, el FV de dos etapas demuestra un sólido desempeño del sistema de tratamiento. Además de los requisitos normativos, se logran eficiencias estables de eliminación de nitrógeno de más del 70 % sin recirculación, utilizando el diseño de humedal de dos etapas. La eliminación de nitrógeno fue alta en comparación con otros humedales de tipo híbrido que tratan aguas residuales domésticas (Canga et al., 2011; Vymazal, 2013).

A pesar de las bajas cargas, se pudo demostrar que el FV de dos etapas funcionó bien. Ya en los primeros meses, durante los cuales se producían altas cargas hidráulicas y orgánicas los fines de semana, las eficiencias de eliminación eran bastante altas. Durante eventos con altas cargas hidráulicas, se observó una alta capacidad amortiguadora del sistema de tratamiento. No hubo aumentos observables en las concentraciones efluentes de DQO o N-NH$_4$ medidas durante los incrementos súbitos de carga hidráulica.

Comentarios del usuario / apreciación

Cita del propietario del sitio: "Es tranquilizador saber que solo se requieren muy pocos elementos para la instalación y para garantizar un excelente rendimiento a pesar de nuestra operación irregular".

Referencias

Canga, E., Dal Santo, S., Pressl, A., Borin, M., Langergraber, G. (2011). Comparison of nitrogen elimination rates of different constructed wetland designs. *Water Science & Technology*, **64**(5), 1122–1129.

Langergraber, G. Pressl, A., Kretschmer, F., Weissenbacher, N. (2018). Small wastewater treatment plants in Austria – technologies, management, and training of operators. *Ecological Engineering*, **120**, 164–169.

Langergraber, G., Pressl, A., Haberl, R. (2014). Experiences from the full-scale implementation of a new 2-stage vertical flow constructed wetland design. *Water Science & Technology*, **69**(2), 335–342.

Langergraber, G., Leroch, K., Pressl, A., Rohrhofer, R., Haberl, R. (2008). A two-stage subsurface vertical flow constructed wetland for high-rate nitrogen removal. *Water Science & Technology*, **57**(12), 1881–1887.

Vymazal, J. (2013). The use of hybrid constructed wetlands for wastewater treatment with special attention to nitrogen removal: a review of a recent development. *Water Research*, **47**(14), 4795–4811.

HUMEDAL DE FLUJO VERTICAL PARA EL HOSPITAL MANATY, UGANDA

TIPO DE SOLUCIÓN BASADA EN LA NATURALEZA (SBN)
Humedales de flujo vertical (FV)

CLIMA/REGIÓN
Northern Uganda, semi-arido

TIPO DE TRATAMIENTO
Tratamiento secundario con FV

COSTO
€78,000

FECHAS DE OPERACIÓN
Desde 1998 al presente

ÁREA/ESCALA
1.100 m²
40 kg DBO$_5$/día

Antecedentes del proyecto

El Hospital de Matany fue construido en la década de 1970 para brindar servicios médicos y de salud a la población de la región de Karamoja, una región del país extremadamente remota, subdesarrollada y relativamente insegura. Karamoja es una región árida/semiárida en el noreste de Uganda y tiene dos estaciones lluviosas y una estación cálida y seca intensa de octubre a abril. Diciembre y enero son los meses más secos, típicamente con fuertes vientos.

El agua del hospital proviene de un pozo al oeste del complejo del hospital, y las aguas residuales se recolectaban y trataban parcialmente en una laguna ubicada aproximadamente a 400 m al noroeste. Durante la estación seca, la gente de la zona utilizaba la laguna para dar de beber a sus animales y, a veces, incluso para la recolección de agua potable, con todos los riesgos para la salud asociados. Al mismo tiempo, la administración del hospital planeaba reducir la dependencia del transporte de frutas desde Mbale mediante el establecimiento de una plantación de árboles frutales, que se regaría con efluentes tratados de la planta de tratamiento de aguas residuales.

El proyecto se puso en marcha para abordar estos problemas mediante el tratamiento de aguas residuales del Hospital Matany, condado de Bokora, Moroto, Uganda, y la reutilización de las aguas residuales tratadas para el riego de árboles.

Las condiciones básicas para el diseño incluían (1) el sistema de tratamiento debería consumir la menor cantidad de energía posible; (2) el efluente se usaría para ferti irrigación; (3) una reducción en la concentración de nutrientes sería innecesaria; y (4) la concentración de DBO$_5$ del efluente debería alcanzar valores inferiores a 50 mg/L (lo que evita la contaminación de las aguas subterráneas, la reducción del potencial de descomposición, la digestibilidad de las aguas).

AUTOR:

Markus Lechner
EcoSan Club, Weitra, Austria
Contacto: Markus Lechner, *markus.lechner@ecosan.at*

Figura 1: El humedal de tratamiento al finalizar su construcción
(Markus Lechner, 1999)

Figura 2: El humedal 2 años después de construido
(Markus Lechner, 2001)

Debido a estas condiciones básicas de diseño, que eran principalmente un bajo consumo energético, la única solución práctica era un sistema de tratamiento natural. Para reducir el riesgo de contacto con las aguas residuales, se prefirió un sistema sin una superficie de agua libre. Por lo tanto, se diseñó un humedal construido de flujo vertical (HC-FV) para tratar las aguas residuales.

Un FV es un lecho filtrante plantado que se drena hacia el fondo. Las aguas residuales se vierten o dosifican sobre la superficie desde arriba mediante un sistema de dosificación mecánica. El agua fluye verticalmente hacia abajo a través de la matriz del filtro hasta el fondo del lecho donde se recoge en una tubería de drenaje. (*https://sswm.info/sanitation-systems/sanitation-technologies/vertical-flow-treatment-wetland*).

La aplicación directa de las aguas residuales sin tratar para el riego no es posible debido a la escasez de tierra disponible (protegida) y al riesgo asociado de infección por contacto directo con efluentes sin tratar.

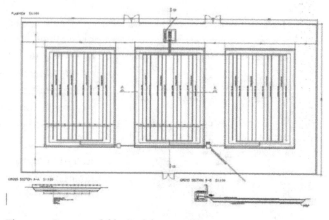

Figura 3: Esquema del humedal construido
(Markus Lechner, 1999)

Resumen técnico

Tabla resumen

TIPO DE AFLUENTE	Agua residual doméstica
DISEÑO	
Caudal (m³/día)	50
Población equivalente (Hab.-Eq.)	700 (60 g DBO$_5$)
Área (m²)	1.100
Área por población equivalente (m²/Hab.-Eq.)	1,76
AFLUENTE	
Demanda bioquímica de oxígeno (DBO$_5$) (mg/L)	750
Demanda química de oxígeno (DQO) (mg/L)	1.350
Solidos suspendidos totales (SST) (mg/L)	750
EFLUENTE	
DBO$_5$ (mg/L)	5,2
DQO (mg/L)	108
SST (mg/L)	No disponible
Escherichia coli (Unidades formadoras de colonias (UFC)/100 mL)	2×10^2 a 3×10^2 (periodo de muestreo 2004–2006)
COSTO	
Construcción	€78,000
Operación (anual)	Desconocido

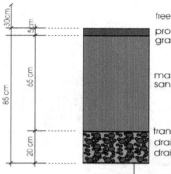

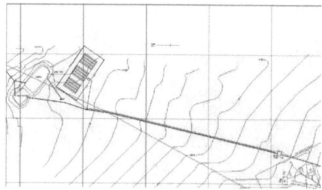

Figura 4: Sección transversal del lecho del filtro de flujo vertical (Hannes Laber Y Markus Lechner, 1998). Free board: borde libre; protection layer: capa de protección; main layer: capa principal; sand/gravel: arena/grava; transition layer: capa de transición; drainage layer: capa de drenaje; drainage pipe: tubería de drenaje.

Figura 5: Plano del lugar (Markus Lechner, 1998)

Diseño y construcción

El dimensionamiento del área superficial requerida se basó en el modelo k–C* de primer orden (Kadlec y Knight, 1996). Se ha propuesto que este es el modelo cinético generalmente más apropiado para predecir las concentraciones de salida de contaminantes que muestran una eliminación de primer orden en los humedales para tratamiento. Las hipótesis y cálculos que conducen a la superficie final elegida de 1.100 m² se recogen en el Anexo.

La superficie total se dividió en tres lechos de flujo vertical (FV) de 368 m² de superficie cada uno (16 m × 23 m). La distancia entre dos lechos de FV es de 3 m. En la Figura 4 se muestra una sección transversal del filtro FV. El sellado debe ser un revestimiento de plástico de polietileno o PVC con un espesor mínimo de 1 mm (para evitar que los roedores y las raíces atraviesen el revestimiento). Sobre sellado, se debe colocar una capa de 5 cm de arena. Los taludes de las camas tienen una pendiente de aproximadamente 1:1, dependiendo del terreno. La Figura 5 muestra el plano del sitio.

Para reducir la cantidad de sólidos sedimentables en el flujo de entrada y minimizar el riesgo de colmatación del lecho de FV, se diseñó un tanque de sedimentación. Se supuso un tanque de sedimentación de tres cámaras con un tiempo de retención de aproximadamente 1 día. Por lo tanto, el volumen necesario era de aproximadamente 50 m³.

Considerando una cantidad de lodos de 30 g por habitante equivalente por día, con un contenido medio de agua del 95%, se supuso un intervalo de remoción de lodos de 3 meses. Con una profundidad de agua de 2 m y un tiempo de retención de 1 día, la superficie requerida del tanque fue de 25 m².

Tipo de afluente/tratamiento

El afluente fue las aguas residuales del hospital.

La base de diseño fue de 40 m³/día, lo que corresponde a un consumo de agua de 50 L por día para 790 personas (220 Hab.-Eq. de baños en el hospital, 440 Hab.-Eq. de aseos para familiares, y 130 Hab.-Eq. de aseos para el personal y los huéspedes). Una futura ampliación a 1.140 Hab.-Eq. también fue planeada, pero no se realizó. La carga orgánica de los filtros de FV para la base de diseño fue de 30 kg DBO$_5$/día. Los cálculos de diseño se muestran en el Anexo.

Eficiencia del tratamiento

La tabla de la página siguiente resume los requisitos legales, así como las concentraciones medidas en el efluente. Las muestras fueron tomadas seis veces entre junio de 2004 y marzo de 2006. El desempeño del sistema de tratamiento está en línea con las expectativas y cumple con todos los requisitos legales relevantes en Uganda.

Estándares de descarga de Uganda (Regulaciones Ambientales Nacionales, 1999) y concentraciones de efluentes medidas *(Müllegger and Lechner, 2012)*

PARÁMETRO	UNIDAD	REGULACIÓN EN UGANDA	CONCENTRACIONES EFLEUNTES MEDIDAS		
			NUMERO DE MUESTRAS	PROMEDIO	DESVIACIÓN ESTÁNDAR
DQO	mg/L	100	6	86	48
DBO$_5$	mg/L	50	4	20	14
N-NH$_4$	mg/L	10	3	1,4	0,5
P-PO$_4$	mg/L	10	5	7,8	1,9
S-SO$_4$	mg/L	500	3	34,7	6,1
Turbiedad	NTU	300	4	7,1	9,1
pH	—	6–8	5	7,1	0,7
CE	µS/cm	—	5	1.550	147
Temperatura	°C	—	4	25,8	2,1

Operación y mantenimiento

Un manual de operación y mantenimiento (O&M) proporciona detalles sobre las actividades necesarias para el humedal de flujo vertical. Proporciona plantillas, explicaciones e información de solución de problemas para el personal de mantenimiento. El Hospital de Matany cuenta con personal responsable para el mantenimiento de los sistemas de humedales. Además de los trabajos regulares de mantenimiento, existen tareas diarias, semanales y mensuales que se describen a continuación.

Diaria:

- Temperatura y humedad
    - Medir en el sistema de carga
- Medidor de agua
    - Anotar la lectura del medidor
- Medidor de aguas residuales
    - Anotar la lectura del medidor
- Sistema de carga
    - Verificar funcionamiento
    - Verificar medidores

Semanal:

- Alcantarillado: comprobar si hay obstrucciones o daños
- Tapa de alcantarilla: verificar si hay daños
- Cámaras de inspección: controlar obstrucciones, sedimentos y flujo

Mensual:

- Tomar muestras de entrada y salida para DBO$_5$, DQO y N-NH$_4$
- Revisar la entrada al humedal en busca de sólidos sedimentables

Además de estas tareas habituales, la fosa séptica se vacía una vez al año, lo que garantiza un buen funcionamiento del humedal para tratamiento de flujo vertical (Müllegger y Lechner, 2011).

Costos

Los costos de construcción fueron €78,000 (1998). Los costos de operación O&M no fueron estimados de forma separada y son desconocidos.

Figura 6: Plantación de árboles.

Co-beneficios

Beneficios ecológicos

Las aguas residuales tratadas se utilizan para el riego de árboles, que se plantaron para superar los problemas de pérdida de suelo, degradación de las condiciones del suelo, etc. El área que se muestra en la Figura 6 se riega con las aguas residuales tratadas.

Beneficios sociales

El uso continuo de aguas residuales para el riego de árboles frutales ha generado algunos puestos de trabajo en el Hospital de Matany (riego, recolección, etc.).

Contraprestación

Cada mejora de infraestructura cuesta dinero, en particular en el largo plazo como resultado de los costos de operación y mantenimiento.

Lecciones aprendidas

Desafíos y soluciones

La operación y mantenimiento de la planta funcionan bien porque se requiere agua para el riego. Como lo demuestra la experiencia con otras plantas de tratamiento de aguas residuales, sin co-beneficios o el riego como incentivo para mantener la planta en funcionamiento, es muy probable que la planta no funcionara. El cumplimiento de los estrictos estándares legales y la falta general de sensibilidad ambiental no motiva a las personas a gastar dinero en O&M.

Referencias

Brix, H. (1994). Functions of macrophytes in treatment wetlands. *Water Science and Technology* **29**(4), 71–78.

Kadlec, R. H., Knight, R. L. (1996). Treatment Wetlands. CRC Press, Boca Raton, FL, USA.

Lechner, M. (2000). Wastewater treatment for reuse. In: Proceedings of the 26th WEDC Conference, Dhaka, Bangladesh; *https://wedc-knowledge.lboro.ac.uk/resources/conference/26/Lechner.pdf* (accessed 22 July 2019).

Müllegger, E., Lechner, M. (2011). Constructed wetlands as part of EcoSan systems: 10 years of experiences in Uganda. In: Kantawanichkul, S. (ed.): IWA Specialist Group on Use of Macrophytes in Water Pollution Control, newsletter No. 38 (June), pp. 23–30.

Müllegger, E., Lechner, M. (2012). Comparing the treatment efficiency of different wastewater treatment technologies in Uganda. *Sustainable Sanitation Practice*, No **12**, 16–21.

National Environment Regulations (1999). Standards for Discharge of Effluent into Water or on Land. Statutory Instruments Supplement No.5/1999, Kampala, Uganda.

Anexo

con

$$A = \frac{Q}{k}[\ln(Ci - C^*) - \ln(Co - C^*)]$$

A = área [m²]
Q = cantidad de aguas residuales [m³/día]
k = constante de tasa de área de primer orden [m/día]
Ci = concentración de entrada [mg/L]
Co = concentración de salida [mg/L]
C^* = concentración de fondo [mg/L]

El área de superficie se calculó para dos efluentes con diferentes características (DBO$_5$):
A) cout = 50 mg/L BOD$_5$
B) cout = 100 mg/L BOD$_5$

Los parámetros de diseño elegidos fueron C^*= 3 y k = 0.13 m/día(Brix, 1994). Las áreas de superficie requeridas se calcularon como

A) A = 1,063 m²,
B) A = 785 m².

Usando dos valores para la concentración de salida de SST,
A) cout = 25 mg/L SST,
B) cout = 50 mg/L SST,
Se calcularon las siguientes superficies requeridas:

A) A = 1059 m²,
B) A = 805 m².

Asumiendo una eficiencia de depuración requerida de 50 mg DBO$_5$/L, la superficie requerida elegida fue de 1.100 m², lo que equivale a 1,76 m²/p.e. (1 p.e. = 60 g DBO$_5$/día y q = 80 L/día)

Parámetros de diseño para el diseño final y una extensión potencial *(no completado)*
(versión original en inglés, sin traducción)

				connection to sewer		BOD$_5$ load [g/(PE*d)]	reduction by sedimentation actual [g/(PE*d)]	reduction by sedimentation future [g/(PE*d)]	total load for ETP actual [g/d]	total load for ETP future [g/d]
	average water consumption:	40 m³/d (actual)								
	average water consumption:	50 m³/d (future)								
		PE								
1	hospital	220		connected	1	48	33,6	33,6	7392	7392
2	relatives	440		connected	2	48	33,6	33,6	14784	14784
3	staff + guests	130		connected	3	60	60	42	7800	5460
	actual	790							29976	
4	workers	250	(60 families)	not yet connected	4	48		33,6		8400
5	future extension	100	(20 families)	not yet connected	5	48		33,6		3360
	future	1140								39396

	N load [g/(PE*d)]	reduction by sedimentation actual [g/(PE*d)]	reduction by sedimentation future [g/(PE*d)]	total load for ETP actual [g/d]	total load for ETP future [g/d]
1	9,6	6,72	6,72	1478,4	1478,4
2	9,6	6,72	6,72	2956,8	2956,8
3	12	12	8,4	1560	1092
				5995,2	
4	9,6		6,72		1680
5	9,6		6,72		672
					7879,2

HUMEDALES DE FLUJO VERTICAL TIPO FRANCÉS

AUTORES

Katharina Tondera, *INRAE, REVERSAAL, F-69625 Villeurbanne, France*
Contact: *katharina.tondera@inrae.fr*
Anacleto Rizzo, *Iridra Srl, Via La Marmora 51, 50121 Florence, Italy*
Pascal Molle, *INRAE, REVERSAAL, F-69625 Villeurbanne, France*

1 - Afluente
2 – Sistema de alimentación
3 – Medio poroso
4 – Sistema de drenaje
5 – Suelo original
6 - Plantas
7 – Capa de lodo
8 – Forro impermeable
9 – Control de nivel
10 – Segunda etapa del sistema
11 - Efluente

Descripción

El humedal de flujo vertical tipo francés (HT-FV francés) es una configuración de humedales para tratamiento de flujo vertical, que consta de dos etapas consecutivas de humedales verticales con diferentes medios filtrantes. El diseño específico y el esquema de operación para climas templados (alimentación alterna en los tres lechos de la primera etapa y en los dos de la segunda etapa), permite un tratamiento de aguas residuales crudas después de pasar por una simple reja. En particular, la primera etapa para las aguas residuales crudas suele denominarse también Lecho de carrizos francés (LCF). Los lodos se acumulan y se mineraliza en la superficie; el borde libre del LCF permite la operación sin necesidad de remoción de la capa depositada (20 cm como máximo) por un periodo entre 10 y 15 años. La segunda etapa suele ser un humedal clásico de flujo vertical, como se ve en Francia, pero se puede sustituir por otras etapas de humedales para respetar las normas de calidad del agua específicas del contexto (Ej. flujo horizontal (FH) para desnitrificación). En los últimos años se ha desarrollado un diseño optimizado para las regiones tropicales.

Ventajas

- Gestión sencilla de lodos, alimentación con aguas residuales sin tratar (minimización de costes de operación y mantenimiento)
- Es posible el funcionamiento en sistemas de alcantarillado separados y combinados
- Estable frente a variaciones de carga
- Sin riego de reproducción de mosquitos, sin olor
- Menor riesgo de obstrucción que los HF
- Posibilidad de bajo consumo de energía (alimentación por gravedad)
- Reutilización potencial a escala de edificio (descarga de inodoros, riego)
- Tratamiento de lodos asequible y energéticamente suficiente
- Producto final de alta calidad con mayores opciones de reutilización
- Posibilidades de reutilización de nutrientes

Desventajas

- El sistema de alimentación necesita un componente mecánico (sifones) o electromecánico (bombas)

Co-beneficios

Alto	Reutilización de agua	Biosólidos
Medio	Biodiversidad (fauna)	Producción de biomasa
Bajo	Biodiversidad (flora)	Secuestro de carbono	Valor estético	Recreación	Mitigación de eventos extremos

Compatibilidades con otras SBN

Tratamiento primario que se puede combinar con cualquier tipo de sistema de humedales para tratamiento según la calidad de salida deseada.

Caso de estudio

En esta publicación

- Humedal de flujo vertical tipo francés en la Municipalidad de Orhei, Moldavia
- Humedal para tratamiento de Challex: Humedales para tratamiento con el Sistema francés para aguas residuales domésticas y aguas de tormenta.
- Humedales para tratamiento de Taupinière: humedales para tratamiento del sistema francés no saturado /saturado para aguas residuales domésticas en un área trópical.

Operación y mantenimiento

Regular

- Dos veces por semana: control de los sistemas de alimentación por lotes, para un correcto funcionamiento y alternancia de los lechos.
- Limpieza regular del sistema de cribado
- Una vez al mes: control de malezas
- Una vez al año: comprobación de la altura de la capa de lodos y recolección de las cañas.
- La frecuencia de mantenimiento de las plantas en climas tropicales puede ser mayor

Extraordinario

- Primera temporada de crecimiento: cosecha de malezas
- Eliminación de la capa de lodos al menos cada 10 a 15 años

Solución de problemas

- Obstrucción de la primera etapa, ocurre si llegan sobrecargas hidráulicas continuas a los filtros.

Referencias

Dotro, G., Langergraber, G., Molle, P., Nivala, J., Puigagut, J., Stein, O.R., von Sperling, M. (2017). Treatment wetlands. Biological Wastewater Treatment Series, Volume 7, IWA Publishing, London, UK, 172 pp.

Molle, P., Lombard Latune, R., Riegel, C., Lacombe, G., Esser, D., Mangeot, L. (2015). French vertical-flow constructed wetland design: adaptations for tropical climates. *Water Science & Technology*, 71(10), 1516–1523.

Morvannou, A., Forquet, N., Michel, S., Troesch, S., Molle, P. (2015). Treatment performances of French constructed wetlands: results from a database collected over the last 30 years. *Water Science & Technology*, 71(9), 1333–1339.

Detalles Técnicos

Tipo de AFLUENTE

- Aguas residuales domésticas crudas

Eficiencia del tratamiento

- DQO   >90%
- DBO_5 ~93%
- NT   20–60%
- $N-NH_4$ 60–90%
- PT   10–22%
- SST   >90%

Requerimientos

- Requerimientos de área neta: 2 m² por Hab.-Eq.
- Necesidades de electricidad: puede funcionar por gravedad; de lo contrario, se requiere energía para las bombas
- Otras:
  - Para climas templados: alimentación intermitente de tres lechos de la primera etapa (3,5 días de alimentación, 7 días de descanso) y dos lechos de la segunda etapa (3,5 días de alimentación, 3,5 días de descanso)
  - Para climas tropicales, solo se requieren dos lechos en la primera etapa (3.5 días de alimentación, 3.5 días de descanso)

Criterios de diseño

- Primera etapa – LCF: ≥30 cm de capa de filtro (grava, 2–6 mm), 10–20 cm de capa de transición (grava, 5–15 mm), 20–30 cm de capa de drenaje (grava, 20–60 mm)
- Segunda etapa–FV: ≥30 cm de capa de filtro (arena, 0–4 mm), 10–20 cm de capa de transición (grava, 4–10 mm), 20–30 cm de capa de drenaje (grava, 20–60 mm)
- TCH: hasta 1,8 m³/m²/día con aguas pluviales (época seca sin lluvia TCH 0,37 m³/m²/día) – por metro cuadrado de lecho en funcionamiento
- TCO: 350 g DQO/m²/día – por metro cuadrado de lecho en funcionamiento – en la primera etapa
- SST: 150 g/m²/día – por metro cuadrado de lecho en funcionamiento – en la primera etapa

Literatura

Paing, J., Guilbert, A., Gagnon, V., Chazarenc, F. (2015). Effect of climate, wastewater composition, loading rates, system age and design on performances of French vertical flow constructed wetlands: a survey based on 169 full scale systems. *Ecological Engineering*, **80**, 46–52.

Rizzo, A., Bresciani, R., Martinuzzi, N., Masi, F., (2018). French reed bed as a solution to minimize the operational and maintenance costs of wastewater treatment from a small settlement: an Italian example. *Water*, **10**(2), 156.

Detalles Técnicos

Configuraciones implementadas comúnmente

- LCF – FV (Esquema francés – dos etapas)
- LCF – FH
- LCF – FH – Humedales para tratamiento de flujo libre superficial (HT-FS)

Condiciones climáticas

- Configuraciones optimizadas para climas templados y trópicales

HUMEDALES PARA TRATAMIENTO – SISTEMA FRANCÉS DE FLUJO VERTICAL – MUNICIPALIDAD DE ORHEI, MOLDAVIA

TIPO DE SOLUCION BASADA EN LA NATURALEZA (SbN)
Humedales de flujo vertical tipo francés (SF)

UBICACION
Orhei, Moldavia

TIPO DE TRATAMIENTO
Tratamiento primario y secundario usando lechos de humedales tipo francés (LCFs) y FV

COSTO
€ 3.4 millones (2013)

DATOS DE OPERACIÓN
2013 a la fecha

ÁREA/ESCALA
5 hectáreas (brutas)

Antecedentes del proyecto

La ciudad de Orhei estaba equipada con una antigua planta de tratamiento de aguas residuales (PTAR) que contaba con un filtro percolador de alta tasa, el cual resultó ser muy costoso, especialmente por su ubicación en la cima de una colina adonde se tenían que bombear las aguas residuales de la ciudad. Ya no era lo suficientemente eficaz para tratar toda la ciudad. Por esta razón, el gobierno moldavo, bajo un programa de financiamiento del Banco Mundial y un estudio de factibilidad relacionado, decidió reemplazarlo con un humedal para tratamiento de flujo vertical francés (SF). Los consultores del Banco Mundial compararon los humedales para tratamiento (HT) con otras tecnologías (lodos activados, reactores de secuenciación tipo batch y filtros de percolación), y se eligió un FV tipo francés para minimizar los costos operativos de acuerdo con la tarifa de agua máxima asequible en la situación económica local.

El diseño del HT de FV tipo francés de Orhei y la supervisión de la construcción fueron promovidos y financiados por el Banco Mundial, e implementados por un join venture internacional compuesto por Posch & Partners (Austria), SWS Consulting, Iridra e Hydea (Italia). La realización de la planta fue financiada conjuntamente por la Unión Europea, el Ministerio de Medio Ambiente de Moldavia y el Banco Mundial. La construcción del sistema fue licitada por la Unidad de Ejecución del Proyecto y asignada a la Joint-Venture alemana Heilit – BioPlanta.

AUTORES:

Fabio Masi, Anacleto Rizzo, Ricardo Bresciani
IRIDRA Srl, via Alfonso La Mamora 51, Florence, Italy
Contacto: Anacleto Rizzo, *rizzo@iridra.com*

Figura 1: HT tipo francés de Orhei, localización, 47° 22′ 15.85″ N, 28° 46′ 49.47″ E

Figura 2: HT de tipo francés de Orhei, incluyendo (a la derecha) una vista aérea

Resumen técnico

Tabla resumen

Tipo de afluente	Doméstica, pequeñas industrias (Ej. Fábrica de jugo de frutas)
DISEÑO	
Caudal (L/s)	Actual: promedio 1,000 m³/d; máximos: 1.900 m³/d (datos monitoreados 2013-2015) Futuro: 2.100-2.700 m³/d (valor de diseño)
Personas equivalentes (Hab.-Eq.)	hasta 20.000 (valor de diseño)
Área (m²)	Primera etapa lecho de carrizos francés (LCF): 17.956 m² Segunda etapa flujo vertical: 16.992 m² Total: 34.948 m²
Área por población equivalente (m²/Hab.-Eq.)	Primera etapa lecho de carrizos francés (LCF): 0.90 (valor de diseño) Segunda etapa flujo vertical 0.85 (valor de diseño) Total: 1.75 (valor de diseño)
AFLUENTE	
Demanda bioquímica de oxígeno (DBO$_5$) (mg/L)	106 (promedio – datos monitoreados)
Demanda química de oxígeno (DQO) (mg/L)	222 (promedio – datos monitoreados)
Suelos suspendidos totales (SST) (mg/L)	583 (promedio – datos monitoreados)
Nitrógeno amoniacal (N-NH$_4$) (mg/L)	47 (promedio – datos monitoreados)
Escherichia coli (unidades formadoras de colonias (UFC)/100 mL)	10^6 (valor de diseño)
EFLUENTE	
DBO$_5$ (mg/L)	15 (promedio – datos monitoreados)
DQO (mg/L)	32 (promedio – datos monitoreados)
SST (mg/L)	23 (promedio – datos monitoreados)

EFLUENTE (cont.)	
N-NH$_4$ (mg/L)	16 (promedio – datos monitoreados)
Escherichia coli (UFC/100 mL)	< 5 × 10^3 (valor de diseño)
COSTO	
Construcción	€ 3.387.000.00
Operación (anual)	€ 85.000,00

Diseño y construcción

El humedal de tratamiento de Orhei ocupa una superficie bruta de 50.000 m² y está diseñado según los principios del sistema francés, es decir, está compuesto por dos etapas: una primera etapa con un lecho de huemdal tipo francés (LCF), alimentada con agua residual cruda, diseñada para una alta eliminación de SST totales, DQO y amoníaco; y una segunda etapa con HT-FV, para refinar el tratamiento y completar la nitrificación (Figura 3). Se cuenta con cuatro líneas de tratamiento de dos etapas trabajando en paralelo, con un área de LCF y flujo vertical para cada línea igual a 4,489 m² y 4,248 m², respectivamente. El único pretratamiento es una etapa para eliminación de arena, y se han evitado los tratamientos primarios clásicos como los tanques sépticos o Imhoff de acuerdo con las pautas y el concepto del "sistema francés". El agua residual pretratada se envía a dos tanques de compensación de 1,200 m³ con una estación de bombeo intermedia. El objetivo de los tanques de compensación es distribuir mejor los extremos diarios y estacionales, especialmente los debidos a descargas industriales. Los tanques de compensación están equipados con mezcladores y aireadores, para una pre-aireación limitada, y con cuatro bombas sumergibles centrífugas, para alimentar de forma independiente la primera etapa LCF de cada línea. Cuatro estaciones de bombeo alimentan los lechos de flujo vertical de la segunda etapa con el efluente de los LCF de la primera etapa; cada estación de bombeo contiene cuatro bombas sumergibles centrífugas, para alimentar alternativamente cada sector de flujo vertical. Se ha instalado una etapa de cloración con hipoclorito de sodio para desinfección de emergencia. Un último sistema de bombeo vierte las aguas residuales tratadas en un afluente del río Raut.

Tipo de afluente/tratamiento

El HT-FV tipo francés está diseñado para atender a la población del municipio de Orhei, que cuenta con 33,300 habitantes y algunas pequeñas industrias (por ejemplo, una fábrica de jugos de frutas). El HF-FVT fue diseñado para tratar una carga hidráulica de 2100-2700 m³/día y una carga orgánica de hasta 1200 kg DBO$_5$/día, es decir, hasta 20 000 Hab.-Eq. Durante la campaña de muestreo (de noviembre de 2013 a marzo de 2015), las obras de conexión de toda la población de Orhei a la PTAR no habían finalizado y el caudal recibido era inferior a los valores de diseño, con una carga hidráulica media de 1.014 ± 275 m³/ día y un valor extremo de hasta 1.926 m³/día. De acuerdo con la ley moldava, el sistema de tratamiento debe respetar el siguiente límite de descarga: SST < 35 mg/L, DQO < 125 mg/L, DBO$_5$ < 25 mg/L. Dado que la masa de agua a la que vierte el sistema no está catalogada como sensible a la eutrofización, no existen límites de vertido en cuanto a parámetros de nitrógeno. Sin embargo, el HT-FV tipo francés de Orhei también fue diseñado para reducir significativamente la carga de amonio en el cuerpo de agua receptor.

Eficiencia del tratamiento

Los LCF de la primera etapa fueron muy efectivos en la eliminación de sólidos suspendidos, DQO y DBO$_5$ (89 %, 73 % y 73 %, respectivamente, según valores promedio), lo que permitió cumplir con el estándar de calidad de aguas residuales requerido durante casi todo el año. Además, se observó una contribución no despreciable de los lechos de flujo vertical de la segunda etapa (63 %, 44 % y 42 %, para sólidos en suspensión, DQO y DBO$_5$, respectivamente, en base a valores promedio). Con respecto a la eliminación de amonio, los LCF de la primera etapa proporcionaron una eficiencia de eliminación aceptable (32%, basado en

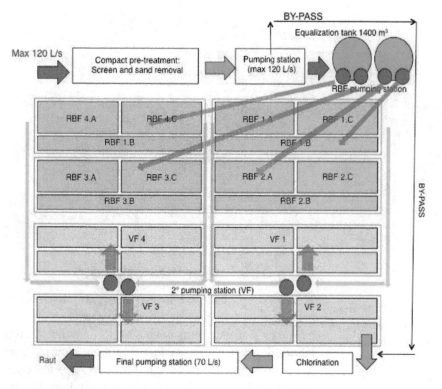

Figura 3: Representación esquemática de la PTAR de Orhei Sistema de humedal de flujo vertical tipo francés. Versión original en inglés, sin traducción.

valores promedio), mientras que los lechos de flujo vertical de la segunda etapa dieron como resultado un paso importante para la eliminación de amoníaco con una alta tasa de nitrificación promedio del 44%. Además, el HT-FV tipo francés de Orhei pudo cumplir con los estándares de calidad del agua efluente a temperaturas muy bajas (la temperatura del aire mínima registrada durante la campaña de monitoreo fue de −27 °C), mostrando una eliminación constante y eficiente de SST, DQO y DBO$_5$, independientemente de la estación y sólo la nitrificación es parcialmente inhibida en invierno.

Operación y mantenimiento

• Todos los trabajos de operación y mantenimiento son realizados por personal no calificado y se pueden categorizar en dos tipos: mantenimiento regular y extraordinario.

• El trabajo de mantenimiento regular tiene como objetivo mantener las instalaciones del proyecto funcionando con eficacia.

• Los principales trabajos de mantenimiento regular incluyen lo siguiente:

• Inspección de estructuras de concreto;
• pintura y engrase de estructuras de acero;
• nivelación y reparación de caminos;
• comprobación de los niveles de aceite y lubricantes;
• comprobación de las protecciones y aislamientos eléctricos;

comprobación de daños por erosión y socavación en los terraplenes;

• inspección visual para problemas con malas hierbas, sanidad vegetal o plagas.

Se debe realizar un mantenimiento especial cada vez que se dañe alguna instalación.

Costos

• Los gastos de capital fueron de 3.387.156.13 € e incluyeron los siguientes conceptos:

• Movimiento de tierras;
• Construcción del humedal de tratamiento (medios de relleno, revestimiento, geotextil, plantas);
• Unidad de tratamiento primario;
• Tanque de ecualización y estación principal de bombeo;
• Tanque de cloración;
• Estación de bombeo para la segunda etapa;
• tuberías;
• edificios;
• estación de bombeo del emisario;
• tubería del emisario;
• caminos, estacionamientos y paisajismo;
• cercas y puertas;
• trabajos eléctricos.

Los gastos de explotación se estiman en 85.000 €
anuales e incluyen los siguientes conceptos:

● consumo de energía (unos 30.000 €/año);

● personal (unos 30.000 €/año);

● operación, monitoreo y mantenimiento adicionales
(muestreo, mantenimiento de carrizos y vegetacion,
etc.—alrededor de 25.000 €).

La realización de la planta fue financiada conjuntamente
por la Unión Europea, el Ministerio de Medio Ambiente
de Moldavia y el Banco Mundial.

Co-beneficios

El HT-FV tipo francés de Orhei no fue diseñado para ser
multipropósito y se incluyó como un estudio de caso en esta
publicación para mostrar cómo se puede implementar con
éxito una SBN a mediana y gran escala. Por otro lado, se
pueden lograr varios beneficios colaterales, incluidos
elementos que unen el nexo agua-energía-alimentos. Además,
la escala mediana a grande del HT-FV de Orhei hace que estos
co-beneficios tengan un alto impacto potencial.

Beneficios sociales

Los filtros de cada etapa del HT-FV de Orhei están plantados
con *Phragmites australis*. La biomasa anual de caña
cosechada es significativa y se puede estimar en unas 70
toneladas por año (2 kg/m²; véase Avellán et al., 2019). Este
residuo podría valorizarse en términos de producción de
biogás, entrando en el nexo agua-energía. En términos de alto
poder calorífico, la biomasa cosechada tiene un valor
energético de 1260 GJ por año (18 MJ/kg; ver Avellán et al.,
2019). Varios productos, como los que se muestran en la
Figura 4, se pueden obtener cosechando y procesando la
biomasa de las plantas.

El HT-FV de Orhei sigue el sistema clásico francés, es decir,
LCF en la primera etapa para aguas residuales sin tratar y
flujo vertical en la segunda etapa. Este sistema descarga un
efluente nitrificado, es decir, un agua rica en nutrientes
(nitratos y fósforo) apta para la fertirrigación. La etapa de alta
nitrificación que se desarrolla en la primera etapa del LCF
(Millot et al., 2016) hace confiable el uso de una solución más
compacta. De hecho, se puede adoptar solo la etapa del LCF
como única, si la PTAR se combina con reutilización en

Figura 4: Ejemplo de diferentes productos que se pueden obtener a
través del procesamiento de la biomasa cosechada en el HT-FV.

fertirrigación (Masi et al., 2018). En el caso de usar solo la
primera etapa del LCF seguida de fertirrigación, se debe
tener cuidado con la legislación local en términos del
contenido de patógenos requerido en las aguas residuales
tratadas reutilizadas; en este caso, se sugiere reutilizar las
aguas residuales tratadas para fertirrigar cultivos no
comestibles o biomasa (por ejemplo, plantaciones de
rotación corta) con fines energéticos.

Contraprestaciones

Dado que el HT-FV tipo francés de Orhei se diseñó pensando
únicamente en la calidad del agua, no fue necesario hacer
concesiones. Teniendo en cuenta los dos beneficios
colaterales potenciales identificados, la recuperación de
nutrientes y la recuperación de energía de la biomasa,
podrían surgir las siguientes contraprestaciones potenciales:

● mayores costos de inversión para ubicar el sistema de
tratamiento en las proximidades del sitio de
reutilización (por ejemplo, cultivos que serán
fertirrigados o digestor anaeróbico) pero en un terreno
con mayor valor;

● mayores costos de inversión y/o ocupación de la tierra
para cumplir con los estándares locales de desinfección
para la reutilización, que podrían diferir en función de
los diferentes tipos de reutilización (por ejemplo,
alimentos procesados o no procesados).

Lecciones aprendidas

Retos y soluciones

Desafío/solución 1: minimización de los costos operativos y de mantenimiento para el tratamiento de aguas residuales en los países en desarrollo

Se eligió una tecnología de tratamiento HT-FV tipo francés para minimizar los costos operativos con la tarifa de agua máxima asequible para la situación económica local, porque los consultores del Banco Mundial compararon los HT con otros sistemas comunes (plantas de lodos activados, reactores secuenciales por lotes y filtros percoladores). Para minimizar los costes de operación y mantenimiento, se optó por el denominado "sistema francés" para evitar el coste anual del tratamiento primario clásico (fosas sépticas o Imhoff) y la consiguiente gestión de los lodos primarios (Rizzo et al., 2018).

Desafío/solución 2: tamaño máximo percibido para sistemas SBN

La principal limitación actual para la aplicación de HT para el tratamiento de aguas residuales domésticas de ciudades medianas y grandes se relaciona con algunas ideas generales sobre el tamaño máximo. De hecho, los HT se indican en muchas directrices como una de las mejores opciones para las comunidades pequeñas y medianas. Sin embargo, teóricamente no existen límites máximos de tamaño para su aplicación tanto para el tratamiento secundario como terciario, salvo la disponibilidad de terreno y su costo. El HT de Orhei confirma que no existen límites máximos para la aplicación de sistemas de humedales para el tratamiento de aguas residuales municipales cuando hay terrenos disponibles a un costo asequible. Un enfoque descentralizado y adecuadamente planificado también podría traer la adopción de SBN para ciudades de gran tamaño. Esto podría minimizar su instalación, especialmente los costos de operación y mantenimiento, para la infraestructura gris como los sistemas de alcantarillado, así como la creación de espacios verdes funcionales en varias partes del marco urbano.

Desafío/solución 3: temperatura fría

Otro pensamiento general sobre los principales problemas asociados con los HT es la percepción que se consideran inadecuados para climas fríos.

El HT de Orhei confirma que los HT-FV del tipo francés no disminuyen su rendimiento bajo la estación fría para la eliminación de SST, DQO y DBO$_5$. Se pueden adoptar soluciones técnicas adecuadas (por ejemplo, aislamiento) si se requiere una alta nitrificación durante las estaciones frías. Para obtener más detalles sobre las eficiencias de LCF en climas fríos, consulte Proust-Boucle et al. (2015).

Comentarios de los usuarios/ evaluación

Hay una alta satisfacción por parte de la Empresa de Agua (Apa Canal), por los bajos costos de operación y mantenimiento de la PTAR y su desempeño a lo largo del año.

Referencias

Avellán, T. and Gremillion, P. (2019). Constructed wetlands for resource recovery in developing countries. *Renewable and Sustainable Energy Reviews*, 99, 42-57.

Masi, F., Bresciani, R., Martinuzzi, N., Cigarini, G. and Rizzo, A. (2017). Large scale application of French reed beds: municipal wastewater treatment for a 20,000 inhabitants' town in Moldova. *Water Science and Technology*, **76**(1), 68–78.

Masi, F., Rizzo, A. and Regelsberger, M. (2018). The role of constructed wetlands in a new circular economy, resource oriented, and ecosystem services paradigm. *Journal of Environmental Management*, **216**, 275–284.

Millot, Y., Troesch, S., Esser, D., Molle, P., Morvannou, A., Gourdon, R. and Rousseau, D.P. (2016). Effects of design and operational parameters on ammonium removal by single-stage French vertical flow filters treating raw domestic wastewater. *Ecological Engineering*, **97**, 516–523.

Prost-Boucle, S., Garcia, O. and Molle, P. A. (2015). French vertical flow constructed wetlands in mountain áreas: how do cold temperatures impact performances? *Water Science and Technology*, **71**(8), 1219–1228.

Rizzo, A., Bresciani, R., Martinuzzi, N. and Masi, F., (2018). French reed bed as a solution to minimize the operational and maintenance costs of wastewater treatment from a small settlement: an Italian example. *Water*, **10**(2), 156.

HUMEDALES PARA TRATAMIENTO DE CHALLEX: SISTEMA FRANCÉS PARA EL TRATAMIENTO DE AGUAS RESIDUALES DOMÉSTICAS Y AGUAS DE LLUVIA

TIPO DE SOLUCIÓN BASADA EN LA NATURALEZA (SBN)
Humedales de flujo vertical tipo francés (SF)

LOCALIZACIÓN
Challex, Ain, Francia

TIPO DE TRATAMIENTO
HT-FV que proporciona tratamiento primario y secundario

COSTO
Costo de construcción: €1.847.500

Costos operacionales: €5–10 por año y por Habitante equivalente

DATOS DE OPERACIÓN
2010 a la fecha

ÁREA/ESCALA
Primera etapa: 2.580 m²

Segunda etapa: 1.425 m²
Área Total: 4.000 m²
Capacidad: 2.000 Hab.-Eq.

Antecedentes del proyecto

El sistema francés de flujo vertical para el tratamiento de aguas residuales domésticas ha sido bien desarrollado en Francia (más de 5.000 plantas de tratamiento hasta la fecha), y permiten un tratamiento avanzado para eliminación de carbono y nitrificación (concentraciones de salida promedio y eficiencias de eliminación: 74 mg/L (87 %), 17 mg/L (93 %) y 11 mg/L (84 %) para demanda química de oxígeno (DQO), sólidos suspendidos totales (SST) y nitrógeno Kjeldahl total (NTK), respectivamente (Morvannou et al., 2015)). Aunque inicialmente se diseñó para redes de alcantarillado separativas, los trabajos realizados por Molle et al. (2005) demostraron la robustez de este tipo de sistema para aceptar sobrecargas hidráulicas significativas en tiempo de lluvia. Existen directrices francesas que permiten el diseño de sistemas para aceptar tormentas (Molle et al., 2006); sin embargo, los límites hidráulicos no fueron bien definidos, lo que dificulta la implementación de un diseño optimizado.

La planta de tratamiento de Challex (PTAR), que está situada en la región de Ródano-Alpes de Francia, junto al río Ródano, se puso en marcha en abril de 2010 y se diseñó específicamente para tratar las aguas residuales de un alcantarillado combinado que cubre un área de captación doméstica de 60 hectáreas. El objetivo era tratar caudales en tiempo húmedo y seco en la misma unidad y, la planta fue construida por la empresa SCIRPE. El trabajo de investigación fue realizado por INRAE (antes Irstea), específicamente durante la investigación de doctorado de Luis Arias en 2013. Esta investigación buscó caracterizar de manera confiable la hidráulica de los filtros a largo plazo, los límites precisos de aceptación de eventos de lluvia y definir las reglas de diseño para clima húmedo y seco en el sistema francés. Con fines de investigación, se desarrolló el diseño para cambiar los parámetros operativos (distribución de flujo, alternancia, nivel de saturación, etc.), así como para implementar sondas en línea en diferentes ubicaciones para el monitoreo hidráulico y de rendimiento.

AUTORES:

Ania Morvannou, Pascal Molle
INRAE, REVERSAAL, F-69625 Villeurbanne, France
Contacto: Pascal Molle, *pascal.molle@inrae.fr*

Resumen técnico

Tabla Resumen

TIPO DE AFLUENTE	Agua residual doméstica y agua de lluvia
DISEÑO	
Caudal (m³/día)	301
Población equivalente (Hab.-Eq.)	2.000
Área (m²)	4.000
Área por población equivalente (m²/Hab.-Eq.)	2
AFLUENTE	
Demanda bioquímica de oxígeno (DBO$_5$) (mg/L)	317
Demanda química de oxígeno (DQO) (mg/L)	797
Solidos suspendidos totales (SST) (mg/L)	397
Nitrógeno total Kjeldahl (NTK) (mg/L)	80
EFLUENTE	
DBO$_5$ (mg/L)	12
DQO (mg/L)	30
SST (mg/L)	4,3
NTK (mg/L)	7
COSTOS	
Construcción	Total: €1.847.500; €923,75 por persona
Operación (anual)	€5–10 por persona por año

Figura 1: El humedal de flujo vertical tipo francés de Challex (46° 10′ 31.7″ N, 5° 59′ 2.9″ E)

Diseño y construcción

La planta fue diseñada con una superficie de 2 m² por persona equivalente (Hab.-Eq.), la PTAR está compuesta por dos HT-FV, tal y como recomiendan las directrices francesas (Molle et al., 2005). La primera etapa está compuesta por tres celdas paralelas (861 m² cada una) y recibe aguas residuales crudas (tratamiento de lodos y aguas residuales), mientras que la segunda etapa está compuesta por dos celdas paralelas (712,5 m² cada una). Todos los filtros tienen una profundidad de 0,8 m. Se componen de diferentes capas de grava (primera etapa) o arena y grava (segunda etapa) con un tamaño de grano que aumenta de arriba hacia abajo. Los filtros están revestidos con una membrana impermeable (geomembrana). Las tuberías de drenaje/aireación están ubicadas al fondo para promover la aireación desde la parte inferior del filtro. La diferencia con el sistema francés clásico es la adaptación del diseño para aceptar eventos de tormenta.

En primer lugar, se instala un divisor de flujo en la entrada de la planta de tratamiento. Para caudales horarios inferiores a 8 veces el caudal nominal en tiempo seco (100 m³/h), las aguas residuales pasan por el tamiz habitual (10 mm) y el sistema de distribución (sistema de alimentación por lotes y tuberías de distribución). Para caudales superiores a 8 veces el caudal nominal en tiempo seco y hasta 3600 m³/h, el exceso de agua

residual se desborda hacia el sistema de distribución de agua de lluvia. Tras pasar por un tamiz (100 mm y 40 mm) y un desarenador, el agua residual pasa por un canal a un costado de la primera etapa y rebosa al filtro en funcionamiento sin distribución homogénea. Para caudales superiores a 3600 m³/h, la planta está protegida contra eventos de tormentas extremas por un desborde hacia un alcantarillado combinado aguas arriba de la planta de tratamiento.

En segundo lugar, se implementa un borde libre (altura entre la superficie del terreno y la superficie de agua libre en el filtro) para permitir el encharcamiento excesivo del agua en la parte superior de los filtros de la primera etapa. Siendo la capa de depósito orgánico de la primera etapa la limitación hidráulica (Molle, 2014), durante eventos extremos, la primera etapa se utiliza como depósito de almacenamiento para suavizar el flujo en el tiempo y asegurar el tratamiento por parte de los filtros. El borde libre se puede ajustar entre 50 y 70 cm por encima de la superficie del filtro. El borde libre se ajusta en el sitio opuesto del filtro, mediante un talud, para proteger los filtros de periodos de estancamiento excesivos. De esta manera, las aguas pluviales se someten a la sedimentación.

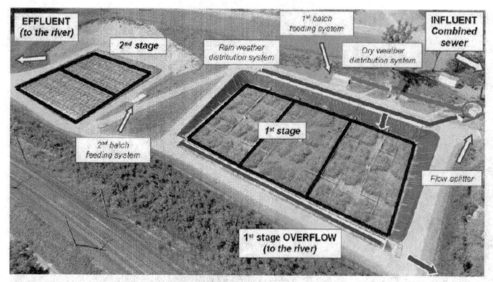

Figura 2: Esquema de la planta de tratamiento de Challex. Versión original en inglés, sin traducción.

Finalmente, la alternancia del filtro entre periodos de alimentación y reposo no solo se hace por tiempo (3,5/7 días para la primera etapa y 3,5/3,5 días para la segunda etapa), sino también según la carga hidráulica acumulada durante los periodos de alimentación. Si el flujo de agua pasa por el sistema de distribución normal y produce una carga hidráulica acumulada de 1,8 m durante un período de alimentación, los filtros se alternan automáticamente para favorecer la re-oxigenación del filtro.

Tipo de afluente/tratamiento

El HT-FV tipo francés recibe aguas residuales domésticas de 2.000 Hab.-Eq., y las aguas pluviales se recogen de las áreas impermeables drenadas por el sistema de alcantarillado combinado (longitud total de 14 km). La precipitación media anual es de unos 820 mm. El invierno es el período del año con mayor carga hidráulica, con fuertes y frecuentes precipitaciones (hasta 40 mm/día) que alcanzan volúmenes de entrada de 5.500 m³ por día en la planta de tratamiento (18 veces el caudal nominal en tiempo seco).

Los contaminantes de entrada tienen un alto contenido de partículas. El principal contenido de carbono está en forma de partículas, posiblemente debido a la gran pendiente y al sistema de alcantarillado de corta distancia del pueblo de Challex. La relación NH_4-N/NTK es ligeramente inferior a los valores habituales de las pequeñas comunidades de Francia (alrededor de 0,74). La relación DQO/DBO_5 muestra que las aguas residuales son perfectamente biodegradables.

Eficiencia del tratamiento

El monitoreo demostró que incluso con altas cargas hidráulicas de hasta 2,26 m/día (6,5 veces la carga nominal), el sistema no presentó ningún problema en el tratamiento. Las eficiencias de eliminación de sólidos suspendidos y DQO fueron similares independientemente de la carga hidráulica, a pesar de las altas variaciones de la carga contaminante producidas por las tormentas. Esto demuestra la capacidad del sistema para tratar una amplia gama de cargas hidráulicas. La eliminación total de nitrógeno Kjeldahl (NTK) fue más sensible a la carga hidráulica. Los rendimientos de eliminación de NTK variaron durante los eventos de lluvia. Las tasas de eliminación de la PTAR fueron del 98 %, 93 % y 91 % para SST, DQO y NTK, respectivamente. El efecto amortiguador del filtro puede explicar estas altas tasas de eliminación. Los niveles de eficiencia de la primera y segunda etapa fueron comparables a los observados en más de 80 sistemas franceses diferentes.

Las concentraciones de salida de DQO y SST siempre fueron inferiores a 30 mg/L y 4,3 mg/L, respectivamente. Estos rendimientos estables destacan la robustez de la planta en respuesta a las sobrecargas. Para NTK, la PTAR siempre puede reducir las concentraciones de NTK a menos de 7,4 mg/L en la salida. Esto demuestra la robustez de la planta de tratamiento para la eliminación de NTK.

Durante los dos años y medio de monitoreo hidráulico continuo, la PTAR recibió sobrecarga hidráulica el 50% de los días. La carga hidráulica máxima aplicada al filtro en operación fue de 5,32 m/día, mientras que menos del 1% de los eventos observados fueron 10 veces superiores a la carga hidráulica nominal (3,48 m/día). Por lo tanto, el HT-FV parece ser robusto durante las tormentas.

Operación y mantenimiento

Para pequeñas comunidades, de hasta 2.000 habitantes equivalentes, un HT-FV tipo francés es una solución muy popular ya que no requiere energía (cuando la pendiente es lo suficientemente) y requiere poco mantenimiento. Este bajo requerimiento de necesidades y costos hace que el HT-FV sea atractivo para las pequeñas comunidades en Francia, donde solo se subsidian los costos de inversión.

Las tareas de operación están vinculadas a una visita dos veces por semana para la inspección y control del sistema de tratamiento (limpieza de la criba del sistema de lluvia, control del sistema de cribado y dosificación, control de la alternancia correcta de filtros, etc.). Una vez al año, las plantas (*Phragmites australis)* deben cosecharse y una vez cada 10 a 15 años, la capa de depósito orgánico debe eliminarse para usarse en la agricultura mediante aplicación en la tierra.

Costos

Los costos de la PTAR incluyeron movimiento de tierras, materiales, equipos, automatización y el sistema Scada, diseño del sitio y estabilización de filtros, así como el control del rendimiento del tratamiento. El costo total fue de 1.847.500 €.

Los costos operativos son de 5 a 10 € por persona al año.

Co-beneficios

Beneficios ecológicos

Por lo general, los HT-FV tipo francés utilizados para el tratamiento de aguas residuales domésticas no involucran un área superficial lo suficientemente grande como para aumentar la biodiversidad. Sin embargo, pueden convertirse en un hábitat alternativo para la fauna autóctona. El principal papel ecológico de la planta de tratamiento de Challex es su robustez en el rendimiento del tratamiento, evitando así el desbordamiento del flujo sin tratar durante los eventos de lluvias. El beneficio ecológico es, por lo tanto, el impacto positivo de la planta en la calidad del cuerpo de agua receptor.

Beneficios sociales

Un HT-FV como el de Challex es lo suficientemente sencillo de manejar como para que las pequeñas comunidades puedan mantenerlo por sí mismas. La planta también se convirtió en parte del paseo de los residentes de Challex.

Lecciones aprendidas
Desafíos y soluciones

Los análisis demuestran que incluso con altas cargas hidráulicas, el HT-FV no mostró ningún problema. Los niveles de eficiencia de la primera y segunda etapa fueron comparables a los observados en más de 400 sistemas franceses diferentes (Morvannou et al., 2015). Por consiguiente, unas adaptaciones marginales en el diseño (es decir, implementar un borde libre más alto y un canal de alimentación de agua de lluvia) pueden garantizar un alto rendimiento aerobio. También, permite evitar los altos costos de inversión para transformar los alcantarillados combinados en alcantarillados separados, lo que podría ser problemático en algunos contextos.

El diseño de un sistema de este tipo requiere el conocimiento de las características del alcantarillado y su respuesta frente a los eventos de lluvia. El estudio del HT-FV de Challex determinó los límites de tiempo de encharcamiento para garantizar una aireación pasiva suficiente en el medio poroso y evitar la obstrucción y la disminución del rendimiento. Las limitaciones propuestas para el tiempo de encharcamiento son un tiempo máximo de encharcamiento diario acumulativo de 15,5 h, así como un tiempo máximo de encharcamiento consecutivo de 7 h. Por lo tanto, la superficie del filtro y el borde libre pueden requerir la simulación de la hidráulica de los filtros. Arias et al. (2014) propusieron un modelo simplificado para simular flujos y encharcamientos que puede usarse para dicho diseño.

Los diseñadores deben comprender la diferencia entre los impactos de las aguas pluviales y las aguas subterráneas, así como el deshielo en el sistema. Las aguas pluviales pueden llegar a la planta de tratamiento en un período corto (desde horas hasta 1 o 2 días según la cuenca), mientras que el agua de un nivel freático alto o la nieve derretida pueden durar meses. El agua subterránea o el deshielo afectarán la funcionalidad del filtro y pueden provocar obstrucciones y, por lo tanto, deben tenerse en cuenta en el diseño de "clima seco" con un límite de 0,7 m/día en el filtro en funcionamiento.

Los parámetros locales que influirán en el diseño de las aguas pluviales están relacionados con la impermeabilidad de la cuenca y las condiciones climáticas. Las variaciones en la pendiente de la cuenca o los períodos de lluvia pueden provocar un aumento de las tasas de flujo de aguas pluviales, lo que aumenta el tiempo de estancamiento en el filtro. Para superar estos desafíos, es vital un estudio de diseño local, y se puede implementar la siguiente adaptación sobre la base del contexto francés:

- para climas con eventos de lluvia menos frecuentes, pero más intensos, la adaptación del diseño puede ser tan pequeña como implementar un borde libre de 0,7 m en los filtros de la primera etapa mientras se mantiene la superficie del filtro de 1,2 hasta 1,5 m²/Hab.-Eq. en la primera etapa y de 0,8 hasta 1 m²/Hab.-Eq. en la segunda etapa;

- para climas con eventos de lluvia más frecuentes, pero menos intensos, la adaptación del diseño debe centrarse en la implementación de un borde libre de 0,7 m en los filtros de la primera etapa y una superficie de filtro de 1,5 m²/Hab.-Eq. en la primera etapa y 1 m²/Hab.-Eq. en la segunda etapa.

Referencias

Arias, L. (2013). Vertical flow constructed wetlands for the treatment of wastewater and stormwater from combined sewer systems. PhD thesis. INSA Lyon/Irstea, Lyon, France. 233 pp. *https://www.theses.fr/2013ISAL0102*.

Arias, L., Bertrand-Krajewski, J.-L., Molle, P. (2014). Simplified hydraulic model of French vertical flow constructed wetlands. *Water Science and Technology*, 70(5), 909–916.

Molle, P., Liénard, A., Boutin, C., Merlin, G., Iwema, A. (2005). How to treat raw sewage with constructed wetlands: an overview of the French systems. *Water Science and Technology*, 51(9), 11–21.

Molle, P., Liénard, A., Grasmick, A., Iwema, A. (2006). Effect of reeds and feeding operations on hydraulic behaviour of vertical flow constructed wetlands under hydraulic overloads. *Water Research*, 40(3), 606–612.

Morvannou, A., Forquet, N., Michel, S., Troesch, S., Molle, P. (2015). Treatment performances of French constructed wetlands: results from a database collected over the last 30 years. *Water Science and Technology*, 71(9), 1333–1339.

HUMEDAL PARA TRATAMIENTO DE TAUPINIÈRE: SISTEMA FRANCÉS INSATURADO/SATURADO PARA EL TRATAMIENTO DE AGUAS RESIDUALES DOMÉSTICAS EN UN AREA TRÓPICAL

Antecedentes del proyecto

TIPO DE SOLUCIÓN BASADA EN LA NATURALEZA (SBN)
Humedal de flujo vertical tipo francés (HT-FV) y filtro biológico simplificado (FB)

LOCALIZACION
Taupinière, Le Diamant, Isla de Martinica, Francia

TIPO DE TRATAMIENTO
Tratamiento primario y secundario usando un diseño para zona tropical de un Sistema francés no saturado /saturado seguido por un FB

COSTOS
€1.370.000; €1.522 por persona

DATOS DE OPERACIÓN
2014 a la fecha

ÁREA/ESCALA
Primera etapa: 720 m²
Segunda etapa (FB): 116 m²
Capacidad: 900 personas equivalentes (Hab.-Eq.)

El saneamiento en la mayoría de las islas tropicales, especialmente en los municipios pequeños y en áreas rurales, enfrenta los mismos problemas: alto crecimiento de la población, capacidad limitada de mano de obra calificada, falta de recursos financieros y soluciones de gestión de lodos, así como un clima altamente variable provocado por patrones de lluvia tropical. En este contexto, el humedal de flujo vertical francés alimentado con aguas residuales sin tratar (Molle et al., 2005; Dotro et al., 2017), ofrece garantías para el tratamiento del agua, así como una solución sencilla para la gestión de lodos en comparación con otros sistemas (acoplados con un tratamiento primario adicional) en estos contextos. Recientemente se ha investigado la adaptación del sistema francés a un clima tropical en los territorios franceses de ultramar, como Martinica (Molle et al., 2015). Al igual que en el diseño estándar, el dimensionamiento se basa en una carga orgánica aceptable de 350 g de demanda química de oxígeno (DQO)/m²/día aplicado en el filtro operativo (Dotro et al., 2017). El uso de una sola etapa de tratamiento con dos filtros en paralelo, alimentados alternativamente durante 3,5 días, permite un diseño compacto para clima tropical, que puede alcanzar una superficie total inferior a 1 m² por habitante equivalente.

Sin embargo, una etapa de filtros de flujo vertical no logra la nitrificación completa y no tiene como objetivo la eliminación total de nitrógeno. En climas templados, los filtros verticales no saturados/saturados logran mejores eficiencias que los filtros verticales estándar no saturados de una etapa (Prigent et al., 2013; Silveira et al., 2015; Morvannou et al., 2017), ya que promueven la desnitrificación en la capa saturada. La mejora en la eliminación de nitrógeno total (NT) no es el único beneficio, ya que el proceso de desnitrificación también utiliza carbono, mientras que la zona saturada atrapa los sólidos suspendidos totales (SST) gracias a sus velocidades de flujo más bajas. La implementación de la recirculación puede mejorar la eliminación de NT en más del 70 % (Morvannou et al., 2017).

AUTORES:
Rémi Lombard-Latune, Pascal Molle
INRAE, REVERSAAL, F-69625 Villeurbanne, France
Contacto: Pascal Molle, *pascal.molle@inrae.fr*

Resumen técnico

Tabla resumen

TIPO DE AFLUENTE	Agua residual doméstica
DISEÑO	
Caudal (m³/día)	180
Población equivalente (Hab.-Eq.)	900
Área (m²)	836
Área por población equivalente (m²/Hab.-Eq.)	0,93 (0,8 HT-FV tipo francés + 0,13 FB)
AFLUENTE	
Demanda bioquímica de oxígeno (DBO$_5$) (mg/L)	482
Demanda química de oxígeno (DQO) (mg/L)	952
Solidos suspendidos totales (SST) (mg/L)	396
Nitrógeno total Kjeldahl (NTK) (mg/L)	92
EFFLUENTE	
DBO$_5$ (mg/L)	Salida primera etapa: 31; salida final: 16
DQO (mg/L)	Salida primera etapa: 100; salida final: 41
SST (mg/L)	Salida primera etapa: 19; salida final: 7.5
NTK (mg/L)	Salida primera etapa: 29; salida final: 3.3
Nitrógeno Total (NT) (mg/L)	Salida primera etapa: 31; salida final: 29
COSTOS	
Construcción	Total: €1.370.000; €1,522 per cápita
Operación (anual)	€7–10 per cápita por año

Figura 1: Sistema francés no saturado/saturado de Taupinière plantado con Heliconia *psittacorum* y *Cyperus alternifolius*

El uso de humedales para tratamiento de flujo vertical no saturados/saturados (NS/S HT-FV) en climas tropicales podría ser una solución interesante para alcanzar efluentes de alta calidad, manteniéndose compactos sin usar arena que a veces es difícil de encontrar localmente.

En un esfuerzo por lograr un efluente de alta calidad, implementando un sistema compacto sin usar arena, se ha construido una planta de tratamiento a gran escala en Taupinière (ciudad de Diamant, Martinica) basada en un NS/S HT-FV seguido de un filtro vertical de piedra que funciona como filtro percolador. El sistema fue construido por COTRAM y SYNTEA, y ha sido monitoreado por INRAE para evaluar su resiliencia y confiabilidad en un clima tropical.

Diseño y construcción

Diseñada para una superficie total inferior a 1 m²/Hab.-Eq., la planta está compuesta por una primera etapa de NS/S HT-FV, y un filtro vertical compacto de piedra, que funciona como filtro percolador (FB) para la segunda etapa.

Dado que se prevén varios proyectos de vivienda en los alrededores, se optó por dividir la primera etapa en dos líneas y ejecutar una sola línea durante el primer año.

Cada línea se compone de dos celdas paralelas (180 m² cada una) que reciben aguas residuales sin tratar (filtro de 40 mm) por lotes. Los filtros (o celdas) se alimentan en alternancia: uno se alimenta mientras el otro descansa, y esto cambia dos veces por semana (períodos de alimentación y descanso de 3,5/3,5 días). Los filtros se componen de una capa superior no saturada de 40 cm (2 a 4 mm de grava), una capa de transición de 15 cm (11 a 22 mm de grava) con tuberías intermedias de aireación pasiva y una capa de drenaje de 40 a 60 cm en el fondo (gravilla de 20–40 mm) que se satura a 40 cm. Los filtros están revestidos con una membrana impermeable (geomembrana). Los lechos están plantados con dos especies diferentes, *Heliconia psittacorum* y *Cyperus alternifolius*, según un estudio realizado sobre la elección de plantas en zonas tropicales (Lombard-Latune et al., 2017). Inicialmente también se plantaron *Cyperus papiro* y *Costus spiralis*, pero no se adaptaron bien a las condiciones locales.

La segunda etapa es un FB simplificado (116 m², 0,13 m²/Hab.-Eq.), construido con 150 cm de piedra pómez, con dos redes de alimentación trabajando alternadamente para alcanzar una carga hidráulica total de alrededor de 1,5 m/día, gracias a la recirculación. La biomasa desprendida se acumula en el fondo del FB en una zona de decantación de 20 cm de profundidad y se envía por gravedad a la HT-FV tipo francés dos veces al día durante 3 minutos.

Figura 2: Humedales de tratamiento del sistema francés no saturado/saturado de Taupinière antes de su funcionamiento (foto: Espace Sud). Las aguas residuales crudas llegan al sistema de alimentación por lotes (sifón) (1) y se envían alternativamente a los filtros 1A y 1B o 2A y 2B (2). Las aguas residuales primarias tratadas, de color gris, llegan a una estación de bombeo (3) y se envían al filtro percolador simplificado (4). Las aguas residuales tratadas de color azul se recogen (5) y se recirculan a la estación de bombeo; una parte se vierte a la masa de agua.

Tipo de Afluente/tratamiento

El HT-FV tipo francés recibe aguas residuales domésticas. A pesar de la elevada variabilidad observada, todos los valores son comparables a los observados en una zona rural y parecen ser biodegradables. Entre las 28 campañas de muestreo realizadas durante 3 años del estudio, 6 estaban relacionadas con eventos de lluvia. Los datos registrados durante los eventos lluviosos muestran lo siguiente:

- el volumen aportado por las aguas residuales casi se duplica (factor medio de 1,85) y puede alcanzar 7 veces la carga hidráulica nominal para eventos extremos;

- las concentraciones de contaminantes disminuyen mientras que las cargas y la desviación estándar aumentan durante los eventos de lluvia; y

- en cuanto a los SST, la concentración media sigue siendo comparable entre los eventos secos y los lluviosos. Esto significa que la escorrentía arrastra altas concentraciones de SS, que son principalmente minerales, ya que la concentración de DQO no sigue el mismo patrón.

Estas observaciones ponen de manifiesto que un nuevo sistema de alcantarillado separativo (aguas residuales sanitarias y pluviales transportadas por separado), se vería afectado por las lluvias tropicales, siendo la precipitación media de la estación meteorológica nacional más cercana de 1.590 mm/año.

Eficiencia del tratamiento

La confiabilidad del rendimiento y la resistencia ante condiciones extremas ha sido publicada por Lombard-Latune et al. (2018). Se observan rendimientos elevados y confiables incluso con las altas variaciones de carga que se dan en condiciones trópicales; esto se explica con más detalle en los siguientes párrafos.

Durante los experimentos se controlaron diferentes condiciones, observando altas cargas orgánicas e hidráulicas, así como fallos específicos de mantenimiento. Se evaluó una amplia gama de cargas orgánicas aplicadas (del 32% al 164%). Cuando las cargas eran bajas (32%), se alimentó continuamente el mismo filtro durante varios meses, para imitar los fallos de funcionamiento (sin alternancia). El objetivo era evaluar su comportamiento y los problemas de obstrucción correspondientes. A pesar de esta variación en las condiciones experimentales, el rendimiento del tratamiento se mantuvo alto y estable en el tiempo (más del 95% de eliminación de DBO_5, DQO, SST y NTK).

Cuando las cargas aplicadas se acercaban a los valores nominales, el propio HT-FV NS/S garantizaba una eliminación del 85/90/60/50% y 125/25/40/50 mg/L para DQO/SST/NTK/nitrógeno total, respectivamente. En comparación con los sistemas no saturados/saturados de Francia continental, parece que las temperaturas cálidas de los climas tropicales potencian tanto la cinética de nitrificación como la de desnitrificación.

El rendimiento en condiciones de sobrecarga (164% de las cargas nominales de DBO_5) se confirma que el HT-FV tipo francés se ve afectado, pero sigue siendo resistente para la eliminación de carbono y nitrógeno, especialmente después de fuertes eventos de lluvia tropical. Sin embargo, el sistema parece no afectarse por las altas cargas hidráulicas y de SST, dentro del rango de condiciones probadas.

Operación y mantenimiento

En comunidades pequeñas de hasta 2.000 Hab.-Eq., un HT-FV tipo francés es una solución popular, ya que no requiere energía (cuando hay suficientemente pendiente) y tiene poco mantenimiento. Estas bajas necesidades y costes de explotación hacen que los HT-FV sean atractivos para las pequeñas comunidades cuando sólo se subvencionan los costes de inversión. En la depuradora de Taupinière, la puesta en marcha del FB requiere una estación de bombeo, y por tanto energía, y se necesitan conocimientos específicos de mantenimiento.

Las tareas de explotación incluyen dos visitas semanales para inspeccionar y controlar el sistema de tratamiento (controlar el cribado y la alternancia del sistema de alimentación por lotes en los filtros, etc.). Una vez al año o cada dos años, se deben cosechar las plantas (*Cyperus alternifolius* o *Heliconia psittacorum*). También se recomienda lavar parcialmente la zona saturada cada año para devolver a la superficie los sólidos que han quedado atrapados en el fondo del HFV de NS/S. Esto ayudará a evitar la obstrucción a largo plazo.

Mientras que en los climas templados es necesario eliminar la capa orgánica depositada cada 10-15 años, las observaciones en condiciones tropicales (ocho plantas controladas durante 10 años) no aportan pruebas de la necesidad de realizar esta tarea durante la vida útil de la planta (30 años). La mineralización de la capa orgánica se ve favorecida claramente por las temperaturas cálidas.

Costos

Los costes de inversión de la depuradora fueron elevados en Taupinière por tres razones principales. En primer lugar, sólo se trataba del segundo HT-FV implantado en Martinica, y el primero de este tipo; por tanto, los conocimientos de construcción eran escasos. En segundo lugar, la excavación mostró un suelo rocoso difícil de manejar. Por último, la planta de tratamiento se construyó con fines de investigación y demostración, por lo que no estaba optimizada desde el punto de vista de los costos. La configuración actual permite controlar los caudales y los parámetros fisicoquímicos en cada etapa de tratamiento y en la vía de recirculación, lo que no es necesario en condiciones de funcionamiento normales.

Los costos de inversión incluían el movimiento de tierras, los materiales, los equipos, el sistema de automatización y de control y adquisición de datos (SCADA), el trazado del emplazamiento y la estabilización de los filtros, así como el control del rendimiento del tratamiento. El coste total fue de 1.370.000 euros (1.600.000 dólares), incluidos los costes adicionales relacionados con los experimentos de investigación. Los costos operativos son de 7-10 euros/año/Hab.-Eq. (8-11 dólares/año/Hab.-Eq.).

Co-beneficios

Beneficios ecológicos

Por lo general, los HT-FV utilizados para el tratamiento de aguas residuales domésticas no generan una superficie lo suficientemente grande como para aumentar la biodiversidad. Sin embargo, pueden ser un hábitat alternativo para la fauna local.

La principal función ecológica de la depuradora de Taupinière es su robustez en el rendimiento del tratamiento, incluso durante los fuertes eventos de lluvia trópical. El beneficio ecológico es, por tanto, el impacto positivo en la calidad de la masa de agua receptora.

Beneficios sociales

La planta de tratamiento de Taupinière permite a los estudiantes conocer diferentes niveles de problemas medioambientales, así como la ingeniería ecológica y las soluciones basadas en la naturaleza. La comunidad organiza muchas visitas al lugar con fines educativos.

Además, la oficina local del agua utiliza el lugar como demostración para promover programas de desarrollo en el Caribe, recibiendo a muchos delegados extranjeros para que observen formas alternativas de gestionar las aguas residuales.

Lecciones aprendidas

Retos y soluciones

El seguimiento de la planta de Taupinière fue parte importante del programa de investigación en los territorios franceses de ultramar, para adaptar el HT-FV a condiciones trópicales. Esto dio lugar a una directriz desarrollada por Lombard-Latune y Molle (2017).

La planta de Taupinière permitió probar diferentes valores de carga. Los resultados obtenidos para una variedad de cargas orgánicas diferentes (del 32% al 164%) demuestran que, en climas trópicales, el sistema proporciona una calidad de efluente estable incluso en condiciones de falla, sin alternancia de filtros durante varios meses y para cargas bajas.

También se investigó la sensibilidad a las altas cargas hidráulicas. Durante el huracán Matthew (septiembre de 2016), la carga hidráulica aplicada alcanzó 2,3 m/día en el filtro en funcionamiento, es decir, más de 6 veces la carga hidráulica nominal de tiempo seco. Sin embargo, la única consecuencia de este evento de lluvia extrema en el HT-FV tipo francés, fue que ciertas especies no se recuperaron tras ser aplastadas por la lluvia y el viento (*Cyperus papyrus, Costus spiralis*).

Se probaron cuatro especies vegetales diferentes en Taupinière, que formaba parte de la red para la fase de experimentación a gran escala del estudio sobre la elección de especies sustitutivas de *Phragmites australis* en climas tropicales.

Se seleccionaron *Cyperus alternifolius* y *Heliconia psittacorum*, que son especies endémicas de Taupinière. *Canna indica* también parece ser una buena alternativa.

La combinación de un NS/S HT-FV con un FB simplificado como segunda etapa de tratamiento pone de manifiesto la posibilidad de utilizar material grueso que está disponible localmente, permitiendo así un sistema de tratamiento que ofrece un rendimiento de alto nivel (> 95 % de eliminación de DBO$_5$, DQO, SST y NTK) a menos de 1 m²/Hab.-Eq.

Un estudio compara la confiabilidad de HT-FV con las cuatro principales tecnologías descentralizadas de tratamiento de aguas residuales en pequeñas comunidades en los territorios franceses de ultramar (Lombard-Latune et al., 2020). El análisis de 963 campañas de muestreo de autocontrol regulatorio realizadas en 213 plantas de tratamiento de aguas residuales muestra que el HT-FV es el más confiable y cumple todos los objetivos regulatorios franceses con una frecuencia del 90% al 95%. Su capacidad para hacer frente a las limitaciones ambientales (lluvia) y sociales (capacidades de mantenimiento) es un parámetro clave.

Comentarios de los usuarios / evaluación

El consejo local de la comunidad a cargo de los sistemas de saneamiento aprecia la facilidad de operación y la confiabilidad del HT-FV tipo francés, en comparación con otros sistemas convencionales para pequeñas capacidades (por debajo de 3.000 Hab.-Eq.). Sin embargo, tales sistemas son novedosos en los territorios franceses tropicales y es vital que los operadores estén bien capacitados para este nuevo sistema.

Referencias

Dotro G., Langergraber G., Molle P., Nivala J., Puigagut J., Stein O., von Sperling M. (2017). Treatment Wetlands. Biological Wastewater Treatment Series, Volume 7. London, IWA Publishing., 184 pp.

Lombard-Latune R., Pelus L., Fina N., L'Etang F., Le Guennec B. and Molle P. (2018). Resilience and reliability of compact vertical-flow treatment wetlands designed for tropical climates. *Science of the Total Environment*, **642**, 208–2015.

Lombard-Latune R., Laporte-Daube O., Fina N., Peyrat S., Pelus L., Molle P. (2017). Which plants are needed for a French vertical flow constructed wetland under a tropical climate? Water Science and Technology, 75(8), p 1873

Lombard-Latune R., Leriquier F., Oucacha C., Pelus L., Lacombe G., Le Guennec B., Molle P. (2020). Performance and reliability comparison of French vertical flow treatment wetlands with other decentralized wastewater treatment technologies in tropical climates. *Water Science and Technology*, **82** (8), 1701–1709. *https://doi.org/10.2166/wst.2020.444.*

Lombard-Latune R., Molle P. (2017). Constructed Wetlands for Domestic Wastewater Treatment Under Tropical Climate: Guideline to Design Tropicalized Systems. AFB publishing. 72pp. *https://www.researchgate.net/publication/338429658_Constructed_wetlands_for_domestic_wastewater_treatment_under_tropical_climate_Guideline_to_design_tropicalized_systems*

Molle, P., Liénard, A., Boutin, C., Merlin, G., Iwema, A. (2005). How to treat raw sewage with constructed wetlands: an overview of the French systems. *Water Science and Technology* **51**(9), 11–21.

Molle P., Lombard-Latune R., Riegel C., Lacombe G., Esser D., Mangeot L. (2015). French vertical flow constructed wetland design: adaptations for tropical climates. *Water Science and Technology*, **71**(10), 1516.

Morvannou, A., Forquet, N., Michel, S., Troesch, S., Molle, P. (2015). Treatment performances of French constructed wetlands: results from a database collected over the last 30 years. *Water Science and Technology* **71**(9), 1333–1339.

Morvannou A, Troesch S, Esser D, Forquet N, Petitjean A, Molle P. (2017). Using one filter stage of unsaturated/saturated vertical flow filters for nitrogen removal and footprint reduction of constructed wetlands. *Water Science and Technology*, **76**(1), 124–133.

Prigent S., Paing J., Andres Y., Chazarenc F. (2013). Effects of a saturated layer and recirculation on nitrogen treatment performances of a single stage vertical flow constructed wetland (VFCW). *Water Science and Technology*, **68**(7), 1461–1467.

Silveira D. D., Belli Filho P., Philippi L. S., Kim B., Molle P. (2015). Influence of partial saturation on total nitrogen removal in a single-stage French constructed wetland treating raw domestic wastewater. *Ecological Engineering*, 77, 257–264.

HUMEDALES PARA TRATAMIENTO DE FLUJOS DEL VERTEDERO DE EXCESOS EN ALCANTARILLADOS COMBINADOS

AUTORES

Katharina Tondera, *INRAE, REVERSAAL, F-69625 Villeurbanne, Francia*
Contacto: *katharina.tondera@inrae.fr*
Anacleto Rizzo, *Iridra Srl, Via La Marmora 51, 50121 Florence, Italia*
Pascal Molle, *INRAE, REVERSAAL, F-69625 Villeurbanne, Francia*

1 – Afluente
2 – Sistema de alimentación
3 – Capas de diferente medio poroso
4 – Sistema de drenaje
5 – Chimenea de aireación
6 – Nivel de agua durante evento de carga
7 – Plantas
8 – Suelo original
9 – Membrana impermeable
10 – Cámara de regulación con válvula de compuerta
11 – Flujo de exceso
12 – Efluente

Descripción

Las aguas residuales combinadas que se desbordan directamente de las alcantarillas o de los tanques de almacenamiento se pueden tratar con una versión adaptada de los humedales construidos de flujo vertical (FV), en los llamados humedales construidos para flujos del vertedero de excesos en alcantarillados combinados (HC-CSO). Hay múltiples configuraciones disponibles, en función de los diferentes países en los que se implementó la solución basada en la naturaleza (SBN). Generalmente, los HC-CSO se caracterizan por una capa filtrante de más de 0,75 m de material inerte (arena o grava fina). La capa filtrante se coloca sobre una capa de drenaje, que consiste en grava, lo que permite la filtración de partículas, así como la absorción abiótica y biótica de contaminantes. Un volumen de almacenamiento en la parte superior de la capa filtrante permite almacenar y tratar el volumen objetivo del evento de desbordamiento.

La oxidación de compuestos orgánicos y amonio protege los cuerpos de agua superficiales, promovida por la aireación pasiva a través de las tuberías de drenaje entre eventos de alimentación. Para la cubierta vegetal, se suele utilizar *Phragmites australis* en climas templados.

Ventaja

- Actualmente es la técnica más confiable y completa para este tipo de agua
- Es posible un bajo consumo de energía (alimentación por gravedad)
- Sin riesgo específico de producción de mosquitos, sin olor
- No se requiere cosecha de biomasa (de hecho, contraproducente)
- Estable frente a las fluctuaciones de carga

Desventajas

- Los períodos secos prolongados pueden dañar la vegetación del filtro
- Se requiere un mínimo de 10 eventos por año.
- La capacidad total de tratamiento puede ser inferior a los HC utilizados para aguas residuales municipales, debido a la carga estocástica de los eventos de lluvia.
- Consideraciones de diseño específicas y conocimiento experto necesario

Co-beneficios

Alto	**Reutilización de agua**	Mitigación de tormentas
Medio	Biodiversidad (fauna)	Producción de biomasa
Bajo	Biodiversidad (flora)	Captura de carbono · Valor estético · Recreación

Compatibilidad con otras SBN

Combinación posible con un humedal construido de superficie libre (FS) y un humedal construido de flujo horizontal (FH) para el post tratamiento y mejorar la eliminación de nitrógeno. FS también puede integrarse para aumentar la función de la biodiversidad como elemento del paisaje.

Casos de estudio

En esta publicación:

- Parque Acuático Gorla Maggiore, Italia
- Humedal para tratamiento de flujos del vertedero de excesos en alcantarillado combinado, Kenten Alemania

Operación y Mantenimiento

Regular

- Vaciado de tanques de tratamiento primario o rejillas en colectores
- Control mensual de la estructura del afluente (posible daño por presión hidráulica) y del pozo del efluente (precipitación de hierro o formación de biopelícula)
- Control de la superficie del filtro frente a excavaciones de animales y malezas.
- Control de tuberías de drenaje para raíces cada 5 años

Extraordinario

- Primera temporada de crecimiento: inundación de la capa de filtro para el establecimiento de plantas

Referencias

Masi F., Bresciani R., Rizzo A., Conte G. (2017) Constructed wetlands for combined sewer overflow treatment: ecosystem services at Gorla Maggiore, Italy. *Ecological Engineering*, **98**, 427–438.

Meyer, D., Molle, P., Esser, D., Troesch, S., Masi, F. Dittmer, U. (2013). Constructed wetlands for combined sewer overflow treatment—comparison of German, French and Italian approaches. *Water*, **5**(1), 1–12.

Pálfy, T.G., Gerodolle, M., Gourdon, R., Meyer, D., Troesch, S., Molle, P. (2017). Performance assessment of a vertical flow constructed wetland treating unsettled combined sewer overflow. *Water Science & Technology*, **75**(11), 2586–2597.

Rizzo, A., Tondera, K., Pálfy, T.G., Dittmer, U., Meyer, D., Schreiber, C., Zacharias, N., Ruppelt, J., Esser, D., Molle, P., Troesch, S., Masi, F. (2020). Constructed wetlands for combined sewer overflow treatment: a state-of-the-art review. *Science of the Total Environment*, **727**, 138618.

Tondera, K. (2019). Evaluating the performance of constructed wetlands for the treatment of combined sewer overflows. *Ecological Engineering*, **137**, 53–59, doi: 10.1016/j.ecoleng.2017.10.009.

Detalles Técnicos

Tipo de afluente

- Aguas residuales domésticas combinadas desde desbordamientos del alcantarillado (después de la eliminación de contaminantes brutos)

Eficiencia de tratamiento

- DQO* >60%
- DBO$_5$ ~94%
- N-NH$_4$ 50–90%
- PT** 15–50%
- SST >80%
- Indicador de bacteria *Escherichia coli* ≤ 1–3 log$_{10}$

* Dependiendo de los eventos de carga; valores > 90% posible
** Decreciente con la carga total retenida en el filtro

Requerimientos

- Requerimientos de área neta: los requerimientos dependen del área de captación y las cargas de sólidos finos estimadas (actualmente se recomienda un máximo de 7 kg/m²/año) o la carga hidráulica (40–60 m³/m²/año)
- Necesidades de electricidad: puede ser operado por flujo gravitacional, de lo contrario se requiere energía para las bombas

Criterios de diseño

- N-NH$_4$: máximo 5 g$_N$/m² por evento
- Carga Hidráulica: la filtración debe terminar después de 48 h a tasas de flujo de salida de 0,01 a 0,05 l/m² (según el objetivo del tratamiento)
- SST: mínimo 4 kg/m²/año, máximo 7 kg/m²/año

Configuraciones comúnmente implementadas

- HC-CSO – FH
- HC-CSO – FS

Condiciones climáticas

- Los HC-CSO se han aplicado, hasta ahora, solo en climas continentales con precipitaciones regulares. Su eficacia en climas tropicales o subtropicales aún debe probarse.

HUMEDALES CONSTRUIDOS PARA TRATAMIENTO DE FLUJOS DEL VERTEDERO DE EXCESOS EN ALCANTARILLADO COMBINADO, KENTEN, GERMANY

Antecedentes del proyecto

TIPO DE SOLUCIÓN BASADA EN LA NATURALEZA (SBN)
Humedales para tratamiento de flujos del vertedero de excesos en alcantarillado combinado

UBICACIÓN
Clima templado
Bergheim (Erft), Germany

TIPO DE TRATAMIENTO
HC-CSO, provee tratamiento secundario

COSTO
€930.000 (bruto)
Costo especifico: €221/m²

FECHA DE OPERACIÓN
Del 2005 al presente

ÁREA/ESCALA
Área superficial: 2.200 m²
Capacidad de almacenamiento: ~4.200 m³

En los sistemas de alcantarillado combinado, la capacidad tanto de los sistemas de alcantarillado como de las plantas de tratamiento de aguas residuales (PTAR) siempre está limitada a un determinado parámetro de diseño, por ejemplo, al doble del caudal que se produce durante un día medio sin precipitaciones, que se denomina caudal en tiempo seco. Si se supera esta capacidad, la mezcla de aguas residuales y pluviales (aguas residuales combinadas) debe descargarse sin tratar en un cuerpo de agua superficial en ciertos puntos de la red de alcantarillado. Las opciones tradicionales para evitarlo son los tanques de almacenamiento que recogen el vertido del alcantarillado y lo redirigen a la PTAR después del evento de lluvia. Sin embargo, si se excede su volumen, las aguas residuales diluidas previamente sedimentadas también se descargan en las aguas superficiales. Los humedales construidos para tratamiento de flujos provenientes del vertedero de excesos en alcantarillados combinados (HC-CSO) pueden reducir este problema al proporcionar un tratamiento rápido del flujo de exceso del alcantarillado, así como un volumen de almacenamiento adicional.

El HC-CSO presentado en este caso de estudio está ubicado en un área periurbana fuera de la ciudad de Bergheim, frente a la PTAR de Bergheim-Kenten. Antes de implementar el HC-CSO, dos depósitos de aguas pluviales en el sitio de la PTAR de Bergheim-Kenten almacenaban el exceso de agua de la red de alcantarillado y la redirigían para su tratamiento en la PTAR después de un evento de lluvia. En el caso de eventos de lluvia continuos, el exceso de los tanques de almacenamiento se descargaba en el río Erft. Dado que la contaminación por la descarga de CSO es una preocupación importante para el estado ecológico de los ríos y causa conflictos con los objetivos de la Directiva Marco Europea del Agua, el "Erftverband" decidió implementar más de 30 HC-CSO en 2003, incluido el de Kenten. La asociación pública de agua es responsable del área de captación de 1.900 km² a lo largo de los 106,6 km del río Erft, cuyo fin es mejorar la calidad del agua del río. El Ministerio de Medio Ambiente del estado alemán de Renania del Norte-Westfalia, donde se encuentra este caso de estudio, apoyó financieramente la instalación de varios HC-CSO durante más de una década.

AUTORES:
Katharina Tondera, *INRAE, REVERSAAL, F-69625 Villeurbanne, France.*
Horst Baxpehler, *Erftverband, Am Erftverband 6, D-50126 Bergheim, Germany*
Contacto: Katharina Tondera, *katharina.tondera@inrae.fr*

Resumen Técnico

Tabla resumen

TIPO DE AFLUENTE	Aguas residuales combinadas provenientes de un asentamiento urbano y algunas industrias
DISEÑO	
Caudal de entrada	Basada en los eventos de lluvia; capacidad máxima ~4,200 m³
Población equivalente (Hab.-Eq.)	—
Área (m²)	2.200
Área por población equivalente (m²/Hab.-Eq.)	—
AFLUENTE	
Demanda bioquímica de oxígeno (DBO$_5$) (mg/L)	—
Demanda química de oxígeno (DQO) (mg/L)	12–138 (DQO filtrada)
Solidos suspendidos totales (SST) (mg/L)	23–90
EFLUENTE	
DBO$_5$ (mg/L)	—
DQO (mg/L)	6–29 (DQO filtrada)
SST (mg/L)	< Limite de detección 24
Escherichia coli (unidades formadoras de colonia (UFC)/100 mL)	—
COSTO	
Construcción	€930.000 (bruto) Costo específico: €221/m²
Operación (anual)	~€5.000

Diseño y construcción

El HC-CSO fue diseñado de acuerdo con la directriz estatal del año 2003 y entró en operación en 2005. Se implementó en una extensa área de captación de 2.425 ha con varios puntos de pre descarga. La PTAR fue diseñada para un caudal de 624 L/s (54.000 m3/día). El HC-CSO está ubicado aguas abajo de dos tanques de almacenamiento con un volumen total de 3.600 m³ (Figura 1, números 1 y 2). El lecho filtrante en sí, es un filtro de flujo vertical con una capa de arena de 0,75 m, con arena carbonacea y una granulometría de 0,063 a 2,0 mm que está sembrada con juncos, encima de una capa de drenaje de 0,3 m con una granulometría de 2 a 8 mm. El filtro entró en operación en el 2005 y tiene una superficie de 2.210 m² y un volumen de retención o almacenamiento de aproximadamente 4.200 m³ (Figura 1, número 4). Su altura es de unos 1,9 m. El HC-CSO se diseñó de acuerdo con la directriz estatal de North-Rhine Westphalia (MUNLV, 2003) que se actualizó en 2015 (MKULNV, 2015). El lecho del filtro fue diseñado para recibir 40 m³/año/m² de entrada. Se pueden encontrar más detalles sobre el diseño y la construcción de este HC-CSO en Rizzo et al. (2020).

Como puede verse en la Figura 1, el filtro está dividido en dos secciones de drenaje: una cerca de la estructura de entrada y otra en la parte posterior. Por lo tanto, la división se aplica solo en el área de drenaje en el parte inferior, mientras que el área superficial, es un lecho de filtro vertical ininterrumpido. Luego, el agua filtrada se recolecta en una de las dos secciones de drenaje y se bombea a través de los edificios de salida (Figura 1, número 5) hacia el cuerpo hídrico receptor. Después de cada evento de lluvia, el lecho del filtro se drena por completo, lo que permite airearlo a través de las tuberías de drenaje. Los procesos aerobios resultantes pueden dar lugar a la transformación química y biológica de las sustancias adsorbidas, como el amonio y la demanda química de oxígeno.

Una inundación permanente se considera perjudicial para el material del filtro y la eficiencia de su limpieza. La velocidad de filtración está limitada por una válvula en la salida y es de aproximadamente 0,1 m/h (0,025 L/s/m²), lo que corresponde a aproximadamente 21 h en el caso de que el volumen de retención y el espacio poroso del 30 % estén completamente llenos. En 2012, se optimizó la gestión de la red de alcantarillado conectada a través de un proyecto de investigación y, desde entonces, el filtro se ha cargado con mayor frecuencia (Lange et al., 2012).

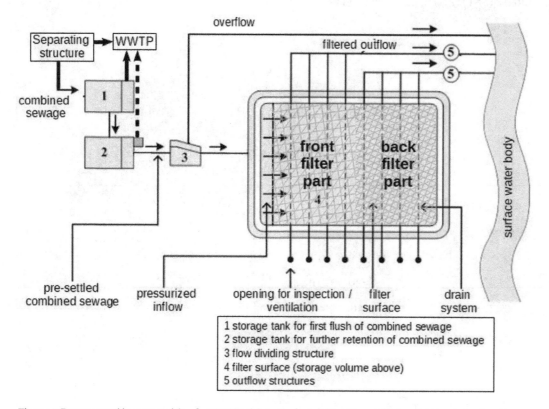

Figura 1: Representación esquemática de HC-DCA (vista en planta). Versión original en inglés, sin traducción.

Tipo de afluente/tratamiento

El afluente es una combinación de aguas residuales de un asentamiento urbano y algunas industrias. La composición del agua de lluvia a las aguas residuales es de 4:1 hasta 100:1, dependiendo de la intensidad de las lluvias. En consecuencia, las concentraciones de entrada varían considerablemente: para SST, de 5 a 70 mg/L, para DQO, de 30 a 270 mg/L y para $N-NH_4$, de 3 a 13,5 mg/L durante los primeros 10 años de operación.

Eficiencia del tratamiento

La legislación local no exige niveles de tratamiento ni el cumplimiento de valores de descarga para los HC-CSO; sin embargo, la Directiva Marco Europea del Agua está impulsando un mejor tratamiento de los flujos del vertedero de excesos, ya que estos flujos se consideran una de las principales razones que impiden que las masas de agua alcancen un buen estado ecológico (Comisión Europea, 2019).

La DQO se reduce en promedio al 75 % en la parte del filtro frontal y al 63 % en la parte del filtro posterior (Figura 1), y los SST entre aproximadamente el 80 % y el 90 %. Durante un flujo de entrada, el amonio se adsorbe entre un 60 % y un 86 %. Entre eventos, el lecho del filtro se airea a través de las tuberías de drenaje. Así, el amonio afluente se nitrifica como nitrato que se descarga a las aguas superficiales receptoras (Rizzo et al., 2020). La eficiencia de eliminación de DQO y amonio ocurre por procesos microbianos.

En campañas especiales realizadas en dos proyectos de investigación, también se investigó la eliminación de bacterias, bacteriófagos y micro contaminantes después de 7 y 10 años de operación. *Escherichia coli* y enterococos intestinales se redujeron hasta 1,1 y 1,3 $\log_{10}$, respectivamente, y colifagos somáticos entre 0,6 y 1,0 $\log_{10}$. La reducción de micro contaminantes varió considerablemente por la naturaleza de las sustancias y su biodegradabilidad (Tondera et al., 2019). Tanto para los microcontaminantes como para las bacterias, la eficiencia de eliminación disminuyó a lo largo de los años. Esto mismo fenómeno explica la retención de fosfato, porque el material del filtro se satura y la eliminación no puede ocurrir por procesos microbianos.

Operación y mantenimiento

Todos los dispositivos utilizados para el control automático, como un sensor de altura en la superficie del filtro y la instrumentación, como las bombas, deben revisarse periódicamente. La superficie del filtro debe revisarse mensualmente en busca de perforaciones de animales (especialmente después de largas sequías), así como de malezas. El césped de las orillas debe cortarse periódicamente. Se debe revisar la estructura de salida para ver si hay precipitación de hierro, lo que indica una inundación permanente en el filtro que conduce a condiciones anaerobias. Además, la nueva guía nacional (DWA 2019) sugiere analizar los sedimentos y el material de filtro en diferentes profundidades cada 5 años para el contenido restante de piedra caliza y depósitos de metales pesados.

Figura 2: Humedal construido para flujos del vertedero de excesos en alcantarillado combinado de Kenten en verano (vista desde el extremo posterior hasta el extremo frontal con la estructura de entrada)

Costo

El costo inicial del proyecto fue de €930.000 (bruto), incluyendo lo siguiente:

- Planificación, cercana a los €100.000;
- Ingeniería Civil, €710.000; y
- Equipamiento mecánico y eléctrico, €120.000.

Los costos por compra de terrenos no están incluidos.

Operación y mantenimiento anual de aproximadamente 5.000 €, que incluye mano de obra, energía, paisajismo (principalmente corte de césped en los terraplenes y recolección de malezas en la superficie del filtro) y limpieza de instalaciones eléctricas y mecánicas.

Co-beneficios

Beneficios ecológicos

Debido a que el HC-CSO se planta como un monocultivo por razones técnicas, los beneficios colaterales ecológicos se limitan a la mejora de la calidad del agua, excepto por los efectos refrescantes de la evapotranspiración (transpiración del agua por las hojas de la planta y la evaporación de la superficie del filtro).

Beneficios sociales

El HC-CSO está cercado por razones de seguridad (la presión hidráulica durante el flujo de entrada representa un peligro para las personas presentes en el lecho del filtro) y está claramente declarado como una instalación de tratamiento de aguas residuales para efectos legales. Por lo tanto, no hay beneficios sociales adicionales aparte de la mejora en la calidad del agua y la reducción de los desbordamientos.

Contraprestaciones

La arena para el filtro está disponible localmente, pero su capacidad de adsorción de fosfato y metales pesados es limitada. Es posible mezclar diferentes materiales con una mayor capacidad de adsorción, como el hidróxido de hierro, pero aumentaría los costos de forma importante.

Lecciones aprendidas

Desafíos y soluciones

El flujo de entrada está ubicado en el lado corto del lecho del filtro (Figura 1). En teoría, un evento de carga debería llenar rápidamente el volumen de todo el lecho del filtro y luego aumentar aún más, mientras se cubre el área completa del filtro de adelante hacia atrás. Sin embargo, en la práctica, los eventos muy pequeños solo se infiltran en la parte frontal del filtro rápidamente y, luego el agua se descarga en el cuerpo de agua superficial, sin cubrir completamente la parte posterior del filtro. Esto produce una capa de filtro secundario más alta en la parte delantera y un agotamiento más rápido de la capacidad de adsorción del material filtrante.

Dado que este es el caso de muchos HC-CSO construidos en el mismo período, la nueva directriz nacional de la Asociación Alemana del Agua (DWA, 2019) modificó las recomendaciones de diseño de tal manera que la descarga del afluente debe instalarse en el lado más largo del filtro. y los lechos de filtración deben dividirse en varias subunidades (compartimetalización), para que los lechos se puedan cargar intermitentemente durante eventos de lluvia pequeños.

En 2012, se optimizó el control de la red de alcantarillado de la cuenca en un proyecto de investigación y, en consecuencia, el HC-CSO de Kenten recibió cargas con mayor frecuencia.

En 2007 se desarrolló una biopelícula en la superficie del filtro, que provocó la colmatación, debido a las fuertes lluvias continuas y la carga constante con aguas residuales combinadas durante varios días. Se eliminaron las plantas y el biofilm, y se replantó parcialmente en las áreas donde los rizomas no sobrevivieron a las condiciones anóxicas. Luego se adaptó el sistema de control: no se dirigieron más aguas residuales combinadas al filtro después de un llenado completo y hasta que el filtro se vaciara por completo. El posible rebosamiento adicional se dirigió directamente al río (separador 3 en la Figura 1). Después de implementar esto, el filtro se recuperó por completo en unas pocas semanas y no se produjo más obstrucción.

Tanto para los micro contaminantes como para las bacterias, las eficiencias de eliminación disminuyeron a lo largo de los años (Tondera et al., 2019). Lo mismo sucede con la retención de metales pesados y fosfato, ya que el material del filtro se satura y no puede ser regenerado por procesos microbianos. Hasta el momento, estos contaminantes no han sido de principal interés para este sitio en específico, pero una solución técnica podría ser una etapa de post filtración.

Comentarios de los usuarios / apreciaciones

Principalmente, estas instalaciones se aceptan como un elemento paisajístico positivo. Sin embargo, el cercado perimetral se considera perturbador; a pesar de eso, la presión hidráulica durante el llenado y el hecho de que la arena del filtro actúa como una arena movediza cuando se inunda, lo hace obligatorio.

También se aprecia, la alta eficiencia de limpieza de las aguas por las instalaciones como positivo, especialmente en lo que respecta a los micro contaminantes.

Referencias

DWA (2019). Retentionsbodenfilteranlagen. (In German) Retention soil filter sites. DWA-A 178, German Water Association.

European Commission (2019). Evaluation of the Urban Wastewater Treatment Directive. SWD, Brussels.

Lange, M., Siekmann, T., Hüben, H., Bolle, F.-W., Dahmen, H., Kiesewski, R., Rohlfing, R., Gerke, S., Sohr, A., Hanss, H. (2012). Großtechnische Erprobung eines standardisierten Optimierungs-und Simulationswerkzeugs zur Online-Kanalnetzsteuerungam Beispiel des Einzugsgebiets der Kläranlage Kenten im Erftverbandsgebiet. *Large-scale testing of a standardised optimisation and simulation tool for online sewer network control in the catchment area of the Kenten wastewater treatment plant in the Erftverband region.* Final report, Ministry of Environment, Agriculture, Conservation and Consumer Protection of the State of North Rhine-Westphalia (eds.), *https://www.lanuv.nrw.de/ fileadmin/forschung/wasser/kanal/Abschlussbericht_ Grosstechnische_Erprobung.pdf*, accessed 1 July 2020 (in German).

MKULNV (2015). Retentionsbodenfilter. Handbuch für Planung, Bau und Betrieb. *Retention Soil Filter-Planning, Construction, and Operation Manual.* Ministry of Environment, Agriculture, Conservation and Consumer Protection of the State of North Rhine-Westphalia (eds.), *https://www.umwelt.nrw.de/fileadmin/redaktion/ Broschueren/retentionbodenfilter_handbuch.pdf*, accessed 6 August 2019 (in German).

MUNLV (2003). Retentionsbodenfilter. Handbuch für Planung, Bau und Betrieb (1. Aufl.). Retention Soil Filter-Planning, Construction, and Operation Manual. Ministry of Environment, Agriculture, Consumer Protection of the State of North Rhine-Westphalia, Düsseldorf (in German).

Rizzo, A., Tondera, K., Pálfy, T. G., Dittmer, U., Meyer, D., Schreiber, C., Zacharias, N., Ruppelt, J. P., Esser, D., Molle, P., Troesch, S., Masi, F. (2020). Constructed wetlands for combined sewer overflow treatment: a state-of-the-art review. *Science of the Total Environment* **727**, 138618.

Tondera, K., Koenen, S., Pinnekamp, J. (2013). Survey monitoring results on the reduction of micropollutants, bacteria, bacteriophages and TSS in retention soil filters. *Water Science and Technology* **68**(5), 1004–1012.

Tondera, K., Ruppelt, J., Pinnekamp, J., Kistemann, T., Schreiber, C. (2019). Reduction of micropollutants and bacteria in a constructed wetland for combined sewer overflow treatment after 7 and 10 years of operation. *Science of the Total Environment* **651**, 917–927.

HUMEDAL CONSTRUIDO PARA TRATAMIENTO DE FLUJOS DEL VERTEDERO DE EXCESOS EN ALCANTARILLADOS COMBINADOS EN EL PARQUE ACUÁTICO GORLA MAGGIORE, ITALIA

TIPO DE SOLUCIÓN BASADA EN LA NATURALEZA (SBN)
Humedal para tratamiento de flujos del vertedero de excesos en alcantarillado combinado (HC-CSO)

UBICACIÓN
Gorla Maggiore, Región de Lombardía, Italia

TIPO DE TRATAMIENTO
Primario, secundario y terciario usando HC-CSO

COSTO
€0,82 millones (2010)

FECHA DE OPERACIÓN
Del 2014 al presente

ÁREA/ESCALA
Parque acuático: 6 hectáreas

SBN para CSO: 1,3 hectáreas

Antecedentes del proyecto

El tratamiento de los flujos del vertedero de excesos en alcantarillados combinados (CSO) durante las lluvias, es un problema crítico en la Región de Lombardía, ya que hay miles de puntos de descarga para CSO que contribuyen significativamente a la carga total de contaminación de las aguas superficiales. Para abordar el problema, una ley regional (R.R. n.3, 24 de marzo de 2006) conforme a la Directiva Marco Europea del Agua, limita la carga contaminante vertida por los CSO. El sitio considerado para realizar una solución basada en la naturaleza (SBN) para el tratamiento de CSO fue una plantación de álamos abandonada de bajo valor.

En lugar de una solución de infraestructura gris clásica (es decir, un tanque de primer lavado más, ocasionalmente, un depósito seco), se decidió probar tratar los flujos provenientes del vertedero de excesos con infraestructura verde multipropósito a gran escala: un humedal construido para el tratamiento de flujos provenientes del alcantarillado combinado (HC-CSO). Adicionalmente, se investigaron los servicios ecosistémicos proporcionados por el HC-CSO, ya que Gorla Maggiore fue uno de los 27 casos de estudio del proyecto EU FP7 (*http://www.openness-project.eu/*).

El sistema de tratamiento consta de un humedal construido de flujo vertical subsuperficial (FV) seguido de un humedal construido de flujo superficial (FS) para el pulimiento. Además, el uso de la infraestructura verde permitió convertir el sitio de álamos abandonado en un parque cerca del río Olona, "Parque Acuático Gorla Maggiore". Finalmente, el HC-FS fue diseñado para funcionar también como una laguna de retención para la mitigación de inundaciones y para aumentar la biodiversidad en el área.

AUTORES:
Anacleto Rizzo, Ricardo Bresciani, Fabio Masi
IRIDRA Srl, via Alfonso La Mamora 51, Florence, Italy
Contacto: Anacleto Rizzo, *rizzo@iridra.com*

Figura 1: Parque acuático Gorla Maggiore (VA - Italia) Localización, coordenadas, 45° 39' 53,90" N, 8° 53' 9,71" E

Figura 2: Parque acuático Gorla Maggiore (VA – Italia)

Resumen técnico

Tabla resumen

TIPO DE AFLUENTE	Aguas combinadas provenientes del vertedero de excesos en alcantarillado combinado
DISEÑO	
Caudal (L/s)	Descarga máxima del primer lavado hacia el FV: 640
Población equivalente (Hab.-Eq.)	Población equivalente en la cuenca abastecida por el alcantarillado combinado: 2017
Área (m²)	Primera etapa, flujo vertical 3.840
	Segunda etapa, flujo superficial: 3.174, extensible a 7.200 en función de del uso como laguna de retención
	Total: cerca de 11.000 (solo la superficie del humedal)
Área por población equivalente (m²/Hab.-Eq.)	El diseño del HC-CSO se basa en la tasa de carga hidráulica, dependiendo de la precipitación local y el alcantarillado.
AFLUENTE	
Demanda química de oxígeno (DQO) (mg/L)	394 (media – datos monitoreados en cuatro campañas de muestreo en 2014, ver Masi et al., 2017)
Nitrógeno amoniacal (N-NH$_4$) (mg/L)	16 (media – datos monitoreados en cuatro campañas de muestreo en 2014, ver Masi et al., 2017)
EFLUENTE	
DQO (mg/L)	41 (media – datos monitoreados en cuatro campañas de muestreo en 2014, ver Masi et al., 2017)
NH$_4$-N (mg/L)	1 (media – datos monitoreados en cuatro campañas de medición en de 2014, ver Masi et al., 2017)
COSTO	
Construcción	€820.510
Operación (anual)	€3.500,00

Diseño y construcción

El HC-CSO está compuesto por los siguientes elementos:

(1) una cámara de separación de CSO;

(2) una rejilla y un tanque de sedimentación como tratamiento preliminar;

(3) cuatro lechos de FV como etapa secundaria (superficie total 3.840 m²) diseñados para tratar el primer lavado y trabajando en paralelo;

(4) FS (3.174 m²), con múltiples funciones: como tratamiento del primer y segundo lavado, además de contribuir al aumento de la biodiversidad, crear un área recreativa y actuar como una laguna de retención ampliada (con superficie inundable extensible hasta 7.200 m²).

La infraestructura de CSO se diseñó de acuerdo con las leyes de Lombardía, con una fracción baja del caudal (hasta 17,5 L/s) enviada a la PTAR centralizada, la fracción del primer lavado (hasta 640 L/s) enviado a los lechos de FV, y la fracción del segundo lavado (CSO con cargas superiores a 640 L/s) enviada directamente al FS. El sistema funciona por gravedad, con un tiempo teórico de retención hidráulico de 36 h.

Tipo de afluente / tratamiento

El CSO proviene de un sistema de alcantarillado que atiende a una población equivalente de aproximadamente 2.000. La superficie impermeable de la cuenca drenada es de aproximadamente 20 hectáreas.

La legislación regional no exige límites obligatorios para el vertido. Por tanto, el HC-CSO se diseñó para tratar el volumen del primer lavado de CSO (estimado en 987 m³ según la normativa de Lombardía) mediante la reducción de las cargas contaminantes de sólidos, carbono orgánico y amonio, vertidas al río Olona.

Eficiencia de tratamiento

El HC-CSO fue monitoreado en la campaña de muestreo del proyecto OpenNESS, que incluyó cuatro muestreos completos durante las cuatro estaciones de 2014 (invierno, primavera, verano y otoño). Los resultados mostraron eficiencias de eliminación medias generales del 87% y el 93% para DQO y NH_4^+, respectivamente.

Operación y mantenimiento

Todo el trabajo de operación y mantenimiento lo realiza personal no capacitado y se puede categorizar en dos tipos: mantenimiento regular y especial.

El trabajo de mantenimiento regular tiene por objetivo mantener las instalaciones del proyecto funcionando de manera efectiva. Los principales trabajos de mantenimiento regular incluyen lo siguiente:

• Inspección de estructuras de hormigón y tratamiento preliminar (desarenadores y tanques de sedimentación, y remoción de lodos);

• pintura y engrase de estructuras de acero;

• nivelación y reparación de los caminos;

• comprobación de daños por erosión y socavación en los terraplenes;

• inspección visual para cualquier maleza, salud de las plantas o problemas de plagas.

Se debe realizar un mantenimiento especial cada vez que se dañe alguna instalación.

Costo

El costo de capital fue de 820.510 € e incluyó los siguientes elementos:

• movimiento de tierras;

• construcción de HC (medios de relleno, revestimiento, geotextil, plantas);

• unidades de tratamiento preliminar (tanque de sedimentación y desarenador);

• tuberías;

• caminos para peatones y bicicletas;

• paisajismo con nuevas áreas verdes, árboles e instalaciones recreativas;

• cercas y puertas;

• muestreadores automáticos y dispositivos de medición de flujo.

Los gastos de operación se estiman en 3.500 € anuales e incluyen los siguientes elementos:

• consumo de energía (mínimo, sólo para funcionamiento del desarenador);

• personal;

• mantenimiento regular (muestreo, mantenimiento de las plantas y el paisajismo).

La planta de tratamiento fue financiada por la región de Lombardía.

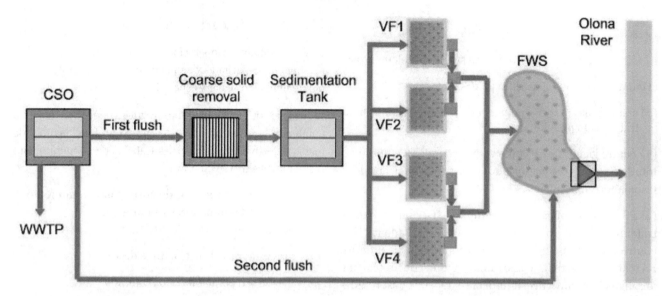

Figure 3: Parque acuático de Gorla Maggiore; representación esquemática de CSO-TW; de Masi et al. (2017). El CSO está pensada como una "cámara de separación de DCA". (Versión original en inglés, sin traducción).

Co-beneficios

Como caso de estudio del proyecto OpenNESS (*http://www. openness-project.eu/*), el Parque Acuático Gorla Maggiore fue evaluado en términos de servicios ecosistémicos. Para ello, el Parque Acuático fue considerado como una SBN y comparado con infraestructura gris (tanque de primer lavado más laguna de retención) con análisis multicriterio (AMC). Las preferencias por el AMC fueron obtenidas de los administradores, actores locales y expertos. Esta discusión de co-beneficios se basa en la evaluación de los servicios ecosistémicos realizada con el AMC en el marco del proyecto OpenNESS (Liquete et al., 2016).

Reducción de inundación

La etapa de FS fue diseñada para lograr la misma reducción de inundaciones que la infraestructura gris (es decir, una laguna de retención; ver Liquete et al. 2016). Un análisis detallado del modelo ha investigado más a fondo el efecto de mitigación de inundaciones por la NBS, mostrando reducciones de caudal máximo variables del 53 % al 95 % y, un volumen máximo de retención de aproximadamente 8.800 m^3 (Rizzo et al., 2018). Por lo tanto, el parque acuático está contribuyendo significativamente a que la respuesta hidrológica de la ciudad de Gorla Maggiore pase de un estado posterior al desarrollo (con extremos altos y corta duración) a un estado previo al desarrollo (con extremos bajos y alta duración).

Beneficios ecológicos

La etapa de FS fue diseñada para ayudar a la biodiversidad. Se realizaron diferentes alturas de fondo, permitiendo la colocación de varias especies vegetales emergentes (*Typha angustifolia, Lythrum salicaria, Mentha aquatic, Iris pseudacorus, Lysimachia vulgaris*) y flotantes (*Nymphaea alba, Nuphar lutea, Ranunculus aquatilis, Hydrocharis morsus-ranae L., Ceratophyllum demersum*) autóctonas. Un biólogo y un ecólogo brindaron su opinión experta para el indicador del AMC "apoyar a la vida silvestre", comparando la diversidad y riqueza de la vida silvestre esperada por los pastizales de una laguna de retención (como infraestructura gris) y el SBN. La presencia de un cuerpo de agua superficial resultó en una clara ventaja en términos de biodiversidad para la SBN, que recibió una puntuación para el apoyo a la vida silvestre de aproximadamente 85 %, en comparación con el 40 % para la infraestructura gris. La puntuación total del AMC para la SBN fue del 80%, con un 20% debido al indicador "apoyar a la vida silvestre". Por lo tanto, la mayor contribución a la biodiversidad fue fundamental para el mejor desempeño de la solución verde en comparación con la solución gris, que recibió una puntuación total de solo el 45 %.

Beneficios sociales

El parque acuático Gorla Maggiore fue diseñado también para ser un parque recreativo, con árboles ribereños restaurados, espacios verdes abiertos, senderos para caminar y andar en bicicleta, y servicios generales (por ejemplo, mesas de picnic, baños y un bar) mantenidos por una asociación voluntaria (*http://www.calimali.org/*). El AMC consideró el indicador "mejorar la recreación y la salud de las personas", el que fue estimado por el número de visitantes/usuarios y la frecuencia de las visitas, y evaluado por una encuesta por correo distribuida en Gorla Maggiore. Se supuso que la infraestructura gris tiene menos visitas que el SBN debido a la falta de biodiversidad y de instalaciones educativas relacionadas, pero el parque recreativo circundante aún puede atraer visitas. El SBN recibió una puntuación para la recreación de alrededor del 85 % en comparación con el 40 % para la infraestructura gris. La puntuación total de AMC para la SBN fue del 80%, con alrededor del 15% debido al indicador "recreación". Por lo tanto, la mayor contribución a los beneficios sociales fue fundamental para el mejor desempeño de la solución verde en comparación con la solución gris, que recibió una puntuación total de solo el 45%.

Contraprestaciones

Para garantizar la realización exitosa del parque, algunas partes del diseño adoptaron contraprestaciones durante la planificación:

- Un FS solo alimentado por CSO (o aguas pluviales) puede enfrentar períodos secos prolongados debido a patrones de lluvia estocásticos; en consecuencia, pueden surgir problemas de olores y mosquitos en verano, comprometiendo el valor recreativo del parque. Por lo tanto, se desvió una porción mínima del caudal del río Olona para garantizar una circulación continua de agua dentro del FS durante los periodos sin precipitaciones.
- El FS también fue diseñado como una laguna de retención; para lograr esto, el área requerida fue mayor en comparación con las requeridas solo para pulir las descargas por CSO. El área para el FS aumentó, además, porque se crearon pendientes suaves para garantizar un uso seguro del parque.

Lecciones aprendidas

Desafíos y soluciones

Desafío/solución 1: tratamiento in situ de cargas afluentes de tipo estocástico
Las SBN permiten el tratamiento *in situ* de CSO, ya que las soluciones tradicionales (por ejemplo, lodos activados) no son adecuadas para este objetivo.

El tratamiento *in situ* evita la instalación de un tanque para el primer lavado, lo que reduce el volumen del flujo de aguas residuales combinadas que se retroalimentan al alcantarillado y, por lo tanto, mejora el funcionamiento de la planta de tratamiento de aguas residuales centralizada.

Desafío/solución 2: solución multipropósito

El uso de una SBN permitió la implantación de una depuradora en un parque público, lo que resolvió el conflicto de uso del suelo para las depuradoras, mejorando la calidad del agua del río Olona frente al uso recreativo.

Desafío/solución 3: control de mosquitos y olores

Se desvió una parte del caudal del río Olona para garantizar una circulación continua de agua dentro del FS durante el período seco.

Comentarios de los usuarios / apreciaciones

El proyecto OpenNESS realizó una evaluación del "beneficio social" por los servicios ecosistémicos proporcionados por el parque acuático. Los resultados confirman la aprobación de la gente de la comunidad, quienes utilizan con frecuencia el nuevo Parque Acuático sin ninguna queja sobre el SBN para el tratamiento de CSO.

Referencias

Liquete, C., Udias, A., Conte, G., Grizzetti, B. and Masi, F. (2016). Integrated valuation of a nature-based solution for water pollution control. Highlighting hidden benefits. *Ecosystem Services*, **22**, 392–401.

Masi F., Bresciani R., Rizzo A. and Conte G. (2017). Constructed wetlands for combined sewer overflow treatment: ecosystem services at Gorla Maggiore, Italy. *Ecological Engineering*, **98**, 427–438.

Rizzo, A., Bresciani, R., Masi, F., Boano, F., Revelli, R. and Ridolfi, L. (2018). Flood reduction as an ecosystem service of constructed wetlands for combined sewer overflow. *Journal of Hydrology*, **560**, 150–159

HUMEDALES PARA TRATAMIENTO DE FLUJO HORIZONTAL

AUTHORS

Anacleto Rizzo, *Iridra Srl, Via La Marmora 51, 50121 Florence, Italy*
Contact: *rizzo@iridra.com*
Katharina Tondera, *INRAE, REVERSAAL, F-69625 Villeurbanne, France*

1 - Afluente
2 – Sistema de alimentación
3 – Medio poroso
4 – Sistema de drenaje
5 - Suelo
6 - Plantas
7 – Nivel de saturación de agua
8 - Impermeabilización
9 – Estructura de inspección
10 - Efluente

Descripción

Los humedales para tratamiento de flujo horizontal (HT - FH) consisten en lechos o canales de grava sembrados con vegetación emergente de humedales provocando flujo horizontal a través del medio filtrante. El medio está completamente saturado con agua, lo cual puede crear condiciones anóxicas, manteniendo un flujo subsuperficial. Las partículas son retenidas por obstrucción o filtración; las partículas solubles son parcialmente absorbidas de forma abiótica o biótica. La mayor transformación y degradación de las sustancias retenidas ocurren debido a procesos químicos y principalmente biológicos en el medio filtrante. La zona de la raíz o rizosfera proporciona un entorno altamente activo para la adhesión de biopelículas, intercambio de oxígeno, y sostiene el flujo hidráulico.

Ventajas

- No hay peligro específico por cría de mosquitos
- Robusto; puede manejar fluctuaciones hidráulicas
- Posibilidad de bajo consumo de energía (alimentación por gravedad)
- Potencial de reutilización a escala edificio (descarga de inodoros, irrigación)

Desventajas

- Sin desventajas adicionales al desempeño del tratamiento y requerimientos

Co-beneficios

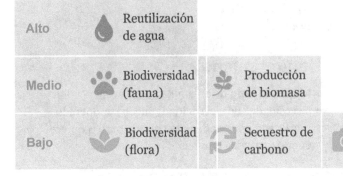

Alto	Reutilización de agua		
Medio	Biodiversidad (fauna)	Producción de biomasa	
Bajo	Biodiversidad (flora)	Secuestro de carbono	Valor estético

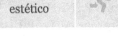 Recreación

Compatibilidades con otros SBN

Combinado principalmente con humedales para tratamiento de flujo vertical (HT-FV) para mejorar la eliminación de nitrógeno, pero también con humedales para tratamiento de flujo superficial o de flujo libre (HT-FS) y lagunas, dependiendo del objetivo del tratamiento.

Casos de estudio

En esta publicación

- Sistemas horizontales de Flujo Subsuperficial para la Penitenciaría de Gorgona, Italia
- Humedales para tratamiento de flujo horizontal en Karbinci, República de Macedonia del Norte
- Humedales de flujo horizontal en Chelmná, República Checa

Operación y mantenimiento

Regular

- Eficiencia de control del tratamiento primario y eliminación de lodos

Extraordinario

- Primera temporada de crecimiento: cosecha de malezas
- El material o medio filtrante en la zona de entrada necesita reemplazo después de al menos o cada 10 años

Solución de problemas

- Olor: condiciones anaerobias debidas a colmatación biológica (crecimiento excesivo de biopelícula).

Referencias

Dotro, G., Langergraber, G., Molle, P., Nivala, J., Puigagut, J., Stein, O. R., von Sperling, M. (2017). Treatment Wetlands. Biological Wastewater Treatment Series, Volume 7, IWA Publishing, London, UK, 172 pp.

Kadlec, R.H., Wallace, S., (2009). Treatment Wetlands 2nd edition, CRC Press, Boca Raton, FL, USA.

Langergraber, G., Dotro, G., Nivala, J., Rizzo, A., Stein, O. R. (2020). Wetland Technology: Practical Information on the Design and Application of Treatment Wetlands. IWA Publishing, London, UK.

Vymazal, J., Kröpflerová, L. (2008). Wastewater Treatment in Constructed Wetlands with Horizontal Sub-Surface Flow. Springer.

Detalles técnicos

Tipo de Afluente

- Aguas residuales tratadas por un sistema primario
- Aguas residuales tratadas secundariamente
- Aguas grises

Eficiencia de tratamiento

- DQO $\quad$ 60–80%
- DBO$_5$ $\quad$ ~65%
- NT $\quad$ 30–50%
- N-NH$_4$ $\quad$ 20–40%
- PT (Largo plazo) $\quad$ 10–50%
- SST $\quad$ >75%

Requerimientos

- Requerimiento de área neta: 3–10 m² per cápita
- Necesidades de electricidad: puede ser operado por flujo a gravedad, de lo contrario, se requiere energía para las bombas

CRITERIOS DE DISEÑO

- Grava fina (5–15 mm)

Tratamiento secundario
- TCH: hasta 0,02–0,05 m³/m²/día
- TCO: hasta 20 g DQO/m²/día
- Carga SST: hasta 10 g SST/m²/día

Tratamiento terciario
- TCH: hasta 0,4 m³/m²/día

Configuraciones comúnmente empleadas

- Humedal subsuperficial de flujo vertical y de flujo horizontal (VF – HF)
- Humedal subsuperficial de flujo horizontal y de flujo vertical (FH-FV)
- Humedal subsuperficial de flujo horizontal con humedal superficial o de flujo libre (FH-FS)
- Humedal superficial o de flujo libre con Humedal subsuperficial de flujo horizontal (FS-FH)

Condiciones climáticas

- Ideal para climas cálidos, pero también adecuado para climas templados y fríos
- Probado como apto para climas tropicales

SISTEMA SUBSUPERFICIAL DE FLUJO HORIZONTAL PARA EL CENTRO PENITENCIARIO DE GORGONA, ITALIA

TIPO DE SOLUCIÓN BASADA EN LA NATURALEZA (SBN)
Humedales para tratamiento de flujo horizontal (HT-FH)

LOCALIZACIÓN
Isla Gorgona, Toscana, Italia

TIPO DE TRATAMIENTO
Sistema de tratamiento secundario usando un humedal para tratamiento de flujo horizontal (HT-FH) de dos etapas

COSTO
€0,49 millones

FECHA DE OPERACIÓN
De 1996 al presente

Antecedentes del proyecto

El Centro Penitenciario de Gorgona (hasta 400 habitantes) necesitaba, en 1996, un sistema para tratar las aguas residuales que también tenían que poder trabajar en ausencia de asistencia técnica especializada. Un segundo objetivo fue abordar la escasez de agua; por lo tanto, era necesario reutilizar el agua tratada. Los humedales para tratamiento (HT) resultaron ser la tecnología más adecuada para dar respuesta a estas necesidades.

AUTORES:

Ricardo Bresciani, Anacleto Rizzo, Fabio Masi
IRIDRA Srl, via Alfonso La Mamora 51, Florence, Italy
Contacto: Anacleto Rizzo, *rizzo@iridra.com*

Figura 1: HT de Gorgona (LI - Italy) localización, 43° 25′ 51,50″ N, 9° 54′ 13,43′ E

Figura 2: HT de Gorgona (LI - Italy); la fotografía de la derecha fue tomada en 2018, después de 24 años de operación del sistema de humedales

Resumen técnico

Tabla resumen

TIPO DE AFLUENTE	Agua residual municipal
DISEÑO	
Caudal (m³/día)	20–80
Población equivalente (Hab.-Eq.)	400
Área (m²)	Total: 1.350
Área por población equivalente (m²/Hab.-Eq.)	3,3
AFLUENTE	
Demanda bioquímica de oxígeno (DBO$_5$) (mg/L)	380 (media – datos monitoreados 1998-2018)
Demanda química de oxígeno (DQO) (mg/L)	488 (media – datos monitoreados 1998-2018)
Sólidos suspendidos totales (SST) (mg/L)	95 (media – datos monitoreados 1998-2018)
N-NH$_4$ (mg/L)	37 (media – datos monitoreados 1998-2018)
Nitrógeno Total (mg/L)	64 (media – datos monitoreados 1998-2018)
Escherichia coli (unidades formadoras de colonias (CFU)/100 mL)	1,350,000 (media – datos monitoreados 1998-2018)
EFLUENTE	
DBO$_5$ (mg/L)	108 (media – datos monitoreados 1998-2018)
DQO (mg/L)	154 (media – datos monitoreados 1998-2018)
SST (mg/L)	67 (media – datos monitoreados 1998-2018)
N-NH$_4$ (mg/L)	22 (media – datos monitoreados 1998-2018)
Nitrógeno total (mg/L)	44 (media – datos monitoreados 1998-2018)
Escherichia coli (CFU/100 mL)	28.400 (media – datos monitoreados 1998-2018)

COSTO	
Construcción	€490.834,00
Operación (anual)	€2.000,00

Diseño y construcción

El humedal para tratamiento de Gorgona consta de un sistema de tratamiento primario (red y tanque Imhoff) y un sistema de tratamiento secundario con un humedal para tratamiento de flujo horizontal de dos etapas (HT-FH) (divididos con dos celdas en paralelo por etapa y seguidos en serie por un pastizal húmedo que funciona como filtro (o amortiguador)) entre el sistema de tratamiento y el ambiente. Durante el verano, se puede tomar agua para riego.

Tipo de afluente/tratamiento

La instalación trata de 20 a 80 m³/día de aguas residuales producidas por el penal de Gorgona, que puede albergar hasta 400 personas, incluyendo prisioneros y guardias. El tratamiento primario es a través de un tanque Imhoff.

Eficiencia del tratamiento

El sistema es monitoreado gracias a un contrato de operaciones y mantenimiento, el cual permite el adecuado control anual del sistema de tratamiento. Después de 24 años de operación, las cuatro celdas subsuperficiales de flujo horizontal todavía funcionan correctamente, cumpliendo con el "tratamiento adecuado" concepto exigido por la ley italiana para las plantas de tratamiento que sirven a menos a 2.000 Hab.-Eq. (DL 152/06).

Operación y mantenimiento

Gracias al contrato de operación y mantenimiento, se garantiza el correcto funcionamiento del sistema de tratamiento. Como consecuencia, después de 24 años de funcionamiento del sistema, aún sigue funcionando correctamente, sin ningún tipo de reacondicionamiento y a muy bajo costo de operación y mantenimiento. Todos los trabajos de operación y mantenimiento son realizados por personal no calificado y se pueden categorizar en dos tipos: ordinario y extraordinario. El trabajo de mantenimiento ordinario tiene como objetivo mantener las instalaciones del proyecto funcionando de manera efectiva.

Los principales trabajos de mantenimiento ordinario incluyen lo siguiente:

• inspección de estructuras de concreto;
• pintura y engrase de estructuras de acero;
• nivelación y reparación de los caminos;
• comprobar los niveles de aceite y lubricantes del motor;
• comprobar las protecciones y aislamientos eléctricos;
• comprobar la erosión de los terraplenes y los daños por socavación;
• inspección visual de cualquier maleza, problemas de sanidad o plaga en plantas.

Costos

Los gastos de capital fueron de 490.834€ e incluyeron los siguientes elementos y acciones:

• movimiento de tierra.
• construcción del sistema de humedales (medios de relleno, revestimiento, geotextil, plantas);
• unidad de tratamiento primario (tanque Imhoff);
• tuberías.
• construcciones.
• caminos, y paisajismo;
• cercas y puertas.
• estación de bombeo y bombas.

Los gastos de funcionamiento se estiman en €2.000 al año e incluye los siguientes elementos:

• personal.
• mantenimiento adicional (muestreo, mantenimiento de tuberías y área verde)

La construcción fue parcialmente financiada por el Ministerio de Justicia Italiana.

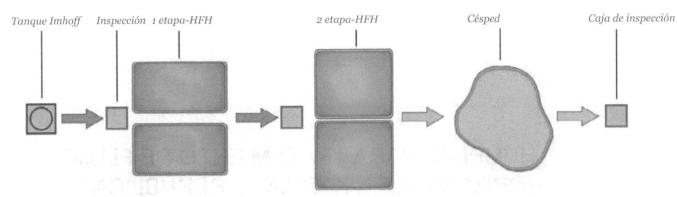

Figura 3: Representación esquemática del sistema de humedales de Gorgona

Co-beneficios

Reutilización de agua

El agua residual tratada ha sido reutilizada exitosamente por 24 años, y no ha causado ningún problema de salud pública. Las aguas residuales tratadas han sido utilizadas para el riego exterior de huertas, una de las actividades de rehabilitación que se ofrecen por la penitenciaría a los presos.

Contraprestaciones

La configuración de celdas del sistema de humedal fue escogida no solo para cumplir los estándares de descarga, sino también para adaptarse a las limitaciones espaciales que generalmente se encuentran en condiciones de isla.

Lecciones aprendidas

Retos y soluciones

Reto/solución 1: diseño, operación y mantenimiento adecuados, pueden aumentar la vida útil de las soluciones basada en la naturaleza

La vida útil de una solución basada en la naturaleza utilizando un sistema de humedales de flujo subsuperficial es a menudo fuertemente afectada por la obstrucción o colmatación por sólidos; incorrectas expectativas de vida útil de 7 a 10 años de humedales para tratamiento de flujo subsuperficial pueden ser leídas en directrices fechadas o artículos científicos. Las guías y libros de texto algunas veces reportan que el medio de relleno o material filtrante debe renovarse después de 8 a 10 años

debido a problemas de colmatación por sólidos. El sistema de humedales de Isla Gorgona demuestra que la vida útil se puede extender con un tamaño prudente, seleccionando adecuadamente el medio filtrante, y una rutina eficaz de las actividades de operación y mantenimiento. Éxitos similares a largo plazo han sido reportados en literatura más reciente (ver, por ejemplo, Vymazal 2018). Un punto crucial para el funcionamiento a largo plazo es una apropiada operación y mantenimiento; en este sentido, el contrato que mantiene el Centro Penitenciario de Gorgona ha contribuido al éxito del sistema. Por lo tanto, un contrato de operación y mantenimiento con una compañía experta en sistemas de humedales para tratamiento se sugiere siempre para el buen funcionamiento a largo plazo de plantas de tratamiento similares.

Comentarios/evaluación del usuario

El sistema de humedales del Centro Penitenciario de Gorgona es muy apreciado como resultado del bajo costo y simpleza en el mantenimiento. Además, los presos siempre se sienten confiados en reutilizar las aguas residuales tratadas sin ninguna preocupación por su seguridad.

Referencias

Vymazal, J. (2018). Does clogging affect long-term removal of organics and suspended solids in gravel-based horizontal subsurface flow constructed wetlands? *Chemical Engineering Journal*, **331**, 663–674.

HUMEDAL PARA TRATAMIENTO DE FLUJO HORIZONTAL EN KARBINCI, REPÚBLICA DE MACEDONIA DEL NORTE

TIPO DE SOLUCION BASAD EN LA NATURALEZA (SbN)
Humedal para tratamiento de flujo horizontal (HT-FH)

CLIMA/REGIÓN
Karbinci, República de Macedonia del Norte; Mediterráneo/Balcánico

TIPO DE TRATAMIENTO
Tratamiento secundario con HT-FH

COSTO
€550.000
US$644.000

FECHA DE OPERACIÓN
2017 al presente

ÁREA/ESCALA
Cuatro lechos o celdas con una superficie total de 2,760 m²

Antecedentes del proyecto

El humedal para tratamiento LIMNOWET en Karbinci fue diseñado e implementado por Limnos (Eslovenia; http://limnos.si) en 2017. Trata aguas residuales de la ciudad de Karbinci, ubicada a orillas del río Bregalnica en la República de Macedonia del Norte, Europa.

La cuenca del río Bregalnica es un recurso hídrico importante para el país y ha sido severamente contaminado con aguas residuales domésticas e industriales y escurrimientos agrícolas. El setenta por ciento de los edificios de Karbinci estaban conectados a una red de alcantarillado y descargaban directamente en el río Bregalnica, causando importante contaminación en el mismo. Con el apoyo de organizaciones internacionales de financiamiento, el gobierno de Macedonia decidió implementar varias soluciones para el tratamiento de las aguas residuales (más información sobre la selección de tecnologías disponibles se encuentra en https://www.ebp.hk/en/pdf/generate/node/1414). Para pequeños pueblos dispersos, un robusto sistema de humedales para tratamiento de flujo horizontal fue aplicado (HT-FH) para tratar las aguas residuales antes de su descarga al río.

AUTORES:

Alenka Mubi Zalaznik, Tea Erjavec, Martin Vrhovšek, Anja Potokar, Urša Brodnik
LIMNOS Ltd., Podlimbarskega 31, 1000 Ljubljana
Contacto: Alenka Mubi Zalaznik, *info@limnos.si*

Resumen técnico

Tabla resumen

TIPO DE AFLUENTE	Agua residual doméstica
DISEÑO	
Caudal (m³/día)	285
Población equivalente (Hab.-Eq.)	1.100
Área (m²)	2.760
Área de población equivalente (m²/Hab.-Eq.)	2,5
LECHOS O CELDAS	
Flujo horizontal	1 lecho × 600 m² 2 lecho × 750 m² 1 lecho × 660 m²
Celda de carrizos para el secado de lodos	4 lechos × 75,65 m²
COSTO	
Construcción	€550,000
Operación (anual)	Aproximadamente €5,000

Diseño y construcción

El humedal para tratamiento de flujo horizontal fue diseñado e implementado en 2017. Está situado a 400 m del pueblo de Karbinci, rodeado de tierra agrícola. Consta de cuatro celdas de flujo horizontal en serie (un lecho de filtración, dos lechos de tratamiento, una celda de pulido) con una superficie total de 2.760 m² sirviendo a 1.100 Hab.-Eq. Las celdas consisten en una capa impermeable, grava como medio filtrante (tamaño de partícula de 1 a 80 mm) y se sembraron con carrizo común (*Phragmites australis*). El terreno es completamente plano, por lo que se bombea agua al tanque de sedimentación de 173 m³ y de allí fluye a través de cada una de los cuatro lechos por gravedad. El agua tratada se vierte al río Bregalnica.

Junto al sistema de tratamiento, cuatro lechos de carrizo fueron instalados para el tratamiento de lodos y para producir compost estabilizado en el sitio, para minimizar los costos de disposición final de lodos. Los lechos para secado de lodos con carrizos tratan los lodos anaerobios provenientes de un tanque séptico.

Figura 1: HT en fase de construcción (Limnos Ltd., archivos)

Figura 2: HT después de 2 años de operación (Limnos Ltd., archivos)

Rendimiento del tratamiento por humedales subsuperficiales de flujo horizontal de LIMNOWET en Karbinci, Macedonia

	AFLUENTE (mg/L)	EFLUENTE (mg/L)	EFFICIENCIA (%)	REQUERIMIENTOS LEGALES (mg/L)
Demanda bioquímica de oxígeno(DBO$_5$)	163	18	89	25
Demanda química de oxígeno (DQO)	273	43	84	125

Tipo de afluente/tratamiento

El HT recibe aguas residuales domésticas pretratadas mecánicamente.

Eficiencia de tratamiento

De acuerdo con los datos disponibles de una campaña de muestreo en 2017, el sistema de humedales para tratamiento elimina eficazmente sustancias orgánicas (consulte la tabla anterior sobre el rendimiento del tratamiento) y cumple los requisitos legales macedonios. No hay demandas nacionales legislativas para eliminar nutrientes.

Operación y mantenimiento

La operación y manejo del sistema de humedales en Karbinci está a cargo de una empresa de servicios de agua. Al momento de la puesta en servicio, el diseñador Limnos Ltd. proporcionó guías de operación y mantenimiento a los propietarios. Las tareas principales son las siguientes:

inspección del tratamiento primario y remoción regular de los lodos acumulados en las celdas de carrizo para secado de lodos para evitar su obstrucción (celdas de flujo vertical);

- inspección semanal de las tuberías de entrada;
- mantenimiento regular de la rejilla o malla gruesa - inspección visual semanal de la malla gruesa y del contenedor donde se recogen los sólidos de las aguas residuales;
- mantenimiento regular del tanque Imhoff—inspección visual mensual de los depósitos;
- mantenimiento regular de la estación de bombeo— semanalmente;
- control de flujo y nivel de agua—inspección visual semanal del flujo en afluentes y efluentes; revisión visual mensual de niveles de agua en los campos;
- mantenimiento regular de tuberías y pozos—limpieza de tuberías y pozos al menos dos veces al año o según sea necesario;
- cosechar plantas del humedal cada otoño (otoño)/ principios de primavera, antes del comienzo de una nueva temporada de crecimiento.

Costos

Los costos de diseño y construcción del sistema de humedales para tratamiento, incluidas las celdas de carrizo para el secado de lodos, fue de €550.000. El proyecto fue completamente financiado por el gobierno suizo (Secretaría de Estado para los Asuntos Económicos (SECO); https://www.seco-cooperación.admin.ch/secocoop/en/home/laender/komple mentaeremassnahmen/mazedonien.html).

Los costos continuos de operación y mantenimiento son aproximadamente 5.000 € al año

Co-beneficios

Beneficios ecológicos

El sistema de humedales en Karbinci permitió un tratamiento eficiente de las aguas residuales domésticas y mejora de la calidad del agua del río Bregalnica. Así aumentó la biodiversidad y la estabilidad del ecosistema. No hay más datos adicionales sobre los beneficios ecológicos.

Beneficios sociales

El tratamiento de aguas residuales domésticas mejoró las condiciones socioeconómicas en el pueblo de Karbinci y redujo significativamente el riesgo de contaminación de las fuentes de agua potable y del ambiente alrededor. La implementación del sistema de humedales generó oportunidades para la educación ambiental y para sensibilizar a los ciudadanos

Contraprestaciones

No hubo contraprestaciones significativas para la comunidad. El sistema de humedales para tratamiento se encuentra dentro de un área de bajo valor agrícola, y el sitio fue afectado por inundaciones en el pasado. Para prevenir inundaciones, el sistema de humedales se elevó por encima del nivel de suelo colindante. Las condiciones de licitación también fueron que la planta debería poder operar sin fuente eléctrica continua; el tratamiento de aguas residuales en el sistema opera sin suministro eléctrico y solo se necesita electricidad para bombear el agua al nivel deseado. Más adelante, fluye por gravedad.

Lecciones aprendidas

Retos y soluciones

La decisión de instalar un sistema de humedales para tratamiento provino de los donantes (Gobierno Suizo, tras la elaboración de un estudio de viabilidad) debido al tamaño y ubicación del pueblo. Durante el período de garantía, la comunicación y la divulgación con los operadores, el municipio y la población local, se hizo para evitar cualquier daño y mal uso de la planta. Como resultado, la tecnología fue bien aceptada. Aparte de procedimientos complejos para permisos, la construcción fue estándar, con todos los materiales y recursos disponibles.

Comentarios/evaluación del usuario

En general, el sistema de humedales para tratamiento ha sido usado durante décadas y, con mantenimiento apropiado, funcionan sin problemas. En Karbinci, la empresa local de servicios públicos aprendió a operar el humedal dentro de los 2 años del período de garantía, donde cada 6 meses expertos en tecnología brindaron capacitación en el lugar.

El municipio está orgulloso del resultado. Consiguió una planta de tratamiento de aguas residuales simple, efectiva y sustentable.

Los agricultores también recibieron información sobre el potencial para reutilizar los lodos. Los biosólidos de las lechos de secado de lodos estarán disponibles para aplicación al suelo cada 10 años o más.

HUMEDALES PARA TRATAMIENTO DE FLUJO HORIZONTAL EN CHLMNÁ, REPÚBLICA CHECA

TIPO DE SOLUCIÓN BASADA EN LA NATURALEZA (SBN)
Humedales para tratamiento de flujo horizontal (HF-FH)

LOCALIZACIÓN
Chlmná, República Checa

TIPO DE TRATAMIENTO
Tratamiento secundario con dos humedales de flujo horizontal paralelos

COSTO
Construcción
800.000 coronas checas

FECHA DE OPERACIÓN
1992 al presente

AREA/ESCALA
Dos celdas, área total de 706 m² + pretratamiento (trampa de arena, tanque Imhoff)

Antecedentes del proyecto

El humedal para tratamiento en el pueblo de Chlmná fue solo el segundo sistema de humedales a gran escala en la República Checa. Fue construido en 1992 con información limitada sobre humedales. Sorprendentemente, la principal fuente de información fueron las guías para diseño, operación y mantenimiento de humedales para tratamiento publicadas en la conferencia sobre humedales para tratamiento en Cambridge, Reino Unido, en 1990.

Chlmná, en el distrito de Benešov, está situada en la cuenca del mayor depósito de agua potable en Europa Central, el cual provee de agua potable a Praga y varias otras ciudades cercanas. El pueblo está situado a unos 60 km al sureste de Praga y tiene 142 habitantes. En el pueblo existía un sistema de alcantarillado combinado y las aguas residuales se diluían, no solo con agua de lluvia, sino también con agua de drenaje de los campos cercanos. Cuando las aguas residuales están extremadamente diluidas, dificulta su tratamiento en un sistema de lodos activados (tratamiento de aguas residuales 'clásico'), ya que las bacterias (en movimiento) en estos sistemas funcionan mejor si están en mayor concentración. El agua muy diluida, es positiva, si las bacterias están inmovilizadas en biopelículas, como es el caso en sistemas de tratamiento como humedales. Por lo tanto, un humedal para tratamiento fue una buena opción para el tipo de afluente que se recibe, ya que los contaminantes no eran altamente concentrados. La construcción comenzó en el otoño de 1991 y el sistema estuvo operado en el verano de 1992.

AUTOR:

Jan Vymazal
Czech University of Life Sciences Prague, Faculty of Environmental Sciences, Czech Republic
Contacto: Jan Vymazal, *vymazal@fzp.czu.cz*

Resumen técnico

Tabla de resumen

TIPO DE AFLUENTE	Agua residual municipal, agua residual combinada
DISEÑO	
Caudal (m³/día)	65,85 promedio (1993–2018)
Población equivalente (Hab.-Eq.)	150
Área (m²)	706
Área por población equivalente (m²/Hab.-Eq.)	4,71
AFLUENTE (promedio 1993–2018)	
Demanda bioquímica de oxígeno (DBO$_5$) (mg/L)	89
Demanda química de oxígeno (DQO) (mg/L)	185
Solidos suspendidos totales (SST) (mg/L)	64
Escherichia coli (unidades formadoras de colonias (CFU)/100 mL)	N/A
EFLUENTE (Promedio 1993–2018)	
DBO$_5$ (mg/L)	6,1
DQO (mg/L)	36,7
SST (mg/L)	5,3
Escherichia coli (CFU/100 mL)	N/A
COSTO	
Construcción	800.000 Coronas checas US\$23.000, US\$153 per cápita en 1992 En 2020 serían US\$120.000, US\$800 per cápita
Operación (anual)	US\$1.500

Figura 1: Sistema de humedales para tratamiento en Chmelná,
ubicación: 49° 38' 41,7'' N, 14° 59' 31,7''E

Figure 2: Sistema de humedales para tratamiento, Chmelná

Diseño y construcción

El sistema de tratamiento consta de pretratamiento
(trampa de arena horizontal y tanque Imhoff) y dos celdas
subsuperficiales de flujo horizontal en paralelo. En
realidad, las celdas están situadas en serie (uno tras otro)
pero se alimentan en paralelo (el afluente entra en las
celdas al mismo tiempo). El material de filtración es roca
triturada (4–8 mm). La primera celda fue sembrada por
error con *Phalaris arundinacea* (junco alpiste), mientras
que la segunda fue sembrada intencionalmente con
Phragmites australis (junco común). En la actualidad, la
primera celda está parcialmente cubierta por *P. australis*
junto con *Urtica dioica* (ortiga) y una pequeña cantidad de
P. arundinacea. La segunda celda está cubierta por *P.
australis*.

Tipo de afluente/tratamiento

El humedal trata las aguas residuales municipales del
pueblo de Chmelná junto con la escorrentía de aguas
pluviales y el agua de drenado de los campos agrícolas
circundantes. El agua es descargada a un arroyo que está
a unos 400 m debajo de los humedales para tratamiento.
En la República Checa, la ley exige que se traten las aguas

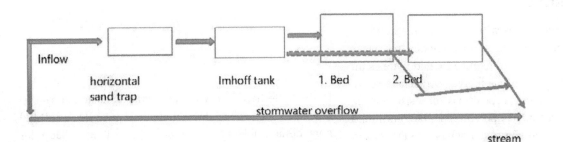

Figura 3: Representación esquemática del sistema de tratamiento de Chmelná. (Versión original en inglés, sin traducción).

residuales para ser descargadas en un cuerpo de agua receptor. Los parámetros, que deben estar por debajo de un estándar específico en la salida, son DBO$_5$, DQO y SST (estos parámetros son para plantas de tratamiento de aguas residuales para una población equivalente <500). Los límites que pueden alcanzar estos parámetros se establecen en 30 mg/L DBO$_5$, 100 mg/L DQO y 30 mg/L SST.

Eficiencia de tratamiento

El tratamiento ha sido efectivo desde la implementación del humedal en 1992. A pesar de las altas fluctuaciones de las concentraciones en el flujo de entrada, las concentraciones de flujo de salida han sido muy estables. Incluso ha habido una ligera mejora durante los 27 años de funcionamiento.

Operación y mantenimiento

Desde 1992, no ha habido ninguna actividad de renovación en el sitio. El material de filtración (roca triturada de 4 a 8 mm) nunca ha sido reemplazado. El personal de mantenimiento toma muestras de la entrada y salida trimestralmente, y las muestras son analizadas en un laboratorio certificado. El caudal de agua se mide diariamente en la salida usando un medidor de caudal calibrado Thompson. La vegetación se cosecha ocasionalmente pero no con regularidad. La biomasa cosechada es generalmente se composta.

Costos

En 1992, cuando se construyó el humedal para tratamiento, los costos de materiales, construcción y transporte fueron bajos. En la República Checa, entre el 40%-60% de los costos de capital fueron para el material de filtración y transporte. Por lo tanto, los costos de los sistemas de humedales para tratamiento a principios de la década de 1990 oscilaban entre el 30-50 % del costo de los sistemas de tratamiento convencionales, tales como lodos activados. En este momento, los costos de capital son iguales a los costos promedio de los sistemas convencionales de tratamiento.

Cuando este proyecto inició en 1992, el financiamiento provino en su totalidad del Ministerio de Agricultura de la República Checa a través del programa "Restoration of a countryside" (Restauración de un paisaje). Actualmente, el apoyo del gobierno para la construcción de sistemas para tratamiento sólo cubre el 80% de los costos totales de capital. El 20% restante por cubrir es una barrera importante para que los pueblos pequeños puedan construir sistemas de tratamiento de aguas residuales, ya que su presupuesto es demasiado pequeño para cubrir tales gastos.

Por otro lado, los costos de operación son cubiertos por el pueblo, que es una situación común en la República Checa. Los costos de operación y mantenimiento rondan los US$1.500 por año, incluidos los costos de los análisis (cuatro veces al año, entrada, salida), mantenimiento de pretratamiento (limpieza de cribas o rejillas, trampa de arena y tanque Imhoff), y tiempo parcial del personal que administra el humedal.

Co-beneficios

Beneficios ecológicos

Antes de la construcción del sistema de humedales, solo se usaban fosas sépticas locales para tratar las aguas residuales. El rendimiento del tratamiento fue a menudo deficiente, y algunas fosas sépticas tenían fugas. El humedal natural con una pequeña laguna abajo del pueblo, estaba contaminado con aguas no tratadas del alcantarillado, ya que el pueblo está situado en una pendiente relativamente empinada. Además, durante las lluvias, la escorrentía terminaba en la laguna y en el humedal en la parte baja del pueblo. Desde la construcción del sistema de humedales para tratamiento, la pradera se ha convertido en un hábitat saludable de humedales.

Beneficios sociales

El sistema de humedales para tratamiento fue benéfico para la gente del pueblo, ya que ahora no tienen que pagar honorarios por el tratamiento. Asimismo, dado que es un pueblo tan pequeño, ha sido fácil crear conciencia sobre los beneficios y resultados positivos del sistema de tratamiento, y ahora muchas personas en la comunidad son más conscientes de cómo sus aguas residuales son tratadas.

Contraprestaciones

El pueblo y sus alrededores están situados en la cuenca de un depósito de agua potable. Como resultado, la corriente que recibe el agua descargada del sistema de humedales para tratamiento alimenta directamente el embalse o reservorio y, por lo tanto, existen grandes preocupaciones sobre la calidad del agua. Esto fue monitoreado durante 3 años en el período 2014-2017. Se encontró que el agua tratada no tuvo un efecto sustancial en la calidad general del arroyo o del reservorio. Todos los parámetros permanecen en la misma categoría de calidad de agua.

Lecciones aprendidas

Retos y soluciones

Desde que se construyó en 1992, el sistema ha permanecido funcionando en buenas condiciones. Fue un sistema pionero en la República Checa y sirvió como ejemplo de las capacidades de tratamiento de un sistema de humedales para tratamiento, así también como del tratamiento de aguas residuales municipales diluidas. El sistema también demuestra la longevidad de este tipo de tratamientos. También se ha demostrado que, si los humedales para tratamiento subsuperficiales de flujo horizontal se alimentan con cargas menores a 10 g $DBO_5/m^2/día$ y 15 g $SST/m^2/día$, los sistemas no sufren obstrucciones graves y que el rendimiento del tratamiento se mantiene constante durante los últimos 20 años

Comentarios/evaluación del usuario

Hasta la fecha, ha habido una gran satisfacción con el desempeño del sistema de tratamiento, a pesar de una actitud muy desfavorable de las autoridades del agua hacia los sistemas de humedales para tratamiento. Como una aplicación exitosa, este sistema ayudó a persuadir a las autoridades del agua y al Ministerio de Medio Ambiente sobre la viabilidad de este tipo de tratamiento para las aguas residuales.

Referencias

Cooper, P. F. (ed.). (1990). European design and operation guidelines for reed bed treatment systems. Prepared by the EC/EWPCA Emergent Hydrophyte Treatment Expert Contact Group. Water Research, Swindon, UK.

Vymazal, J. (1996). Constructed wetlands for wastewater treatment in the Czech Republic: the first 5 years' experience. *Water Science and Technology*, **34**(11), 159–164.

Vymazal, J. (1999). Removal of BOD_5 in constructed wetlands with horizontal sub-surface flow: Czech experience. *Water Science and Technology*, **40**(3), 133–138.

Vymazal, J. (2002). The use of sub-surface constructed wetlands for wastewater treatment in the Czech Republic: 10 years' experience. *Ecological Engineering*, **18**, 633–646.

Vymazal, J. (2011). Long-term performance of constructed wetlands with horizontal sub-surface flow: ten case studies from the Czech Republic. *Ecological Engineering*, **37**, 54–63.

Vymazal, J. (2018). Does clogging affect long-term removal of organics and suspended solids in gravel-based horizontal subsurface flow constructed wetlands? *Chemical Engineering Journal*, **331**, 663–674.

Vymazal, J. (2019). Is removal of organics and suspended solids in horizontal sub-surface flow constructed wetlands sustainable for twenty and more years? *Chemical Engineering Journal*, **378**, 122117.

HUMEDALES AIREADOS

AUTHOR

Anacleto Rizzo, *Iridra Srl, Via La Marmora 51, 50121 Florence, Italy*
Contacto: *rizzo@iridra.com*

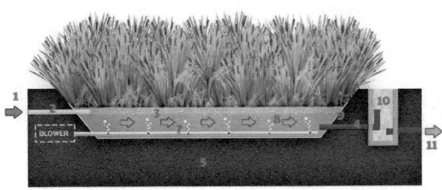

1 - Afluente
2 – Sistema de alimentación
3 – Medio poroso
4 – Sistema de drenaje
5 - Suelo
6 - Plantas
7 – Sistema de aireación
8 – Nivel de agua saturada
9 - Impermeabilización
10 – Estructura de inspección
11 - Efluente

Descripción

Los humedales para tratamiento aireados (HTA) son un tipo avanzado de sistemas de humedales para tratamiento, que permiten una eliminación más eficiente de contaminantes de las aguas residuales debido a la mayor disponibilidad de oxígeno. Este sistema de flujo subsuperficial es aireado mecánicamente desde abajo, con un adecuado sistema de distribución de aire. Este sistema es ideal para el tratamiento de aguas residuales con altas cargas de materia orgánica y para minimizar la huella ecológica de los humedales para tratamiento.

Ventajas

- Menor requerimiento de terreno que muchas otras soluciones basadas en la naturaleza (SBN)
- No hay peligros específicos por la reproducción de mosquitos
- Potencial de reutilización a escala de edificio (descarga de inodoros,irrigación)
- Diseño flexible y rendimiento del tratamiento dependiendo de la capacidad del aireador

Desventajas

- Uso de tecnología delicada, que no es necesaria en sistemas de tratamiento con humedales pasivos
- Requerimientos adicionales de energía, operación y mantenimiento, debido al sistema de aireación

Co-beneficios

Alto	Reutilización de agua
Medio	Producción de biomasa
Bajo	Biodiversidad (fauna)	Biodiversidad (flora)	Secuestro de carbono	Valor estético	Recreación

Compatibilidades con otras SBN

Puede ser combinado con etapas de desnitrificación (por ejemplo, sistemas de humedales para tratamiento de flujo horizontal (HT-FH) o superficial (HT-FS) cuando se requiere una alta eliminación de nitrógeno total, incluso si la aireación intermitente logra los objetivos de calidad del agua del efluente para nitrógeno total.

Caso de estudio

En esta publicación

- Humedales para tratamiento intensificados: aireación forzada Tarcenay, Francia
- Humedales Aireados Subsuperficiales de Flujo Horizontal en Jackson Meadow, Marine on St. Croix, Washington Condado, Minnesota, EE. UU.

Otros

- Varias experiencias exitosas están disponibles en Estados Unidos, Reino Unido, Bélgica e Italia (ver Base de datos de Tecnología Global de Humedales: *www.globalwettech.com*)

Operación y mantenimiento

Mensualmente

- Controlar la eficiencia del tratamiento primario y eliminación de lodos
- Cosecha de vegetación
- Comprobar el funcionamiento del sistema de distribución y del sistema de aireación
- Revisión mensual del eje de la bomba de pretratamiento (nivel de lodo), estructura del afluente, capa de filtro y estructura del efluente; comprobar el flujo y la distribución uniforme de agua sobre/en el filtro
- Las especies de plantas invasoras y las malas hierbas deben eliminarse del medio filtrante

Extraordinario
- Dado que el sistema es más complejo desde el punto de vista tecnológico, la mano de obra calificada podría ser requerida para manejar y mantener los aireadores y el sistema de aireación mecánica.

Solución de problemas

- Olor: condiciones anaerobias debidas a obstrucción/taponamiento biológico

Referencias

Dotro, G., Langergraber, G., Molle, P., Nivala, J., Puigagut, J., Stein, O., Von Sperling, M. (2017). Treatment Wetlands. IWA Publishing, London, UK.

Headley, T., Nivala, J., Kassa, K., Olsson, L., Wallace, S., Brix, H., van Afferden, M., Müller, R. (2013). *Escherichia coli* removal and internal dynamics in subsurface flow ecotechnologies: effects of design and plants. *Ecological Engineering*, **61**, 564–574.

Kadlec, R. H., Wallace, S. (2009). Treatment Wetlands. CRC Press, Boca Raton, FL, USA.

Detalles técnicos

Tipo de afluente

- Tratamiento primario de aguas residuales
- Aguas grises

Eficiencia de tratamiento

- DQO >90%
- NT 15–60% (valores máximos con aireación intermitente)
- $N-NH_4$ >90%
- PT 20–30%
- SST 80–95%
- Bacterias indicadoras Coliformes Fecales ≤ 2–3 $\log_{10}$

Requerimientos

- Requisito de superficie neta: 0,5–1,0 m^2 per cápita
- Necesidades de electricidad: 0,1–0,2 kW h/m^3

Criterios de diseño

- Máx. COS, 100 g DQO/m^2/día

Configuraciones comúnmente empleadas

- Etapa única
- Humedal para tratamiento aireado + humedales de flujo libre

Condiciones climáticas

- Ideal para climas cálidos, pero también apto para climas fríos

Referencias

Langergraber G., Dotro G., Nivala J., Rizzo A., Stein O. (editors) (2019). Wetland Technology: Practical Information on Design and Application of Treatment Wetlands, pp. 5–9. IWA Publishing, London, UK.

Nivala, J., Boog, J., Headley, T., Aubron, T., Wallace, S., Brix, H., Mothes, S., van Afferden, M., Müller, R.A. (2019). Side-by-side comparison of 15 pilot-scale conventional and intensified subsurface flow wetlands for treatment of domestic wastewater. *Science of the Total Environment*, **658**, 1500–1513.

Rous, V., Vymazal, J., Hnátková, T. (2019). Treatment wetlands aeration efficiency: a review. *Ecological Engineering*, **136**, 62–67.

Uggetti, E., Hughes-Riley, T., Morris, R.H., Newton, M.I., Trabi, C.L., Hawes, P., Puigagut, J., García, J. (2016). Intermittent aeration to improve wastewater treatment efficiency in pilot-scale constructed wetland. *Science of the Total Environment*, **559**, 212–217.

HUMEDALES PARA TRATAMIENTO INTENSIFICADOS: AIREACIÓN FORZADA EN TARCENAY, FRANCIA

TIPO DE SOLUCIÓN BASADA EN LA NATURALEZA (SBN)
Humedales para tratamiento aireado (HTA)

LOCALIZACIÓN
Tarcenay, Doubs, Francia

TIPO DE TRATAMIENTO
Tratamiento primario, secundario y terciario, usando un sistema francés de flujo vertical parcialmente saturado, con aireación forzada, y alimentación con aguas residuales crudas

COSTO
Construcción: €545.000 para las celdas con aireación forzada + €285.000 para el filtro de eliminación de fósforo

FECHA DE OPERACIÓN
Octubre 2016 al presente

ÁREA/ESCALA
Zona de humedales (solo el filtro con aireación forzada): 1.400 m²

Antecedentes del proyecto

Los humedales para tratamiento (HT) tratan eficientemente las aguas residuales domésticas. En las zonas rurales de Francia, se han convertido en la principal tecnología aplicada, ya que el espacio disponible para su implementación generalmente no es un problema. No obstante, para una mayor capacidad de tratamiento o, en el caso de reacondicionamiento de una planta, surge el problema del área disponible para construir una nueva planta de tratamiento. Esto se ve agravado por los estrictos requerimientos del agua de salida y podría requerir varios tipos y etapas de humedales para tratamiento. En este contexto, los humedales para tratamiento intensificados parecen ser una buena alternativa, reduciendo además los costos de construcción (menos material para implementar).

La planta de tratamiento de aguas residuales (PTAR) de Tarcenay (lagunaje antiguo) necesitaba ser ampliada y modernizada respetando los más altos requisitos de salida. En este contexto, se implementó un sistema de HT de una etapa con aireación forzada (Rhizosph'air®) seguido de un filtro de eliminación de fósforo utilizando apatita. El proceso Rhizosph'air® (patentado por Syntea, Naturally Wallace y Rietland) consta de dos componentes: un filtro vertical no saturado que recibe aguas residuales sin tratar, seguido de un filtro horizontal saturado con aireación forzada.

Se trata de un HT en una etapa, recibiendo aguas residuales crudas, diseñado para 1.400 habitantes (Hab.-Eq.) para un caudal nominal diario de 293 m³. Los requisitos de salida son 15 mg para la demanda bioquímica de oxígeno (DBO_5) /L, 90 mg para la demanda química de oxígeno (DQO)/L, 20 mg de sólidos suspendidos totales (SST)/L, 15 mg de nitrógeno Kjeldahl/L y 1,5 mg de fósforo/L. No hay requerimiento de nitrógeno total (NT); sin embargo, el monitoreo realizado por INRAE (antes Irstea) durante 2018 y 2019 tuvo como objetivo optimizar los ciclos de aireación para mejorar el rendimiento de NT.

AUTORES:
Stéphanie Prost-Boucle, Pascal Molle
INRAE, REVERSAAL, F-69625 Villeurbanne, France
Contacto: Pascal Molle, *pascal.molle@inrae.fr*

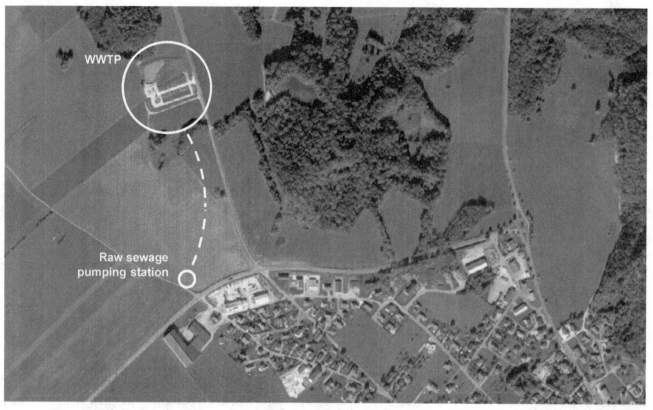

Figura 1: Ubicación de la planta de tratamiento de aguas residuales Tarcenay, 47.164175, 6.100528. WWTP: Planta de tratamiento de aguas residuales. Raw sewage pumping station: estación elevadora de aguas residual cruda.

Figure 2: La etapa aireada del HT de la PTAR de Tarcenay en junio de 2019 (fotografía: INRAE)

Resumen técnico

Tabla de resumen

TIPO DE AFLUENTE	Agua residual doméstica	
DISEÑO		
Caudal (m³/día)	293	
Población equivalente (Hab.-Eq.)	1.400	
Área (m²)	1.400	
Área por población equivalente (m²/Hab.-Eq.)	1	
AFLUENTE		
Caudal diario (m³/día)	75–100	
Demanda bioquímica de oxígeno (DBO$_5$)	39 kg/día	430 mg/L
Demanda química de oxígeno (DQO)	62 kg/día	736 mg/L
Sólidos suspendidos totales (SST)	36 kg/día	430 mg/L
Nitrógeno Kjeldahl (NTK)	8 kg/día	91 mg/L
Fósforo total (PT)	1.05 kg/día	12 mg/L
EFLUENTE	**DESPUES DE Rhizosph'air®**	**DESPUES DEL FILTRO DE FÓSFORO**
DBO$_5$	4 mg/L	3 mg/L
DQO	28 mg/L	28 mg/L
SST	5 mg/L	3 mg/L
NTK	13 mg/L	13 mg/L
NT	19 mg/L	19 mg/L
FT	5,6 mg/L	0,5 mg/L

COSTOS	
Construcción	Construcción: €545.000 para aireación forzada + €285.000 para el filtro de eliminación de fósforo
Operación (anual)	€7–10/Hab.-Eq./año

Diseño y construcción

El proceso Rhizosph'air consta de dos etapas: en la primera, un filtro vertical de drenaje libre seguido de un filtro saturado horizontal con aireación forzada. Éste, está sembrado con *Phragmites australis* y recibe aguas residuales sin tratar (cribado de 4 cm). El sistema de aireación forzada inyecta aire desde el fondo para que el oxígeno pase a través del filtro saturado antes de llegar a la primera etapa. De esta forma, el oxígeno no solo se suministra a la capa saturada, sino que también aumenta la aireación de la capa no saturada y de la capa de depósito orgánico que se acumula en la parte superior. Así, la mineralización de esta capa de depósito orgánico se supone es más rápida por el aire suministrado. Al contrario de un sistema francés estándar, solo dos filtros son implementados en paralelo.

Se compone de 30 cm de profundidad de grava fina para la capa de filtración (parte superior del filtro), 10 cm de grava para la capa de transición, y 105 cm de grava gruesa para la capa saturada (abajo).

El tamaño de la superficie depende del tipo de alcantarillado (separado o combinados) y la cantidad de agua pluvial o agua de fuentes como el agua subterránea que se colectará. La superficie puede variar de 0,8 a 1,2 m² por persona.

Tipo de afluente/tratamiento

El sistema de tratamiento recibe aguas residuales domésticas de una población de 1.400 Hab.-Eq., colectada por un alcantarillado combinado, así como agua de lluvia. Aguas residuales domésticas típicas tienen proporciones de DQO/DBO$_5$ de 2,0 ± 0,5, demostrando que el agua residual es perfectamente biodegradable (susceptible a la descomposición por bacterias u otros organismos vivos). Antes de entrar al sistema de humedales, las aguas residuales pasan a través de una malla de 40 mm y luego pasa a una alimentación por lotes (sifón) que distribuye las aguas residuales al filtro como se ve en el sistema de HT francés estándar (Molle et al. 2005), permitiendo el tratamiento de aguas residuales y lodos.

Eficiencia de tratamiento

El HT ha sido monitoreado durante un estudio de 2 años por INRAE. Además de evaluar el desempeño del sistema, el objetivo fue determinar el impacto de la aireación intermitente en la eliminación de NT. Como la planta de tratamiento no estaba a plena capacidad, la carga superficial se incrementó artificialmente a una carga nominal utilizando una parte de los filtros.

Independientemente del modo de aireación probado, el rendimiento del tratamiento se mantuvo alto y estable para DQO, DBO$_5$ y SST. Cuando se aireó durante 12 h/día en cuatro ciclos, la nitrificación fue completa, pero la desnitrificación fue baja debido a la falta de carbono. El incremento de la eliminación de NT requirió menos horas de aireación por día. Cuando la aireación se establece en cuatro ciclos al día para un total de 3 h de aireación, se obtienen los siguientes rendimientos, como se observa en la tabla.

El sistema de humedales no es eficiente para el tratamiento de fósforo disuelto. El filtro de apatita retiene el fósforo para cumplir con los objetivos de salida.

Operación y mantenimiento

Los esquemas de operación y mantenimiento para este caso son similares a los estándares de humedales para tratamiento franceses de flujo vertical (HT-FV tipo francés). Estos incluyen dos visitas por semana para inspección y control del sistema de tratamiento (detección y sistema de alimentación por lotes, alternancia de filtros, etc.). Una vez al año, las plantas (*Phragmites australis*) necesitan ser cosechadas y una vez cada 10 a 15 años, la capa de depósito orgánico necesita ser eliminada para ser utilizado en la agricultura para su aplicación al suelo. El hecho de que el sistema sea compacto (1 m²/Hab.-Eq.) se traduce en menos tiempo de cosecha por año que un sistema estándar.

Por otro lado, la aireación forzada requiere electricidad y conocimientos de mantenimiento más que para el tratamiento por humedales estándar. El funcionamiento del equipo mecánico requiere un mecánico electricista.

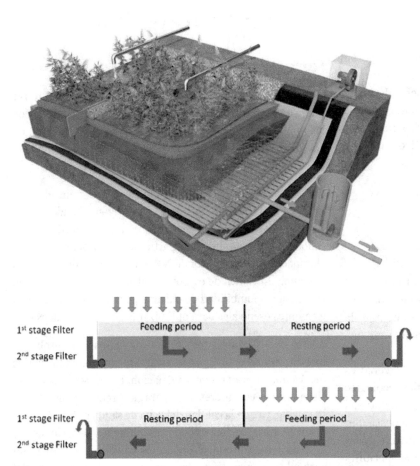

Figura 4: Representación esquemática de Rhizosph'air® (Cortesia of Syntea). Feeding period: período de alimentación; Resting period: período de descanso, sin alimentación; 1st stage filter: filtro de primera etapa; 2nd stage filter: filtro de segunda etapa.

Rendimiento de la planta de tratamiento de aguas residuales de Tarcenay

CARGA HIDRÁULICA	0,28 m/día				
AIREACIÓN FORZADA	3 horas/día, dividido en 4 fases durante el día				
PARÁMETROS	DBO$_5$	DQO	SST	NTK	NT
CARGA APLICADA	150 g/m²/día	230 g/m²/día	150 g/m²/día	29 gNTK/m²/día	29 gN/m²/día
CONCENTRACIONES DE ENTRADA	530 mg/L	810 mg/L	530 mg/L	100 mgNTK/L	100 mgNT/L
CONCENTRACIONES DE SALIDA	4 mg/L	28 mg/L	3 mg/L	13 mgNTK/L	19 mgNT/L
DESEMPEÑO (RENDIMIENTO)	99%	97%	99%	87%	82%

Costos

Los costos de la planta de tratamiento incluyeron movimiento de tierras, materiales, equipos, automatización y el sistema Scada y el diseño. El costo total fue de €545.000 para la celda de humedal de tratamiento de aireación forzada y 285,000 € para el filtro de eliminación de fósforo. Los costos operativos son de 7 a 10 € por año y por persona.

Co-beneficios

Beneficios ecológicos

Por lo general, el HT-FV para el tratamiento de aguas residuales domésticas, no involucra un área de superficie lo suficientemente grande como para aumentar la biodiversidad. No obstante, pueden convertirse en una alternativa de hábitat para la fauna local. El principal papel ecológico de la planta de tratamiento de Tarcenay es su alto rendimiento de tratamiento. El beneficio ecológico es, por lo tanto, el impacto positivo en la calidad del cuerpo de agua, que puede ser utilizado para la pesca. Sin embargo, debido a lo compacto del humedal para tratamiento, la rehabilitación de la planta, permitió mantener dos lagunas de la antigua planta de tratamiento. En consecuencia, pueden ser una zona para especies de aves.

Efectos sociales

Debido a la simplicidad de la operación, la comunidad puede manejar la planta de tratamiento. En consecuencia, ellos lo utilizan con fines educativos y visionarios relacionados con la infraestructura verde. El sitio también es visitado por grupos escolares. También se han puesto ovejas para el pastoreo y para mantener las áreas verdes.

Lecciones aprendidas

Retos y soluciones

El HA de Tarcenay produjo efluentes similares a un HT intensificado en un área pequeña y, por lo tanto, cumplió con los límites específicas de la huella ecológica. Así mismo, un HT compacto de una etapa demuestra la posibilidad de tratamiento eficiente de aguas residuales y lodos.

El rendimiento es alto y estable para la eliminación de materia orgánica y sólidos. Para el nitrógeno, la adaptación de los ciclos de aireación permite la concepción de diferentes calidades de tratamiento a partir de nitrificación hasta la eliminación casi completa de NT. Ajustando la aireación a la demanda específica de carbono y nitrificación, y teniendo en cuenta la disponibilidad de oxígeno por desnitrificación, son elementos esenciales para optimizar la eliminación de NT.

Además, los diferentes ciclos de aireación probados mostraron que el sistema se estabiliza rápidamente (varios días) a una nueva tasa de oxigenación. En consecuencia, este sistema parece interesante para su reutilización en la irrigación, ya que la calidad del agua de salida es la necesaria, y puede variar a lo largo de las diferentes estaciones. El sistema puede producir diferentes calidades de nitrógeno variando la aireación, que es un paso más allá del "tratamiento sobre demanda".

Comentarios/evaluación del usuario

El municipio de Tarcenay aprecia la simplicidad de la operación y mantenimiento de la planta de tratamiento, particularmente por su alto rendimiento, la gestión integrada de lodos, los aspectos verdes y el papel educativo en temas ecológicos y ambientales.

Referencias

Molle P., Liénard A., Boutin C., Merlin G., Iwema A. (2005). How to treat raw sewage with constructed wetlands: an overview of the French systems. *Water Science & Technology* **51**(9), 11–21.

HUMEDALES SUBSUPERFICIALES DE FLUJO HORIZONTAL AIREADOS EN JACKSON MEADOW, MARINE EN ST. CROIX CONDADO DE WASHINGTON MINNESOTA, USA

TIPO DE SOLUCIÓN BASADA EN LA NATURALEZA (SBN)
Humedales aireados (HAs)

LOCALIZACIÓN
Jackson Meadow, Marine on St. Croix, Washington County, Minnesota

TIPO DE TRATAMIENTO
Tratamiento secundario con humedal para tratamiento de flujo horizontal subsuperficial (HT-FH) con aireación forzada

COSTO
Sin información

FECHA DE OPERACIÓN
1998 al presente

ÁREA/ESCALA
650 m² de celdas de tratamiento de humedales

Antecedentes del proyecto

Jackson Meadow es una comunidad diseñada como un pueblo con 64 casas, ubicada en Marine en St. Croix en el condado de Washington, Minnesota. Las casas están asentadas en un área de 1.600 km², y un área de conservación de 12.000 km² de terreno destinado a espacios abiertos permanentes. El mayor desafío para esta comunidad fue proporcionar tratamiento a las aguas residuales en el sitio para el desarrollo de la pequeña comunidad sin alcantarillado, y sin los problemas de contaminación creados por los sistemas sépticos estándares (NW Consulting, sin fecha).

Este fue un desafío importante para el proyectista, y después de numerosas reuniones entre el diseñador, el desarrollador y la comunidad, se identificó una solución: instalar dos humedales para tratamiento de flujo horizontal aireados (HT-FV Aireados) para proporcionar un pretratamiento de las aguas residuales domésticas antes de su eliminación. Estos sistemas de humedales para tratamiento (HT) tratan las aguas residuales y, al mismo tiempo, preservan el valor estético de la comunidad (Natural Systems Utility (NSU), sin fecha). Después del tratamiento, las aguas residuales se envían a un sistema de infiltración en el suelo (ver descripción en Wallace y Nivala (2005)).

Por lo tanto, Jackson Meadow optó por dos HT-FH aireados de alta eficiencia en lugar de los sistemas de tratamiento técnicos tradicionales. Los dos humedales, divididos por el entorno topográfico natural, fueron diseñados para tratar y reciclar un total de 21 m³ por día de aguas residuales domésticas, para las 32 viviendas (NW Consulting, sin fecha).

AUTORES:

Scott Wallace, *Naturally Wallace Consulting, Stillwater, Minnesota, USA*
Lisa Andrews, *LMA Water Consulting+, The Hague, The Netherlands*
Contacto: Scott Wallace, *contact@naturallywallace.com*

Figura 1: Jackson Meadow; fuente: Google Maps

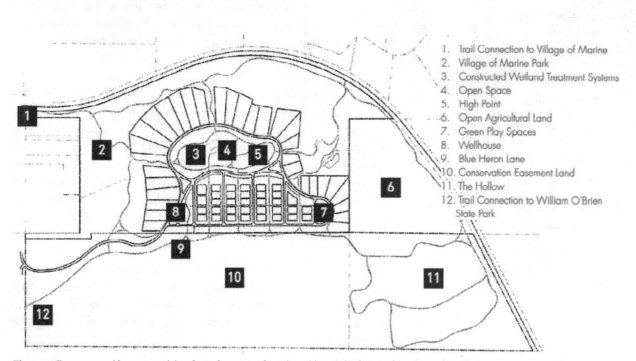

1. Trail Connection to Village of Marine
2. Village of Marine Park
3. Constructed Wetland Treatment Systems
4. Open Space
5. High Point
6. Open Agricultural Land
7. Green Play Spaces
8. Wellhouse
9. Blue Heron Lane
10. Conservation Easement Land
11. The Hollow
12. Trail Connection to William O'Brien State Park

Figura 2: Representación esquemática de Jackson Meadow. (Versión original en inglés, sin traducción).

Resumen técnico

Tabla resumen

TIPO DE AFLUENTE	Agua residual doméstica
DISEÑO	
Caudal (m³/día)	21
Área (m²)	650

La información técnica es limitada para este caso de estudio.

Figure 4: fotografía aérea del sistema de humedales subsuperficiales de flujo horizontal de Jackson Meadow; fuente: Wallace & Nivala (2005

Diseño y construcción

El sistema de HA en Jackson Meadow está diseñado para tratar las aguas residuales antes de un sistema de infiltración de aguas en el suelo. Las aguas residuales se someten a un tratamiento primario por tanques de sedimentación en serie (37,8 m³ de volumen total). Luego, el tratamiento secundario es completado en el humedal de FH, con un área de 650 m², y un lecho de grava de 45 cm de espesor. El sistema está aislado con una capa de15 cm de turba, y el nivel del agua en el lecho del humedal es 5 cm por debajo de la base de la capa de turba. Estos 5 cm proporcionan una capa adicional de aislamiento al sistema, o un "espacio de aire", como lo describen los autores. Para ayudar con la nitrificación y eliminación de DBO$_5$, la celda de humedal fue diseñada con un sistema de aireación interna (Wallace, 2001 en Wallace & Nivala, 2005).

Tipo de afluente/tratamiento

En la primera fase, una estación de bombeo accionada sistemáticamente, dosifica el efluente de las fosas sépticas a los 650 m² de la celda del humedal para tratamiento. A continuación, un sifón dosificador alimenta el agua tratada de forma intermitente, en una celda de infiltración de para un pulimiento adicional, antes de infiltrar al suelo. El sistema HT encaja en un paisaje que consiste en una pradera restaurada, que emula los humedales que una vez existieron en todo el estado (NW Consulting, sin fecha).

Eficiencia del tratamiento

El sistema de humedales utiliza celdas de tratamiento primario y secundario, y la celda de tratamiento secundario proporciona la función de absorción química (Wallace, 2001). El sistema aumenta la presencia de zonas aerobias dentro de la celda de tratamiento, y permite un mayor crecimiento de la raíz para una eliminación más eficiente de contaminantes (Wallace, 2001).

Operación y mantenimiento

Los operadores de NSU monitorean el sistema de alcantarillado por gravedad, para garantizar un flujo adecuado al sitio de tratamiento y, una vez en el sitio, los niveles de sólidos en los tanques sépticos son registrados periódicamente a intervalos regulares y el bombeo se controla según sea necesario. Todos los operadores de NSU tienen experiencia en biología y química, aprovechada para evaluar con precisión la eficiencia del tratamiento, basado en los resultados del muestreo analítico, y hacer cualquier ajuste según sea necesario. NSU también gestiona la realización de informes y la

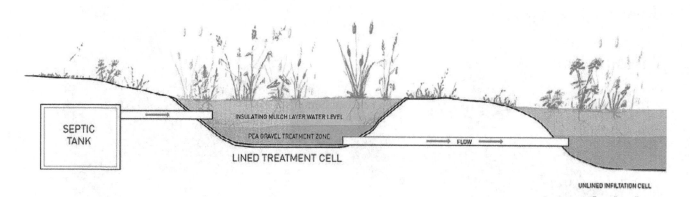

Figura 3: Representación esquemática del sistema de HA Jackson Meadow;
Fuente: https://www.jacksonmeadow.com/wetland-treatment-system. Versión original en inglés, sin traducción

correspondencia con la Agencia de Control de Contaminación de Minnesota para garantizar el cumplimiento de todas las reglamentaciones estatales. Estos servicios se proveen con un enfoque amigable con el ambiente, que coincide con la visión orientada a la conservación del Desarrollador de Jackson Meadow y la comunidad (NSU, sin fecha).

Además, NSU también proporciona lo siguiente:

• análisis hydrus de acumulación de agua subterránea, para determinar cualquier impacto del sistema de tratamiento en el medio ambiente;

• muestreo mensual para cumplimiento del rendimiento del sistema e informes;

• muestreo y análisis de aguas subterráneas;

• mantenimiento de las plantas en los humedales;

• preparación de los componentes naturales para el invierno y evitar congelamiento; Servicios de emergencia 24/7 (NSU, 2012).

Costos

No disponible

Co-beneficios

Beneficios ecológicos

El sistema natural permite el crecimiento de las raíces e imita los paisajes naturales que alguna vez existieron en esta región.

Beneficios sociales

"El uso de tecnología basada en sistemas naturales y métodos de infiltración en el suelo ha permitido que ocurra el desarrollo de la comunidad, mientras se preservan los espacios abiertos. Jackson Meadow ha evolucionado hasta convertirse en una comunidad de conservación con fecuencia emulada por otros desarrolladores de vivienda sensibles en el país. Ha elevado la vara para la conservación, arquitectura y sistemas de tratamiento naturales que se funden en el entorno natural" (NSU, 2012).

Lecciones aprendidas

Comentarios/evaluación del usuario

El desarrollo de Jackson Meadow ha ganado numerosos premios por su arquitectura, planificación y protección al medio ambiente. Desde 1998, Jackson Meadow y otros desarrolladores de espacios abiertos han creado un nuevo paradigma en el uso del suelo, dando como resultado más de 40 desarrollos similares en el área de ciudades hermanas (Wallace, 2004).

Premios

1999 premio Nacional de Honor del Instituto Americano de Arquitectos
1999 premio a la Iniciativa Ambiental de Minnesota
2001 premio Nacional de la Sociedad Americana de Arquitectos Paisajistas
2004 premio Nacional de Diseño en Madera
2005 premio Nacional de Diseño Urbano de los Institutos Americanos de Arquitectos

Referencias

Jackson Meadow (no date). Wetland Treatment System. *https://www.jacksonmeadow.com/wetland-treatment-system* (accessed 7 July 2020)

Natural Systems Utilities (2012). Jackson Meadows, Marine on St. Croix, Minnesota. https://*www.nsuwater.com/jackson*/ (accessed 26 June 2020)

Natural Systems Utilities (no date) Natural Treatment Systems: Jackson Meadow, Minnesota. *https://www.nsuwater.com/case-studies/jackson-meadow-minnesota/* (accessed 26 June 2020)

Naturally Wallace Consulting (no date) Project: Jackson Meadow Factsheet. *http://naturallywallace.com/* (accessed 7 July 2020)

Wallace, S., Nivala, J. (2005). Thermal response of a horizontal subsurface flow wetland in a cold temperate climate. International Water Association's Specialist Group on the Use of Macrophytes in Water Pollution Control. Newsletter No. 29.

Wallace, S. (2004). Engineered wetlands lead the way. Land and Water **48**(5), 13–16.

Wallace S. D. (2001). System for removing pollutants from water. (6,200,469 B1). Minnesota, USA. [Patent]

Wallace S. D., Parkin G. F., Cross C. S. (2001). Cold climate wetlands: design and performance. *Water Science and Technology* **44**(11/12), 259–26

HUMEDALES PARA TRATAMIENTO DE ALIMENTACIÓN SECUENCIAL (FLUJO POR PULSOS)

AUTORES

Leslie L. Behrends, *Tidal-flow Reciprocating Wetlands LLC, Florence, Alabama, USA*
Contact: *leslielbehrends@yahoo.com*

1 – Entrada alternada
2 – Sistema de alimentación alternada
3 – Medio poroso
4 – Nivel de agua
5 – Sistema de drenaje alternado
6 – Salida alternada
7 - Plantas
8 - Desbordamiento para alternar el uso entre las dos celdas.
9 - Suelo

Descripción

Los humedales para tratamiento con flujo por pulsos alternados (flujo de "marea") consisten en celdas de tratamiento de flujo subsuperficial acopladas, que se llenan y drenan periódica y altrernadamente, a través de bombas o elevadoras con aire, para crear ambientes aerobios, anóxicos y anaeróbicos dentro de una unidad de tratamiento. Estos sistemas modulares y escalables tienen de 1 a 3 m de profundidad. La alimentación por pulsos mejora significativamente la eliminación de DBO$_5$, sólidos en suspensión, turbidez, amoníaco, nitrato y metano. Las bombas de tratamiento pueden incorporar sistemas de desinfección de luz ultravioleta para eliminar patógenos. La frecuencia, profundidad y duración de los ciclos de llenado y drenaje se pueden ajustar para optimizar las condiciones redox para optimizar la eliminación de nutrientes específicos y compuestos recalcitrantes. Además, la zona radicular aerobia ofrece oportunidades para el uso de plantas, como los girasoles, para la fitorremediación de especies específicas.

Ventajas

- Diseño simple y operación eficiente en energía
- Menor requerimiento de terreno, comparadas con otras soluciones basadas en la naturaleza
- No hay riesgo específico de proliferación de mosquitos
- Zonas anaerobias para almacenamiento prolongado y tratamiento de detritos
- Alta calidad del producto final con opción para reutilización del agua tratada

Desventajas

- Consideraciones específicas de diseño y necesidad de conocimientos expertos
- Requerimientos de electricidad para bombeo y temporizadores digitales programables
- Se requiere observación diaria de los componentes de bombeo y eléctricos
- Uso de tecnología avanzada, la cual no es necesaria en tratamientos pasivos por sistemas de humedales

Co-beneficios

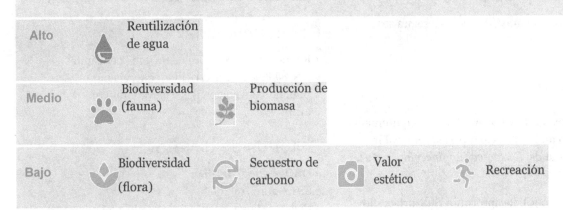

Alto	Reutilización de agua	
Medio	Biodiversidad (fauna)	Producción de biomasa
Bajo	Biodiversidad (flora)	Secuestro de carbono · Valor estético · Recreación

Notas

Otros tipos de Co-beneficios incluyen los siguientes:

- Control de olores y mosquitos
- Reducen emisiones de metano
- Mitigación de inundaciones

Caso de estudio

En esta publicación

- Humedal demostrativo para tratamiento por alimentación secuencial (flujo por pulsos), Hawai, EE.UU.

Compatibilidades con otras SBN

Este tipo de humedales pueden proporcionar un tratamiento descentralizado para aguas residuales domésticas y municipales o combinarse con otras tecnologías SBN según los objetivos del tratamiento.

Operación y mantenimiento

Regular

- Diseños adecuados de los drenajes del tratamiento anaerobio par minimizar el riesgo de colmatación del medio filtrante

Extraordinario

- Usi de peróxido de hidrógeno concentrado en la descara según sea necesario para mitigar la obstrucción

Solución de problemas

- Remplazar las lámparas ultravioletas según sea necesario

Literatura

Austin D. A., Nivala, J. A. (2009). Energy requirements for nitrification and biological nitrogen removal in engineered wetlands. *Ecological Engineering*, **35**(2), 184–192.

Behrends, L. L. (1999). Reciprocating Subsurface-flow Constructed Wetlands for Improving Wastewater Treatment. U.S. Patent 5,863,433, January 1999.

Behrends, L. L., Houke, L., Jansen, P., Shea, C. (2007). Integration of the Recip® system with u.v. disinfection for decentralized wastewater treatment and the impact on microbial dynamics. *Water Practice*, **1**(3), 1–14.

Langergraber, G., Dotro, G., Nivala, J., Rizzo, A., Stein, O. R. (2020). Wetland Technology: Practical Information on the Design and Application of Treatment Wetlands. IWA Publishing, London, UK,

Nivala, J., Boog, J., Headley, T., Aubron, T., Wallace, S., Brix, H., Mothes, S., Van Afferden, M., Muller, R. (2019). Side-by side comparisons of 15 pilot-scale conventional and intensified subsurface flow wetlands for treatment of domestic wastewater. *Science of the Total Environment*, **658**, 1500–1513.

Pier, P. A., Behrends, L. L. (2010). Reciprocating wetlands for wastewater treatment: a commercial-scale demonstration, Oahu, Hawaii. In: 12th International Conference on Wetland Systems for Water Pollution Control, Venice, Italy, 4–8 October 2010, pp. 826–831.

Detalles técnicos

Tipo de afluente

- Aguas residuales tratadas primariamente

Eficiencia de tratamiento

- DQO   ~89%
- DBO_5 86–99%
- NT   47–70%
- $N-NH_4$ 83–94%
- PT   20–43%
- SST   90–99%
- Indicadores patógenos   Coliformes fecales ≤ 2–$3 \log_{10}$

Requerimientos

- Requerimientos de área neta 3 m² per cápita
- Necesidades de electricidad: energía para bombas convencionales o elevadoras con aire

Criterios de diseño

- $DBO_5 < 100 g/m^2/día$
- $SST < 100 g/m^2/día$
- Ciclos de llenado y drenado por lo general 6–12 al día
- Tamaño del medio 8–16mm

Configuraciones comúnmente implementadas

- Tanque séptico – Humedal (flujo por pulsos)
- Laguna - Humedal (flujo por pulsos)
- Tanque séptico – Humedal (flujo por pulsos)

Condiciones climáticas

- Ideal para climas cálidos, pero también apto para climas fríos
- Probado como apto para climas tropicales, incluidos Dominica, Curazao y Hawai

HUMEDAL DEMOSTRATIVO PARA TRATAMIENTO POR ALIMENTACIÓN SECUENCIAL (FLUJO POR PULSOS), HAWAII, EE. UU

TIPO DE SOLUCIÓN BASADAS EN LA NATURALEZA (SbN)
Humedales con alimentación secuencial (Flujo por pulsos)

LOCALIZACIÓN
Wahiawa, Oahu, Hawaii

TIPO DE TRATAMIENTO
Tratamiento secundario usando celdas emparejadas con alimentación secuencial

COSTO
Tanque de sedimentación: US$146.000;

Celdas de humedal: US$319.000

FECHAS DE OPERACIÓN
2000 al 2002. US
Demostración a gran escala de la tecnología por el Departamento de defensa

ÁREA/ESCALA
1.505/m²; 1.835 m³; 150 L/m²/día

Antecedentes del proyecto

Se ha demostrado que los humedales con alimentación secuencial, son un subconjunto específico y precursor de los humedales de flujo por pulsos y de llenado-drenado (Austin y Nivala, 2009; Wu et al., 2011; Behrends y Lohan, 2012), que aceleran y mejoran los procesos de tratamiento de aguas residuales a través del desarrollo de diversas biopelículas microbianas y una amplia gama de ambientales mediados biológicamente (Behrends 1999; Nivala et al., 2019). La ventaja de esta tecnología es que es descentralizada, de bajo costo, optimiza la eliminación de nitrógeno y permite la reutilización de las aguas residuales tratadas. Las opciones de reutilización incluyen el tanque del inodoro, el riego subsuperficial de plantas ornamentales, el riego de cultivos forrajeros y la acuicultura de carnada.

Los científicos de la Autoridad del Valle de Tennessee desarrollaron un sistema de tratamiento de humedales (TW) de flujo subsuperficial con alimentación secuencial, eficiente en energía, el cual es modular, escalable y mejora los procesos de tratamiento tanto aerobios (con oxígeno) como anóxicos (sin oxígeno) (Patente de EE. UU. 5,863,433; Behrends, 1999; Behrends et al., 2001). Sobre la base de este diseño, un humedal demostrativo de este tipo a escala comercial fue financiado por el Departamento de Defensa de los EE. UU. Además, fue operado y monitoreado durante dos años para evaluar la utilidad de la tecnología para el tratamiento descentralizado de aguas residuales municipales.

El diseño del sistema se calculó con una tasa de carga de aguas residuales de 227 m³/día (60.000 galones/día), equivalente a un tiempo de retención hidráulica de 3 días. La instalación de tratamiento (Figura 1) fue ubicada al norte de la ciudad de Wahiawa en la isla de Oahu, Hawai. Las operaciones de tratamiento de aguas residuales comenzaron en diciembre de 2000 y fueron monitoreadas semanalmente durante 114 semanas para evaluar la eficacia del tratamiento.

AUTORES:

Leslie L. Behrends, *Tidal-flow Reciprocating Wetlands LLC, 1070 Goshentown Road, Hendersonville Tn 37075, Florence, Alabama, USA*
Contacto: Leslie L. Behrends, *leslielbehrends@yahoo.com*

Figura 1: Humedal de flujo por pulsos alternado de dos celdas para el tratamiento de aguas residuales municipales, Wahiawa, Oahu, Hawai. Cada celda es de 27,4 m × 27,4 m × 1,2 m de profundidad. Observe cuatro conjuntos de pozos de bomba opuestos para operaciones recíprocas de llenado y drenado cronometrado. Las celdas de tratamiento fueron sembradas con varias especies tropicales de *Heliconia spp* . por estética y como propuesta de demostración con flores de corte.

La eliminación de nutrientes, DBO$_5$, sólidos suspendidos totales (SST), turbidez y patógenos fue monitoreada en función de la tasa de carga, número de ciclos alternados/día y varios tiempos de espera entre ciclos (Pier y Behrends, 2010). La tabla resumen en la página siguiente, detalla la eficiencia del tratamiento

Diseño y construcción

Los sistemas emplean al menos dos celdas de HT de flujo subsuperficial contiguas, las cuales son llenadas con sustratos de grava graduada y se llenan y drenan alternativamente de 6 a 12 veces al día con aguas residuales de forma secuencial y recurrente. La eficacia del proceso de alimentación secuencial se mejora a través de la aireación pasiva, en la que la biopelícula microbiana y las raíces de las plantas se exponen al oxígeno atmosférico varias veces al día durante múltiples ciclos de drenado. Este proceso de llenado y drenado permite un tratamiento eficiente desde el punto de vista energético (cuatro veces menos que el tratamiento de lodos activados), con una huella significativamente menor (orden de magnitud), en comparación con los humedales superficiales de flujo libre convencionales (Austin and Nivala 2009).

En áreas donde el área de suelo es escasa, la profundidad de las celdas de tratamiento puede incrementarse hasta 5 metros, reduciendo significativamente su huella.

Al inicio, los sustratos de grava y las raíces de las plantas son rápidamente colonizados por un consorcio de especies microbianas nativas y presentes en las aguas residuales. Las películas microbianas adheridas están estrechamente adheridas a los sustratos y raíces de las plantas, disminuyendo así problemas de lavado microbiano. Además, estas películas adheridas son robustas, inherentemente estables y resistentes a ambos, cargas de choque hidráulica y orgánica, incluso bajo condiciones extremas de regímenes estacionales de temperatura. Durante el ciclo de drenado, las películas de agua alrededor de las biopelículas microbianas y de la raíz de la planta son rápidamente oxigenadas hasta casi la saturación en cuestión de segundos (Wu et al., 2011). Incluso durante ciclos prolongados de drenado, el sustrato permanece húmedo y el rápido intercambio de gases en la interfase aire-biopelícula-raíz promueve una oxidación significativa de materia orgánica vinculada, amonio y gases reducidos tales como sulfuro de hidrógeno y metano, potentes gases de efecto invernadero (Hennemann, 2011).

Resumen técnico

Tabla resumen

TIPO DE AFLUENTE	Agua residual doméstica
DISEÑO	
Caudal (m³/día)	227
Población equivalente (Hab.-Eq.)	492 [a]
Área (m²)	1.505
Área por población equivalente (m²/Hab.-Eq.)	3,05
AFLUENTE	
Demanda bioquímica de oxígeno (DBO$_5$) (mg/L)	130
Sólidos suspendidos totales (SST) (mg/L)	53
Nitrógeno en forma de amonio (N-NH$_4$) (mg/L)	24,0
Nitrógeno en forma de nitratos (N-NO$_3$) (mg/L)	0,01
Nitrógeno total (NT) (mg/L)	32,0
Fósforo total (PT) (mg/L)	4,4
Turbiedad (NTU)	81
EFLUENTE	**(% ELIMINACIÓN)**
DBO$_5$ (mg/L)	6,3 (95)
SST (mg/L)	6,9 (87)
N-NH$_4$ (mg/L)	3,4 (86)
N-NO$_3$ (mg/L)	6,6 (-)

[a]Basado en 60 g DBO$_5$ por Hab.-Eq.

EFLUENTE (cont.)		
NT (mg/L)	6,6	(79)
PT (mg/L)	2,5	(43)
Turbiedad (UNT)	3	(96)
Coliformes fecales	>95% de remoción	
COSTO		
Construcción	Tanques de sedimentación US$ 146.000	
	Dos celdas para tratamiento US$ 319.000	
	Total US$ 465.000	
Costos de operación anuales (US dólares)	US$ 33.580	

Además, durante el ciclo de llenado posterior, las biopelículas son mojadas con aguas residuales anóxicas donde las condiciones de reducción son casi óptimas para la reducción microbiana de sulfatos, nitratos y otros compuestos oxidados (Nivala et al., 2019). Una zona de reposo en la parte inferior de las celdas para tratamiento proporciona un entorno para el tratamiento anaerobio de los detritos, la biopelícula desprendida y otros compuestos orgánicos recalcitrantes. La instalación de estos HT como caso de estudio consistió de un interceptor para extraer el agua del alcantarillado principal, un pretratamiento *in situ* por nedio de una fosa séptica (tiempo de retención hidráulica de 2 días), con sedimentadores de biotubo, seguido de dos celdas de tratamiento que fueron excavadas, revestidas con membranas impermeables, equipadas con cámaras de bomba integradas y desagües subterráneos, y rellenas con 1,2 m de sustratos de grava gradada.

Los tubos de desagüe perforados que conectan la bomba, fueron instalados cerca del fondo de cada celda de tratamiento para facilitar el movimiento rápido del agua desde el sustrato de grava a las cámaras de bombeo. Se utilizaron una serie de temporizadores programables digitales para controlar las secuencias de encendido/apagado de las operaciones de la bomba. Se instaló un colector de entrada de PVC cerca de la celda uno para distribuir las aguas residuales a lo ancho de la celda. Asimismo, se instaló un colector de salida de PVC cerca la parte superior de la celda dos para facilitar la descarga de aguas residuales tratadas, el cual fue devuelto por gravedad al alcantarillado sanitario.

Operación y mantenimiento

Se dedicaron cinco horas por semana a la operación para el mantenimiento de rutina, incluido el corte de hierba y maleza de las celdas para tratamiento, bombas de monitoreo y componentes electrónicos, y proporcionando un informe de estado oral del manejo del equipo.

Tipo de afluente/tratamiento

Un alcantarillado primario (227 m³) fue desviado de un alcantarillado existente principal a un tanque séptico de sedimentación de sólidos con una capacidad de 454 m³, para un tiempo de retención hidráulica de dos días para el flujo de diseño. El agua que salía del tanque de sedimentación se dirige mediante gravedad, al cabezal de entrada de la primera celda de tratamiento, que está ubicado a unos 0,3 m por debajo de la cota superior de la grava. Se diseñaron dos celdas para tratamiento para tratar hasta 227 m³/día (60,000 galones/día); equivalente a un tiempo de retención hidráulica de 3 días. Las aguas residuales se bombearon de un lado a otro entre las celdas para tratamiento, ocho veces al día.

Costos

El terreno se puso a disposición sin costo para el proyecto demostrativo. Costos de capital, incluidos los costos de mano de obra local, ascendieron a US$465.000 e incluyeron cercado, tanque séptico de sedimentación y dos celdas de tratamiento y todos los componentes asociados a la fontanería y eléctricos. El promedio operativo y los costos de mantenimiento por mes totalizaron $2.790 y comprendieron un operador ($521), electricidad ($235), muestreo para cumplimiento de calidad de agua ($433), tanque de sedimentación para eliminación de aceite/grasa/sólidos ($1.500) y otros varios ($100). El agua residual tenía cantidades significativas de aceite y grasa, que se acumulaban en el tanque de sedimentación, lo que requirió que su eliminación fuera frecuente y costosa.

Co-beneficios

Beneficios ecológicos

Los sistemas proporcionaron un significativo y sustentable tratamiento de DBO_5, SST, turbidez, amonio, nitrato, nitrógeno total y patógenos. Si bien, no se monitorea en esta demostración, otras demostraciones de humedales alternativos a escala industrial de operaciones ganaderas (porcinas y lecheras), reveló que los ambientes aerobios/anóxicos secuenciales redujeron consistentemente las emisiones de metano en un promedio de 95% en comparación con el tratamiento por la laguna anaerobia adyacente (Hennemann, 2011). Los sistemas de tratamiento fueron sembrados con una mezcla de especies de plantas acuáticas y terrestres autóctonas que aportan estética, absorción adicional de nutrientes, mayor evapotranspiración, y nichos ecológicos importantes para insectos, pájaros y otra fauna autóctona.

Beneficios sociales

El sistema ha demostrado eficiencia energética y reducciones significativas de olores nocivos como el sulfuro de hidrógeno y potentes gases de efecto invernadero como el metano y óxido nitroso (Hennemann, 2011), menores caldos de cultivo para insectos, como mosquitos, y reducción de la exposición directa de los humanos a las aguas residuales. El área de superficie es significativamente menor en comparación con los humedales de flujo superficial y el flujo por pulsos inhibe significativamente el desarrollo larvario

Además, los sistemas alternativos diseñados profesionalmente mantienen el agua unos 10 cm por debajo de la superficie de grava, lo que impide aún más la cría de mosquitos y es filtro de moscas. La estética se puede mejorar significativamente con una amplia variedad de plantas terrestres y acuáticas, como azucenas, canna, iris, jengibre blanco, lucio, platanares y heliconias. Al incorporar luces ultravioleta artificiales en el proceso de tratamiento (Behrends et al., 2007), será posible reutilizar las aguas residuales tratadas para descarga de inodoros, irrigación subsuperficial de plantas ornamentales, riego de cultivos forrajeros y para la acuicultura de carnada. Sistemas alternativos de tratamiento de próxima generación con plantas caseras de sombra se han diseñado e instalado en los atrios de complejos de oficinas como función estética del agua (Behrends y Lohan, 2012).

Lecciones aprendidas

Retos y soluciones

La obstrucción del sustrato y los problemas crónicos del tanque de sedimentación se convirtieron en un problema durante la demostración. El sustrato de grava más cercano al colector de entrada se obstruyó. Esto eventualmente provocó que las aguas residuales aloraran a la superficie cerca del colector, lo cual es un problema común en la mayoría, si no en todas, las tecnologías de HT basadas en grava (Knowles et al., 2011). Sin embargo, la obstrucción del sustrato no pareció disminuir la eficiencia del tratamiento en esta demostración o en otros sistemas alternativos que operaron con alta eficiencia incluso en casos de obstrucción severa (Behrends et al., 2007). Algunos estudios preliminares (Behrends et al., 2006) han revelado que el peróxido de hidrógeno concentrado se puede usar para mitigar los problemas de colmatación. Además, al dirigir el afluente al sistema de desagüe inferior más grande, es posible que ayude a mitigar la obstrucción del sustrato. Los problemas de grasa y aceite en alcantarillas sanitarias, tanques sépticos/sedimentación y sustratos de grava pueden controlarse en la fuente con trampas de grasa apropiadas, pero requiere educar a los propietarios de viviendas y gerentes de restaurantes e introducir nuevos códigos de construcción cuando corresponda. La eliminación de fósforo total durante los meses iniciales promedió más del 80%, pero disminuyó progresivamente con el tiempo a menos del 10%, a medida que los sitios de adsorción en los sustratos de grava se saturaron. Este resultado es consistente con otros estudios de humedales basados en grava como medio de sustrato. Sin embargo, la dosificación de compuestos que contienen hierro y aluminio en el tanque séptico puede proporcionar hasta un 95 % de eliminación de fósforo (Jowett et al., 2018).

Referencias

Arendt, T., Ervin, M, Florea, D. (2002). Reciprocating subsurface treatment system keeps airport out of the deep freeze. In: *Proceedings of the Water Environment Federation*, **17**, 152–161.

Austin, D., Nivala, J. (2009). Energy requirements for nitrification and biological nitrogen removal in engineered wetlands. *Ecological Engineering*, **35**(2), 184–192.

Behrends, L. L. (1999). Reciprocating Subsurface flow Constructed Wetlands for Improving Wastewater Treatment. US Patent 5,863,433, January 1999.

Behrends, L. L. Bailey, E., Houke, L., Jansen, P., Smith, S. (2006). Evaluation of non-invasive methods for removing sludge from subsurface flow constructed wetlands. Part II. In: Proceedings of the 10th International Conference on Wetland Systems for Water Pollution Control, 23–29 September 2006, Lisbon, Portugal, pp. 1271–1282.

Behrends, L. L., Bailey, E., Ellison, G., Houke, L., Jansen, P., Smith S., Yost, T. (2002). Integrated waste treatment system for treating high strength aquaculture wastewater II. In: Proceedings of The Fourth International Conference on Recirculating Aquaculture, 18–21 July 2002, Roanoke, Virginia, USA.

Behrends, L. L., Bailey, E., Jansen, P., Brown, D. (2001). Reciprocating constructed wetlands for treating industrial, municipal, and agricultural wastewater. *Water Science & Technology*, **44**, 399–405.

Behrends, L. L., Houke, L., Jansen, P., Shea, C. (2007). Integration of the Recip® system with u.v. disinfection for decentralized wastewater treatment and the impact on microbial dynamics. *Water Practice*, **1**(3), 1–14.

Behrends, L. L., Choperena J. (2012). Tidal flow constructed wetlands (TFW), for treating and reusing high strength animal production wastewater. Paper number 121337669. American Society of Biological and Agricultural Engineers.

Behrends L. L. and Lohan, E. J. (2012). Tidal-Flow Constructed Wetlands: The Intersection of Advanced Treatment, Energy Efficiency, Aesthetics and Water Reuse. Water Conditioning and Purification, November 2012.

Behrends, L. L., Sikora F. J., Coonrod H. S., Bailey E., Bulls M. J. (1996). Reciprocating subsurface-flow wetlands for removing ammonia, nitrate, and chemical oxygen demand: potential for treating domestic, industrial, and agricultural wastewater. In: Proceedings of the Water Environment Federation, 69th Annual Conference & Exposition, Dallas, Texas, 5–9 October 1996, Vol. 5, pp. 251–263. Water Environment Federation.

Hennemann, S. M. (2011). Water and air quality performance of a reciprocating biofilter for treating dairy wastewater. Master's thesis, California Polytechnic State University, San Luis Obispo. 57 pp.

Jowett, C., Solntseva, I., Wu, L., James, C., Glasauer, S. (2018). Removal of sewage phosphorus by adsorption and mineral precipitation, with recovery as a fertilizer soil amendment. *Water Science & Technology*, **77**(8), 1967–1978.

Knowles, P., Dotro G., Nivala J., Garcia J. (2011). Clogging in subsurface-flow treatment wetlands: occurrence and contributing factors. *Ecological Engineering*, **37**(2), 99–112.

Nivala, J., Boog, J., Headley, T., Aubron, T., Wallace, S., Brix, H., Mothes, S., Van Afferden, M., Muller, R. (2019). Side-by side comparisons of 15 pilot-scale conventional and intensified subsurface flow wetlands for treatment of domestic wastewater. *Science of the Total Environment*, **658**, 1500–1513.

Pier, P. A., Behrends, L. L. (2010). Reciprocating wetlands for wastewater treatment: a commercial-scale demonstration, Oahu, Hawaii. In: Proceedings of the 12th International Conference on Wetland Systems for Water Pollution Control. Venice, Italy, 4–8 October 2010, pp. 826–831.

Sikora, F. J., Behrends L. L., Brodie G. A., Bulls M. J. (1996). Manganese and Trace Metal Removal in Successive Anaerobic and Aerobic Wetlands. Proceedings America Society of Mining and Reclamation, pp. 560–579, doi:10.21000/JASMR96010

Wu, S., Austin, D., Zhang, D., Dong, R. (2011). Evaluation of a lab-scale tidal-flow constructed wetland performance: oxygen transfer capacity, organic matter, and ammonium removal. *Ecological Engineering*, **37**(11), 1789–1795.

HUMEDALES CON MEDIOS REACTIVOS

AUTOR

Florent Chazarenc, *INRAE, REVERSAAL, F-69625 Villeurbanne, France*
Contact: *florent. chazarenc@inrae.fr*

1 - Afluente
2 – Sistema de alimentación
3 - Sustrato
4 - Sistema de drenaje
5 - Suelo original
6 - Plantas
7 – Nivel de agua saturada
8 – Impermeabilización
9 – Estructura de inspección
10 - Efluente

Descripción

El uso de medios o sustratos reactivos en los humedales para tratamiento (HT) se ha desarrollado para mejorar la eliminación de fósforo. El principio es utilizar un medio o sustrato con afinidad por los iones ortofosfato. Los medios reactivos se pueden implementar dentro del filtro o aguas abajo del filtro en un lecho sin plantar, lo que facilita la tarea en caso de que sea necesario reemplazar los medios una vez saturados. Se pueden encontrar tres categorías principales de sustratos reactivos: (1) rocas naturales (apatita, mineral de hierro); (2) subproductos industriales (escoria de acero, clinker de cemento); 3) medios artificiales diseñados especialmente para la eliminación de fósforo (por ejemplo, Filtralite®).

Ventajas

- Bajo consumo de energía (alimentación por gravedad)
- Robusto contra las fluctuaciones de carga
- Potencial de reutilización a escala real (lavado de inodoros, riego)
- Mejor eliminación de fósforo (menos de 1 mg / L de fósforo total en la salida)
- Posibilidad de recuperar medios saturados con fósforo y utilizarlo como fertilizante.
- Regulación de extremos de cargas de fósforo

Desventajas

- Medios reactivos costosos (hasta 500 € por tonelada)
- Costos operativos (renovación de medios reactivos saturados)
- La eficiencia depende del ortofosfato, es baja si las concentraciones de entrada son bajas
- Aumento de alcalinidad y formación de productos químicos indeseables.

Co-beneficios

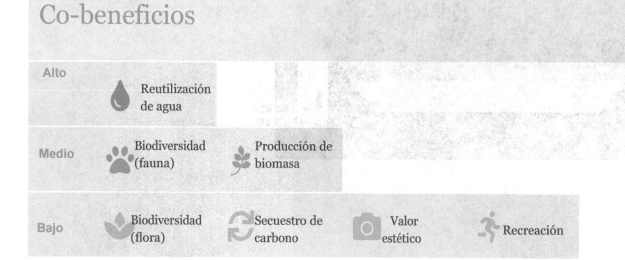

Alto	Reutilización de agua	
Medio	Biodiversidad (fauna)	Producción de biomasa
Bajo	Biodiversidad (flora)	Secuestro de carbono — Valor estético — Recreación

Compatibilidades con otras SBN

Se puede implementar dentro de cualquier sistema de HT de flujo subterráneo o aguas abajo de cualquier solución basada en la naturaleza (SBN).

Operación y mantenimiento

Regular

- Una vez implementado el sistema, verifique el pH de salida (especialmente si hay subproductos industriales y compuestos muy alcalinos)

- Control mensual de la concentración de PO$_4$ en efluentes; Compruebe el flujo y la distribución uniforme del agua en el filtro.

- Las especies de plantas invasoras y las malas hierbas deben eliminarse del filtro (si no se han plantado)

- Compruebe si hay obstrucciones o clogging (con pruebas de trazadores después de 1 a 2 años de funcionamiento)

Extraordinario

- Una vez que los medios estén saturados de fósforo, reemplácelos o implemente un nuevo filtro con medio reactivo.

Problemas

- Colmataación y Obstrucción, pH de salida alto, bajas eficiencias de eliminación en caso de bajas concentraciones de entrada

Referencias

Barca, C., Troesch, S., Meyer, D., Drissen, P., Andreìs, Y., Chazarenc, F. (2013). Steel slag filters to upgrade phosphorus removal in constructed wetlands: two years of field experiments. *Environmental Science and Technology* **47**(1), 549–556.

Vohla, C., Kõiv, M., Bavor, H. J., Chazarenc, F. and Mander, Ü. (2011). Filter materials for phosphorus removal from wastewater in treatment wetlands – a review. *Ecological Engineering* **37**(1), 70–89.

Detalles técnicos

Tipo de afluente

- Tratamiento Primario
- Tratamiento secundario

Eficiencia de tratamiento

- PT   50–99%

Requisitos

- Implemente una sola capa del medio reactivo seleccionado y mantenga una conductividad hidráulica homogénea.

- La capacidad de los medios va de 1 a 15 gP/kg de medio reactivo.

- Puede funcionar mediante flujo por gravedad. Si se colocan bombas; se requiere electricidad.

Criterios de diseño

- TCH: 0,2–1,0 m³/m²/día

- Se sugiere flujo horizontal saturado, así como también, se puede implementar un flujo vertical saturado

- Generalmente se recomienda un tiempo de residencia hidráulica de 1 día (puede ser desde unas pocas horas hasta varios días, según los diferentes medios reactivos)

- Evite el granulometría fina, para reducir el riesgo de colmatación y obstrucciones, se recomienda de 5 a 15 mm en el caso de medios muy reactivos, puede ser más pequeño para rocas naturales (aproximadamente 1 mm)

Configuraciones comúnmente Implementadas

- HT de Flujo vertical – HT de flujo libre – HT de Flujo horizontal

Condiciones climáticas

- Configuraciones optimizadas tanto para climas templados como trópicales.

HUMEDALES PARA TRATAMIENTO DE FLUJO LIBRE

AUTOR

Robert Gearheart, *Humboldt State University, Arcata, California 95518, USA; Arcata Marsh Research Institute*
Contacto: *rag2@humboldt.edu*

1 - Entrada
2 – Sistema de alimentación
3 –Medio Poroso
4 -Medio de enraizamiento
5 – Suelo original
6 – Diferentes plantas acuáticas
7 – Nivel de agua
8 – Zona profunda
9 – Impermeabilización
10 – Regulación de nivel
11 - Salida

Descripción

Un humedal para tratamiento de flujo superficial (HT-FS) o de flujo libre es más parecido a un humedal natural y se caracteriza por una columna de agua de 0,5 a 1,0 metro de profundidad. Se pueden usar varios tipos de plantas de humedales y acuáticas (flotantes, emergentes y sumergidas) en combinación con áreas de aguas abiertas. La estructura de las diversas plantas sirve como sustrato físico para la biopelícula, mientras que las propias plantas incorporan nitrógeno amoniacal y fósforo. Una parte significativa de la biomasa vegetal se encuentra en la rizosfera. Con la senescencia de la planta, los detritos y la hojarasca se acumulan en el fondo, formando una capa en la superficie y afectando el ciclo interno de los contaminantes.

Ventajas

- Posibilidad de bajo consumo de energía (alimentación por gravedad)
- Robusto contra las fluctuaciones de carga
- Es posible el funcionamiento en sistemas de alcantarillado separativos y combinados
- Precio de construcción más bajo que los humedales para tratamiento de flujo subsuperficial

Desventajas

- Potencial hábitat para mosquitos
- Variabilidad estacional del tratamiento

Co-beneficios

Alto				
Biodiversidad (flora)	Biodiversidad (fauna)	Producción de Biomasa	Valor estético	Reutilización de agua

Medio				
Mitigación de inundaciones	Secuestro de carbono	Recreación	Poliniza-ción	

Bajo	
Regulación de Temperatura	

Notas

Otros tipos de co-beneficios incluyen los siguientes:

- Reutilización de agua: doméstica indirecta
- Reutilización agrícola y acuícola
- Educación ambiental
- Recreación pasiva
- Aves acuáticas migratorias de agua dulce
- Recarga de aguas subterráneas

Compatibilidades con otras SBN

Los HT-FS se pueden utilizar después de otros tipos de humedales, lagunas de estabilización, lagunajes. Es un proceso final en el tratamiento del efluente.

Casos de estudio

En esta publicación:

- Humedal para tratamiento de flujo superficial en Arcata,California, USA
- Dos Humedales de flujo superficial de para el postratamiento terciario de aguas residuales en Suecia.
- Humedal de flujo superficial para tratamiento terciario en Jesi,Italy

Otros

- Área de recuperación y humedales Blue Heron, Titus Ville,Florida, USA
- Ciudad de Arcata, California, USA
- Fernhill Wetlands, Oregon, USA
- Cadena de Humedales, Trinity River, Dallas, Texas, USA
- Proyecto de Humedales de East Fork, John Bunker WetlandCenter, Dallas, Texas, USA

Operación y Mantenimiento

Mensual

Los únicos requisitos son el muestreo y la limpieza de los sistemas de entrada y salida. Es posible que se requiera un ajuste del flujo de entrada en períodos de flujos máximos y/o lluvia si es necesario

Anual

- Cosecha y/o replantación de la vegetación seleccionada
- Manejo de mosquitos
- Inspección de tuberías de ingreso y salida

Extraordinarios: problemas

- Utilizar las mejores prácticas de gestión integradas

El exceso de material debe ser removido y, si es necesario, el humedal debe ser replantado en el caso de lo siguiente:

- Acumulación de sólidos suspendidos totales sedimentados/floculados
- Acumulación de vegetación detrítica y senescente
- Pérdida de carga debido a detritus y material vegetal

Referencias

Arcata Marsh Research Institute (2020). *https://arcatamarsh.wordpress.com/*

Crites, R. W., Middlebrooks, E. J., Bastain, R. K., Reed, S. (2014). Natural Wastewater Treatment Systems, 2nd Edition. CRC Press, Boca Raton, Florida, USA.

Dotro, G. et al. (2017). Treatment Wetlands, Volume 7.Biological Wastewater Treatment, IWA Publishing UK

Humboldt State University, CH2M-Hill, PBS&J Phoenix, AZ. (1999). Free Water Surface Wetlands for Wastewater Treatment-A Technology Assessment, USEPA and USDI-BLM, and ET.

Kadlac, R. (2009). Comparison of free surface wetlands and horizontal wetlands. *Ecological Engineering*, **35**, 159–174.

Detalles técnicos

Tipo de afluente

- Tratamiento secundario de aguas residuales
- Aguas grises

Eficiencia del tratamiento

- DQO — 41–90%
- DBO_5 — ~54%
- NT — 30–80%
- $N-NH_4$ — ~73%
- PT — 27–60%

Requerimientos

- Requerimientos de área neta 3–5 m2 per cápita
- Necesidades eléctricas: puede ser operado por gravedad, de lo contrario se requiere energía para las bombas.
- Se requiere combustible para maquinas durante: Gestión de la vegetación: 2–3 semanas/año
- Eliminación de sólidos: cada 10–15 años

Criterios de diseño

- Usar la aproximación P-k-C* para contaminantes objetivo (ej. DBO_5, NT, PT) (Ver Kadlec and Wallace, 2009)
- Para el tratamiento terciario, se debe suponer un tiempo de retención hidráulica de entre 12 y 24 horas.
- Movimiento de tierra, plantación de vegetación acuática, impermeabilización, controles hidráulicos

Configuraciones posibles

- Tanque séptico seguido de una serie de HT-FS
- Lagunas de estabilización seguidas de una serie de HT-FS
- Lagunas de estabilización u oxidación/laguna aireada seguida de una serie de HT-FS
- Múltiples celdas con variaciones en la proporción de aguas abiertas y áreas con vegetación; importante en el diseño

Condiciones climáticas

- Los HT-FS se encuentran en la mayoría de las condiciones climáticas (clima frío, desierto, lluvia moderada, etc.)
- Condiciones de precipitaciones con límite de 1.200 mm/año

Referencias

Kadlec, R. H. and Wallace, S. (2009). Treatment Wetlands. CRC Press, Boca Raton, Florida, USA.

Ynoussa, M., et al. (2017). HomeGlobal Water Pathogen Project. Part Four. Management of Risk from Excreta and Wastewater Sanitation System Technologies. Pathogen Reduction in Sewered System Technologies, UNESCO.

HUMEDAL PARA TRATAMIENTO DE FLUJO LIBRE/SUPERFICIAL EN ARCATA, CALIFORNIA, USA

TIPO DE SOLUCION BASADA EN LA NATURALEZA (SBN)
Humedales para tratamiento de flujo superficial (HT- FS)

LOCALIZACION
Arcata, Noroeste de California, USA

TIPO DE TRATAMIENTO
Tratamiento secundario y terciario con digestor, lagunas de oxidación y HT-FS

COSTO
USD$700.000 (solo el humedal)
US$5.600.000 (total)

FECHAS DE OPERACIÓN
1984 al presente

ÁREA/ESCALA
Planta de Tratamiento y espacio abierto:
300 acres (1,2 km²)

Área del humedal: 40 acres (0,16 km²)

Antecedentes del proyecto

La Ciudad de Arcata, con una población de 18.000 habitantes, está ubicada en la costa noreste de la Bahía de Humboldt en el noroeste de California. Con más de 30 años de operación continua, la instalación para el tratamiento de aguas residuales de Arcata (AWTF) ha demostrado que un sistema de humedales para tratamiento de flujo libre (HT-FS) puede ser una solución de bajo costo e integrada paisajísticamente al ambiente. Además de satisfacer las necesidades de tratamiento de las aguas residuales de la ciudad, los HT-FS brindan hábitats para la vida silvestre, refugios para la migración de aves en la ruta migratoria del Pacífico y múltiples usos recreativos para el público (EPA, 1993).

El sistema de HT de Arcata es la piedra angular de un programa de restauración de cuencas urbanas (Figura 1). Antes de construir este sistema de tratamiento, la Ciudad de Arcata debío implementar proyectos piloto para demostrar que la descarga de su sistema de humedales a la Bahía de Humboldt (1) cumpliría con los requisitos de descarga de manera confiable y efectiva, (2) no degradaría ni eliminaría ninguno de los usos beneficiosos existentes de la bahía, y (3) mejoraría y agregaría nuevos usos beneficiosos a la bahía. Los nuevos usos beneficiosos que se agregaron a la bahía fueron el hábitat de humedales de agua dulce, la educación ambiental y la investigación asociada con los humedales y la bahía (Gearheart, 1988)

AUTOR:

Robert Gearheart, *Humboldt State University, Arcata, California*
Contacto: Robert Gearheart, *rag2@humboldt.edu*

Resumen Técnico

Tabla resumen

Tipo de afluente	Doméstico, comercial, institucional, y de pequeña industria
DISEÑO	
Caudal (m³/día)	8.740 promedio anual
Población equivalente (Hab.-Eq.)	22.100
Área (m²)	1.214.000
Área por población equivalente (m²/Hab.-Eq.)	55
AFLUENTE	
Demanda bioquímica de oxígeno (DBO$_5$) (mg/L)	195 en promedio
Demanda química de oxígeno (DQO) (mg/L)	Desconocido
Solidos suspendidos totales (SST) (mg/L)	226 en promedio
EFLUENTE	
DBO$_5$ (mg/L)	17 en promedio
DQO (mg/L)	55 en promedio
SST (mg/L)	14 en promedio
Escherichia coli (Unidades formadoras de colonias (UFC)/100 mL)	33 en promedio antes de la cloración
COSTO	
Construcción	US$5,6 millones (US$ de 1983) planta US$700.000 los humedales
Operación (anual)	Aproximadamente US$250.000 US$15,00 per cápita por año

Figura 1: Planta de tratamiento de aguas residuales de Arcata, sistema de humedales de pulido final y reserva o santuario de vida silvestre en el borde de la Bahía de Humboldt. Lagunas de oxidación y HTs a la derecha; humedales de mejora y lago estuarino a la izquierda; dos corrientes urbanas ingresan a la bahía rodeando el sitio.

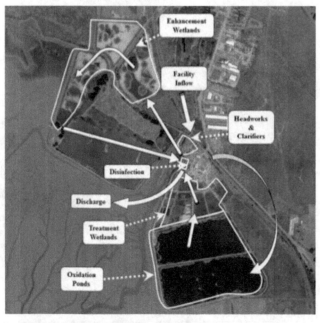

Figura 2: El patrón de flujo para la planta de tratamiento de aguas residuales y el HT de la ciudad de Arcata es complejo. Todas las etapas del proceso están básicamente a la misma altura y dispersas, lo que requiere varias estaciones de bombeo

Diseño y construcción

Las aguas residuales de la ciudad de Arcata se tratan y se descargan en la bahía de Humboldt a través de una ruta de flujo compleja que incluye varios estanques, humedales y pantanos contiguos (Figura 2). La planta de tratamiento de aguas residuales (PTAR) procesa 8.700 m³/día de aguas residuales municipales mediante procesos de tratamiento tanto físicos como naturales. La planta cuenta con un sistema de tratamiento primario estándar, seguido de un sistema natural. El sistema natural de 34 ha está compuesto por dos lagunas de oxidación de 10 ha, seis humedales para tratamiento (HT) de 4,5 ha en paralelo y tres humedales de mejora (HM) de 4,2 ha en serie para el pulido del tratamiento secundario y que se clasifican como un santuario de vida silvestre por el Departamento de Pesca y Vida Silvestre de California.

Las lagunas de oxidación facultativas tienen 3,6 m de profundidad, funcionan en serie y tienen cierta capacidad para amortiguar caudales altos (y mantener un régimen hidrológico característico) en el invierno con control de elevación. Los HT reciben los efluentes de las lagunas de oxidación y operan en paralelo con un tiempo de retención hidráulica de tres días cada una. Estos humedales tienen solo vegetación emergente con la habilidad de funcionar como una unidad de clarificación para sedimentar y descomponer las algas provenientes de las lagunas de oxidación.

Tipo de Afluente/tratamiento

El sistema de tratamiento natural recibe su afluente luego de un clarificador primario. Esta agua residual primaria tiene DBO_5 y SST normales de alrededor de 150-180 mg/L. Los sólidos sedimentan y se descomponen aumentando la DBO_5 soluble y el amoníaco en los HT, mientras que la DBO_5 total y la DBO_5 soluble se reducen a niveles bajos en general en todos los sistemas, especialmente en los HM (Rodman, 2018). El nitrógeno se elimina en este sistema de humedales principalmente a través de la absorción de nitrógeno amoniacal por parte de las plantas y las algas y la sedimentación de los sólidos orgánicos. La desnitrificación ocurre fácilmente en los HT y HM.

Eficiencia del tratamiento

Los límites de descarga están por debajo de la regulación del Permiso Nacional de Descarga de Contaminantes que requiere que Arcata cumpla con un límite de DBO_5 y SST de 30 mg/L, pH entre 6 y 8,5, coliformes fecales menores a 24-NMP/100, sin residuos de cloro libre y ciertos límites de toxicidad. Existen otros requisitos, como cumplir con una remoción del 85% o más y un límite de descarga de masa de no más de 576 lb de DBO_5 y SST por día (caudal de diseño de 8700 m^3/día). La desinfección y la decloración son los pasos finales del proceso de tratamiento de las aguas residuales. Las aguas residuales desinfectadas pueden descargarse en la bahía de Humboldt o en los HM. Si bien los HT reducen efectivamente la DBO_5, los SST y los nutrientes, la eficiencia de eliminación varía según la estación. Durante el período húmedo del año (noviembre a abril) el sistema de recolección experimenta un alto flujo de entrada e infiltración. Este alto flujo de entrada e infiltración diluye la concentración de DBO_5 afluente, lo que dificulta cumplir con el porcentaje de eliminación. La remoción de nitrógeno amoniacal también es estacional y ocurre predominantemente en la primavera y el verano (de abril a septiembre).

Operación y mantenimiento

El funcionamiento de los HT requiere ajustes continuos, en particular debido a los cambios estacionales en el clima. Hay dos períodos en el año (finales de primavera y finales del otoño) cuando pueden producirse liberaciones de material disuelto que consumen oxígeno y requieren cambios en las cargas de entrada, con diferentes combinaciones de flujo de entrada a las lagunas de oxidación, los HT y los HM.

Durante el periodo de mayor flujo de entrada debido a precipitaciones, los vertederos de entrada se elevan para regular ese aumento de flujo que desincroniza el hidrograma, el almacenamiento es a corto plazo, y luego se vuelven a bajar los vertederos, y se dosifica la entrada durante los días posteriores.

Costos

El HT-FS de Arcata fue un proyecto que aprovechó los espacios existentes y evitó los costos de compra de terrenos utilizando los humedales disponibles. El costo inicial de construcción del proyecto fue de US$600.000. Los costos totales de capital para el proyecto hasta la fecha son de US$1.000.000. Estos costos no incluyen futuras mejoras del sistema.

Desde la construcción inicial, se han realizado varias inversiones adicionales de capital. El principal proyecto individual fue la instalación de una estación de bombeo para que el efluente regrese a la planta de tratamiento para cloración y decloración, que se realizó en 1984 a un costo de US$150.000. En 2013, uno de los estanques de oxidación se convirtió en dos HT adicionales que requirieron una inversión de aproximadamente US $ 200,000 cada uno. Se tuvo que construir un sistema de tuberías del afluente por gravedad junto con una tubería para llevar el efluente de los HT a los HM. Inicialmente había cuatro vertederos de entrada que transferían el flujo de la laguna de oxidación a las HT. Se instalaron dos vertederos de entrada adicionales para los nuevos HT 5 y 6, y mejorar la hidráulica a través de los humedales. Estos vertederos están hechos de aluminio y son ajustables. Los vertederos costaron alrededor de US$25.000 cada uno en 1984. Había 12 vertederos para los efluentes no ajustables en los HT que son fijos y no se utilizan en ninguna operación de manejo. Todos los vertederos adicionales fueron construidos por el personal de la ciudad, por lo que no se conoce el costo de la mano de obra y los costos de los materiales fueron mínimos (troncos de madera y concreto) Los costos fijos de operación y mantenimiento se deben principalmente al bombeo de aguas residuales y al personal. Los costos de bombeo están asociados con el movimiento de aguas residuales desde el HT y con el traslado de agua desde los HM hasta el punto de desinfección y descarga. Ambas bombas funcionan en condiciones de alto volumen y baja carga, lo que minimiza los requisitos de energía. El costo de operador para el sistema de humedales es mínimo, con un presupuesto de 0,75 equivalentes a tiempo completo, a una tasa de aproximadamente US$60.000 por año. Los deberes del personal incluyen muestreo del sistema, análisis de laboratorio y redacción de informes.

Co-beneficios

Beneficios ecológicos

Los humedales de Arcata comprenden una parte importante de los pantanos y el Santuario de Vida Silvestre de Arcata, que es ampliamente conocido por atraer a miles de aves acuáticas durante las temporadas de migración. Se han registrado más de 300 especies de aves, incluidas garcetas, águilas pescadoras, pájaros cantores y rapaces, en el santuario o sus alrededores. También los alrededores del santuario son hábitat para los invertebrados, aunque se desconoce si hay presencia de especies de peces en los HM. Las celdas de aguas residuales proporcionan un medio eficiente de filtración natural para las aguas residuales domésticas e importantes sitios de resguardo para patos de charco, fochas, rascones, garzas y garcetas. Las áreas ribereñas que rodean los humedales de tratamiento proporcionan hábitats para especies como fochas y rascones.

Las especies de macrófitas emergentes dentro del sistema de humedales también brindan beneficios para el secuestro de carbono. Extrapolando los datos publicados sobre la producción de biomasa para las principales especies de macrófitas, se estima que el humedal de tratamiento secuestra 21 000 kg C/año y ha acumulado 120.000 kg C durante 24 años (Burke, 2009)

Beneficios Sociales

Además del significativo valor como hábitat descrito arriba, el sistema de humedales de Arcata, también brinda beneficios recreacionales y de contacto con la naturaleza como parte del Santuario de Vida Silvestre de Arcata. El santuario, que abarca las tres HM e incluye marismas y tierras altas cubiertas de hierba, también incluye 8,7 km de senderos para caminar y andar en bicicleta, y un centro de interpretación que atiende a más de 150 000 visitantes cada año. Los senderos para caminar y andar en bicicleta del santuario brindan recreación, y el centro y los letreros interpretativos ubicados en todo el santuario ayudan a educar al público sobre los beneficios ecológicos asociados con los HM (Carol, 1999). Un coordinador de tiempo parcial financiado por la ciudad y voluntarios de "Amigos de los humedales de Arcata" brindaron oportunidades adicionales de divulgación a través de excursiones y capacitación (FOAM, 2018). La Ciudad de Arcata ha sido reconocida a través de múltiples premios y el santuario ocupa un lugar destacado en la vida cívica local.

Contraprestaciones

Históricamente, las lagunas de oxidación y el área de las HM eran marismas que albergaban flora y fauna. Si bien estas áreas no fueron restauradas, se puede considerar su conversión en parte a nuevas áreas de humedales que compensaron significativamente estas pérdidas. La adición de una nueva área de humedales es particularmente importante, ya que aproximadamente el 90% de los humedales históricos de agua dulce alrededor de la bahía se han perdido debido a los diques y drenajes agrícolas y urbanos.

Existe una contraprestación dentro de una celda para la cantidad de agua abierta frente a la cantidad de área con vegetación en términos de hábitat para la vida silvestre. Las transiciones entre el agua abierta y la franja con vegetación brindan refugio y hábitats de anidación. La biodiversidad aumenta en estas áreas debido a los hábitats más complejos.

Lecciones aprendidas

Desafíos y Soluciones

Desafío/Solución 1: Fluctuaciones estacionales en el desempeño

Los aspectos estacionales del sistema natural en términos de su ciclo biogeoquímico afectan la eficiencia del tratamiento. Existen límites biológicos para cumplir con los requerimientos de descarga que deben ser tenidos en cuenta en el diseño y controles operativos.

Los sólidos sedimentados se descomponen y liberan amonio y aumentan la DBO_5 soluble, que solo se reduce/convierte si el tiempo de retención hidráulica es superior a 5 días. Las zonas más profundas en la zona de entrada permitirán la captura, la retención y la descomposición de sólidos, lo que permitirá que parte del humedal reduzca los productos de descomposición nitrogenados y carbonáceos liberados. Debido a que los HT FS son sensibles a las fluctuaciones de flujo, sería conveniente tener alguna forma de ecualización o desincronización del flujo aguas arriba de los humedales para lograr un mejor desempeño del sistema

Desafío/Solución 2: manejo de sólidos acumulados y de material de macrófitas

Hay dos problemas a largo plazo asociados con los HT-FS: el manejo de los sólidos acumulados (sólidos de algas y detríticos en el caso de Arcata) y el manejo del material vegetal de las macrófitas-. Los sólidos en las áreas de entrada a los HT se reducen a partículas más pequeñas mediante oxidación o resolubilización, para luego descomponerse. Bajo algunas condiciones, éstos sólidos pueden ser removidos y combinados con desechos orgánicos para compostaje y aplicación al suelo. A veces es necesario eliminar el material vegetal flotante para mantener el valor del hábitat sin afectar la eficacia del tratamiento. Originalmente, se predijo en 1984, que se alcanzaría una cobertura y densidad de plantas límite en 17 años. El sistema sigue funcionando, pero hay signos de limitación y se han iniciado opciones de manejo de vegetación y sólidos (34 años después).

Desafío/Solución 3: cumplimiento con los estándares de agua receptora y la política de la bahía y el estuario

Un desafío continuo es cumplir con los estándares reglamentarios del estado de California y la política de la bahía y el estuario. Esta política establece que las descargas de aguas residuales municipales no están permitidas en bahías cerradas a menos que cumplan con los requisitos de descarga que incluyen estándares secundarios federales y estatales, y protejan todos los usos beneficiosos existentes en la Bahía de Humboldt y agreguen nuevos usos beneficiosos. Los estudios piloto demostraron la capacidad de los HT-FS para ser un sistema eficaz de tratamiento para las aguas residuales.

Desafío/Solución 4: necesidades de personal (estacional y experiencia única)

El personal operativo de la ciudad necesitaba capacitación y educación sobre cómo funciona un sistema de humedales y sobre cómo identificar los factores operativos. A diferencia del proceso estándar de tratamiento de aguas residuales, que requiere tareas diarias, un HT-FS requiere estrategias y controles estacionales. Operar un HT-FS es comparable a las operaciones agrícolas con diferentes cultivos, es decir, temporada de crecimiento, lluvia, cosecha, biomasa, etc. El tiempo real y el esfuerzo para operar y monitorear el humedal de Arcata, es equivalente aproximadamente a un tiempo completo.

Desafío/Solución 5: cambio climático/aumento del nivel del mar

Se pronostica que el aumento del nivel del mar pondrá a la mayoría de las HM en condiciones de marea para 2050.

Esta región particular de la costa oeste tiene la marea media más alta prevista debido tanto al aumento del nivel del mar como al hundimiento de la tierra. Se necesitan más adaptaciones para preparar el área para la amenaza inminente del aumento del nivel del mar.

Comentarios/evaluación de los usuarios

Alex Stillman (concejal dos mandatos, exalcaldesa y presidenta de Foam) (Stillman, 2018): "Como miembro de la comunidad desde hace mucho tiempo, sé la importancia de tener un sistema alternativo de tratamiento de aguas residuales. Nos enorgullece saber que la Ciudad de Arcata y la Universidad Estatal de Humboldt pudieron combinar sus talentos para crear este proyecto. El humedal y el Santuario de Vida Silvestre de Arcata ha sido un sistema rentable de tratamiento de aguas residuales para la ciudad y, al mismo tiempo, sirve como fuente de ecoturismo".

"Verdaderamente un regalo: 'la planta de tratamiento de agua más hermosa del mundo', al mirarla, nunca sabría que el humedal de Arcata es en realidad una planta de tratamiento de aguas residuales en funcionamiento e innovadora. Es más, probablemente no necesites saberlo para disfrutar de un paseo por sus numerosos senderos. Simplemente puede disfrutar de la hermosa vista de la bahía, vislumbrar nutrias chapoteando y nadando en el estanque, y observar las muchas variedades de aves que llaman hogar al humedal. Hay guías regulares, así como un centro de interpretación." Trip Advisor (13/8/18-g29106-d3982313).

William Rodriguez, ingeniero sénior durante el período de los estudios piloto y la implementación del proyecto a gran escala, dijo que el sistema de HT de Arcata es "tan perfecto como se puede conseguir". Este es un comentario interesante porque William fue uno de los primeros críticos del sistema y cuestionó el enfoque inicialmente; a medida que le llegaban los datos del proyecto piloto para que los revisara, empezó a entender cómo funcionaba el sistema y que le proporcionaría un método de tratamiento confiable y eficaz.

El humedal está lleno de distintos beneficios", dijo la presidenta de la junta de Amigos del Humedal, Mary Burke. Burke continuó diciendo que la educación ha jugado un papel importante en la creación del sistema de tratamiento del humedal, con varios estudiantes de la Universidad Estatal de Humboldt ayudando a diseñar el proyecto piloto original de tratamiento de aguas residuales en 1979. Como el humedal y la planta de tratamiento son propiedad de la ciudad, Burke dijo que ha creado una buena relación de trabajo entre el programa de ingeniería ambiental de la universidad y el municipio (Houston, 2014).

Referencias

Burke, M. (2009). An Assessment of Carbon, Nitrogen, and Phosphorus Storage and the Carbon Sequestration Potential in Arcata's Constructed Wetlands for Wastewater Treatment. Thesis, Humboldt State University

Burke, R. (2018). Analysis of Coliform Reduction Through Arcata Wastewater Treatment Facility Treatment Process. Arcata Marsh Research Institute.

Brown, D, et al. (1999). Constructed Wetlands Treatment of Municipal Wastewaters - A Manual. EPA-625-R-99/010 Office of Research and Development, Cincinnati, Ohio.

Carol, D. (1999). Arcata, California...the rest of the story.

Small Flows, 13(3).

Environmental Resource Engineering Department, HSU, et al. (1999). Free Water Surface Wetlands for Wastewater Treatment: A Technology Assessment, Prepared for USEPS, Office of Wastewater Management and US Bureau of Reclamation, and City of Phoenix, AZ.

EPA (1993). Constructed Wetlands for Wastewater Treatment and Wildlife Habitat-17 Case Studies, EPA832-R-93-005.Friends of the Arcata Marsh (FOAM) (2018). http://www.arcatamarshfriends.org/ (accessed 13 August 2018).

Halverson, H. (2013). Treatment Capabilities of the Enhancement Wetlands at the Arcata Wastewater Treatment Facility. MSc thesis, Humboldt State University.

Houston, W. (2014). Arcata Marsh and Wildlife Sanctuary:

Pulling Double Duty. Eureka Times Standard.

Levy, S. (2018). The Marsh Builders - The Fight for Clean

Water, Wetlands, and Wildlife. Oxford University Press.

Gearheart, R. A. (1992). Use of constructed wetlands to treat domestic wastewater - City of Arcata, California. Water Science and Technology, 26(7), 1625–1637.

Gearheart, R. A. (1995). Watershed-Wetlands-Wastewater Management, Natural and Constructed Wetlands for Wastewater Treatment and Reuse - Experiences, Goals, and Limits. Presented at the International Seminar, Centro Studi Provincia Perugia, Italy.

Gearheart, R. A. et al. (1983). Volume 1 Final Report, City of Arcata Marsh Pilot Project, Effluent Quality Results-System Design and Management-Project No. C06-2270, North Coast Regional Water Quality Control Board, Santa Rosa, CA, and State of California Water Resources Control Board, Sacramento, CA.

Martinez, J. M. (2018). Oxidation Pond 2 Solids Survey [Memorandum]. Arcata Marsh Research Institute. https://arcatamarsh.files.wordpress.com/2018/08/op2_solids_survey_memo.pdf.

Martinez, J. M. (2018). Oxidation Pond 2 Solids Survey [Memorandum]. Arcata Marsh Research Institute. https://arcatamarsh.files.wordpress.com/2018/08/op2_solids_survey_memo.pdf.

Rodman, K. (2018). EW Water Quality Analysis and Proposed Upgrades 2018. Arcata Marsh Research Institute.

Sipes, K. (2018). Treatment wetland remediation via in-situ solids digestion using novel blue frog circulators. MSc thesis, Humboldt State University.

Stillman, A. (2018). Personal communication with Bob Gearheart, 13 August.

Tripadvisor (2018). https://www.tripadvisor.com/Attraction_Review-g29106-d3982313-Reviews-Arcata_Marsh_and_Wildlife_Sanctuary-Arcata_Humboldt_County_California.html (accessed 13 August 2018).

Wallace, A. (1994). Green Means – Living Gently on the Planet. San Francisco, CA, KQED Books.

Woo. S., et al. (editors) (2000). The Role of Wetlands in Watershed Management-Lessons Learned. Second Conference of the Use of Wetlands for Wastewater Management and Resource Enhancement.

DOS HUMEDALES DE FLUJO LIBRE/SUPERFICIAL PARA EL POST-TRATAMIENTO TERCIARIO DE AGUAS RESIDUALES EN SUECIA

TIPO DE SOLUCIÓN BASADA EN LA NATURALEZA (SBN)
Humedales para tratamiento de flujo superficial (HT-FS)

LOCALIZACIÓN
1) Humedal de Magle, Hässleholm
2) Humedal de Ekeby, Eskilstuna

TIPO DE TRATAMIENTO
Post- terciario con HT-FS

COSTO
1) 11.000.000 SEK[1] (Magle)
2) 23.000.000 SEK[1] (Ekeby)

FECHAS DE OPERACIÓN
1) 1995 al presente (Magle)
2) 1999 al presente (Ekeby)

ÁREA/ESCALA
1) Total 300.000 m², Capacidad Máxima 26.000 m³/day (Magle)

2) Total 280.000 m², Capacidad Máxima 121,000 m³/day (Ekeby)

Antecedentes del proyecto

El humedal para tratamiento superficial de Magle (HT-FS) se construyó en 1995 como última etapa de tratamiento para la planta de tratamiento de aguas residuales (PTAR) en Hässleholm. El objetivo principal era reducir aún más el nitrógeno y el fósforo mediante la asimilación en las plantas, combinada con la cosecha. También, se esperaba que se produjera una eliminación adicional de nitrógeno a través de la desnitrificación. El humedal Ekeby se construyó en 1999 para mejorar la reducción de nitrógeno. El punto de descarga final es en ambos casos el Mar Báltico (es decir, el Báltico propiamente dicho). El mar tiene limitaciones de nitrógeno y para disminuir la eutrofización es importante reducir aún más la entrada de nitrógeno, lo que se lograría, mejorando la eliminación de nitrógeno en la PTAR y/o utilizando humedales para tratamiento (HT) como post-tratamiento terciario. En la Figura 1 se presenta una vista aérea de Magle HT-FS y en la Figura 2 se presenta una vista aérea de Ekeby.

AUTORES:

Sylvia Waara, Per-Åke Nilsson, *Rydberg Laboratory of Applied Sciences, School of Business, Engineering and Science, Halmstad University, Halmstad, Sweden*
Norra Byvägen, *Tormestorp, Sweden. Retired from Hässleholms Vatten*
Contacto: Sylvia Waara, *sylvia.waara@hh.se*

Figura 1: Humedal de flujo libre de Magle en Hässleholm (Fotografía: P.-Å. Nilsson)

Figura 2: PTAR y humedal de flujo libre de Ekeby en Eskilstuna (Eskilstuna Energi and Miljö, 2017)

Resumen Técnico

Tabla resumen

TIPO DE AFLUENTE	Magle, Hässleholm Aguas residuales con tratamiento terciario [2]	Ekeby, Eskilstuna Aguas residuales con tratamiento terciario [23]
DISEÑO		
Caudal (m³/día)	12.000	43.200
Población equivalente (Hab.-Eq.)	31.000	89.000 (108.424) [4]
Área (m²)	90.000	300.000
Área por población equivalente (m²/Hab.-Eq.)	9,7	3,1
AFLUENTE		
Nitrógeno Total (NT) (mg/L)	12	17,6
Fósforo Total (PT) (µg/L)	160	246
Demanda bioquímica de oxígeno (DBO$_5$) (mg/L)	3,1	4,1
Demanda química de oxígeno (DQO) (mg/L)	28	30,6
Solidos suspendidos totales (SST) (mg/L)	4,1	6,0
EFLUENTE		
NT (mg/L)	8,4	14,4 (14)[5]
PT (µg/L)	110	119
DBO$_5$ (mg/L)	2,5 (muestra filtrada)	3,7 (1,5, muestra filtrada) [5]
DQO (mg/L)	39	31
SST (mg/L)	14	8,8
Escherichia coli (Unidades formadoras de colonias (UFC)/100 mL)	1.000	Datos no disponibles

COSTO		
Construcción	11.000.000 SEK [6]	23.000.000 SEK [6] (aproximadamente €2,2 millones)
Operación (anual)	250.000 SEK [6,7]	200.000 SEK [6] (aproximadamente €19.200)

Diseño y construcción

El humedal de flujo superficial de Magle se construyó en 1995 y está situado en un terreno formado por un bosque, una pradera y una turbera. El diseño del HT-FS se presenta en la Figura 3. El humedal, incluidas las áreas circundantes, cubre 300.000 m² y la superficie del humedal es de 200.000 m². Las aguas residuales tratadas se bombean 1,5 km hasta la entrada del humedal (Figura 3) y luego fluyen por gravedad. El agua corre por una laguna de distribución larga (A), luego pasa a través de una de las cuatro lagunas paralelas (B, C, D, E) desde donde termina en una laguna colectora (F). Pasa por un medidor de flujo y un punto de muestreo y se descarga en un estanque y se transporta al lago Finjasjön. La profundidad promedio es de 0,5 m, pero en algunos lugares a lo largo de los lados de las lagunas la profundidad del agua es de hasta 2,5 m. Las zonas profundas se construyeron para mejorar la desnitrificación y las zonas menos profundas se diseñaron para mejorar la retención de fósforo y mantener algunas áreas oxigenadas y con vegetación. No hay una adición significativa de agua superficial al humedal, pero hay filtración de agua subterránea hacia el humedal. La dilución por filtración de agua subterránea en el humedal se ha estimado en un 4-5%.

El diseño del humedal de Ekeby se muestra en la Figura 4. El humedal de Ekeby está situado en tierra cultivable que consta de una capa de arcilla fina de 5 a 15 m. El humedal, incluidas las áreas circundantes, cubre 400.000 m². El área del humedal, incluidos los canales, es de 300.000 m² y el área del humedal es de 280.000 m². Recibe aguas residuales con tratamiento terciario de la PTAR (89.000 Hab.-Eq.) y el volumen total es de 300.000 m³ repartidos en ocho lagunas. El agua entrante fluye pasivamente y se distribuye mediante un canal que lleva el agua a cinco lagunas paralelas. Luego, el agua se recoge en otro canal de distribución e ingresa a tres lagunas paralelas. Finalmente, el agua se recoge en un canal de distribución y se descarga en el río Eskilstunaån. Las lagunas tienen varios tamaños, formas y morfologías de fondo, y todas contienen partes profundas e islas. La profundidad media es de 1 m y la profundidad máxima de 2 m. Se incluyeron islas y partes profundas para promover la mezcla y evitar condiciones de flujo a pistón (Linde y Alsbro, 2000).

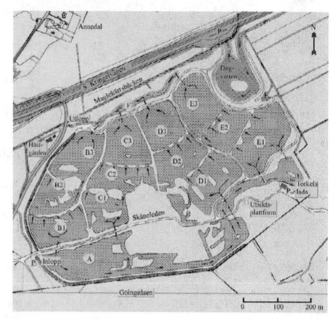

Figura 3: Diseño del humedal de Magle (Hässleholms Vatten). Dagvatten es agua de lluvia, inlopp es entrada y utlopp es punto de descarga

La dilución en el humedal es baja y fue en promedio del 1,8 % durante 2002–2011 (Waara y Gajewska, 2020).

Tipo de afluente/tratamiento

En ambos humedales, el afluente son aguas residuales municipales previamente tratadas (tratamiento mecánico, biológico, químico, y filtración) provenientes de la PTAR. Ambas ciudades tienen principalmente sistemas de alcantarillado separados para aguas residuales y pluviales. Por lo tanto, las aguas residuales municipales no deben incluir aguas pluviales. Sin embargo, en Suecia muchas de las redes de conexión de aguas residuales tienen más de 50 años y tienen fugas. Las tuberías de aguas pluviales también se encuentran a menudo mal conectadas. En Ekeby, se realizó un estudio detallado de la variación del flujo durante 2002–2011 (Waara et al., 2015). **Se observó** una gran variación del flujo de entrada mensual durante el período de estudio. También hubo un aumento general en el caudal medio mensual de 130.000 m³ durante el comienzo del período de estudio, mientras que durante la última parte fue de 150.000 m³ (Waara y Gajewska, 2020).

Esto se debió al nuevo desarrollo urbano: pequeños pueblos se conectaron a la red y se produjo un flujo de infiltración. La tasa de carga hidráulica (TCH) se puede comparar con otros sistemas de superficie de agua libre (FS) y, Kadlec (2009) mostró que la TCH media para un humedal de FS es de 3,05 cm/día y aproximadamente el 25 % de los 205 sistemas de FS estudiados tenían una TCH más alta que 10 cm/día. Por lo tanto, además de las grandes variaciones en los flujos diarios y mensuales hacia el humedal de Ekeby, la TCH también es alta en comparación con otros HT.

Eficiencia del tratamiento

Se presentan datos de concentración en el afluente y efluente en la tabla resumen anterior.

Según Flyckt (2010), la eliminación de nitrógeno total (NT) durante 1996–2009 en Magle fue en promedio 24%, equivalente a 1.066 kg/ha/año. Se obtuvo un valor ligeramente superior, 30%, durante 2015-2017. La eliminación de fósforo total (PT) varió mucho de un año a otro durante 1996–2009 (Flyckt, 2010), con una reducción promedio del 24 % durante 1996–2006. Durante algunos años fue mayor en el efluente que en el afluente. Se obtuvo un valor ligeramente superior, 31%, durante 2015-2017. La concentración de DBO$_7$ en el afluente es bastante estable, pero en el efluente, la concentración de DBO$_7$ aumenta durante el período de crecimiento debido a la producción primaria y las floraciones de *Cladophora*, lo que dificulta el logro de los objetivos de calidad de los efluentes para los humedales (consulte la discusión a continuación en "Desafíos y soluciones").

En Ekeby, la eliminación de NT durante 2002–2011 fue del 17 % en base a una concentración equivalente a 1.668 kg/ha/año (Waara et al., 2015). La mayor parte del nitrógeno se eliminó entre abril y octubre, pero también se eliminó entre el 0 y el 30 % durante noviembre y marzo. Este valor (es decir, 168 g NT/m²) es ligeramente superior al valor medio de 129 g NT/m² determinado para 116 sistemas de FS analizados por Kadlec (2009). La eliminación de PT estuvo entre 35 y 71 % durante 1999–2009 (Flyckt, 2010) y el promedio basado en la concentración durante 2002–2011 fue 52 % (Waara et al., 2019). La eliminación de DBO$_7$ mostró una variación estacional pronunciada y, durante el periodo de crecimiento, la concentración en el exterior fue a menudo mayor que la concentración en el interior. La reducción promedio durante 2002-2011 fue del 10 % (Waara et al., 2019).

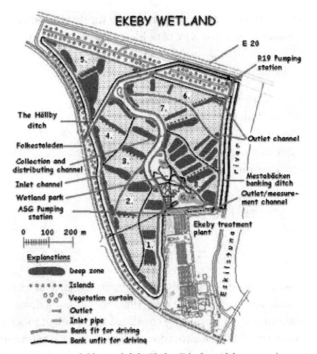

Figura 4: Diseño del humedal de Ekeby (Linde y Alsbro 2000)

Para ambos humedales existe una clara variación estacional en la eliminación de NT y DBO$_7$. La eficiencia de eliminación de NT no depende de la edad de los humedales (Flyckt, 2010; Waara, 2015).

Operación y mantenimiento

Ambos humedales se consideran parte de los sistemas de tratamiento de la PTAR y se toman muestras de agua periódicamente para monitorear su desempeño según lo exigen las autoridades. En Magle, el agua se bombea hacia el humedal, mientras que en Ekeby el agua fluye pasivamente hacia el humedal. En Magle, algunas plantas se cosechan cada otoño para mantener estable el nivel de fósforo. Para ambos humedales, también se realiza el mantenimiento normal del parque. También se debe realizar la eliminación de las plantas que crecen dentro y alrededor de las tuberías que conectan los estanques.

Para Ekeby, es necesario realizar mantenimiento y renovación (Eriksson, 2018). El sistema tiene una carga hidráulica mucho mayor que la prevista en la construcción. Es necesario eliminar los sedimentos de los canales en la entrada y en algunos de las lagunas. Los análisis de metales de los sedimentos también indican altos niveles de metales y el sedimento solo puede usarse para cubrir rellenos sanitarios.

Costos

El costo de construcción para Magle fue de 11.000.000 de coronas suecas (SEK) y para Ekeby fue de 23 000 000 de SEK en valores de 2008, según Flyckt (2010). Los costos incluyen la compra del terreno.

Los costos anuales continuos de operación y mantenimiento son de 250.000 SEK para Magle y 200.000 SEK para Ekeby (Flyckt 2010). En Magle, la cosecha de plantas contribuye a los costos continuos, mientras que en Ekeby no se cosechan plantas.

Co-beneficios

Beneficios Ecológicos

Los humedales atraen diversa avifauna. Johansson (2013) revisó los registros de avifauna en 12 humedales de tratamiento en Suecia. Se consideró que Ekeby tenía una población estable de aves durante 1999–2012, con un total de 201 especies observadas, incluidas 164 especies durante la temporada de reproducción. El número de especies típicas de humedales ha estado entre 20 y 25. En Magle, se han registrado 177 especies de aves en el área, incluidas 124 especies durante la temporada de reproducción. Sin embargo, la diversidad de aves fue máxima durante 1996–2005 y desde entonces ha disminuido. En su apogeo, el número de especies típicas de humedales fue de 20 a 25, pero se redujo a aproximadamente la mitad durante 2009-2012. Los factores que contribuyen a la disminución de las especies de humedales podrían ser que la colonia de gaviotas reidoras, *Chroicocephalus ridibundus*, es más pequeña en Magle que en Ekeby. También podría deberse a la presencia de la carpa europea, *Cyprinus carpio*, en Magle, una especie de pez que no está presente en Ekeby (Backlund, 2008).

Beneficios Sociales

Tanto Magle como Ekeby están ubicados en las afueras de las ciudades y han sido diseñados para incluir oportunidades de recreación y educación. Permiten a los habitantes comprender el ciclo del agua y la importancia de un tratamiento eficiente de las aguas residuales. Los ciclistas y excursionistas son invitados y cuentan con senderos, paneles informativos, áreas de picnic y miradores para los observadores de aves. Estos se utilizan tanto para la recreación y con fines educativos. Además, el 53% de los que respondieron a una consulta entre los residentes de Hässleholm informaron que visitaron el humedal de Magle al menos una vez por año. (Pedersen et al., 2019).

Los participantes también encontraron el área del humedal adecuada para varias actividades, por ejemplo, acercarse a los animales y la naturaleza, actividad física, experimentar la belleza y estar solos. Para los visitantes, los olores rara vez son un problema, como tampoco lo son los mosquitos.

Contraprestaciones

En Magle, la tierra asignada para el humedal consistía en un 50 % de bosque pantanoso y un 50 % de pastizales húmedos, y en Ekeby la tierra anteriormente era tierra de cultivo. Todavía existen tipos de paisajes similares en las áreas rurales que rodean los humedales. La tierra podría haber sido utilizada para otros fines, como la agricultura o la silvicultura.

Lecciones aprendidas

Desafíos y Soluciones

En Magle, las floraciones de *Cladophora* ocurren en primavera y verano. Durante estas floraciones, las células de *Cladophora* se liberan y entran en el efluente, lo que da como resultado un aumento de DBO_7, DQO y sólidos en suspensión. En Ekeby, la DBO_7 es frecuentemente más alta en el efluente que en el afluente durante la temporada con vegetación. Esto ha dado lugar a discusiones sobre el cumplimiento de los límites de descarga de DBO_7 en ambas PTAR, con tratamiento post-terciario mediante estanques y humedales. Por ello, hoy en día, los límites de vertido de las PTAR con humedales como tratamiento post-terciario se establecen para DBO_7 en muestras filtradas (ver por ejemplo NFS 2016: 6).

La carpa europea (*Cyprinus carpio*) presenta una gran población en el humedal de Magle, lo que puede estar afectando negativamente a la diversidad de aves (Johansson, 2013). Los propietarios también temen que las carpas sean capturadas y vendidas ilegalmente a restaurantes de la ciudad. También se han registrado varias especies de peces en Ekeby, pero no la carpa europea (Backlund, 2008).

La utilidad de cosechar plantas en Magle para eliminar nitrógeno y fósforo ha sido cuestionada por los propietarios y por Flyckt (2010). Parece haber sido más eficiente cuando el humedal estaba en sus inicios y presentaba más vegetación sumergida. También es posible que la carpa, junto con el proceso de cosecha, perturbe el sedimento y, en consecuencia, provoque la resuspensión de partículas que contienen fósforo.

Referencias

Backlund M. (2008). The fish fauna in Ekeby wetland (In Swedish). Bachelor thesis, Mälardalen University.

Eriksson J. (2018). Capacity control of Ekeby wetland 2018. The need of maintenance of the ponds. (In Swedish). Thesis, Västbergslagens utbildningscentrum.

Flyckt L. (2010). Treatment results, experiences of operation and cost efficiency for Swedish Wetlands treating pretreated wastewater (In Swedish). Masters thesis, Linköping University.

Johansson C. (2013). The Importance of Wetlands Polishing Wastewater for Bird Fauna. (In Swedish). Birdlife Sweden Report.

Kadlec R. H. (2009). Comparison of free water and horizontal subsurface treatment wetlands. *Ecological Engineering* **35**, 159–174.

Linde W. L., Alsbro R. (2000). Ekeby wetland – the largest constructed SF wetland in Sweden. *Water Pollution Control* 7, 1101–1110.

Pedersen E., Weisner S. E. B., Johansson M. (2019). Wetland areas' direct contributions to residents' well-being entitle them to high cultural ecosystem values. *Science of the Total Environment* **646**, 1315–1326.

Waara S., Gajewska M., Dvarioniene J., Ehde P. M., Gajewski R., Grabowski P., Hansson A., Kaszubowski J., Obarska-Pempkowiak H., Przewlócka M., Pilecki A., Nagórka-Kmiecik D., Skarbek J., Tonderski K., Weisner S., Wojciechowska E. (2014). Towards recommendation for design of wetlands for post-tertiary treatment of waste water in the Baltic Sea Region – Gdánsk case study. Linnaeus ECO-TECH '14, Kalmar, Sweden, 24–26 November 2014.

Waara S., Gajewska M., Cruz Blazquez V., Alsbro R., Norwald P., Waara K.-O. (2015). Long term performance of a FWS wetland for post-tertiary treatment of sewage - the influence of flow, temperature and age on nitrogen removal. In: Dotro, G., Gagnon, V. (editors). Book of Abstracts: 6th International Symposium on Wetland Pollutant Dynamics and Control: Annual Conference of the Constructed Wetland Association: 13th to 18th September 2015, York, United Kingdom, pp. 38–3.

Waara S., Gajewska M. (2020). Long term performance of a FWS wetland for post tertiary treatment of sewage - the influence of flow, season and age on nitrogen removal. Manuscrito en preparación.

NOTAS

1 1 En coronas suecas (SEK) , valor monetario de 2008 (Flyckt, 2010).

2 Valores promedio 2015-2017.

3 Valores promedio semanales 2002–2011 (Waara et al., 2019) si no se indica lo contrario.

4 Población equivalente 2016 (EEM, Informe Ambiental 2016).

5 Datos de 2016 (EEM, Informe Ambiental, 2016).

6 Recalculado al valor monetario de la corona sueca (SEK) en 2008 (Flyckt, 2010).

7 No se incluye el costo de bombeo ya que previamente se bombeó el efluente

SISTEMA DE FLUJO LIBRE/SUPERFICIAL PARA EL TRATAMIENTO TERCIARIO EN JESI, ITALIA

TIPO DE SOLUCION BASADA EN LA NATURALEZA (SBN)

Humedal para Tratamiento de flujo superficial (HT-FS) (parte de un sistema multietpas)

LOCALIZACION
Jesi, Jesi, Región de Marche, Italia

TIPO DE TRATAMIENTO
Tratamiento terciario con HT-FS

COSTO
€75.000,00 (2002)

FECHA DE OPERACION
2002 al presente

AREA/ESCALA
65.000 m²

Antecedentes del proyecto

El Municipio de Jesi en Italia necesitaba aumentar la capacidad de la planta centralizada de tratamiento de aguas residuales (PTAR) de 15.000 a 60.000 habitantes equivalentes. La remodelación de la planta consistió en agregar dos nuevos compartimentos:

• un reactor tecnológico de nitrificación/desnitrificación; y

• un humedal de tratamiento final (HT), basado principalmente en un humedal de flujo superficial (FS), etapa de tratamiento terciario.

Los principales objetivos de la etapa terciaria de HT fueron los siguientes:

• pulir el efluente municipal de la PTAR para cumplir con los estándares de efluentes durante todo el año;

• mejorar el proceso de desnitrificación para permitir la reutilización de efluentes en un área industrial cercana (refrigeración en una empresa azucarera); y

• minimizar los impactos de descarga de efluentes en el río Esino

AUTORES:

Fabio Masi, Anacleto Rizzo, Ricardo Bresciani
IRIDRA Srl, via Alfonso La Mamora 51, Florence, Italy
Contacto: Anacleto Rizzo, *rizzo@iridra.com*

Figura 1: HT-FS de la PTAR de Jesi (Italia). localización, 43° 32′ 51.38′′ N, 13° 17′ 58.33′′E

Figura 2: HT-FS (Izquierda) y vista aérea (derecha) de la planta de tratamiento de aguas residuales (sistema terciario) de Jesi – (Italia)

Resumen Técnico

TIPO DE AFLUENTE	Aguas residuales municipales
DISEÑO	
Caudal (m³/día)	13.000–19.000
Población equivalente (Hab.-Eq.)	60.000
Área (m²)	Primera etapa: laguna de sedimentación: 5.000 m²
	Segunda etapa: humedal de flujo subsuperficial horizontal: 10.000 m²
	Tercera etapa: HT - FS:50.000 m²
	Total: 65.000 m²
Área por población equivalente (m²/Hab.-Eq.)	1,1
AFLUENTE	
Demanda Bioquímica de oxígeno (DBO$_5$) (mg/L)	11,6 (media – datos monitoreados)
Demanda Química de Oxígeno (DQO) (mg/L)	37,7 (media – datos monitoreados)
Sólidos suspendidos totales (SST) (mg/L)	11,4 (media – datos monitoreados)
Nitrógeno amoniacal (N-NH$_4$) (mg/L)	0,07 (media – datos monitoreados)
Nitrógeno de Nitrato (N-NO$_3$-) (mg/L)	5,5 (media – datos monitoreados)
Nitrógeno Total (NT) (mg/L)	8,5 (media – datos monitoreados)
EFLUENTE	
DBO5 (mg/L)	10,1 (media – datos monitoreados)
DQO (mg/L)	33,5 (media – datos monitoreados)
SST (mg/L)	2,7 (media – datos monitoreados)
N-NH$_4$ (mg/L)	1,6 (media – datos monitoreados)

EFLUENTE (cont.)	
N-NO₃ (mg/L)	2,8 (media – datos monitoreados)
NT (mg/L)	6,2 (media – datos monitoreados)
COSTO	
Construcción	€75.000,00
Operación (anual)	€5.000,00

Diseño y construcción

La SBN consistente en tratamiento terciario en la PTAR de Jesi, se basa en una etapa con un humedal de flujo superficial de 5 hectáreas. Entre el efluente de la PTAR y el humedal, se implementó una laguna de sedimentación con un volumen de 5.000 m³ y un humedal para tratamiento de flujo horizontal subsuperficial (FH) de 1 hectárea.

El lodo acumulado en la laguna de sedimentación se bombea periódicamente a un bosque húmedo plantado con *Populous alba*. La salida final se puede desinfectar aún más mediante una estación ultravioleta de emergencia justo antes de la reutilización en un área industrial cercana.

Tipo de afluente/tratamiento

La etapa terciaria trata un caudal diario de aguas residuales en el rango de 13.000-19.000 m³/día, producido por el municipio que asciende a 60.000 habitantes equivalentes. El tratamiento secundario utiliza un reactor de lodos activados

Eficiencia del tratamiento

La etapa terciaria fue monitoreada extensivamente entre 2003 y 2005. Como lo muestran Masi et al. (2008), las eficiencias de eliminación promedio durante los primeros 3 años de operación fueron alrededor de 76%, 10%, 50% y 30% para SST, DBO₅, N-NO₃, y nitrógeno total, respectivamente. El rendimiento medido muestra que la PTAR ha alcanzado los niveles de producción deseados para la descarga en el río Esino para todos los parámetros considerados según la legislación italiana (SST 35 mg/L, DQO 125 mg/L, DBO₅ 25 mg/L, amonio 15 mg/L, nitratos 20 mg/L, nitritos 0,6 mg/L, fósforo total 2 mg/L, cloruros 1.200 mg/L, sulfatos 1.000 mg/L).

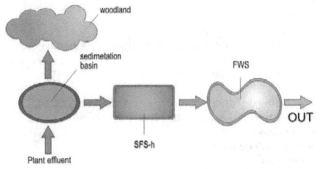

Figure 3: Esquema del HT-FS implementado en la PTAR de Jesi. (Versión original, sin traducción).

Operación y mantenimiento

Los trabajos de operación y mantenimiento son realizados por personal no calificado y se pueden categorizar en dos tipos: mantenimiento regular y extraordinario. El trabajo de mantenimiento regular tiene como objetivo mantener las instalaciones del proyecto funcionando de manera efectiva. Los principales trabajos de mantenimiento regular incluyen lo siguiente:

• inspección de estructuras de hormigón;

• pintura y engrase de estructuras de acero;

• nivelación y reparación de las carreteras;

• verificación de los niveles de aceite de motor y lubricantes (para lodos de la laguna de sedimentación, la línea de agua de la SBN funciona por gravedad tomando el efluente de los tanques de sedimentación superficiales, etapa final de la planta de tratamiento de lodos activados convencional);

• comprobación de las protecciones y aislamientos eléctricos;

• comprobación de la erosión de los terraplenes y los daños por socavación; y

• inspección visual para cualquier maleza, estado de las plantas o problemas de plagas.

Se debe realizar un mantenimiento extraordinario (por ejemplo, daños después de fuertes lluvias) cada vez que se dañe alguna instalación.

Costos

El gasto de capital fue de aproximadamente € 75.000,00 (US $ 71.250,00) (en 2002) e incluyó los siguientes elementos:
- movimiento de tierras;
- Construcción del HT (medios de relleno, revestimiento, geotextil, plantas);
- unidad de tratamiento primario (tanque Imhoff);
- lubricantes de la estación de bombeo (para lodos de la balsa de sedimentación, la línea de agua de la SBN funciona por gravedad);
- tuberías;
- edificios;
- tubería de desagüe;
- vías de circulación, aparcamientos y paisajismo;
- cercas y puertas;
- trabajos eléctricos.

Los gastos de funcionamiento se estiman en 5.000 € (4.750,00 USD) al año e incluyen los siguientes elementos
- consumo de energía;
- personal;
- mantenimiento adicional (muestreo, mantenimiento de la vegetación).

La realización de la planta fue financiada por la compañía local de agua a través de la tarifa normal.

Co-beneficios

Beneficios ecológicos

El HT- FS fue diseñado para ser un punto clave para la biodiversidad. Se diseñaron diferentes alturas de fondo, permitiendo la colocación de varias especies emergentes. (*Alisma plantago-acquatica, Butomus umbellatus, Caltha palustris, Iris pseudocorus, Juncus effuses, Lythrum salicaria, Mentha acquatica, Typha latifolia, Typha minima*), flotantes (*Ceratophyllum demersum, Elodea canadiensis, Epilobium hirsutum, Hydrocharis morsus-ranae, Nymphea alba, Nuphar luteum, Nymphoides peltata, Nymphea rustica*) y macrofitas sumergidas (*Fontanilis antipyretica, Myriophyllum spicatum, Potamogetum natans, Ranunculus aquatilis*)

La Asociación para la Investigación y Conservación de la Avifauna realizó una campaña de monitoreo de avifauna entre diciembre de 2004 y diciembre de 2005, para verificar los beneficios de las SBN en términos de poblaciones de aves. El seguimiento consistió tanto en la observación directa como en el anillado de aves. Se anillaron hasta 4.600 aves, con una media de 160 aves por día de muestreo. Se anillaron un máximo de 1.012 aves el día de muestreo del 11 de agosto de 2004. Se monitorearon 26 especies de aves diferentes en un área que anteriormente carecía de especies, y se distribuyeron de la siguiente manera: 19,6% *Emberiza scheniclus*, 13,1% *Prunella modularis*, 12,8% *Erithacus rubecula*, 11,8% *Cettia cetti*, 11,8% *Phylloscopus collybita*, 6,9% *Acrocephalus melanopogon*, 5,6%, *Aegithalos caudatus*, 18,4% otras.

Beneficios Sociales

El sistema de humedal está diseñado para funcionar con el uso intermitente del sistema de nitro-desnitrificación durante el tratamiento secundario, activando este tratamiento secundario solo cuando el sistema de humedales por sí solo no cumpla con los estándares del tratamiento. De hecho, durante la estación cálida, cuando la vegetación y la actividad microbiana son mayores, es posible que el HT- FS no necesite el compartimento de tratamiento secundario adicional para cumplir con los objetivos de tratamiento de agua para la desnitrificación. Esto puede reducir el uso de energía al limitar el período de tiempo que el compartimento de nitro-denitri necesita para operar.

La SBN está diseñada de acuerdo con el principio de economía circular, reutilizando tanto los lodos como enmienda del suelo para un bosque húmedo (plantado con *Populous alba*) como el agua para la reutilización industrial (refrigeración en una empresa azucarera).

El estricto estándar italiano de calidad del agua para la reutilización se alcanzó para casi todos los parámetros durante la campaña de monitoreo (SST 10 mg/L, DQO 100 mg/L, DBO_5 20 mg/L, amonio 2 mg/L, nitrógeno total 15 mg/L, fósforo total 2 mg/L, cloruros 250 mg/L, sulfatos 500 mg/L). Solo las concentraciones de surfactante total (2,1 mg/L) han estado continuamente por encima del límite legal, aunque la falta de datos de calidad del agua de entrada para este parámetro y la posibilidad de ácidos húmicos en el humedal (que podrían interferir con el análisis) dificultan determinar la causa principal de estos excesos.

Contraprestaciones

El HT-FS fue diseñado para cumplir con los objetivos de calidad del agua de descarga en cuerpos hídricos, así como para la reutilización del agua. Además, se instaló una unidad de desinfección ultravioleta para mejorar aún más la seguridad. Para tener una lámpara ultravioleta que funcione correctamente, el SBN requiere una reducción eficiente de los SST.

Lecciones aprendidas

Desafíos y soluciones

Desafío/Solución 1: tiempo de retraso en la activación de la desnitrificación y límites para un funcionamiento óptimo

Este sistema tardó casi 18 meses desde la puesta en marcha del HT para que la desnitrificación se produjera a niveles considerables. Se debe prever que la eliminación de nitrógeno sea bastante estable siempre que la temperatura sea superior a 10 °C y la biomasa vegetal fresca esté entre 5 y 17 kg/m2

Desafío/Solución 2: fuentes de carbono para la desnitrificación

A pesar de la ausencia de recirculación y una relación C:N en el afluente por debajo del valor óptimo para la desnitrificación en humedales (relación C:N, 5:1 (Kadlec y Wallace, 2009)), el HT-FS funcionó bien para la desnitrificación. Esto sugiere que el propio humedal debe generar cierta cantidad de carbono reducido que permite la alta tasa de desnitrificación. Otros sistemas biológicos (por ejemplo, la etapa de desnitrificación de un lodo activado) que funcionan en condiciones de déficit de carbono pueden no funcionar tan bien sin ajustes adicionales.

Comentarios/evaluación de los usuarios

La empresa de agua (Multiservizi SpA) apreció el rendimiento de desnitrificación del HT-FS, que permitió una reducción en el consumo de energía del tratamiento secundario. Además, la empresa de servicios públicos también mejoró su reputación con las partes interesadas locales debido a las mejoras resultantes en la biodiversidad y la vida silvestre de las aves.

Referencias

Kadlec, R. H., Wallace, S. (2009). Treatment Wetlands, 2nd edn. Boca Raton, Florida, CRC Press.

Masi, F., (2008). Enhanced denitrification by a hybrid HF-FWS constructed wetland in a large-scale wastewater treatment plant. In Wastewater Treatment, Plant Dynamics and Management in Constructed and Natural Wetlands, pp. 267–275. Dordrecht, Netherlands. Springer Nether.

HUMEDALES NATURALES

AUTOR

Rose Kaggwa, *National Water & Sewerage Corporation, Kampala, Uganda*
Contacto: *rose.kaggwa@nwsc.co.ug*

1 - Entrada
2 - Humedal natural
3 - Salida

Descripción

Los humedales naturales son sistemas semiacuáticos que presentan un flujo libre de agua superficial, entre los que se incluyen los humedales de márgenes lacustres, los sistemas de pantanos extensos, y los pantanos de llanuras de inundación. Están compuestos de vegetación emergente natural preexistente, tal como *Phragmites australis, Cyperus papyrus, Typha* spp., *Scirpus* spp. y suelos ricos en materia orgánica.

En humedales naturales para tratamiento, las aguas residuales domésticas fluyen sobre grandes superficies y se mezclan con el agua permanente del humedal. Los suelos ricos en materia orgánica junto con las condiciones anóxicas provistas por el agua del humedal favorecen los procesos físicos, biológicos y fisiológicos de remoción. Las plantas emergentes toman nitrógeno y fósforo del agua y del suelo produciendo un crecimiento en biomasa adicional que sostiene la vegetación del humedal. La vegetación densa genera un movimiento lento de las aguas residualesque ingresan favoreciendo la filtración y sedimentación de la materia particulada y de los nutrientes asociados.

La mayoría de los humedales naturales existen como parte de grandes sistemas acuáticos que incluyen zonas de amortiguamiento en los ríos tributarios y en las zonas litorales de lagos y ríos. Debido a esta conectividad, el agua continuamente fluye fuera del humedal luego de permanecer retenida durante días, y es recibida por aguas que poseen menores cantidades de nutrientes, materia particulada, sólidos y patógenos.

Ventajas

- Posibilidad de bajo uso de energía (alimentados por gravedad)
- Robustos frente a fluctuaciones de carga
- No requieren cosecha de biomasa
- Remoción de fósforo beneficiada (menos de 1 mg/L de fósforo total)

Desventajas

- Son hábitats potenciales para mosquitos
- Tasas de flujo superficial, tiempo de residencia y patrones de flujo sin regular, pueden conducir a un escenario de sobrecarga de aguas durante la temporada de lluvias.
- El tratamiento podría verse afectado por otras actividades de las comunidades que habitan el humedal, por ejemplo, cultivos y descargas sin regular

Co-beneficios

Los humedales naturales proveen muchos beneficios tales como biodiversidad (flora y fauna), mitigación de inundaciones, secuestración de carbono, producción de biomasa, valor estético, recreación, fuente de alimentos y reutilización de aguas (todos en alto grado). Estos beneficios contribuyen con la polinización, así como también con la regulación de la temperatura. Sin embargo, son usados para el tratamiento de aguas de desecho. La carga de nutrientes produce cambios en la flora y fauna y debe ser cuidadosamente manejada para no sobrecargarlos (Verhoeeven et al., 2006).

Compatibilidad con otras SBN

Principalmente, se combinan con lagunas para el tratamiento de aguas residuales, tanto en descargas rurales como urbanas.

Estudios de Caso

En esta publicación

- Humedal natural Namatala, Uganda
- Humedales naturales en el este de Calcuta, India
- Lago Loktak: un humedal natural en Manipur, India

Operación y Mantenimiento

Normal

- Limpieza de obstrucciones de tuberías de entrada.
- Control del flujo de las aguas residuales para mantener una distribución más amplia dentro de la superficie del humedal
- Debido a que la entrada a los humedales es continua, no es posible cerrarlos.

Extraordinario

- Restauración de zonas degradadas/parches

Referencias

Crites R. W., Middlebrooks E. J., Bastian R. K., Reed S. C. (2014). Natural Wastewater Treatment Systems (Scond edition). CRC Press, Taylor & Francis Group, Boca Raton, FL, USA.

Fisher J., Acreman J. C. (2004). Wetland nutrient removal: a review of the evidence. *Hydrology and Earth System Sciences*, **8**, 673–685.

Verhoeven, J. T. A., Arheimer, B, Yin, C. Q., Hefting, M. M. (2006). Regional and global concerns over wetlands and water quality. *Trends in Ecology & Evolution*, **21**, 96–103.

Verhoeven, J. T. A., Meuleman, A. F. M. (1999). Wetlands for wastewater treatment: opportunities and limitations. *Ecological Engineering*, **12**, 5–12.

Detalles Técnicos

Tipo de afluente

- Aguas residuales con tratamiento secundario

Eficiencia del tratamiento

- DQO   53–76%
- DBO_5 65–75%
- NT   66–80%
- $N-NH_4$ ~17%
- PT   40–53%
- SST   65–76%

Requerimientos

- Requerimientos de área neta: el afluente puede fluctuar y provenir de una variedad de fuentes. Una vez que todos los ingresos se encuentren establecidos, se puede calcular un área estimada en base al afluente y a la carga.
- Consumo eléctrico: nulo

Configuraciones comúnmente implementadas

- Tratamiento primario/evaluación de desechos sólidos y sedimentos
- Pretratamiento aeróbico y anaeróbico

Condiciones climáticas

- Climas fríos y cálidos
- Alta eficiencia en climas trópicales

HUMEDAL NATURAL NAMATALA, UGANDA

TIPO DE SOLUCIÓN BASADA EN LA NATURALEZA (SBN)
Humedales naturales

UBICACIÓN
Mbale, Namatala, Uganda

TIPO DE TRATAMIENTO
Tratamiento terciario/pulido con humedales naturales

COSTO
No posee costos específicos para los gastos de capital y operativos. El monitoreo periódico del humedal es financiado por el gobierno

FECHA DE OPERACIÓN
1986 hasta el presente (Buchauer, 2011)

ÁREA/ESCALA
Todo el humedal de Namatala, 113 km²

Antecedentes del proyecto

Descripción de la ubicación

El humedal natural Namatala se encuentra dominado por plantas de papiro y se extiende a lo largo del río Namatala, en la región noreste de Uganda, cerca del pueblo de Mbale (Figura 1). El humedal tiene una superficie de 113 km² y su administración es compartida entre los distritos de Mbale, Butaleja, y Budaka.

La población total de los distritos alrededor del humedal Namatala se estima en 1,3 millones de habitantes, de los cuales el distrito de Mbala posee una población de aproximadamente 488.900 (UBOS, 2014). Por su parte, el municipio de Mbala tiene actualmente una población de aproximadamente 100.000 habitantes y posee una laguna de estabilización de residuos (LER) construida originalmente para una población de 45.000 personas (AWE, 2018).

Las aguas residuales de Mbale son tratadas en dos LER: Namatala LER y Doko LER. En estas LER el principal proceso de tratamiento es la sedimentación de sustancias sólidas y luego el efluente es descargado al humedal natural (Zsuffa et al., 2014). El humedal natural Namatala provee un tratamiento terciario del efluente proveniente de las LER.

AUTORES:

Susan Namaalwa, *Aquatic Ecosystems Group, IHE Delft Institute for Water Education, Delft, The Netherlands; National Water and Sewerage Corporation, Kampala, Uganda*
Rose Kaggwa, *National Water and Sewerage Corporation, Kampala, Uganda*
Anne A. van Dam, *Aquatic Ecosystems Group, IHE Delft Institute for Water Education, Delft, The Netherlands*
Irene Groot, *Uppsala University, Uppsala, Sweden*

Contacto: Susan Namaalwa, National Water and Sewerage Corporation, P.O. Box 7053, *susan.namaalwa@nwsc.co.ug*; Rose Kaggwa, *kaggwa@nwsc.co.ug*; Anne van Dam, *a.vandam@un-ihe.org*

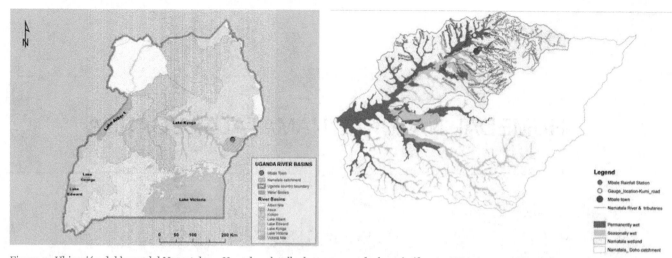

Figura 1: Ubicación del humedal Namatala en Uganda y detalle de su cuenca de drenaje (fuente: NFA, 2005 en Namaalwa et. al. 2020). (Versión original en inglés, sin traducción)

El humedal puede ser separado en dos grandes áreas: la parte superior localizada entre los pueblos de Mbale y Naboa, y la parte inferior, desde Naboa hasta el suroeste donde el río Namatala se une al sistema Manafwa. En la parte superior, la vegetación original de papiro fue reemplazada por campos de arroz y cultivos mixtos a pequeña escala (Zsuffa et al., 2014). En la parte inferior, existen humedales de papiro que soportan y regulan servicios ecosistémicos (Namaalwa et al., 2013, 2020).

Debe remarcarse que, desde un punto de vista práctico, los humedales para tratamiento ofrecen mejores oportunidades para la remediación de aguas de desecho en comparación con los humedales naturales, ya que pueden ser diseñados para alcanzar una eficiencia óptima en los procesos de disminución de demanda bioquímica de oxígeno (DBO$_5$), demanda química de oxígeno (DQO), y nutrientes, y para tener un máximo control sobre el manejo hidráulico y de la vegetación del humedal. Además, a menudo se desaconseja el uso de humedales naturales debido al gran valor de conservación de muchos de estos sistemas (Verhoeven y Meuleman, 1999). Sin embargo, estos ecosistemas son algunas veces utilizados para realizar tratamientos (especialmente en países en desarrollo), lo cual necesita ser reconocido y apoyado con estrictas políticas y normas gubernamentales que aseguren un manejo sustentable.

Objetivos del proyecto

La Corporación Nacional del Agua y Alcantarillado (CNAA) fue establecida en 1972, como una organización paraestatal gubernamental para desarrollar, operar y mantener la provisión del agua y los servicios de alcantarillado en áreas urbanas de Uganda (AWE, 2018). Las lagunas de tratamiento de Namatala se construyeron en 1986 y reciben aguas residuales desde Mbale. El principal proceso de estas lagunas es la sedimentación de sustancias sólidas. Siguiendo este tratamiento, el efluente es descargado en el humedal natural(AWE, 2018).

Los humedales plantados con papiro son usados para el tratamiento de aguas rsiduales debido a su elevada capacidad de purificación (Kansiime y Nalubega,1999). La descarga de aguas residuales desde el área urbana de Mbale (luego del tratamiento con LER) en el humedal Namatala provee una oportunidad para reciclar nutrientes y evitar su liberación aguas abajo del humedal hacia el lago Kyoga, pero también representa un riesgo de contaminación química y bacteriana. Un manejo sustentable debe ser llevado a cabo a través de una combinación de estrategias de tratamientos de aguas residuales y reciclaje de nutrientes con la agricultura, el monitoreo continuo del humedal Namatala y la investigación del balance entre el aprovisionamiento y la regulación de los servicios ecosistémicos (Namaalwa et al., 2013).

Resumen técnico

Tabla resumen

TIPO DE AFLUENTE	Doméstico e institucional
DISEÑO	
Caudal (m³/día)	Caudal medio diario durante época seca: 880 (Buchauer, 2011)
Población equivalente (Hab.-Eq.)	7.491 (Buchauer, 2011)
Área (km²)	113
Área por población equivalente (m²/Hab.-Eq.)	260/7,491 = 84 (Buchauer, 2011)
AFLUENTE	94 m³/día (Namaalwa et al., 2020)
Demanda bioquímica de oxígeno (DBO₅) (mg/L)	180 (Namaalwa et al., 2020)
Demanda química de oxígeno (DQO) (mg/L)	300 (Namaalwa et al., 2020)
Sólidos suspendidos totales (SST) (mg/L)	75 (Namaalwa et al., 2020)
Coliformes fecales (unidades formadoras de colonias (UFC)/100 mL)	26.000 (Namaalwa et al., 2020)
EFLUENTE	
DBO₅ (mg/L)	22 (Namaalwa et al., 2020)
DQO (mg/L)	35 (Namaalwa et al., 2020)
SST (mg/L)	30 (Namaalwa et al., 2020)
COSTO	
Construcción	N/A
Operación (anual)	No hay valores específicos para los gastos de capital y operativos. El seguimiento periódico del humedal es financiado por el gobierno.

Figura 2: Fotografía aérea del sistema de LER Namatala y del cauce del río.

Figura 3: Fotografía aérea del sistema de LER Doko y cauce del río.

Diseño y construcción

El humedal Namatala es un humedal natural por lo cual, no tiene una construcción o diseño específico. El humedal natural se compone de vegetación dominada por papiro (*Cyperus papyrus* L.), la cual es conocida por su elevada productividad y capacidad de almacenamiento de nutrientes (van Dam et al., 2014).

Tipo de afluente/tratamiento

El humedal Namatala recibe la descarga de efluentes de dos LER de Mbale (Namatala y Doko). Las LER Namatala consisten en cuatro lagunas de tratamiento, las cuales incluyen una laguna anaerobia, una laguna facultativa, y dos lagunas de maduración (Figure 2). Las lagunas Doko consisten en dos sets de lagunas anaerobias, lagunas facultativas, y lagunas de maduración (Figura 3). Las lagunas de estabilización usan actividad bacteriana para eliminar materia orgánica, nutrientes y microbios en el agua residual (NWSC, 2019).

Además, existen dos arroyos, Budaka (Bud) y Nasibiso (Nsb) que drenan en Mbale llevando desechos municipales sin tratar en el humedal (Figura 3). Tanto el efluente proveniente de las lagunas como los arroyos urbanos forman las principales fuentes puntuales de nitrógeno, fósforo, DBO_5 y DQO (Namaalwa et al., 2020).

El afluente de todas las fuentes mencionadas se une al cauce del río aguas arriba y se dispersan cuando se inunda el humedal en la llanura aluvial aguas abajo. El humedal natural provee un tratamiento posterior (tratamiento terciario) reduciendo las concentraciones de nutrientes y SST del agua por medio de la toma por las plantas, adsorción, sedimentación física y desnitrificación (Kansiime y Nalubega, 1999).

Eficiencia del tratamiento

Los estándares para la descarga de aguas residuales se encuentran especificados bajo regulaciones nacionales de ambiente (estándares para descarga de efluentes en agua o suelo). Sin embargo, éstos se aplican directamente a la operación de las LER y no al humedal natural. Debido a la limitada capacidad y sobrecarga, las LER proveen un tratamiento parcial, con lo cual el AFLUENTE al humedal natural se encuentra frecuentemente por encima de los estándares para SST (100 mg/L), DBO_5 (50 mg/L), DQO (100 mg/L), y para nitrógeno y fosfatos (10 mg/L). El humedal natural reduce la DBO_5 y los fosfatos en un rango de 70-85%, el nitrógeno en 85-95% y los SST en 20–60%. La eliminación de SST se encuentra altamente influenciada por la dinámica estacional en el humedal, con una reducida retención durante los periodos húmedos, atribuida a un aumento de descarga y liberación del sedimento desde zonas donde se realiza agricultura dentro del humedal (Namaalwa et al., 2020).

Operación y mantenimiento

No se requiere operación externa del sistema natural; sin embargo, el monitoreo periódico del nivel de agua, caudal y calidad, es llevado a cabo por el Ministerio del Agua y Ambiente como parte de la regulación. También se lleva a cabo una participación continua de las partes interesadas y una mayor concientización en un intento por proteger el humedal de la degradación y la pérdida de sus beneficios.

Costos

No se informan costos de operación y de capital específicos para este proyecto. El monitoreo periódico del humedal es financiado por el gobierno.

Co-beneficios

Beneficios ecológicos

El humedal provee un hábitat para una variedad de flora y fauna. La flora que se encuentra en las zonas húmedas permanentes incluye papiros (*Cyperus papyrus*) y especies de totoras (*Typha*). Las zonas estacionalmente inundadas se encuentran dominadas por *Acacia*, *Hyparrhenia* y *Ficus*. El humedal es hogar de peces como bagres y pulmonados. Las aves acuáticas más comunes son pájaros tejedores, patos, grullas crestudas, pelícanos, ibis, cigüeñas, garzas grises, garcetas y cigüeñas de pico amarillo. Otra fauna incluye lagartijas, ardillas, antílopes y liebres. El suelo, agua y vegetación del humedal, son vitales para regular los servicios ecosistémicos, los cuales incluyen la purificación del agua, retención de nutrientes, control de inundaciones, y almacenamiento de agua (Namaalwa et al., 2020). Los suelos inundados son ambientes propicios para la desnitrificación y la retención de fósforo particulado, mientras que la toma de nutrientes (nitrógeno y fósforo) se realiza por la biomasa de papiros (van Dam et al., 2014).

Beneficios sociales

El humedal Namatala es una importante fuente de sustento para las poblaciones circundantes. Aproximadamente 85% de los hogares alrededor del humedal en los distritos de Mbale, Budaka y Bualeja se dedican al cultivo de arroz como su principal actividad económica y a otros cultivos alimentarios para el consumo doméstico en zonas del humedal inundadas estacionalmente. Los tallos de papiro se cosechan para tejer canastas y cubrir techos. Otras actividades de subsistencia dentro del humedal incluyen la cría de ganado, la extracción de arena, la albañilería, la pesca y la caza.

Además, el humedal es una fuente de agua para uso doméstico y riego de cultivos y para animales domésticos.

Contraprestaciones

Antes de ser drenado, el humedal Namatala se encontraba completamente cubierto de vegetación natural que soportaba una diversidad de especies de aves y peces y mantenía una buena calidad de agua, tanto en áreas de aguas arriba y aguas abajo. El drenaje para el desarrollo urbano y servicios de aprovisionamiento agrícola (producción de cultivos) produjo una pérdida de vegetación natural, hábitats para la flora y fauna, y actividades de subsistencia, particularmente la pesca y la cosecha de papiro, especialmente en el área río arriba del humedal. Estas modificaciones también causaron una reducción en la conectividad del río y aumentó la carga de sedimentos y nutrientes desde aguas arriba, centros urbanos, y zonas de agricultura (Namaalwa et al., 2020). Actualmente, el área aguas abajo del humedal aun puede cumplir la función de regulación de la calidad del agua, pero los cambios adicionales en el uso de la tierra, el aumento de la descarga de aguas residuales y la modificación de los patrones de caudal de los ríos y arroyos, amenazan el equilibrio entre los medios de vida y la protección de los humedales. Permitir que el desarrollo agrícola y urbano reemplace gradualmente el humedal natural también es económicamente indeseable, ya que los servicios de regulación perdidos (regulación y purificación del agua) deben ser reemplazados por inversiones de capital en instalaciones de tratamiento de agua (Zsuffa et al., 2014; Namaalwa et al., 2020).

Lecciones aprendidas

Desafíos y soluciones

Algunos de los desafíos en el manejo del humedal efectivamente incluyen un marco institucional complejo con una débil implementación de políticas (Namaalwa et al., 2013). Además, una multitud de actores tienen perspectivas divergentes sobre los temas prioritarios para el manejo de los humedales, incluidos los conflictos por el uso de la tierra, el desarrollo agrícola y la pérdida de biodiversidad (Namaalwa et al., 2013).

Como mencionó Namaalwa et al. (2013), existe una necesidad urgente de llevar a cabo una gestión integrada del agua y coordinación de la toma de decisiones entre todas las partes interesadas, así como llevar a cabo una continua investigación, monitoreo y desarrollo de capacidades para garantizar una gestión eficaz de los humedales.

Los usos múltiples de los humedales, los cuales incluyen descargas de desechos domésticos e industriales y la cosecha de vegetación y otros productos son una posible fuente de degradación. Por lo tanto, se debe encontrar un equilibrio entre los servicios de abastecimiento y regulación para lograr una gestión sostenible (Namaalwa et al., 2013).

Además de los efluentes de las LER de Doko y Namatala, diferentes cursos de agua que reciben aguas residualesurbanas sin tratar desembocan en el humedal. La abundancia de pequeñas granjas inmediatamente aguas abajo de las LER demuestra el potencial para el reciclaje de los nutrientes en las aguas residuales, pero también plantea preocupaciones sobre los riesgos para la salud humana (Namaalwa et al., 2013).

La precipitación total ha ido disminuyendo y esto influye en los patrones agrícolas de las comunidades, ya que se ven obligadas a abandonar tierras más secas y asentarse en el humedal en busca de suelo confiable para sustentar los cultivos (Namaalwa et al., 2013). La consiguiente pérdida de áreas de humedales convertidas a tierras de cultivo ocasiona que el humedal restante sea menos efectivo para ser utilizado para tratar efluentes.

Principales causas para otros desafíos

Crecimiento poblacional

La densidad de población alrededor del humedal oscila entre 200 y 700 personas por km², en comparación con el promedio nacional de 165 personas por km² (UBOS, 2010). En una encuesta de hogares, el 71% de los encuestados mencionaron la escasez de tierra cultivable como razón para el uso de los humedales (S. Namaalwa, resultados no publicados). El aumento de la población conduce a una mayor demanda de alimentos y ha estimulado la invasión de humedales tanto para la producción de alimentos como para el desarrollo de viviendas; así los humedales se ven transformados y se sustituye la vegetación natural. Esto tiene un impacto en la capacidad de tratamiento del humedal, ya que pierde su conectividad hidrológica y se vuelve propenso a inundaciones repentinas debido a cambios en el paisaje y la eliminación de franjas de protección de papiro, siendo todo esto clave para la retención de sedimentos y nutrientes (Namaalwa et al., 2020). El crecimiento de la ciudad de Mbale, junto con una gestión deficiente, conduce a una mayor descarga de desechos en el humedal. Considerando que las actividades de subsistencia también descargan desechos en el humedal (Namaalwa et al., 2013), esto aumenta su carga y, por lo tanto, afecta la eficiencia del tratamiento.

Cambio en el uso de la tierra

Sobre la base de este gradiente hidrológico, pueden distinguirse dos zonas distintas en el humedal Namatala: el humedal Namatala superior, que ha perdido la mayor parte de su vegetación natural y se ha convertido casi por completo a la agricultura, y el humedal Namatala inferior, que está menos degradado. La demanda de producción de alimentos, la falta de conciencia sobre la conservación de los humedales y la débil aplicación de una política de humedales en Uganda conducen a la conversión de los humedales en granjas (Namaalwa et al., 2013).

Inadecuada operación y mantenimiento de las LER

La escasez de recursos financieros y técnicos limita la operación y el mantenimiento de las LER. Esto conduce a la sobrecarga del humedal natural con materiales orgánicos y químicos en contraposición a los requisitos reglamentarios para la descarga de efluentes en humedales naturales. La reserva de un presupuesto de mantenimiento y la mejora de la gestión de aguas residuales río arriba, reducirían la presión tanto en las LER como en los humedales naturales.

Brechas en la implementación de la política de manejo de humedales

Hasta la fecha, varios ejemplos prácticos que lamentablemente demuestran que las buenas intenciones y la solidez técnica generalmente no se corresponden con el manejo sostenible y la preservación de los humedales naturales para el pulimiento final de los efluentes. Por lo tanto, mientras prevalezcan estas condiciones, generalmente no se recomienda utilizar humedales naturales para el pulido de efluentes de las LER. Esto no quiere decir que la integración de los humedales naturales en los esquemas de tratamiento deba detenerse por completo, pero requiere una fuerte construcción institucional y fuertes poderes para la aplicación de la ley para evitar la ocupación antes de cualquier solución de este tipo (Buchauer, 2011).

Soluciones

Zsuffa et al. (2014) identificaron tres opciones de manejo:

1) planificación del uso de la tierra en el humedal superior, métodos agrícolas sustentables y zonas de amortiguamiento de papiro;

2) ordenamiento territorial en el humedal inferior, conservación de humedal natural; y

3) mejora de la gestión de aguas residuales mediante la rehabilitación y mejora de la gestión de las instalaciones de tratamiento de aguas residuales (LER). Además, se pueden introducir mejoras en el sistema, como la aireación y la adición de diferentes plantas de humedales.

Referencias

AWE Environmental Engineers (AWE). (2018). Environmental and Social Impact Assessment for Mbale & Small Towns Water Supply and Sanitation Project. *http://documents1.worldbank.org/curated/en/924311517717436540/pdf/SFG3693-V2-REVISED-EA-P163782-PUBLIC-Disclosed-5-8-2018.pdf* (accessed August 15, 2020).

Buchauer, K. (2011). Assessment of O&M and Performance
of the NWSC Sewerage Ponds outside Kampala.

Kansiime, F., Nalubega, M. (1999). Natural treatment by Uganda's Nakivubo swamp. *Water Quality International*, (Mar/Apr) 29–31.

Namaalwa, S., van Dam, A. A., Funk, A., Guruh Satria, A., Kaggwa, R. C. (2013). A characterization of the drivers, pressures, ecosystem functions and services of Namatala wetland, Uganda. *Environmental Science & Policy*, **34**, 44–57.

Namaalwa, S., van Dam, A. A., Gettel, G. M., Kaggwa, R. C., Zsuffa I., Irvine, K. (2020). The impact of wastewater discharge and agriculture on water quality and nutrient retention of Namatala Wetland, Eastern Uganda. *Frontiers in Environmental Science*, **8**, Article 148.

NWSC (2019). Sewer Services. *https://www.nwsc.co.ug/account/sewer-services* (acceso 12 July 2020)

UBOS (2014). Statistical Abstract. Uganda Bureau of Statistics, Government of Uganda, Kampala.

van Dam, A. A., Kipkemboi, J., Mazvimavi, D., Irvine, K. (2014). A synthesis of past, current and future research for protection and management of papyrus (*Cyperus papyrus* L.) wetlands in Africa. *Wetlands Ecology and Management*, **22**, 99–114.

Verhoeven, J.T.A. and Meuleman, A.F.M. (1999). Wetlands for wastewater treatment: Opportunities and limitations. *Ecological Engineering*, **12**, 5–12.

Zsuffa I., van Dam A. A., Kaggwa R. C., Namaalwa S., Mahieu M., Cools J., Johnston R. (2014). Towards decision support-based integrated management planning of papyrus wetlands: a case study from Uganda. *Wetlands Ecology and Management*, **22**, 199–213.

LAGO LOKTAK: UN HUMEDAL NATURAL EN MANIPUR, INDIA

TIPO DE SOLUCIÓN BASADA EN LA NATURALEZA (SBN)
Humedales naturales

UBICACIÓN
Manipur, India

TIPO DE TRATAMIENTO
El lago Loktak tiene gruesas matas flotantes de biomasa cubiertas de tierra (llamada localmente "phumdi"). No hay información específica sobre el tratamiento de aguas residuales.

COSTOS
No aplica

FECHAS DE OPERACIÓN
No aplica

ÁREA/ESCALA
246,72 km²
Área de captación total 4.947 km²

Antecedentes del proyecto

El lago Loktak, ubicado en el estado de Manipur, India, es el humedal natural de agua dulce más grande del noreste del país. También es un importante hotspot de biodiversidad (WISA, 2005 en Singh et al., 2011) y fue designado como de importancia internacional en virtud de la Convención Ramsar de Humedales (LDA 1996; Singh y Shyamananda, 1994 en Singh et al., 2011). El lago está ubicado dentro de un valle y cubre el 28% de la cuenca total de Loktak. El clima se caracteriza por cuatro meses de monzones que representan el 63% de la precipitación promedio anual en la cuenca (Singh et al., 2010). Aproximadamente 12 pueblos y 52 asentamientos están ubicados alrededor del lago Loktak, alrededor del 9% de la población total del estado de Manipur (Informe del censo 2011). Esta población depende directa o indirectamente del lago y sus diversos servicios ecosistémicos para su sustento (Das Kangabam, 2019), así como otros beneficios como el control de inundaciones (Rai y Raleng, 2011). Existe poca información sobre el rol de los humedales naturales en relación con el tratamiento de aguas residuales. Este estudio de caso destaca los impactos de la contaminación de una variedad de fuentes en el ecosistema del lago, enfatizando que se necesita un manejo cuidadoso de los humedales naturales.

El agua del lago Loktak se usa predominantemente para riego, agua potable y generación de energía hidroeléctrica, con más del 50 % del requerimiento de electricidad proporcionado por el proyecto hidroeléctrico del estado, conocido como represa de Ithai (Das Kangabam et al., 2018).

AUTORES:

Lisa Andrews, *LMA Water Consulting+, The Hague, The Netherlands*
Andrews Jacob, *CDD Society, Bangalore, India*
Rajiv Kangabam, *BRTC, KIIT University, Bhubaneswar, India*

Contacto: Andrews Jacob, CDD Society, Bangalore, Survey No.205 (Opp. Beedi Workers Colony), Kommaghatta Road, Bandemath, Kengeri Satellite Town, Bangalore 560 060, Karnataka, India
andrews.j@cddindia.org

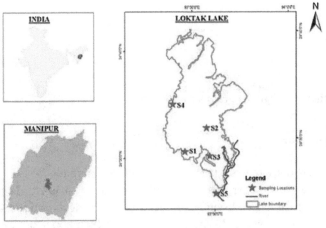

Figura 1: Localización del Lago Loktak (fuente: Das Kangabam, 2017)

A pesar del reconocimiento internacional y la dependencia histórica del lago Loktak, el rápido desarrollo amenaza el funcionamiento natural del humedal y afecta los servicios ecosistémicos de los que dependen la gente, la flora y la fauna. Como resultado, el lago Loktak ha sido incluido en el Registro de Montreux de la Convención Ramsar, que busca y da importancia a los sitios que sufren impactos significativos como resultado del desarrollo, reduciendo sus características ecológicas. Las presiones sobre el lago Loktak son:

- deforestación, que conduce a una mayor erosión del suelo y tasas de sedimentación elevadas;
- contaminación de las tierras agrícolas, lo que resulta en el enriquecimiento de nutrientes;
- islas artificiales (phumdis) que pueden desplazar el hábitat y afectar la calidad del agua;
- invasión agrícola; y
- extracción de agua para riego (Singh et al., 2011).

Sin embargo, los mayores impactos se han asociado con la priorización de un servicio ecosistémico en particular: el suministro de agua para hidroelectricidad en la Presa de Ithai. La represa ha elevado artificialmente los niveles del agua, con impactos negativos en los phumdis, que obtienen nutrientes al entrar en contacto con el lecho del lago y son los principales contribuyentes a la provisión de servicios socioeconómicos, ecosistémicos y de biodiversidad (Singh et al., 2011). Además, la represa de Ithai ha provocado una rápida erosión del suelo, con la pérdida de la capacidad de retención de agua durante las últimas dos décadas y cambios en la biodiversidad del lago (Kumar, 2013). Todos estos impactos obstaculizan gravemente la capacidad de los humedales naturales para funcionar correctamente amenazando su equilibrio ecológico.

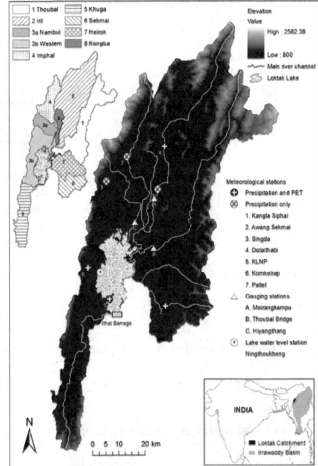

Figura 2: Lago Loktak, sus subcuencas y ubicaciones de estaciones hidrometeorológicas (esquema de la cuenca Irrawaddy por GRDC: http://grdc.bafg.de) (fuente: Singh et al., 2011) Versión original en inglés, sin traducción

Diseño y construcción

Como se trata de un humedal natural, no posee un diseño o construcción específicos. A continuación, se muestra una descripción de la zona. "El lago, junto con los pantanos que lo rodean, es una parte integral de la llanura aluvial del río Imphal. El valle de Manipur, de forma ovalada (altura: 746-798 msnm), delimitado por montañas que se elevan entre 2.000 y 3.000 msnm junto con el río Imphal y sus afluentes (Iril, Thoubal, Heirok, Khunga y Chakpi) y otros arroyos (Nambul, Nambol y Ningthoukhong) que vierten sus aguas cargadas de sedimentos directamente en el lago Loktak" (Rai y Raleng, 2011).

La profundidad del lago varía de 0,5 a 4,6 m con una profundidad promedio de 2,7 m, y se divide en tres zonas: la zona norte, la zona central y la zona sur. La principal área de aguas abiertas es la zona central, que se encuentra relativamente libre de islas flotantes o "phumdis".

Resumen técnico

Tabla resumen

TIPO DE AFLUENTE	Doméstico, municipal, agrícola e industrial
DISEÑO	Humedal natural
Caudal (m³/día)	"El régimen del agua del lago Loktak está determinado por la entrada de varios arroyos (Nambul, Imphal y más) y la precipitación directa en la superficie del lago, la tasa de entrada se estima en 1.687 pies cúbicos por segundo" (48 m³/s) (Rai y Raleng, 2011)
Población equivalente (Hab.-Eq.)	No disponible
Área (km²)	Las estimaciones varían entre 246 y 280
Área por población equivalente (m²/Hab.-Eq.)	No disponible
ESTADO DE LA CALIDAD DEL AGUA	No hay información sobre el afluente
Demanda bioquímica de oxígeno (DBO$_5$) (mg/L)	0,99–4,19 (postmonzón - premonzón) Valor medio de 3 mg/L (Das Kangabam y Govindaraju, 2017)
Oxígeno disuelto (mg/L)	5,8–19,3 (Marzo–Julio 2015, respectivamente; el valor más alto puede deberse a las lluvias; sin embargo, durante la temporada de lluvias el agua del río se contamina con aguas residuales domésticas, desechos agrícolas y erosión del suelo ([11] en Suraj y Rajmani, 2018)
Demanda química de oxígeno (DQO) (mg/L)	8–280 (monzón-invierno) Valor medio de 2,66 (Das Kangabam y Govindaraju, 2017)
Sólidos suspendidos totales (SST) (mg/L)	
Turbidez (mg/L)	0–480 (valor máximo en julio de 2015, que puede deberse a fuertes lluvias; valor mínimo en invierno, que puede deberse a la sedimentación de partículas en suspensión) en Suraj y Rajmani, 2018)
EFLUENTE	Sin datos disponibles

Figura 3: Lago Loktak (fuene: zehawk, Flickr: https://www.flickr.com/photos/Lastgunslinger/16495734198)

y la parte sur es el Parque Nacional Keibul Lamjao, el único parque nacional flotante del mundo (Trishal y Manihar, 2004 en Das Kangabam, 2017).

Tipo de afluente/tratamiento (agua que ingresa al humedal)

El estado de Manipur cuenta con muchos ríos y arroyos, siendo el río Imphal el más importante. Este río es un afluente del río Manipur y se une a él en el distrito de Thoubal y desemboca en el lago Loktak (Suraj y Rajmani, 2018). La entrada anual de agua al lago se estimó en alrededor de 1.687 millones de pies cúbicos por segundo. La entrada de 34 ríos/arroyos de la cuenca occidental representa el 52 % de la entrada total al lago. La salida total de agua del lago se estimó en alrededor de 1.217 millones de pies cúbicos por segundo.

El río Imphal tiene una calidad de agua deficiente debido a las descargas de aguas residuales sin tratar, pesticidas, desechos sólidos, fertilizantes agrícolas, arrozales y otras actividades personales como lavado y baño (Suraj y Rajmani, 2018).

Además, se han observado otros contaminantes, como hidrocarburos de petróleo, hidrocarburos clorados, metales pesados, diversos ácidos, álcalis, colorantes y otros químicos (Suraj y Rajmani, 2018).

El río Nambul es otro río de importancia que desemboca en el lago Loktak, y es el río más contaminado del estado debido a la liberación de desechos municipales sin tratar y escorrentía agrícola (Das Kangabam y Govindaraju, 2017). La ciudad de Imphal, la capital de Manipur genera 100 toneladas métricas de desechos por día. La mayoría de los materiales residuales se vierten directamente al río sin ningún tratamiento previo, llegando finalmente al lago Loktak (Das Kangabam y Govindaraju, 2017). El uso del lago para la eliminación de desechos, agravado por el rápido crecimiento de la población y la industrialización, ha alterado las propiedades fisicoquímicas de sus aguas (Suraj y Rajmani, 2018), lo que dificulta su capacidad para brindar servicios ecosistémicos.

Eficiencia del tratamiento (provisión de servicios ecosistémicos)

La calidad del agua del lago Loktak es muy mala, lo que puede atribuirse a la mala calidad del agua proveniente de los ríos Nambul y Nambol. Esto provoca cambios en muchos parámetros fisicoquímicos: temperatura, pH, conductividad eléctrica, turbidez, fluoruro, sulfato, magnesio, fosfato, sodio, potasio y nitrito. El aumento de las actividades agrícolas y piscícolas en el lago y sus alrededores también ha intensificado la contaminación, debido al uso de fertilizantes y productos químicos, incluidos pesticidas. El aumento de la erosión del suelo que conduce a la sedimentación de los cuerpos de agua también está reduciendo la capacidad de retención de agua del lago (Rai y Raleng, 2011).

Según investigaciones previas, los phumdis juegan tradicionalmente un papel importante en la eliminación de nutrientes en el lago (Das Kangabam et al., 2018). Sin embargo, falta información sobre la eficiencia general del tratamiento de los phumdis y el humedal en su conjunto.

Operación y mantenimiento

Existe una falta de datos y monitoreo del lago (Rai y Raleng, 2011). Sin embargo, la calidad del agua fue analizada en detalle por Das Kangabam a través de un índice de calidad del agua. Se piensa que la implementación de un índice es necesaria para la gestión adecuada del lago, ya que será una herramienta muy útil para que el público y los responsables de la toma de decisiones evalúen la calidad del agua (Das Kangabam, 2017). Das Kangabam (2017) argumenta que, como resultado del estudio del índice de calidad del agua en 2017, existe una necesidad urgente de monitorear continuamente el agua del lago e identificar las fuentes de contaminación para protegerlo.

Costos

Los costos de este proyecto no están disponibles.

Co-beneficios

Beneficios ecológicos

El lago Loktak es un precioso hotspot de biodiversidad, y es el único hábitat natural de las especies de ungulados más amenazadas del mundo, el venado con cuernos de frente (*Cervus eldi eldi*) o sangai (Dey, 2002: Angom, 2005 en Singh et al., 2011) en la isla flotante más grande que es el Parque Nacional Keibul Lamjao (Leishangthem et al., 2012). También es un área de invernada única para varias aves acuáticas migratorias y un hogar permanente para muchas aves acuáticas residentes (Singh, 1992; Trisal y Manihar, 2004). El lago también es un cultivo para varios peces ribereños y sigue siendo un recurso pesquero vital (Leishangthem et al., 2012), incluidos los peces migratorios de los ríos más anchos Manipur e Irrawaddy (Sign et al., 2011). En resumen, el lago incluye unas 233 macrófitas y 425 especies de animales (249 vertebrados y 176 invertebrados) (Trishal y Manihar, 2004 en Das Kangabam, 2017).

La característica más destacada del lago Loktak es la presencia de phumdis, las masas flotantes heterogéneas de suelo, vegetación y materia orgánica (ver, por ejemplo, WAPCOS 1988; Singh y Shyamananda 1994; LDA y WISA 2003). El Parque Nacional Keibul Lamjao tiene una extensa área de phumdis y es el único santuario flotante de vida silvestre en el mundo (Singh et al., 2011).

Beneficios sociales

Los humedales brindan una amplia gama de servicios ecosistémicos que contribuyen al bienestar humano, como pescado y fibras, suministro de agua, purificación del agua, regulación climática, regulación de inundaciones, protección costera, oportunidades recreativas y turismo (MEA, 2005 en Leishangthem et al., 2012). El lago también es una fuente de abastecimiento de agua, principalmente para consumo humano y fines domésticos (Kazi et al., 2009; Dey y Kar, 1987 en Das Kangabam, 2017).

El lago soporta una creciente población humana, con 23 especies de plantas cosechadas para el consumo local y la generación de ingresos (Trisal y Manihar, 2005 en Singh et al., 2011). Otras 18 especies se utilizan para la alimentación del ganado, techos de paja, cercas y construcción de pequeñas cabañas, fines medicinales, leña para secar pescado, ahumar y cocinar. El pescado es un componente importante en la dieta local.

El lago aporta aproximadamente el 65 % de la producción anual de arroz de Manipur, así como legumbres, tabaco, papas, chiles y otros vegetales para el consumo local. La caña de azúcar y los cítricos son los principales cultivos comerciales (Singh et al., 2011). Otros beneficios para las comunidades locales incluyen el valor histórico, la eliminación de la contaminación y el valor religioso, así como la recarga de aguas subterráneas, el procesamiento de desechos y el uso recreativo (Leishangthem et al., 2012).

Contraprestaciones

En el lago Loktak, ciertos servicios ecosistémicos se han visto favorecidos, lo cual ha provocado cambios en ecosistemas que no están bien monitoreados ni contabilizados (Singh et al., 2011). Como tal, se pasa por alto la integridad del ecosistema en general (ver, por ejemplo, Lemly et al., 2000; Dyson et al.; 2003; Kingsford et al., 2006; Sima y Tajrishy, 2006 en Singh et al., 2011).

"La falta de comprensión y evaluación adecuadas de las contraprestaciones entre los diferentes servicios ecosistémicos proporcionados por los humedales y sus cuencas puede dar lugar a conflictos entre usos y usuarios, asignación de recursos por debajo del nivel óptimo, políticas conflictivas de diferentes sectores y, en muchos casos, degradación de los recursos" (Korsgaard 2006; Friend y Blake, 2009 en Singh et al., 2011).

Para superar los problemas de un enfoque aislado, se realizó un modelo de balance hídrico del lago que ha permitido el desarrollo de una serie de diferentes opciones de operación de presas, priorizando tres servicios ambientales: energía hidroeléctrica, agricultura y el ecosistema del lago más amplio y sus servicios asociados (Singh et al., 2011). Sin embargo, esta solución integrada requiere cambios significativos en los arreglos institucionales para la gestión del agua, incluida la inversión en monitoreo (Singh et al., 2011).

Lecciones aprendidas

Desafíos y soluciones

Desafío 1: falta de comprensión del funcionamiento de los ecosistemas del humedal

La creciente presión sobre los humedales sin una comprensión adecuada de su dinámica natural a menudo ha llevado a la degradación, amenazando así los medios de subsistencia de las comunidades locales que dependen de sus recursos (Rai y Raleng, 2011). Comprender las características de los procesos hidrológicos es importante para impulsar las soluciones y limitar la degradación ambiental. En la India, los estudios sobre humedales aún no han cobrado importancia, por lo que es difícil superar los desafíos y conservar y gestionar eficazmente los humedales degradados (Rai y Raleng, 2011). Las evaluaciones de las distribuciones de agua deberían estar diseñadas para sostener ecosistemas acuáticos saludables en el futuro (GWP, 2003; Postel y Richter, 2003; Hart y Pollino, 2009 en Singh et al., 2011) a fin de equilibrar los usos y beneficios entre los requisitos de regímenes lacustres en conflicto (algunos necesitan regímenes regulados, como la energía hidroeléctrica, y otros necesitan regímenes de fluctuación natural) (Kumar, 2013).

Por lo tanto, existe una necesidad urgente de evaluaciones y monitoreos regulares para detereminar con seguridad la calidad del agua y los patrones de flujo (Das Kangabam y Govindaraju, 2017). Además, el análisis del cambio de uso/cobertura del suelo es esencial para formular un plan adecuado para la conservación del lago (Rai y Raleng, 2011).

Desafío 2: externalidades de la represa de Ithai

La Corporación Nacional de Energía Hidroeléctrica extrae agua para la generación de energía hidroeléctrica y representa el 70% del flujo total del lago. Un cambio drástico en el patrón de intercambio de agua entre el río Manipur y el lago Loktak resultó después de la construcción de la represa de Ithai. El flujo de entrada se redujo a 91 millones de pies cúbicos por segundo (2,58 millones m³/s) y el flujo de salida a sólo 20 millones de pies cúbicos por segundo (0,57 millones m³/s) (Rai y Raleng, 2011).

En 2015, el gobierno ordenó la eliminación de phumdis de la zona central del lago para obtener áreas de aguas abiertas debido a la construcción de la presa de Ithai y al aumento de la acuicultura (Das Kangabam et al., 2019). Los phumdis solían moverse en el lago Loktak durante la temporada de lluvias de forma natural, pero su movimiento se detuvo después de la construcción de la represa de Ithai, lo que provocó un aumento en su desarrollo. La superficie agrícola del lago aumentó en 25,33 km² debido a la construcción de la represa de Ithai. Como parte del lago se convirtió en un embalse para el proyecto hidroeléctrico, las áreas bajas del lago se inundaron y privaron a las comunidades locales de sus prácticas agrícolas, ya que ellas solían realizar actividades en los phumdis.

Desafío 3: conservación integrada y centrada en la comunidad

Estudios previos han indicado que, aunque la conservación puede verse influida por decisiones políticas más amplias, el uso sostenible depende principalmente de los agricultores, pescadores y otros usuarios que viven cerca de los humedales (Pyrovetsi y Daoutopoulos, 1997; Sah y Heinen, 2001; Badola et al., 2012 en Leishangthem et al., 2012). Por lo tanto, "el manejo exitoso de los humedales sólo puede lograrse mediante la participación e involucramiento continuo de la población local y otras partes interesadas, y mediante el desarrollo de medios de vida sustentables para la población local aprovechando los recursos ya presentes en las aldeas" (Tomićević et al., 2010 en Leishangthem et al., 2012).

"Las personas que viven alrededor del lago no tienen un alto nivel de educación, y el gobierno debe tomar medidas para remediar esta situación y tomar medidas para difundir la conciencia sobre el lago, para que la población local, pueda continuar utilizando los servicios proporcionados por el lago sin dañarlo en el proceso" (Leishangthem et al., 2012)

Comentarios/evaluación de los usuarios

"La línea de vida de Manipur": personas que viven alrededor del lago Loktak (Rai y Raleng, 2011).

"La pesca era la ocupación principal de las personas que vivían alrededor del lago Loktak, y la nombraron el beneficio más importante del lago, seguida del agua potable..." (Leishangthem et al., 2012).

Referencias

Das Kangabam, R., Bhoominathan, S.D., Kanagaraj, S. et al. (2017). Development of a water quality index (WQI) for the Loktak Lake in India. *Applied Water Science*, 7, 2907–2918.

Das Kangabam, R. (2018). Contamination in Loktak Lake. *Down to Earth*, 77–79. *https://www.downtoearth.org.in/reviews/annual-state-of-india-s-environment-soe-2018-58898*

Das Kangabam, R., Selvaraj, M., Govindaraju, M. (2019). Assessment of land use land cover changes in LoktakLake in Indo-Burma biodiversity hotspot using geospatial techniques. *Egyptian Journal of Remote Sensing and Space Science*, **22**(2), 137–143.

Das Kangabam, R., Selvaraj, M., Govindaraju, M. (2018). Spatio-temporal analysis of floating islands and their behavioral changes in Loktak Lake with respect to biodiversity using remote sensing and GIS techniques. *Environmental Monitoring and Assessment*, **190**(3), 118.

Das Kangabam, R., Govindaraju, M. (2017). Anthropogenic activity induced water quality degradation in the Loktak lake, a Ramsar site in the Indo-Burma biodiversity hotspot. *Environmental Technology*, **40**(17), 2232–2241.

Kumar, R. (2013). Valuing wetland ecosystem services for sustainable management of Loktak Lake, Manipur, India. Retrieved from *https://www.ramsar.org/sites/default/files/documents/tmp/pdf/strp/STRPAsiaWorkshop2013/Asia%20workshop_14%20TEEB%20Case%20Study%20Loktak_RKumar%2011.10.13.pdf* (acceso 13 June 2020)

Leishangthem, D., Angom, S., Tuboi, C., Badola, R., Hussain, S. A. (2012). Socioeconomic considerations in conserving wetlands of northeastern India: A case study of Loktak Lake, Manipur. Cheetal, **50**(3&4), 11–23.

Rai, S., Raleng, A. (2011). Ecological studies of wetland ecosystem in manipur valley from management perspectives. In: Ecosystems Biodiversity, O. Grillo and G. Venora, Intech Open, London, UK, pp. 233–248.

Singh, C.R., Thompson, J.R., Kingston, D.G., French, J.R. (2011). Modelling water-level options for ecosystem services and assessment of climate change: Loktak Lake, northeast India. *Hydrological Sciences Journal*, **56**(8), 1518–1542.

Suraj, D. W., Rajmani, S. Kh. (2018). Estimation of water quality of Imphal River, Manipur, India. *International Journal of Recent Scientific Research*, **9**(5), 27,187–27,190.

HUMEDALES NAURALES DEL ESTE DE CALCUTA, INDIA

TIPO DE SOLUCIÓN BASADA EN LA NATURALEZA (NBS)
Humedales naturales

UBICACIÓN
Humedales del este de
la ciudad de Calcuta,
India

TIPO DE TRATAMIENTO
Los humedales naturales actúan
como lagunas de estabilización
de desechos que permiten la
biorremediación y el tratamiento
posterior a través de la
piscicultura y la acuicultura.

COSTOS
No disponible, pero el valor
monetario aproximado ahorrado
se estima en el texto

FECHAS DE OPERACIÓN
Principios de 1.900 (acuicultura y
piscicultura)

AREA/ESCALA
127,41 km²

Antecedentes del proyecto

Los humedales del este de Calcuta (HEC) son el "sistema de acuicultura alimentado con aguas residuales más grande del mundo", que sirve como un ejemplo único de un sistema innovador de reutilización y tratamiento de recursos, donde las aguas residuales se reciclan para la piscicultura y la agricultura (Kundu et al., 2008; Ghosh, 2018). Los HEC han estado recibiendo aguas residuales industriales y municipales durante cientos de años a través de canales que conducen a los humedales (Pal et al., 2014a). Siendo originalmente un mosaico de marismas saladas bajas y ríos sedimentados, los HEC son una vasta red de humedales en parte artificiales y en parte naturales que se encuentran en el delta del río Ganges (Barkham, 2016; Pal, 2017). Aproximadamente 254 estanques de peces alimentados con aguas residuales (conocidos localmente como bheris), tierras agrícolas, áreas de cultivo de basura y asentamientos, conforman los humedales, que obtuvieron el estatus de Ramsar en 2002 (Barkham, 2016; Ghosh, 2018).

Para la ciudad de Calcuta, la séptima ciudad más poblada de la India, los humedales ahorran la asombrosa cantidad de 4.680 millones de rupias (aproximadamente 60 millones de dólares estadounidenses) al año en costos de tratamiento de aguas residuales (Pal et al., 2018). En promedio, 950 millones de litros de aguas residuales ingresan a los humedales cada día, se filtran y se descargan en la Bahía de Bengala 3 o 4 semanas después. El HEC trata más del 80 % de las aguas residuales de la metrópolis, con otros beneficios adicionales, como el apoyo a unos 50.000 trabajadores agrícolas y el suministro de alrededor de un tercio de los requisitos de pescado de Calcuta, lo que hace que la megaciudad esté "subvencionada ecológicamente" (Ghosh, 2018; Kundu et al., 2008).

AUTORES:

Lisa Andrews, *LMA Water Consulting+, The Hague, The Netherlands*
Andrews Jacob, *CDD Society, Bangalore, India*
Rajiv Kangabam, *BRTC, KIIT University, Bhubaneswar, India*

Contacto: Andrews Jacob, CDD Society, Bangalore, Survey No.205 (Opp. Beedi Workers Colony), Kommaghatta Road, Bandemath, Kengeri Satellite Town, Bangalore 560 060, Karnataka, India
andrews.j@cddindia.org

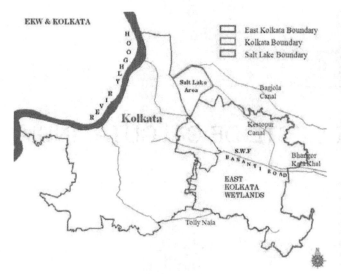

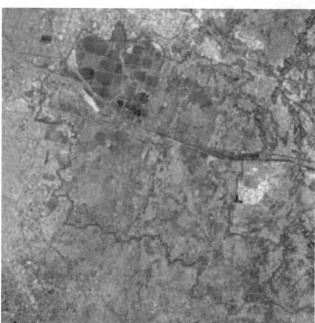

Figura 1: HEC, Gestión de humedales del este de Calcuta Autoridad (EKWMA), http://ekwma.in/ek/. (Versión original en inglés, sin traducción).

Figura 2: HEC, EKWMA, http://ekwma.in/ek/

Además de los muchos servicios ecosistémicos ya descritos, el HEC también sirve como defensa contra inundaciones para una ciudad baja, que en promedio apenas se encuentra a 5 metros sobre el nivel del mar (Barkham, 2016).

Diseño y construcción

El HEC evolucionó originalmente durante varios cientos de miles de años (Barkham, 2016). En tiempos más recientes, los humedales han sido manipulados por humanos para agregar valor como un vasto recurso natural, sirviendo tanto como sistema de tratamiento como de pesca. Según Barkham (2016), un ingeniero bengalí diseñó y construyó canales graduados que llevan las aguas residuales de Calcuta desde la ciudad a los humedales y hacia la Bahía de Bengala.

Por lo tanto, los humedales actúan como lagunas de estabilización de desechos, tratando las aguas residuales a través de la piscicultura y la acuicultura desde 1918 (Kundu et al., 2008). En consecuencia, poco menos del 50% del área de HEC es artificial, y fue desarrollada por la población local a lo largo del tiempo utilizando aguas residuales de la ciudad.

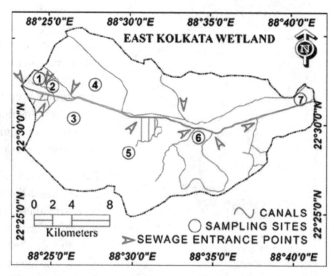

Figura 3: Puntos de entrada de aguas residuales en el ecosistema de humedales del este de Calcuta (Pal et al., 2014). (Versión original en inglés, sin traducción).

Resumen técnico

Tabla resumen

TIPO DE AFLUENTE	Aguas residuales domésticas e industriales
DISEÑO	
Caudal (m³/día)	950 millones de litros/día
Población equivalente (Hab.-Eq.)	No disponible
Área (km²)	127,41
Área por población equivalente (m²/Hab.-Eq.)	No disponible
AFLUENTE	El humedal no tiene un área de captación propia; sin embargo, hay una recarga estimada de 950 millones de litros de aguas residuales por día (Kundu et al., 2008)
Demanda bioquímica de oxígeno (DBO$_5$)	35–50 partes por millón (agua de pesca, Saha y Ghosh, 2003 en Kundu et al., 2008)

La tasa de carga orgánica en los estanques de peces dentro del HEC varía entre 20 y 70 kg/ha/día (en forma de DBO$_5$) (Kundu et al., 2008) |
Demanda química de oxígeno (DQO)	55–140 partes por millón (agua de pesca, Saha y Ghosh, 2003 en Kundu et al., 2008)
Sólidos totales disueltos (STD)	>1.800 partes por millón (Kundu et al., 2008)
EFLUENTE	Depende de la estación
DBO$_5$	En invierno, otoño y verano, los niveles se redujeron en un factor de 3 a 4; y en el monzón, la reducción es del 40% (Kundu et al., 2008). "La eficiencia acumulada en la reducción de la DBO$_5$ es >80 %" (Kundu et al., 2008).
DQO	En otoño e invierno, la DQO se reduce en un factor de 3, y en el monzón y verano en un factor de 2
STD (mg/L)	No disponible
Escherichia coli	"... la reducción de las bacterias coliformes es del 99,99% en promedio" (Kundu et al., 2008).
COSTOS	No disponible

Tipo de afluente / tratamiento

El área de la Corporación Municipal de Calcuta genera aproximadamente 600 millones de litros de aguas residuales todos los días (Kundu et al., 2008). Las aguas residuales fluyen a través de alcantarillas subterráneas hasta seis estaciones de bombeo terminales, donde se bombean a canales abiertos (Kundu et al., 2008). La responsabilidad de la Corporación Municipal de Kolkata termina en este punto, dejando que las aguas residuales se dirijan a las pesquerías de HEC, mezclándose con otros efluentes industriales (Kundu et al., 2008). Las aguas residuales permanecen detenidas durante unos días, donde la biodegradación de los compuestos orgánicos tiene lugar de forma natural con la ayuda de la exposición a los rayos ultravioleta (luz solar) para descomponer aún más el efluente (Kundu et al., 2008; Pal et al., 2014; EKWMA 20XX; Barkham, 2016). Las plantas de tratamiento de aguas residuales estándar y los estanques de estabilización de desechos pueden no ser siempre efectivos para eliminar las bacterias y la demanda biológica de oxígeno (DBO$_5$) en los países trópicales; sin embargo, los procesos presentes en el HEC, tales como biorremediación, pueden depurar el agua en menos de 20 días (Barkham, 2016; Mara, 1997 en Kundu et al., 2008; Pal, 2017). Esta agua purificada rica en nutrientes se canaliza luego hacia los estanques de peces (bheris), donde prosperan las algas y los peces (EKWMA, 2006; Barkham, 2016; Pal, 2017). Los estanques piscícolas mejoran la eficiencia del tratamiento de los estanques de estabilización de desechos, al remover los sedimentos atrapados en el fondo del estanque (Edwards, 1992 en Kundu et al., 2008) e incorporar nutrientes y carbono en su masa corporal (Kundu et al., 2008). Por lo tanto, los canales de movimiento lento funcionan como estanques anaeróbicos y facultativos, mientras que las pesquerías actúan como estanques de maduración (Kundu et al., 2008). En las plantas de tratamiento de aguas residuales convencionales, la proliferación de algas (o fitoplancton) podría causar fallas en el sistema; sin embargo, en el HEC, los pescadores eliminan las algas ya que alimentan a los peces (Barkham, 2016; Kundu et al., 2008). El plancton desempeña un papel importante en la descomposición de la materia orgánica, y los peces desempeñan el papel crucial de alimentarse del plancton, para mantener el equilibrio y convertir los nutrientes disponibles en pescado fácilmente consumible para las personas (Kundu et al., 2008).

Eficiencia del tratamiento

Los datos más recientes sobre la eficiencia del tratamiento indican una variación entre las estaciones, pero en general, demuestra una eliminación efectiva de DBO$_5$ y DQO (Kundu et al., 2008). La variación estacional en la eficiencia de eliminación de DBO$_5$ y DQO resulta principalmente de diferencias en los volúmenes de agua, dilución y tiempos de residencia hidráulica (Kundu et al., 2008). Sin embargo, los niveles de DBO$_5$ y DQO, en la entrada en comparación con los cuerpos de agua receptores, respectivamente, siguen siendo altos en comparación con los límites nacionales (Kundu et al., 2008). La eficiencia acumulada en la reducción de la DBO5 de las aguas residuales es superior al 80 % y para las bacterias coliformes es del 99,99 % en promedio (Kundu et al., 2008). Los niveles de entrada de coliformes fecales son similares al cuerpo receptor, excepto en el monzón y el invierno cuando son un orden de magnitud mayor.

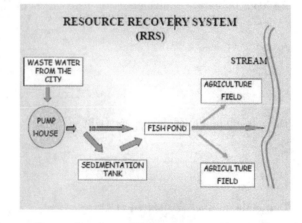

Figura 4: Sistema de recuperación de recursos en HEC, Kundu et al., 2008. (Versión original en inglés, sin traducción).

Los HEC tienen impactos variables en los niveles de nutrientes. Los niveles de nitrógeno inorgánico total (principalmente amoníaco y nitrato) se reducen principalmente en los meses más fríos, en un factor de 3 en otoño y en un 50 % en invierno. Por el contrario, durante la temporada de monzones, donde es probable que las entradas sean más altas, la reducción es sólo del 10 al 15 %, mientras que, en los meses más cálidos, el nitrógeno inorgánico total aumenta. La mayor parte del tiempo, el nivel de nitrógeno inorgánico total en la salida del humedal es más alto que en el cuerpo de agua receptor del río Kulti. El nitrógeno oxidado total se reduce por un factor de 2 en invierno, verano y otoño, pero aumenta durante la estación del monzón (Kundu et al., 2008). El fósforo disuelto total aumenta en un factor de aproximadamente 3 durante el verano y el otoño, y disminuye en un 50 % durante el invierno, y durante el monzón es de aproximadamente un 50 %. Al igual que con el nitrógeno inorgánico total, los niveles son más altos que el cuerpo de agua receptor. En todos los casos, el nivel de la entrada supera al del cuerpo receptor

Operación y mantenimiento

Los HEC son mantenidos por agricultores y pescadores (Pal, 2017). Las aguas residuales se conducen a través de múltiples entradas pequeñas administradas por cooperativas pesqueras (Pal, 2017). Las compuertas parabólicas para peces separan el agua de los humedales de las aguas residuales, evitando que los peces naden hacia las aguas residuales anaeróbicas (Pal, 2017). La altura del canal se controla manualmente mediante la operación de esclusas (Everard et al., 2019).

Costos

El HEC le ha ahorrado a la ciudad de Calcuta los costos de construcción y mantenimiento de plantas de tratamiento de aguas residuales municipales estándar (Secretariado de la Comisión Ramsar, 2002 en Everard et al., 2019). Los costos de tratamiento de aguas residuales (es decir, servicios ecosistémicos) ahorrados se estiman en más de 4.680 millones de rupias al año (aproximadamente US$ 65 millones). Los detalles de los costos continuos de operación no están disponibles

Co-beneficios

Beneficios ecológicos

Los HEC albergan una diversidad de plantas y aves acuáticas, con 55 y 125 especies respectivamente (EKWMA, 2006; Kundu et al., 2008).

Los investigadores han observado que los humedales retienen más del 60 % del carbono de las aguas residuales, ya que es secuestrado por el suelo y la biota, lo que sirve como un sumidero de carbono eficaz (Ghosh, 2018). No se dispone de estimaciones de las tasas anuales de secuestro de carbono.

Beneficios sociales

Los co-beneficios sociales de los HEC son innumerables, incluida la producción de alimentos, la recuperación de recursos, la protección contra inundaciones, la restauración del hábitat y la biodiversidad, y las oportunidades de empleo (Everard et al., 2019). Los humedales permiten una ecología urbana única, combinada con los beneficios duales de protección ambiental y recuperación de recursos (Pal, 2017). El difunto ingeniero sanitario Dhrubajyoti Ghosh se dio cuenta de que "estos subsidios ecológicos son los que hacen de Calcuta la ciudad más barata de la India: los humedales producen 10.000 toneladas de pescado cada año y proporcionan del 40 % al 50 % de las verduras verdes disponibles en los mercados de la ciudad" (Pal, 2017).

Además de la piscicultura, los pescadores locales también utilizan los estanques para cultivar arroz (Barkham, 2016). Aproximadamente 30.000 personas viven de los humedales, lo que se traduce en el 74% de la población activa de la zona (Kundu y Chakraborty, 2017; Ghosh et al., 2018 en Everard et al., 2019). Los pescadores locales han dominado la recuperación de recursos y están cultivando peces a un ritmo y un costo de producción sin igual en ningún otro lugar de la India, o en comparación con el volumen que se puede lograr a través de estanques normales (Kundu et al., 2008; Ghosh, 2018), formando la base de la seguridad ecológica de la región (Kundu y Chakraborty, 2017).

Además, la diversidad floral de HEC permite recursos vegetales económicamente importantes que se pueden utilizar en medicina, papel y pulpa, materiales para techos de paja, vegetales, alimento para aves acuáticas, estiércol y compost, purificación de agua y forraje (Kundu et al., 2008). Las aguas residuales también se usan en los arrozales, y las verduras se cultivan a lo largo de las orillas de una larga colina creada por los desechos orgánicos de Calcuta (Barkham, 2016). Estas llamadas "granjas de basura" proporcionan entre el 40% y el 50% de los vegetales verdes disponibles en los mercados de Calcuta (Barkham, 2016). Esta comida es fresca y asequible porque no hay costos de transporte ya que se ingresa a la ciudad en bicicleta (Barkham, 2016).

Los humedales también actúan como un sistema natural de control de inundaciones para la ciudad, con un perfil de elevación que varía de 1 a 5 m (Pal, 2017). Los sistemas han sido diseñados para aprovechar la fuerza gravitacional, yendo de este a oeste (Pal et al., 2014a; Pal, 2017). La protección contra inundaciones es particularmente relevante durante los monzones, cuando todo el delta del Ganges es propenso a este fenómeno (Pal, 2017).

Lecciones aprendidas

Desafíos y soluciones

Desafío 1: desarrollo y urbanización del suelo, cambios en los patrones de uso de la tierra

Los HEC están amenazados debido al rápido crecimiento del mercado inmobiliario y al auge de las unidades de procesamiento de cuero y reciclaje de plástico ilegales, con la escala de invasión que se puede ver en los mapas satelitales entre 2012 y 2016 (Pal, 2017; Niyogi, 2019). La invasión es a una escala tan masiva que los humedales son casi irreconocibles (Niyogi, 2019). Mondal et al. (2017) proyectó que "sólo el 39% del área de humedales permanecerá para 2025 con las tendencias actuales de crecimiento urbano, lo que subraya la importancia vital de la coordinación institucional, el apoyo financiero y las regulaciones de uso de la tierra" (Everard et al., 2019).

En consecuencia, la EKWMA recomendó establecer un grupo de trabajo para abordar las violaciones (Niyogi, 2019). Tras la apelación, el Tribunal Verde Nacional formó un comité de expertos en mayo de 2019, argumentando que la invasión violaba la lista de Ramsar y la directiva del Tribunal Superior de Calcuta sobre el cambio de uso de la tierra (TNN, 2019). A fines de 2019, el Tribunal Verde Nacional ordenó un grupo de trabajo dirigido por el secretario en jefe para monitorear y prevenir una mayor degradación del HEC (TNN, 2019).

Desafío 2: falta de cumplimiento de las políticas

Durante las últimas décadas, la piscicultura local y el consumo humano se han enfrentado a un riesgo creciente de contaminación con elementos residuales de otras fuentes (Pal et al., 2014a). La contaminación industrial, la sedimentación, la infestación de malezas y los cambios en los patrones de uso de la tierra son desafíos simultáneos que amenazan el equilibrio ecológico de HEC (Everard et al., 2019). Por lo tanto, la implementación de un plan de manejo integral que siga los lineamientos del Protocolo Ramsar es vital (Kundu et al., 2008). Sin embargo, desde la publicación de Kundu et al. en 2008, se han aprobado muchas ordenanzas y políticas, con la creación de nuevos grupos de trabajo para gestionar y preservar los humedales de manera más eficaz, pero fue en vano, como describen Niyogi (2020) y TNN (2019).

Desafío 3: cambiar los medios de subsistencia

Las generaciones más jóvenes buscan una mejor educación y oportunidades de empleo modernas; como resultado, la pesca y la agricultura han comenzado a perder su atractivo como medios de subsistencia (Ghosh, 2018). Una solución, sugerida por Pal et al. (2018), es hacer cumplir una política de créditos de carbono para que los agricultores diversifiquen y aumenten sus ingresos, haciendo que la agricultura sea más atractiva para las poblaciones más jóvenes.

Comentarios/evaluación de los usuarios

"Describo esto como una ciudad ecológicamente subsidiada", dice Ghosh. "Si pierdes estos humedales, pierdes este subsidio, pero a los habitantes de Calcuta no les interesa saber por qué son la ciudad más barata" (Barkham, 2016).

Referencias

Barkham, P. (2016). The miracle of Kolkata's wetlands – and one man's struggle to save them. The Guardian. Retrieved from *https://www.theguardian.com/cities/2016/mar/09/kolkata-wetlands-india-miracle-environmentalist-flood-defence* (acceso 24 July 2020).

Everard, M., Kangabam, R., Tiwari, M.K. et al. (2019). Ecosystem service assessment of selected wetlands of Kolkata and the Indian Gangetic Delta: multi-beneficial systems under differentiated management stress. *Wetlands Ecology and Management*, 27, 405–426.

East Kolkata Wetlands Management Authority (EKWMA) (2006). The East Kolkata Wetlands (Conservation and Management) Act. *http://ekwma.in/ek/policy/* (acceso 10 July 2020)

Ghosh, S. (2018). A new study on East Kolkata Wetlands' carbon-absorption abilities is a wake-up call for conservation. Retrieved from: *https://scroll.in/article/874651/a-new-study-on-east-kolkata-wetlands-carbon-absorption-abilities-is-a-wake-up-call-for-conservation* (acceso 15 July 2020)

Kundu, N., Pal, M., Saha, S. (2008). East Kolkata Wetlands: a resource recovery system through productive activities. In Proceedings of Taal-2007: The 12th World Lake Conference.

Niyogi, S. (2019). Satellite maps show massive loss of East Kolkata Wetlands. *Kolkata News - Times of India*. Retrieved from: *https://timesofindia.indiatimes.com/city/kolkata/ sat-maps-show-massive-loss-of-east-kolkata-wetlands/ articleshow/71714072.cms* (acceso 24 July 2020)

Niyogi, S. (2020) Kolkata civic body starts razing illegal buildings on wetlands. *Kolkata News - Times of India*. Retrieved from: *https://timesofindia.indiatimes.com/city/ kolkata/kolkata-civic-body-starts-razing-illegal-buildings- on-wetlands/articleshow/73068556.cms* (acceso 15 July 2020)

Pal, S., Manna, S., Aich, A., Chattopadhyay, B., Mukhopadhyay, S. (2014a). Assessment of the spatio-temporal distribution of soil properties in East Kolkata wetland ecosystem (a Ramsar site: 1208). *Journal of Earth System Science*, **123**, 729–740.

Pal, S., Mondal, P., Bhar, S., Chattopadhyay, B., Mukhopadhyay, S.K. (2014b). Oxidative response of wetland macrophytes in response to contaminants of abiotic components of East Kolkata wetland ecosystem. *Limnological Review*, **14**(2), 101–108.

Pal, S. (2017). This Wetland is the world's largest organic sewage management system. *The Better India*. Retrieved from: *https://www.thebetterindia.com/84746/ east- kolkata-westland-dhrubajyoti-ghosh-organic-sewage- management/* (acceso 18 July 2020).

Pal, S., Chakraborty, S., Datta, S., Mukhopadhyay, S.K. (2018). Spatio-temporal variations in total carbon content in contaminated surface waters at East Kolkata Wetland Ecosystem, a Ramsar Site. *Ecological Engineering*, **110**, 146–157.

TNN (2019). The National Green Tribunal orders a task force to monitor and cure an ailing East Kolkata Wetlands. *Kolkata News - Times of India*. Retrieved from: *https://timesofindia.indiatimes.com/city/ kolkata/national-green-tribunal-orders-task-force-to- monitor-and-cure-an-ailing-east-kolkata-wetlands/ articleshow/72880048.cms* (acceso 15 July 2020)

HUMEDALES PARA TRATAMIENTO FLOTANTES

AUTORES

Robert Gearheart, *Humboldt State University, Arcata, California 95518, USA; Arcata Marsh Research Institute*
Contacto: *rag2@humboldt.edu*
Katharina Tondera, *INRAE, REVERSAAL, F-69625 Villeurbanne, France*
Contacto: *katharina.tondera@inrae.fr*

1 - Afluente
2 – Sistema de alimentación
3 – Medio poroso
4 - Medio de enraizamiento
5 – Suelo original
6 - Plantas
7 – Nivel de agua
8 – Raíces de las plantas
9 – Capa béntica
10 - Impermeabilización
11 – Estructura de inspección
12 - Efluente

Descripción

Los humedales para tratamiento flotantes (HTF) consisten en macrófitas emergentes que se encuentran suspendidas al nivel del agua con una plataforma flotante. La rizósfera de las plantas (raíces, pelos radiculares y tubérculos) están suspendidas en el volumen de agua libre debajo de la plataforma flotante y son sitios microbiológicamente activos para la biopelícula. Las raíces, los tallos y los pelos de las raíces son sitios para el transporte activo de agua y nutrientes y soporte de biopelículas. Esta matriz permite atrapar partículas finas en suspensión y realizar tratamiento bioquímico. La plataforma flotante se puede fabricar con una variedad de materiales, incluidos los reutilizados, como las botellas de polietileno.

Ventajas

- Posibilidad de bajo consumo de energía (alimentación por gravedad)
- Robusto contra las fluctuaciones de carga
- No se necesita superficie adicional (en caso de reequipamiento)
- Menor precio de construcción en comparación con los humedales de flujo subsuperficial (en caso de reacondicionamiento)

Desventajas

- Hábitat potencial de mosquitos
- Acumulación de sólidos y vegetación
- La implementación puede ser complicada (por ej., problemas de anclaje, movimiento del viento y las olas, degradabilidad de los materiales)
- Ciclo de vida corto, dependiendo del material de la plataforma
- El material de cobertura para proteger las estructuras flotantes puede dañar a las aves y los anfibios.
- Las tasas de flujo no reguladas, el tiempo de retención y flujos preferenciales, pueden conducir a escenarios de flujo continuo durante la temporada de lluvias.

Co-beneficios

Altos	Biodiversidad (flora)	Biodiversidad (fauna)	Producción de biomasa	Valor estético	Reutilización del agua
Medios	Mitigación de inundaciones	Secuestro de carbono	Recreación	Polinización	
Bajos	Regulación de la temperatura				

Compatibilidades con otras SBN

Sugerido para su uso principalmente como tratamiento posterior de otras SBN que reduzcan suficientemente la DQO.

Operación y Mantenimiento

Mensualmente

- Verificar el anclaje y posicionamiento de la superficie de enraizamiento
- Control de malezas

Anualmente

- Según el objetivo del tratamiento y la especie de planta elegida, podría ser necesario cosechar
- Es necesario revisar la estructura de la superficie de enraizamiento y los medios de cultivo

Extraordinario: solución de problemas

- Pruebas de trazador para cortocircuitos y zonas muertas en caso de tratamiento insuficiente

Referencias

Faulwetter, J. L., Burr, M. D., Cunningham, A. B., Stewart, F. M., Camper, A. K., Stein, O. R. (2011). Floating treatment wetlands for domestic wastewater treatment. *Water Science & Technology*, **64**(10), 2089–2095.

Headley T., Tondera K. (2019). Floating treatment wetlands. In: Langergraber, G., Dotro, G., Nivala, J., Rizzo A., Stein O. (editors). Wetland Technology – Practical Information on the Design and Application of Treatment Wetlands. IWA Publishing, London, UK.

Pavlineri N., Skoulikidis N.T., Tsihrintzis V. A. (2017). Constructed floating wetlands: a review of research, design, operation and management aspects, and data meta-analysis. *Chemical Engineering Journal*, **308**, 1120–1132.

Detalles Técnicos

Tipo de afluente

- Aguas residuales tratadas primariamente
- Aguas grises

Eficiencia del tratamiento

- La eficiencia del tratamiento aún está bajo investigación, especialmente para aplicaciones a escala de piloto y real, y depende de varios factores, como el tiempo de residencia hidráulica y la variabilidad del agua. Para más información ver Headley y Tondera (2019).

Requerimientos

- Requisitos de área neta:

  - Falta de consenso de expertos sobre el dimensionamiento; recomendaciones dadas por proveedores de la tecnología.

  - Depende en gran medida del precio de los sistemas de enraizamiento prefabricadas, pero también se pueden producir a partir de materiales reutilizados.

  - Los costos son más bajos, si las estructuras similares a estanques ya existentes se pueden adaptar

- Necesidades de electricidad: generalmente no requieren energía externa

Criterios de diseño

- Falta de consenso de expertos sobre la capacidad técnica; tecnología aún en desarrollo

Configuraciones posibles

- Fosa séptica – HT flotante
- Laguna de oxidación – HT flotante
- Estanque de oxidación, HT flotante de superficie de agua libre (FWS)

Condiciones climáticas

- Templado, templado marino

HUMEDALES MULTIETAPA

AUTOR

Bernhard Pucher, *Instituto de Ingeniería Sanitaria y Control de la Contaminación del Agua, Universidad BOKU, Muthgasse 18, 1190 Viena, Austria*
Contacto: *bernhard.pucher@boku.ac.at*

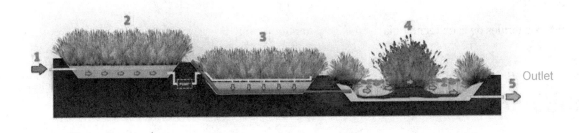

Outlet

Descripción

Los Humedales para tratamiento Multietapa (HT-ME) se describen como una combinación de diferentes tecnologías de humedales, como humedales de flujo vertical (FV), humedales de flujo horizontal (FH) y humedales de flujo superficial (FS) que se conectan en serie. Cuando el espacio disponible para su instalación es reducido, los sistemas de recirculación también pueden ser considerados. El principal objetivo del uso de HT-ME es la eliminación de nutrientes (nitrógeno total y fósforo) o la desinfección con el fin de dar cumplimiento a estándares de descarga más estrictos, o inclusive para la reutilización del agua. Mientras que el diseño de sistemas que contemplen una sola tecnología puede llevarse a cabo basado en las guías de construcción disponibles, los HT-ME necesitan diseñarse tomando en cuenta consideraciones especiales de acuerdo con el objetivo de tratamiento. Por lo tanto, el diseño final de cada uno de estos sistemas multietapa puede diferir del diseño que podría obtenerse de su diseño como sistema individual usando una sola tecnología.

Ventajas	Desventajas
• Su funcionamiento es robusto y no se ve mermado por fluctuaciones de caudal • Consumo energético bajo (pueden ser alimentados por gravedad) • Los mosquitos no se reproducen en su interior. • Es posible operarlos en sistemas separativos o combinados de alcantarillado. • El agua tratada cumple con estándares de calidad más elevados, lo que permite su reutilización en un rango más amplio de actividades.	• Tienen consideraciones específicas principalmente por los objetivos de descarga deseados, por lo que es necesaria la participación de un experto en su diseño.

Co-beneficios

Combina los beneficios colaterales de cada tecnología utilizada.

Compatibilidad con otras SbN

Los HT-ME pueden ser combinados con otras soluciones basadas en la naturaleza (SBN) si se necesita, como lagunas.

Estudios de caso

En esta publicación

• Humedal para tratamiento multietapa en Dicomano, Italia
• Humedal para tratamiento híbrido en Kastelir, Croacia.

Operación y mantenimiento

Tienen requerimientos específicos para su operación y mantenimiento, que varían de acuerdo con cada tipo de humedal para tratamiento usado en el sistema, requerimientos que pueden ser consultados en las respectivas fichas técnicas.

Requerimientos adicionales necesitan ser considerados durante el proceso de diseño

Referencias

Langergraber, G., Pressl, A., Leroch, K., Rohrhofer, R., Haberl, R. (2010). Comparison of single-stage and a two-stage vertical flow constructed wetland systems for different load scenarios. *Water Science & Technology* **61**(5), 1341–1348.

Masi F., Caffaz S., Ghrabi A. (2013). Multi-stage constructed wetland systems for municipal wastewater treatment. *Water Science & Technology*, **67**(7), 1590–1598.

Rizzo, A., Masi, F. (2019). Multi-stage wetlands. In: Langergraber, G., Dotro, G., Nivala, J., Rizzo, A., Stein, O.R. (2019). Wetland Technology: Practical Information on the Design and Application of Treatment Wetlands. IWA Publishing, London, UK.

Vymazal, J. (2013). The use of hybrid constructed wetlands for wastewater treatment with special attention to nitrogen removal: a review of a recent development. *Water Research*, **47**(14), 4795–4811.

Detalles técnicos

Tipo de afluente
- Agua residual doméstica cruda
- Agua residual efluente de tratamiento primario
- Agua residual efluente de tratamiento secundario

Configuración para eliminación de NT
- Humedal de Flujo Vertical (FV) + Humedal de Flujo Horizontal (FH)
- FV + FV (Sistema de Austriaco de doble etapa)
- FV + Humedal de Flujo Superficial (FS)
- FH + FV (usando recirculación)
- FV + FH + FV para eliminación de altas concentraciones de N-NH4

Consideraciones de diseño
- El diseño de FV para nitrificación completa debe:
- Estar basado en la tasa de transferencia de oxigeno
- Se recomienda escoger valores conservadores
- El diseño de FH y FS basados en el modelo P-k-C* debe considerar:
- Una fuente de carbono disponible para la desnitrificación.
- La relación de C/N.
- Que las SBN pueden proveer la fuente de carbono a través de los exudados de las raíces y la biomasa muerta presente en el sistema

Eliminación de fósforo
- El uso de humedales multietapa puede mejorar la eliminación de P.
- Es posible el uso de filtros adicionales (sin plantas) hechos de medio reactivo, pero se debe de considerar que:
  - El medio reactivo puede desperdiciarse al quedar colmatados todos los sitios de adsorción superficiales del material.
  - La adsorción disminuye con el tiempo.
- Se puede realizar una dosificación de sales de hierro para incrementar la precipitación de fosforo total.

Configuración para desinfección y reutilización
- Se recomienda el uso de FS en la última etapa de tratamiento.
- Considerar un tratamiento terciario tecnificado (ejemplo, UV) cuando la evapotranspiración sea demasiado alta y lleve a un sobredimensionamiento de una SBN.

Consideraciones de diseño
- Considerar regulaciones locales es importante.
- La recuperación de nutrientes con fines de reutilización puede disminuir la huella de carbono del sistema.

HUMEDALES PARA TRATAMIENTO MULTIETAPA EN DICOMANO, ITALIA

TIPO DE SOLUCIÓN BASADA EN NATURALEZA (SBN)
Humedal construido multietapa

LOCALIZACIÓN
Dicomano, Región Toscana, Italia

TIPO DE TRATAMIENTO
Tratamiento secundario y terciario en un humedal construido multietapa incluyendo humedales de flujo horizontal (FH), humedales de flujo vertical (FV) y humedales de flujo superficial (FS).

COSTO
€550.000 (2003)

FECHA DE OPERACIÓN
2003 a la fecha

ÁREA/ESCALA
6.080 m²

Antecedentes del proyecto

Dicomano es una comunidad mediana, situada en las inmediaciones de la ciudad de Florencia, a una altitud de 160 metros sobre el nivel del mar. Antes de la construcción de la nueva planta de tratamiento de aguas residuales, el agua proveniente de la comunidad era descargada directamente en el Río Sieve, mismo que es el principal tributario del Rio Arno, por lo que la localidad necesitaba un sistema que fuera apropiado para tratar las aguas residuales municipales, que permitiera descargar aguas que cumplieran con las normas italianas (especialmente en términos de concentración de nutrientes) y que, al mismo tiempo, tuvieran costo de mantenimiento y operación bajos.

El diseño conceptual está basado en los beneficios que otorgan los humedales para tratamiento multietapa para alcanzar diferentes objetivos en relación con la calidad del agua descargada. Así, cada etapa del humedal fue construida para lograr objetivos específicos en cada celda o compartimiento; primero, celdas de humedales horizontales de flujo subsuperficial (FH) para la eliminación de materia orgánica y sólidos suspendidos, segundo, celdas de humedales de flujo vertical (FV) para mejorar la nitrificación y, finalmente, celdas de humedales de flujos superficial (FS) para lograr la eliminación de agentes patógenos, desnitrificación adicional, y una óptima re-oxigenación del efluente antes de su descarga al río.

AUTORES:

Ricardo Bresciani, Anacleto Rizzo, Fabio Masi
IRIDRA Srl, via Alfonso La Mamora 51, Florencia, Italia
Contacto: Anacleto Rizzo, *rizzo@iridra.com*

Figura 1: Humedal para tratamiento multietapa, PTAR de Dicomano (Florencia, Italia) localización, LN 43° 52′ 46.53′′, LO 11° 31′ 41.68′′E

Figura 2: Humedal para tratamiento multietapa en la PTAR de Dicomano (Florencia, Italia)

Resumen técnico

Tabla de resumen

TIPO DE AFLUENTE	Agua residual municipal
DISEÑO	
Caudal (m³/día)	525
Población equivalente (Hab.-Eq.)	3.500
Área (m²)	Primera etapa FH: 1.000 Segunda etapa FV: 1.680 Tercera etapa FH: 1.800 Cuarta etapa HFS: 1.600 Total: 6.080
Área por población equivalente (m²/Hab.-Eq.)	1,7
AFLUENTE	
Demanda bioquímica de oxígeno (DBO$_5$) (mg/L)	66 (media – datos monitoreados)
Demanda química de oxígeno (DQO) (mg/L)	160 (media – datos monitoreados)
Sólidos suspendidos totales (SST) (mg/L)	51 (media – datos monitoreados)
Nitrógeno amoniacal (N-NH$_4$) (mg/L)	31 (media – datos monitoreados)
Nitrógeno total (NT) (mg/L)	28 (media – datos monitoreados)
Escherichia coli (Unidades Formadores de Colonias (UFC)/100 mL)	1.000.000-10.000.000 (media – datos monitoreados)
EFLUENTE	
DBO$_5$ (mg/L)	4 (media – datos monitoreados)
DQO (mg/L)	18 (media – datos monitoreados)
SST (mg/L)	5 (media – datos monitoreados)
N-NH$_4$ (mg/L)	7 (media – datos monitoreados)

EFLUENTE (cont.)	
NT (mg/L)	10 (media – datos monitoreados)
Escherichia coli (UFC/100 mL)	<200 (media – datos monitoreados)
COSTOS	
Construcción	€550.000,00
Operación (anual)	€20.000,00

Diseño y construcción

El agua residual recibe un tratamiento primario a través de un tanque Imhoff y después es enviada al humedal construido multietapa, con las siguientes etapas: una primera etapa de 1.000 m² consistente en dos celdas paralelas de humedales subsuperficiales de flujo horizontal (FH) de 500 m² cada una; una segunda etapa de 1.680 m² consistente en ocho celdas paralelas de humedales verticales no saturados (FV) de 210 m² cada una; una tercera etapa de 1.800 m² consistente en dos celdas paralelas de humedales de flujo horizontal de 900 m² cada uno; finalmente una cuarta etapa consistente en una sola celda de humedal de flujo superficial de 1.600 m² . La superficie total del sistema es de 6.080 m².

El sistema está dividido en dos líneas paralelas. Un canal de excedencias envía el agua directamente al río después del tratamiento primario. Una pequeña porción del efluente de la primera etapa es bombeada diariamente a través del sistema de bombas automatizadas a la tercera etapa del sistema (consistente en celdas de FH) para proveer una fuente de carbono para el proceso de desnitrificación.

Tipo de afluente/tratamiento

El sistema trata en promedio 525 m³/d, producidos por la localidad de Dicomano (3.500 Hab.-Eq.). El tratamiento primario se lleva a cabo con un tanque Imhoff.

Eficiencia de tratamiento

Este sistema multietapa fue extensamente monitoreado por 4 años (2008–2011). Tal como lo muestra Masi et al., (2013), el sistema multietapa fue capaz de cumplir con los límites máximos permisibles en Italia para

descargas en cuerpos de agua para sistemas de tratamiento de agua mayores a 2.000 Hab.-Eq. (Legislación Nacional Italiana - D. Lgs. 152/2006), DBO$_5$ (40 mg/L), DQO (160 mg/L), TSS (80 mg/L), componentes de nitrógeno (35 mg/L), fosforo (10 mg/L), y patógenos (5,000 UFC/100 mL).

La eficiencia de tratamiento del Sistema permitió una eliminación de 86% para DQO, 60% para NT, 76% para amonio, 43% para fosforo total y >89% para SST. El proceso de desinfección se ha desempeñado satisfactoriamente, alcanzando una reducción logarítmica de magnitud entre 4-5 respecto la concentración de patógenos de entrada, con una concentración promedio de *Escherichia coli* en el efluente inferior a 200 UFC/100 mL. La concentración de todos los parámetros evaluados en la descarga ha sido monitoreada continuamente. El monitoreo se ha llevado a cabo por parte del usuario del Sistema (Publiacqua Spa) y por la agencia regional de protección al ambiente (ARPAT).

Operación y mantenimiento

Todos los trabajos de operación y mantenimiento son hechos por personal no calificado y pueden ser categorizados en dos tipos: mantenimiento regular y extraordinario.

El mantenimiento regular tiene por objetivo mantener al Sistema operando correctamente.

Los trabajos de mantenimiento regular más frecuentes son:

• Inspección de estructuras de concreto;
• Pintado y engrasado de estructuras metálicas;
• Mejoramiento y mantenimiento de vías y caminos;
• Verificación de aceite y niveles en equipo motrices;
• Verificación de las instalaciones de protección eléctrica;
• Verificación de la erosión de los terraplenes y los daños por socavación;
• Inspección visual de hierbas indeseables, salud de las plantas y presencia de plagas.

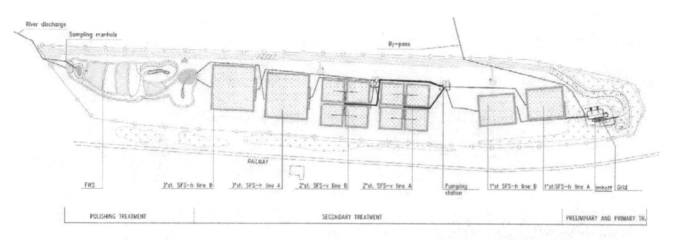

Figura 3: Representación esquemática del humedal para tratamiento multietapa en Dicomano; obtenido de Masi et al., (2013)

Mantenimientos extraordinarios deben de llevarse a cabo siempre que el sistema se dañe.

Costos

Los gastos de capital fueron de alrededor de €550.000,00 (en 2003) (US$621.500) e incluyeron los siguientes elementos:

- Movimientos de tierra.
- Construcción del humedal (material de relleno, geomembrana, geotextil, plantas);
- Unidad de tratamiento primario (tanque Imhoff);
- Estación de bombeo.
- Líneas de tubería.
- Tuberías de los excesos.
- Caminos, estacionamiento y arquitectura de paisaje;
- Vallas y entrada.
- Trabajos eléctricos.
- Obras de protección en la descarga al rio Sieve.

Gastos operacionales estimados son de €20.000 por año (US$2.,600/año) e incluyen los siguientes elementos:

- Consumo eléctrico.
- Personal.
- Mantenimiento adicional (muestreos y mantenimiento de los carrizos y vegetación circundante).

El Sistema fue parcialmente financiado por el programa EC – LEADER II.

Co-beneficios

Beneficios ecológicos

El humedal FS, además de funcionar como sección final de pulimiento, fue diseñado para sustentar biodiversidad. El humedal FS fue dividido en cinco áreas y plantado con 16 diferentes tipos de macrófitas nativas, que pudieron desarrollarse gracias al apropiado diseño del sistema que permitía distintas profundidades de agua para las diferentes plantas. El área y las especies seleccionadas se muestran en la Figura 4.

Beneficios sociales

Las secciones subsuperficiales del humedal en Dicomano fueron plantadas con *Phragmites australis*. La cantidad de biomasa cosechada anualmente es significativa y fue estimada en 9 toneladas por año (2 kg/m²; Avellan et al., 2019). Esta biomasa es valorizada mediante la producción de biogás, creando un vínculo entre agua y energía. El mayor poder calorífico (HHV- high-heating value por sus siglas en ingles) de la biomasa fue de 160 GJ per-año (18 MJ/kg; Avellan et al., 2019).

Contraprestaciones

El diseño conceptual del Sistema se basó en las guías de diseño danesas, que recomiendan, para humedales de dos etapas con un FH como primera y un FV como segunda, la recirculación con el fin de obtener desnitrificación (Brix et al., 2003). Debido a que esta recirculación representaba un aumento en la huella de carbono del sistema como consecuencia del mayor uso de energía para el bombeo,

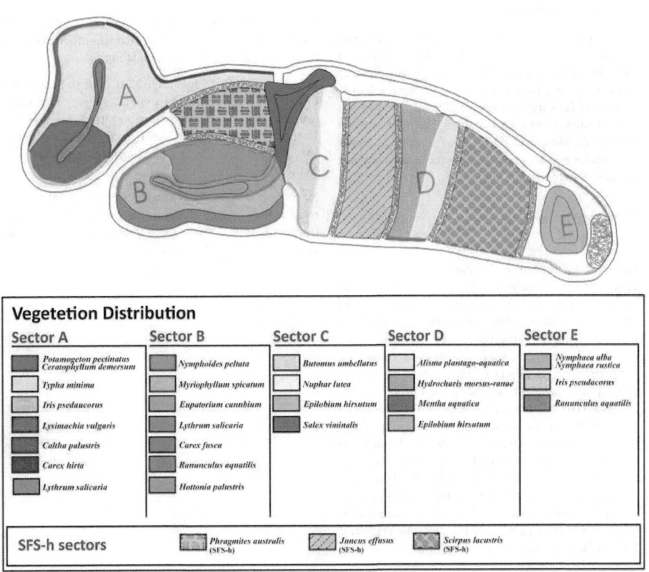

Figura 4: Distribución de la vegetación de HFS en el humedal de Dicomano (versión original en inglés, sin traducción).

además del aumento en los costos de operación, el sistema de Dicomano utilizo en su lugar, una tercera celda de flujo horizontal FH, con el fin de lograr dicha desnitrificación.

Para cumplir con los estrictos límites de descarga, un FS fue instalado para funcionar como una última etapa de pulimento. Esta fue una oportunidad de diseñar una multifuncional SBN en términos de su capacidad para sustentar biodiversidad de la región.

Lecciones aprendidas

Retos y soluciones

Reto/solución 1: estrictos límites para la eliminación de nitrógeno

El humedal multietapa fue utilizado para cumplir con limites muy estrictos en términos de eliminación de nitrógeno. Por lo tanto, un FV fue usado para nitrificación (FV en la segunda etapa) y dos FH para desnitrificación (primer y tercer FH, así como FS como cuarta etapa.

Reto/solución 2: alta fluctuación de la carga hidráulica en el afluente

Los humedales construidos han probado ser altamente robustos ante altas variaciones en la carga hidráulica. El humedal multietapa instalado en Dicomo fue capaz de cumplir con los estándares de calidad de agua italianos, a pesar de las variaciones en el afluente, mismas que respondían a la naturaleza de las aguas mezcladas del sistema de alcantarillado local, afectado por lluvias torrenciales que arrastran consigo parásitos y que han afectado el sistema por algunos años.

Comentarios/ evaluación de los usuarios

El humedal multietapa de Dicomano ha requerido poco mantenimiento durante sus 15 años de operación. Las labores principales incluyen la remoción del lodo del sistema de tratamiento primario, regulación y mantenimiento del sistema de bombeo, poda de pastos, cosecha de los carrizos, y limpieza de alcantarillas. Así, Publiacqua Spa (empresa local de servicios públicos) ha sido capaz de manejar la unidad de tratamiento de aguas residuales con costos sustentables, como muchas de los sistemas de tratamiento de agua residual pequeños o medianos (entre 2.000 y 5.000 Hab.-Eq.). El incremento en la población del sitio y la falta de espacio para realizar más líneas paralelas de humedales condujeron a la adopción de un sistema de biodiscos de contacto extendido, localizado entre el tratamiento primario y la primera etapa de las celdas del FH, con el fin de reducir el exceso de carga orgánica.

Referencias

Avellán, T., Gremillion, P. (2019). Constructed wetlands for resource recovery in developing countries. *Renewable and Sustainable Energy Reviews*, **99**, 42–57.

Brix, H., Arias, C. A., Johansen, N. H. (2013). Experiments in a two-stage constructed wetland system: nitrification capacity and effects of recycling on nitrogen removal. In: Wetlands — Nutrients, Metals and Mass Cycling (J. Vymazal, ed.). Backhuys Publishers, Leiden, The Netherlands, pp. 237–258.

Masi, F., Caffaz, S., Ghrabi, A. (2013). Multi-stage constructed wetland systems for municipal wastewater treatment. *Water Science and Technology*, **67**(7), 1590–1598.

SISTEMA HÍBRIDO DE HUMEDALES EN KAŠTELIR, CROACIA

TIPO DE SOLUCIÓN BASADA EN LA NATURALEZA (SBN)
Sistema de humedales multietapa

LOCALIZACIÓN
Mediterráneo/Balcanes

TIPO DE TRATAMIENTO
Tratamiento Secundario con humedales de flujo vertical (FV) y flujo horizontal (FH)

COSTO
€1.600.000

FECHA DE OPERACIÓN
Del 2015 a la fecha

ÁREA/ESCALA
Cinco celdas con una superficie total de 4.800 m²

Antecedentes del proyecto

El humedal construido en Kaštelir es conocido como Limnowet®, y fue diseñado por la compañia Limnos (*www.limnos.si*) en 2014, para la municipalidad de Kaštelir-Labinci en Croacia. El sistema trata las aguas domésticas producidas en el municipio, que se caracteriza por ser una zona con altas fluctuaciones en su población debido a la temporada vacacional; durante el verano la población llega a crecer hasta entre 1.000 a 1.900 Hab.-Eq.

Antes de la construcción del humedal, las aguas municipales eran tratadas de forma independientemente por cada casa a través de fosas sépticas desde donde el agua era enviada al medio ambiente, ocasionando contaminación en las aguas de las altamente turísticas costas de la localidad.

Debido a las altas fluctuaciones en los volúmenes de aguas residuales existentes durante todo el año, los encargados del Proyecto enfrentaron un fuerte problema para seleccionar la tecnología más apropiada que pudiera proveer una operación estable y que cumpliera con los parámetros de calidad de descarga aun con la alta variación en las condiciones de caudal.

AUTORES:

Alenka Mubi Zalaznik, Tea Erjavec, Martin Vrhovšek, Anja Potokar, Urša Brodnik
LIMNOS Ltd., Podlimbarskega 31, 1000 Ljubljana
Contacto: Alenka Mubi Zalaznik, *alenka@limnos.si*

Resumen técnico

Tabla resumen

TIPO DE AFLUENTE	Agua residual municipal
DISEÑO	
Caudal (m³/día)	285
Población equivalente (Hab.-Eq.)	1.900
Área (m²)	4.800
Área por población equivalente (m²/Hab.-Eq.) [a]	2,93
CELDAS/CAMAS	
Flujo Vertical	2 x 897 m²
Flujo Horizontal	2 x 897 m² 1 x 1269 m²
Celda de secado de lodos	3 x 240 m²
COSTO	
Construcción [b]	1.600.000 EUR
Operación (anual) [c]	14.000 EUR

NOTAS AL PIE DE PÁGINA:

[a] Humedal para tratamiento con carrizo para el secado de lodos.
[b] Incluyendo la red de drenaje y el sistema de tratamiento con celda de secado de lodos incluida.
[c] Electricidad, mano de obra (inspecciones semanales, poda de plantas una vez por año, etc.)

Diseño y construcción

Localizado a 2 km de la localidad de Kaštelir, este humedal fue diseñado e implementado entre 2014 y 2015. Consta de cinco celdas que tienen un total de 4.800 m² de superficie, que puede recibir una carga de 1.900 Hab.-Eq. Todas las celdas están recubiertas con membranas impermeables y utilizan arena y grava (de diferentes granulometrías) como medio filtrante. Todas las celdas fueron plantadas con carrizo común (*Phragmites australis*).

El agua residual recibe tratamiento preliminar en un tanque de sedimentación de entre 250 y 300 m³ y después es bombeada a la primera de las dos celdas de flujo vertical, desde donde el agua escurre por gravedad hacia dos celdas de flujo horizontal y, posteriormente, a una última celda de pulimiento de flujo horizontal. El agua tratada proveniente del humedal es descargada usando un control de nivel en el subsuelo para su infiltración.

El lodo primario es tratado en una celda adyacente de secado de lodos sembrada con carrizos, donde el lodo se convierte en una composta estabilizada. El tratamiento in-situ de los lodos de tratamiento minimiza los costos ambientales y económicos de la planta de tratamiento.

Fuente de la descarga/tratamiento

El humedal recibe mecánicamente agua domestica pretratada.

Eficiencia de tratamiento

De acuerdo con los resultados disponibles, unos de julio de 2017 (temporada alta vacacional; trabajando a máxima capacidad) y otros de abril de 2020 (temporada baja), el humedal eliminó eficientemente materia orgánica y sólidos suspendidos (como se muestra en las tablas subsecuentes) y cumplió con los estándares legales croatas para aguas residuales.

Desempeño de tratamiento del humedal híbrido Limnowet® en Kaštelir, Croacia *(Julio 2017)*

	AFLUENTE (mg/L)	EFLUENTE (mg/L)	EFICIENCIA (%)	REQUERIMIENTO LEGAL EN CROACIA (% ELIMINACIÓN)
DEMANDA BIOQUÍMICA DE OXÍGENO (DBO₅)	174	21	88	70
DEMANDA QUÍMICA DE OXÍGENO (DQO)	605	5	99	75
SÓLIDOS SUSPENDIDOS TOTALES (SST)	213	23,3	89	90

Desempeño del humedal híbrido Limnowet® en Kaštelir, Croacia *(abril, 2020)*

	AFLUENTE (mg/L)	EFLUENTE (mg/L)	EFICIENCIA (%)	REQUERIMIENTO LEGAL EN CROACIA (% ELIMINACIÓN)
DBO₅	/	12	/	70
DQO	1.835	25	98,6	75
SST	1.248	2	99,8	90

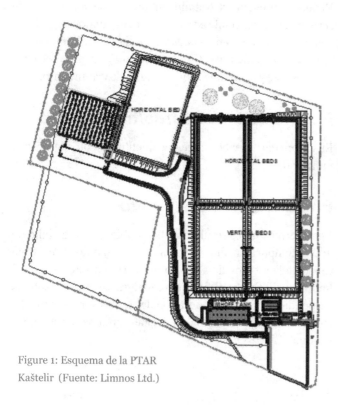

Figure 1: Esquema de la PTAR Kaštelir (Fuente: Limnos Ltd.)

Figura 2: Humedal antes de la puesta en marcha (2015) (Fotografía: archivo Limnos Ltd.)

Operación y mantenimiento

La operación y mantenimiento del humedal en Kaštelir se lleva a cabo por la compañía de servicios de agua local Martinela Ltd. El operador visita la planta de tratamiento dos veces por semana (lunes y viernes). Durante la puesta en marcha, el diseñador, Limnos Ltd., proveyó las guías de operación y mantenimiento al dueño del proyecto. Los principales puntos para la operación y el mantenimiento son:

- mantenimiento regular del tanque de sedimentación—inspección visual mensual de los depósitos;
- retiro regular (siete veces por año) del lodo acumulado en la celda de secado de lodos, con el fin de evitar colmatación del lecho filtrante de flujo vertical;
- mantenimiento de las rejillas—remoción semanal de sólidos según sea necesario;
- mantenimiento regular de las tuberías de entrada—revisión visual semanal de la operación;
- control regular del flujo y el nivel del agua—revisión visual semanal del afluente y el efluente; revisión mensual de los niveles en el sitio;
- mantenimiento regular de tuberías y accesorios— limpiar tuberías y accesorios al menos dos veces por año o de acuerdo a la necesidad;
- poda y cosecha regular de las plantas— podar las plantas del humedal cada otoño.

Costos

El costo por el diseño y la construcción de la red de alcantarillado y sistema de tratamiento Kaštelir fue de €1.600.000. El Proyecto fue financiado en su totalidad por "Global Environment Facility grant".

Los costos de operación y mantenimiento son actualmente de €14.000 por año.

Beneficios

Beneficios ecológicos

El agua tratada se infiltra al subsuelo lo que ayuda a mantener y mejorar la calidad de las aguas superficiales, resultando en una alta biodiversidad y estabilidad para el ecosistema.

El humedal en Kaštelir permite dar un tratamiento económicamente eficiente al agua residual municipal, protegiendo, a su vez, de la calidad del agua marina y las líneas costeras, lo que resulta benéfico desde el punto de vista económico y ecológico, especialmente en Croacia donde costas y mares limpios son clave para el turismo.

Figura 3: Humedal 1 año después del plantado (2016) (foto: archivo Limnos Ltd.)

Figura 4: Vista aérea del sistema de tratamiento de Kaštelir (2017) (foto: archivo Limnos Ltd.)

Beneficios sociales

La costa croata, como la mayoría de la región mediterránea, enfrenta problemas de escasez de agua, especialmente durante la temporada vacacional. El tratamiento y reutilización de agua residual permite un ahorro en el consumo de agua potable, lo que es benéfico para la población local y los turistas.

Lecciones aprendidas

Retos y soluciones

La tecnología aplicada para el tratamiento de agua residual en la licitación fue la de los humedales construidos, y no hubo mayor dificultad en convencer al alcalde sobre la implementación de esta tecnología. La mayor preocupación fue la potencial producción de olores. Existe la opción de usar el agua residual para el riego de los árboles de olivo existentes junto a la planta de tratamiento. Sin embargo, los agricultores locales prefieren tomar agua potable de la red para tal fin. Esto es muestra de que se necesita aumentar la conciencia entre los productores locales para motivarlos, a través de la demostración de buenas prácticas, a usar agua tratada.

Comentarios/evaluación de los usuarios

La comunidad está feliz, especialmente la compañía operadora, quien es entusiasta respecto de los bajos costos de operación y mantenimiento

HUMEDALES PARA TRATAMIENTO DE LODOS

AUTOR

Steen Nielsen, *Orbicon, Linnés Allé 2, DK-2630 Taastrup, Dinamarca*
Contacto: *smni@orbicon.dk*

1 - Afluente
2 - Alimentación del sistema
3 - Lodo
4 - Capas de medios porosos de diferentes tamaños
5 - Sistema de drenaje
6 - Suelo original
7 - Plantas
8 - Chimenea de aireación
9 – Material impermeable
10 – Estructura de inspección
11 - Efluente

Descripción

Un sistema de lecho de juncos para tratamiento de lodos (STRB por sus siglas en inglés), o humedal de tratamiento/secado de lodos (HL), está diseñado con varios reservorios o celdas que incluyen un medio filtrante para deshidratar y mineralizar lodos de plantas de tratamiento de aguas residuales y de sistemas de potabilización de aguas. El lodo se deshidrata pasivamente a través de drenaje y evaporación. Las plantas y la actividad microbiana contribuyen a la deshidratación, ventilación y mineralización. El tratamiento deja un residuo de lodos tratados, lo que da como resultado un producto de alta calidad, o "bio-suelo" como producto final. El bio-suelo es reutilizable como fertilizante para mejorar la calidad del suelo.

Ventajas

- No hay peligro específico relacionado con la cría de mosquitos
- Tratamiento de lodos asequible y energéticamente eficiente
- Producto final de alta calidad con más opciones de reutilización
- Posibilidades de reutilización de nutrientes
- Baja carga interna/liberación de capacidad en la PTAR, como resultado de un agua de rechazo más limpia

Desventajas

- Ensayo de calidad de lodos en sistemas piloto
- Largo tiempo de puesta en marcha para trabajar a plena capacidad
- Pocas o ninguna experiencia en sistemas a gran escala con otras plantas que no sean *Phragmites australis* (no se puede usar en todas partes; se considera una especie invasora en algunos países)

Co-beneficios

Alto	Reutilización de agua	Biosólidos		
Medio	Biodiversidad (fauna)	Producción de biomasa		
Bajo	Biodiversidad (flora)	Secuestro de carbono	Valor estético	Recreación

Compatibilidades con otros SbN

En Dinamarca, un sistema de humedales para tratamiento de lodos ha sido diseñado en combinación con celdas para el tratamiento de lodos y de escorrentía.

Caso de estudio

En esta publicación

- Humedales para tratamiento de lodos en Mojkovac, Montenegro
- Desempeño y gestión a largo plazo de sistemas de humedales a gran escala, para tratamiento de lodos en Dinamarca e Inglaterra.
- Humedal para tratamiento en Nègrepelisse: una unidad para el tratamiento de lodos sépticos

Operación y Mantenimiento

Regular

- Los humedales para tratamiento de lodos por lo general operan alrededor de 30 años incluyendo dos o tres ciclos operacionales
- Un ciclo operacional consiste en cuatro fases: (1) entrada en servicio (1-2 años), (2) operación normal, (3) vaciado y disposición final de lodo residual tratado, y (4) restablecimiento del sistema
- Las celdas del humedal se vacían de manera alternada
- Equipos de bombeo y válvulas requieren mantenimiento
- Medidores de flujos líquidos y sólidos requieren de control y calibración
- La estrategia básica de operación consiste en la carga de lodos en un humedal a la vez, mientras que el resto se encuentran en periodo de reposo
- Un período de carga consiste en aplicación por varios días
- Los cambios entre periodos de carga y reposo son cruciales para obtener una calidad final adecuada de los lodos residuales tratados

Extraordinario

- Fase de entrada en servicio
- Temporada de crecimiento después del vaciado
- Control de malezas

Solución de problemas

- Calidad de los lodos a tratar y de lodo residual tratado
- Área insuficiente y número de celdas
- Sobrecarga durante la fase de entrada en servicio, y en general en cada periodo de carga
- Carga desigual (kg MS/m²/año)
- Periodos de carga muy largos y fases de reposo muy cortas por celda
- Cobertura vegetal incompleta o vegetación estresada
- Evapotranspiración desde el agua superficial en vez desde el lodo residual
- Siembra de muy pocas plantas y/o plantas inmaduras por metro cuadrado
- Sobrecarga durante la fase de entrada en servicio, y en celdas recientemente resembradas
- Sobrecarga general y condiciones anaerobias
- Deshidratado insuficiente y sin revegetación después del vaciado
- Problemas con malezas e insectos

Detalles Técnicos

Tipo de afluente

- Lodos de sistemas de potabilización de agua
- Lodos de plantas de tratamiento de aguas residuales
- pH   6,5 – 8,5
- Materia seca (%)   0,3–4%
- Pérdida de peso por ignición (%)   50–65%
- Grasas (mg/kg MS)   Máximo 5.000
- Aceites (mg/kg MS)   Máximo 1.000

Requerimientos

- Requerimiento de área neta
- Necesidades eléctricas
- Otros
  - Calidad del lodo: es importante comprender la fuente, las características y la composición del lodo (e. g., aerobio/anaerobio, viscosidad, etc.) para seleccionar la tasa de carga adecuada
  - Condiciones climáticas, e. g., lluvia, radiación solar, etc., son requeridos antes del diseño del sistema
  - Ciclos de operación: selección de periodos de carga/reposo con una duración adecuada para prevenir estancamientos de agua en la superficie y deshidratación insuficiente
  - Borde libre: debe haber un borde libre suficiente por encima de la capa de grava para permitir la acumulación de lodos durante la vida útil prevista
  - Sistemas de bombeo/tuberías: dimensionamiento adecuado para material de lodo, i. e., mezcla de agua con sólidos, para evitar obstrucciones
  - Tuberías de distribución: dimensionamiento adecuado para una distribución uniforme del lodo sobre la superficie
  - Número adecuado de celdas para garantizar periodos adecuados de carga/reposo
  - Plantas: selección de especies nativas, adaptadas al clima, que puedan sobrevivir bajo las condiciones específicas de carga de lodos
  - Etapa de entrada en servicio de duración adecuada y con incrementos graduales de carga para permitir el crecimiento adecuado y alta densidad de plantas

Referencias

Nielsen, S., Costello, S., Personnaz, V., Bruun, E. (2018). Australian experiences with sludge treatment reed bed technology under subtropical climate conditions. In: Proceedings of the 16th IWA Specialized Group Conference on "Wetland Systems for Water Pollution Control", 30 September – 4 October 2018, Valencia, Spain.

Nielsen, S., Dam J. L. (2016). Operational strategy, economic and environmental performance of sludge treatment reed bed systems - based on 28 years of experience. *Water Science & Technology*, **74**(8), 1793–1799.

Nielsen, S., Bruun, E. (2015). Sludge quality after 10-20 years of treatment in reed bed system. *Environmental Science and Pollution Research*, **22**(17), 12.885–12.891

Nielsen, S., Cooper, D. J. (2011). Dewatering sludge originating in water treatment works in reed bed systems. *Water Science & Technology*, **64**(2), 361–366.

Nielsen, S. (2011). Sludge treatment reed bed facilities – organic load and operation problems. *Water Science & Technology*, **63**(5), 942–948.

Nielsen, S., Willoughby, N. (2005). Sludge treatment and drying reed bed systems in Denmark. *Water and Environment Journal*, **19**(4), 296–305.

Nielsen, S. (2003). Sludge drying reed beds. *Water Science & Technology*, **48**(5), 103–109.

Stefanakis, A.I., Tsihrintzis, V.A. (2012). Effect of various design and operation parameters on performance of pilot-scale sludge drying reed beds. *Ecological Engineering*, **38**, 65–78.

Peruzzi, E., Nielsen, S., Macci, C., Doni, S., Iannelli, R., Chiarugi, M., Masciandaro, G. (2013). Organic matter stabilization in reed bed systems: Danish and Italian examples. *Water Science & Technology*, **68**(8), 1888–1894.

Uggetti, E., Llorens, E., Pedescol, A., Ferrer, I., Castellnou, R., Garcıa, J. (2009). Sludge dewatering and stabilization in drying reed beds: characterization of three full-scale systems in Catalonia, Spain. *Bioresource Technology*, **100**(17), 3882–3890.

Detalles Técnicos

Requisitos

- Monitoreo regular de la profundidad de lodos acumulados, muestreo, y análisis de diferentes puntos a lo largo de la capa de lodo
- Registro detallado y continuo de la carga de lodos
- Consideración de la duración de la fase final de reposo para cada celda antes de vaciar la capa de lodo residual tratado

Criterio de diseño

• Número de celdas (6–10) *	8–14
• Carga superficial (kg MS/m²/año) (50–100) *	30–60
• Carga superficial (kg sólidos orgánicos/m²/año)	20–40
• Días de carga	3–8
• Número de cargas por día	1–3
• Días de reposo (sistemas antiguos) (7–20) *	40–50
• Ciclos de operación (años)	10–15

(*Dimensionamiento en climas cálidos)

Condiciones climáticas

- Adecuado para climas fríos
- Ideal para climas cálidos

HUMEDALES PARA TRATAMIENTO DE LODOS EN MOJKOVAC, MONTENEGRO

TIPO DE SOLUCIÓN BASADA EN LA NATURALEZA (SBN)
Humedal para tratamiento/secado de lodos (HL)

UBICACIÓN
Mojkovac, Montenegro

TIPO DE TRATAMIENTO
Tratamiento de lodos para producir un substrato de características de compost

COSTO
US$170.645

FECHAS DE OPERACIÓN
Desde el 2017 hasta la fecha

ÁREA/ESCALA
Dos humedales para tratamiento de lodos con un área superficial de 450 m² cada uno

Antecedentes del proyecto

El municipio de Mojkovac, Montenegro, se encuentra a orillas del río Tara y está rodeado por el Parque Nacional de Biogradska Gora. Este Parque Nacional fue designado Patrimonio de la Humanidad por la UNESCO en 2017, "caracterizado por la gran cantidad de ecosistemas complejos, con [...] un número considerable de especies endémicas y raras de plantas y animales, que representan valores extraordinarios de la Reserva Forestal Virgen del Parque Nacional Biogradska Gora" (UNESCO, 2018). Como resultado, el municipio quería abordar la gestión de lodos de una manera más sostenible.

En 2004, la ciudad de Mojkovac fue equipada con una planta de tratamiento biológico de aguas residuales (PTAR) (etapas de tratamiento mecánico, biológico y químico) con una capacidad instalada de 5.200 habitantes equivalentes. En la PTAR se estaban produciendo problemas con la gestión y el almacenamiento de lodos, con el riesgo de liberación al río Tara durante los eventos de lluvia de alta intensidad. El filtro de prensa instalado nunca entró en servicio debido a los altos costos operativos, por lo que el material se acumuló a expensas del filtro. El vertido de lodos de aguas residuales en el vertedero local no era una posibilidad, y no hay una planta de incineración en Montenegro. El municipio carecía de un concepto sostenible para gestionar los lodos acumulados o la posibilidad de eliminarlos de forma segura. Por lo tanto, los recursos financieros limitados y la eliminación ineficaz de lodos fueron los impulsores clave para buscar soluciones alternativas de tratamiento de lodos. Estos incluyeron la construcción de dos humedales como una solución rentable para el tratamiento, almacenamiento, y eliminación de lodos en Mojkovac para deshidratar y gestionar de forma segura los lodos de la PTAR municipal de la ciudad. El objetivo más amplio del proyecto era preservar la calidad del agua de la cuenca del río Tara y el rico potencial de desarrollo turístico de la región circundante.

AUTORES:

Alenka Mubi Zalaznik, Tea Erjavec, Martin Vrhovšek, Anja Potokar, Urša Brodnik
LIMNOS Ltd., Podlimbarskega 31, 1000 Ljubljana, Eslovenia
Contacto: Alenka Mubi Zalaznik, *info@limnos.si*

Resumen técnico

Tabla resumen

TIPO DE AFLUENTE	Lodo primario y secundario
DISEÑO	
Caudal (m³/día)	No disponible
Población equivalente (Hab.-Eq.)	2.600
Área (m²)	900
Área por población equivalente (m²/Hab.-Eq.)	0,35
COSTO	
Construcción	US$170.645
Operación (anual)	US$4.000

El gestor del proyecto fue el Ministerio de Desarrollo Sostenible y Turismo de Montenegro. El proyecto fue ejecutado por Limnos Ltd. (www.limnos.si), una empresa de Eslovenia.

Diseño y construcción

Limnosolids® es una marca registrada perteneciente a Limnos Ltd. El enfoque pasivo del sistema de humedales permite la deshidratación, mineralización y estabilización de lodos de PTAR. El sistema permite el almacenamiento sostenible y a largo plazo de lodos con bajos costos de operación y mantenimiento. Puede reemplazar completamente la deshidratación, que actualmente representa costos significativos.

La capacidad de diseño de la PTAR de Mojkovac es de 5.200 Hab.-Eq. Desde su construcción en 2005, ha funcionado por debajo de su capacidad (equivalente a 2.600 Hab.-Eq.) debido a la falta de líneas de recolección de aguas residuales.

Los humedales para tratamiento/secado de lodos (HL) se construyeron con dos celdas de hormigón armado sobre el suelo, impermeabilizadas. Cada una de las celdas tiene una superficie de 450 m² (10 m × 45 m), para un total de 900 m² (2 celdas × 450 m²).

Tipo de afluente / tratamiento

El agua residual para tratar es de tipo doméstico. El principal proceso de tratamiento en la planta son los lodos activados. Los lodos tratados en los humedales son de tipo biológico (primarios y secundarios). El lodo del clarificador secundario se bombea a los humedales o se devuelve al tanque de desnitrificación.

Con esta tecnología, se pueden tratar diferentes tipos de aguas residuales y lodos industriales. Se almacena en los humedales durante 8 a 10 años. Debido a la operación paralela de los procesos físicos (secado) y biológicos (mineralización), el tratamiento resulta en una reducción significativa del volumen de lodos. El lodo ya no contiene patógenos y, por lo tanto, se estabiliza.

El resultado final del proceso es un sustrato similar al compost que se puede reutilizar como fertilizante en la agricultura, una capa de cobertura para vertederos o como material de construcción.

Resultados de materia seca, sólidos volátiles totales, metales pesados, nitrógeno total y carbono total *Fuente: Archivo Limnos Ltd. (www.limnos.si)*

PARÁMETRO	UNIDAD	VALORES MEDIDOS	
		PUNTO 1	PUNTO 2
Materia seca	% de masa	15,9	16,3
Sólidos volátiles totales	% de masa	67	67,5
Nitrógeno total	% de sólidos totales	4,92	4,56
Carbono total	% de sólidos totales	33,53	32,48
pH		5,8	5,9
Cadmio	µg/g	1,8	1,7
Cobre	µg/g	153,9	153,8
Níquel	µg/g	37,7	37,4
Plomo	µg/g	98	93,7
Zinc	µg/g	983	995
Mercurio	µg/g	2,68	2,14
Cromo	µg/g	55	51

Eficiencia de tratamiento

Los resultados del análisis realizado en octubre de 2019 se presentan en la tabla anterior.

Operación y mantenimiento

El trabajo regular de operación y mantenimiento de los humedales para tratamiento de lodos consiste en lo siguiente:

- inspección visual (plantas, lodo, nivel de agua y cámaras de inspección);
- limpieza de tuberías y cámaras de inspección acorde a las necesidades;
- manejo y operación del humedal (patrones de dosificación de cargas);
- servicio a equipos mecánicos;
- monitoreo;
- paisajismo;
- costos de disposición final.

Figura 1: Humedal para tratamiento (secado) de lodos en Mojkovac

Figura 2: Esquema de Limnosolids®

Costos

El diseño, construcción, y entrenamiento del personal fue de US$170.645,20.

Los costos de operación y mantenimiento son cercanos a US$4.000 por año.

Co-beneficios

Beneficios ecológicos

Los lodos tratados se pueden utilizar en la agricultura o la construcción y representan nuevos materiales y no residuos, lo que permite una economía más circular en el municipio. Por lo tanto, los lodos no tratados ya no se descargan en el medio ambiente.

Beneficios sociales

El lodo tratado se puede utilizar para la agricultura y reducir el costo de los fertilizantes minerales utilizados por los agricultores.

Todas las inversiones ambientales en el municipio fueron parte de un proceso de rehabilitación después del cierre de las actividades mineras locales. Lo que solía ser un estanque de relaves ahora sirve como una instalación recreativa al aire libre, con la planta de tratamiento de aguas residuales y los humedales ubicados al lado.

Cantidades enteras de lodos se depositarán en estos lechos durante un mínimo de 10 años. Después de eso, el lodo mineralizado se puede utilizar como fertilizante para paisajismo. El municipio desea utilizar el material húmico para fertilizar las zonas afectadas por los incendios forestales. Un medio ambiente saludable es una de las razones clave para el desarrollo económico del país (turismo).

Lecciones aprendidas

Retos y soluciones

La tecnología existente en el lugar (equipos de bombeo) se utilizó para la carga de lodos en los humedales. Por lo tanto, no hubo costos adicionales para la carga de lodos. En general, los cañaverales se pueden alinear con cualquier otra tecnología estándar de tratamiento de aguas residuales.

Retroalimentación de los usuarios/valoración

Los humedales han estado en uso durante años y con un mantenimiento adecuado pueden funcionar sin problemas. La tecnología es fácil de operar porque es simple. Las SBN se transfieren fácilmente a áreas donde las personas trabajan y viven con la naturaleza.

Referencias

UNESCO (2018). Ancient and Primeval Beech Forests of the Carpathians and Other Regions of Europe (Montenegro). *https://whc.unesco.org/en/tentativelists/6325/* (Consultado el 19 de junio de 2020).

HUMEDAL PARA TRATAMIENTO EN NÈGREPELISSE: UNA UNIDAD PARA TRATAMIENTO DE LODOS SÉPTICOS

TIPO DE SOLUCIÓN BASADA EN LA NATURALEZA (SBN)
Humedal para tratamiento/secado de lodos (HL)

UBICACIÓN
Nègrepelisse, Tarn-et-Garonne, Francia

TIPO DE TRATAMIENTO
Tratamiento de lodo séptico con humedales HL (8 celdas en paralelo), seguido de una unidad de dos humedales de flujo vertical (FV) en paralelo para el tratamiento de lixiviados

COSTO
Construcción: €1.350.000
Operación: € 6/m³ de lodo séptico

FECHA DE OPERACIÓN
Desde 2013, hasta la fecha

ÁREA/ESCALA
Primera etapa: 2,580 m²
Segunda etapa: 1,425 m²
Superficie total: 4,000 m²
Capacidad: 2,000 p. e.

Antecedentes del proyecto

El saneamiento *in situ* se reconoce como una técnica alternativa al tratamiento centralizado de aguas residuales en las zonas rurales. La retirada de los lodos sépticos cada 4-5 años conduce a una cantidad de lodo a tratar que puede ser importante en las zonas rurales. Su principal destino es la reutilización agrícola directa o su tratamiento en combinación con aguas residuales en plantas de tratamiento de más de 10.000 Hab.-Eq. Si bien la primera solución no es ampliamente aceptada (riesgos sanitarios, alta septicidad y concentración de amonio que conduce a problemas de olor), la segunda no siempre es alcanzable. De hecho, las grandes plantas de tratamiento de aguas residuales son escasas en las zonas rurales o no pueden tratar sistemáticamente una carga orgánica adicional. Además, es ambiental y económicamente indeseable transportar aguas residuales a largas distancias. Por lo tanto, los procesos operativos simples, como los humedales para tratamiento/secado de lodos (HL) pueden proporcionar unidades de tratamiento de lodos sépticos óptimas para superar estos desafíos en las zonas rurales. Esa fue la elección de la federación de municipios Quercy Vert Aveyron (13 municipios rurales en el suroeste de Francia — 21,800 habitantes).

El HL de Nègrepelisse fue construido en 2013 para tratar 11.000 m³/año de lodos sépticos generados en la comunidad, con el objetivo final de reutilizar los lodos y lixiviados tratados para la propagación agrícola y el riego de árboles (álamos y eucaliptos que alimentan los sistemas de calefacción municipales), respectivamente. La unidad de tratamiento de lodos sépticos se implementó sobre la base de las reglas de diseño establecidas en experimentos a escala piloto (Troesch et al., 2009; Vincent et al., 2011; Molle et al., 2013). Esta instalación es la más grande en Francia, representando una solución ecológica para el tratamiento local satisfactorio de los lodos fecales y la reutilización adecuada de los productos residuales.

AUTOR:

Pascal Molle
INRAE, REVERSAAL, F-69625 Villeurbanne, Francia
Contacto: Pascal Molle, *pascal.molle@inrae.fr*

Figura 1: Nègrepelisse, Francia (fuente: Google)

Se llevaron a cabo investigaciones para validar la eficiencia del tratamiento y los modos de operación precisos. Para ello, esta planta de tratamiento ha sido monitoreada por INRAE desde sus inicios con un enfoque en (1) caracterización de lodos fecales, (2) evaluación del desempeño (tratamiento de lodos sépticos con HL y de lixiviados con humedales de flujo vertical – FV), y (3) evolución de los depósitos de lodos (deshidratación, mineralización y propiedades hidro-texturales).

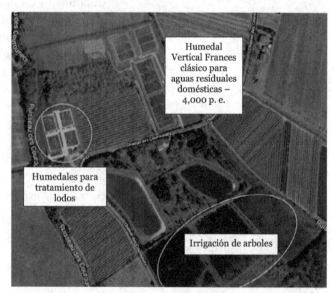

Figura 2: Unidad de humedal de tratamiento de lodos sépticos de Nègrepelisse (44° 4′ 21.9″ N, 1° 29′ 34.1″ E)

Resumen técnico

Tabla resumen

TIPO DE AFLUENTE	Residuos sépticos
DISEÑO	
Caudal (m³/día)	Primer lavado máximo hacia el humedal de flujo vertical: 640 L/s
Tanques sépticos habitacionales relacionados	14.000
Toneladas de sólidos suspendidos por año	131
Área (m²)	HL: 2.600 FV: 100
Carga de diseño del HL (kg/m²/año)	50
AFLUENTE	
Demanda química de oxígeno (DQO) (mg/L)	17.168
Solidos suspendidos totales (SST) (mg/L)	14.320
Nitrógeno total Kjeldahl (NTK) (mg/L)	742
EFLUENTE	
DQO (mg/L)	232
SST (mg/L)	90
NTK (mg/L)	19,8
COSTOS	
Construcción	Total: €1.350.000
Operación (anual)	€ 6/m³ de residuo séptico

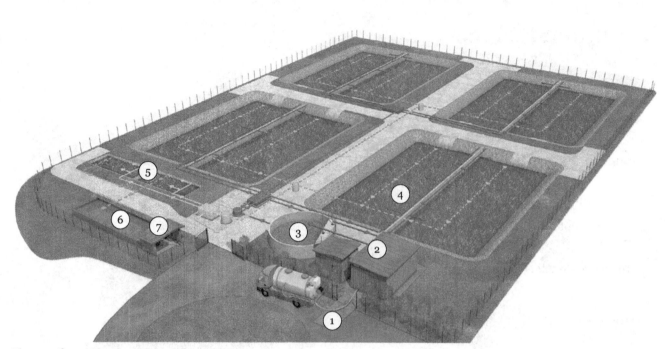

Figura 3: Ilustración esquemática de la unidad de tratamiento de residuos sépticos de Nègrepelisse (fuente: Syntea). (1) área para el vaciado de tanques sépticos, (2) trampa de piedra seguida de cribado automático, (3) tanque amortiguador aireado, (4) ocho HL, (5) dos FV, (6) tanque de almacenamiento de lixiviados tratados y (7) unidad de filtración para riego.

Diseño y construcción

Los HL se diseñan sobre la base de una carga de 50 kg SST/m²/año, de acuerdo con las cargas de diseño sugeridas por Vincent et al. (2011) para el tratamiento de lodos sépticos en un clima templado. Esta capacidad de tratamiento corresponde a 3.500 tanques sépticos vaciados al año. Sobre la base de una frecuencia clásica de vaciado de tanques sépticos de 4 años, la unidad de tratamiento drena un stock de tanques sépticos de 14.000 casas (alrededor de 35.000 Hab.-Eq.). La línea de tratamiento consiste en lo siguiente.

- Un camión llega a la unidad de tratamiento de lodos y un controlador de acceso fuera de la puerta verifica si el trabajador de servicio de tanque séptico puede liberar los lodos en la unidad de tratamiento (licencia – lugar disponible en el tanque de amortiguación). Si se permite, la válvula de la tubería de entrada se abre.

- A continuación, los lodos sépticos pasan por una trampa de piedra seguida de un cribado automático (malla de 10 mm).

- Después del cribado, los lodos van a un tanque de vaciado (20 m³) que almacena el lodo séptico de un camión. Una sonda de hidrocarburos comprueba si el residuo séptico es peligroso para las plantas. Si es demasiado peligroso para ellos, el trabajador debe bombear el lodo de nuevo al tanque para ser retirado para su eliminación en otro lugar.

- Si el lodo séptico se puede tratar en el humedal, este pasa a un tanque amortiguador aireado (con una capacidad de 180 m³) que nivela las llegadas variables de camiones y alimenta los humedales, incluso en los días en que no llegan camiones, lo que ayuda a estabilizar la calidad del lodo aplicado a los humedales. Una sonda de SST en línea mide el contenido de sólidos para adaptar el volumen enviado diariamente a las celdas. La alimentación a los humedales tiene que hacerse con una masa de sólidos y fue diseñada para almacenar 6 días de producción. El sistema está aireado para evitar olores.

- Los ocho HL están plantados con *Phragmites australis* (325 m² cada uno). Cuando el lodo se elimina en el humedal, los sólidos son filtrados por este, y el lixiviado es lo que sale del filtro a través del flujo de salida. El lixiviado es recolectado y luego tratado por los otros FV.

- Se utilizan dos FV (50 m² cada uno) para el tratamiento de lixiviados. La capa filtrante del FV está compuesta por una mezcla de arena (0–4 mm) y grava (2–6.3 mm), con una distribución de tamaño de partícula (d_{50}) de aproximadamente 2 mm. Para el riego se utiliza un tanque de almacenamiento de lixiviados tratados (140 m³).

Syntea construyó la unidad y su diseño esquemático se presenta en la Figura 3.

Tipo de afluente/tratamiento

El sistema recibe lodo extraído de tanques sépticos. Las características fisicoquímicas del lodo séptico entrante varían según la práctica del vaciado (e. g., frecuencia), el tipo de vivienda (i. e., residencia primaria o secundaria), el tipo de tanque séptico (i. e., para todas las aguas residuales domésticas, tanques de descarga, tanques de almacenamiento herméticos, tanque Imhoff, etc.). En consecuencia, las concentraciones variaron entre 5 y 20 g/L de SST y 5-25 g/L para la DQO. A pesar de las altas variaciones en la concentración del lodo entrante, los SST dentro del tanque de amortiguación aireado es menos variable y con 14,3 gSST/L y 17,8 gDQO/L en promedio. Las concentraciones de Nitrógeno Kjeldahl son de 742 mg/L en promedio y el fósforo total de 217 mg/L. La parte principal de los contaminantes está en la parte particulada. Los promedios de DQO y N-NH4 de entrada son 380 mg/L y 66 mg/L.

Eficiencia de tratamiento

Los HL son muy eficientes en la retención de sólidos de lodos sépticos. La eficiencia de eliminación para SST (99,5%) fue excelente, así como para DQO (98,3%), Nitrógeno Kjeldahl (94,9%) y fósforo total (94,8%). Sin embargo, se midieron variaciones importantes de las concentraciones de salida de DQO, NTK y fósforo total (753, 94 y 19 mg/L, respectivamente), en las que las partes disueltas son significativas, a pesar de las altas eficiencias de eliminación. Por lo tanto, se consideró necesario un tratamiento adicional de lixiviados antes del riego de los árboles, lo que justifica el tratamiento adicional del lixiviado por FV.

En cuanto a la acumulación de lodos después del período de puesta en marcha (cargado a 25 kg SST/m²/año), se observó una acumulación de unos 10 cm por año (a 40 kg SST/m²/año). El contenido medio de materia seca fue de alrededor del 24% (±4.6%). Se observaron dos divisiones para la distribución de datos del contenido de materia seca, correspondientes a variaciones estacionales. En el verano, el contenido de materia seca al final del período de descanso fue generalmente alrededor del 30%, pero esto podría verse afectado por las fuertes lluvias y disminuir a alrededor del 20% en esos períodos. En el invierno, el contenido de materia seca se estabilizó alrededor del 20%. Aunque la instalación solo estuvo activa durante 2 años en el momento del muestreo, se observaron reducciones significativas de materia orgánica volátil desde el lodo séptico entrante (72 ± 4% de SST) hasta el depósito en los HL (64 ± 5% de SST), confirmando una mineralización significativa del depósito.

Sin embargo, a la salida de la etapa FV, las concentraciones observadas de SST siguieron siendo significativas, con un rendimiento de filtración modesto (50%). Los tamaños de partícula de SST que llegan a la etapa FV son relativamente pequeños (80% de las partículas en un rango de 5-80 μm). El tamaño de partícula de la capa de filtración del FV (d_{50} de aproximadamente 2 mm) es ligeramente grande como para garantizar una filtración eficiente de partículas finas. El tamaño de las partículas de arena podría optimizarse para futuros nuevos proyectos con el fin de mejorar la filtración.

La reutilización de lixiviados tratados para el riego de árboles permitió un aumento del crecimiento de los árboles en tamaño y masa. Aceleró la productividad de los árboles utilizados como combustible para el sistema de calefacción municipal y, por lo tanto, permite la recuperación de costos de este sistema mediante la recuperación de energía del residuo séptico.

Operación y mantenimiento

El trabajo de operación más importante se refiere al cribado, que puede ser problemático con los lodos sépticos. Tres veces a la semana, el operador necesita limpiar la criba y aún más frecuentemente en el caso de problemas específicos o alarmas.

La alimentación de los HL, así como la alternancia entre camas, se accionan automáticamente de acuerdo con un cronograma planificado en el sistema de control de supervisión y adquisición de datos (SCADA). Las celdas deben alimentarse regularmente con una tasa de carga creciente desde el período de puesta en marcha hasta la capacidad máxima. Una vez a la semana, el operador debe verificar visualmente si la capa de depósito está lo suficientemente seca al final de un período de descanso y si las plantas están verdes. Si no es así, la alternancia y la velocidad de carga se pueden adaptar.

Una vez que la capa de depósitos alcanza una profundidad de 1 m, debe ser removida para su aplicación en tierra. Como solo se deben vaciar una o dos camas como máximo en un año, el operador debe anticipar la estrategia de vaciado para reducir los problemas de calidad de los lodos durante el último vaciado.

En este caso específico, las plantas no se cosechan y se convierten en parte del depósito orgánico a lo largo de los años.

Costos

Los costos de la planta de tratamiento incluyeron movimiento de tierras, materiales, equipos, automatización y el sistema SCADA, diseño del sitio y estabilización del filtro, así como la evaluación del período de entrada en servicio. El coste total fue de €1.350.000.

Los costos operativos son de €18 por metro cúbico de lodo séptico tratado, incluido el reembolso de los costos de construcción a 10 años. Los costos puramente operativos (salario, mantenimiento, control) son de 6 € por m³ de lodo séptico a tratar.

Co-beneficios

Beneficios ecológicos

Por lo general, los FV utilizados para el tratamiento de aguas residuales domésticas no presentan una superficie lo suficientemente grande como para aumentar la biodiversidad. Sin embargo, pueden convertirse en un hábitat alternativo para la fauna local. La función ecológica principal de la unidad de tratamiento de lodos de Nègrepelisse es tratar localmente los lodos sépticos (menos transporte) y reutilizar los lixiviados tratados en un método de economía circular. El impacto ecológico medido en las aguas subterráneas (debido al riego) y otros cuerpos de agua es insignificante.

Beneficios sociales

Esta unidad de tratamiento de lodos sépticos permitió a la comunidad estar a la vanguardia en enfoques ambientales y de economía circular. La reutilización de lixiviados tratados para el riego de árboles permitió un aumento del crecimiento de los árboles en tamaño y masa. Acelera la productividad de los árboles utilizados como combustible para el sistema de calefacción municipal y, por lo tanto, permite la recuperación de costos de este sistema.

Lecciones aprendidas

Retos y soluciones

La experiencia de Nègrepelisse confirmó la idoneidad de los HL para tratar lodos sépticos de manera eficiente, incluso si se necesita un tratamiento adicional con lixiviados dependiendo del uso final, ya que las concentraciones de contaminantes de los efluentes de HL siguen siendo altas.

Un punto importante en el diseño de un sistema de humedales para tratamiento de este tipo es tener el conocimiento de los flujos y características locales de los lodos sépticos. Dado que el sistema está diseñado con base en la masa de SST por metro cuadrado por año, el volumen por sí solo es insuficiente. Sin embargo, cuanto menor sea la concentración de los lodos sépticos, mayor será la carga hidráulica. El lodo séptico es más difícil de secar que el lodo activado, por lo que, si la carga hidráulica es demasiado alta, la carga sólida diseñada se puede disminuir para garantizar una deshidratación efectiva. Por el contrario, si los lodos sépticos están altamente concentrados (>20 g SST/L), disminuir el número de celdas es importante para disminuir la duración del período de descanso y, por lo tanto, el estrés hídrico de las plantas.

Uno de los principales problemas operativos está relacionado con el cribado. Los lodos sépticos pueden traer arena y grava que pueden dañar la rejilla. En consecuencia, se debe instalar un equipo preciso para mejorar la operación.

Esta experiencia a gran escala demostró que es interesante manejar y tratar los lodos sépticos localmente, y aumentar el valor mediante la reutilización en el riego. Siguiendo un enfoque circular, la reutilización en el riego permitió a la comunidad de Nègrepelisse reducir los costos y seguir siendo competitiva frente al tratamiento estándar en grandes plantas de tratamiento de aguas residuales.

Referencias

Molle, P., Vincent, J., Troesch, S., Malamaire, G. (2013). Les lits de séchage de boues plantés de roseaux pour le traitement des boues et des matières de vidange. ONEMA, 82 pp. In French.

Troesch, S., Liénard, A., Molle, P., Merlin, G., Esser, D. (2009). Treatment of septage in sludge drying reed beds: a case study on pilot-scale beds. *Water Science & Technology*, **60**(3), 643–653.

Vincent, J., Molle, P., Wisniewski, C., Liénard, A. (2011). Sludge drying reed beds for septage treatment: towards design and operation recommendations. *Bioresource Technology*, **102**(17), 8327–8330.

SISTEMAS DE HUMEDALES A GRAN ESCALA PARA TRATAMIENTO DE LODOS EN DINAMARCA E INGLATERRA

TIPO DE SOLUCIÓN BASADA EN LA NATURALEZA (SBN)
Humedal para tratamiento/secado de lodos (HL)

UBICACIÓN
Dinamarca e Inglaterra

TIPO DE TRATAMIENTO
Deshidratado y mineralización de lodos

COSTO
El costo estimado incluye depreciación y OPEX
~ US$0,15 – 0,18 millones

FECHAS DE OPERACIÓN
Desde 1999 (Greve) y 2012 (Hanningfield), hasta la fecha

ÁREA/ESCALA
Área de proceso:
- Greve: 16.500 m² y máximo una carga superficial estratégica máxima de 45 kg MS/m²/año.
- Hanningfield: 42.500 m², 1.275 ton MS/año

Antecedentes del proyecto

Los sistemas de lechos de juncos para tratamiento de lodos (STRB por sus siglas en inglés) o humedales de tratamiento/secado de lodos (HL), se han utilizado ampliamente en Dinamarca y en Europa como una tecnología costo-eficiente y ambientalmente amigable para deshidratar y mineralizar los excedentes de lodos de las plantas de tratamiento de aguas residuales convencionales (PTAR) y plantas de tratamiento de agua potable (PTAP). En varios artículos, la eficacia de la deshidratación y estabilización de lodos de aguas residuales ha sido claramente probada (Nielsen et al., 2011, 2015a, b, 2016; Peruzzi et al. 2015).

Varios sistemas HL daneses han estado en funcionamiento durante 20 a 30 años, donde los sistemas se han vaciado una o dos veces y ahora se encuentran en el segundo o tercer ciclo operativo.

El sistema HL de Greve (KLAR Utility) en Dinamarca (Figura 1) y el sistema HL de Hanningfield HSL (Essex & Suffolk Water) en Inglaterra (Figura 2) son excelentes ejemplos de manejo de lodos provenientes de PTAR y PTAP con HL. Los sistemas HL de Greve y Hanningfield han estado operativos desde 1999 y 2012, respectivamente. Ambos sistemas proporcionan información sobre la gestión a largo plazo y el rendimiento de estos sistemas.

El sistema HL de Greve se estableció en 1999 con un área total de proceso de 16.500 m² en la superficie del filtro y consta de 10 celdas. Cada celda tiene un área de proceso de 1.650 m² en la superficie del filtro y una tasa de carga superficial máxima estratégica de 45 kg de masa seca (MS)/m²/año. El sistema HL de Greve se ha vaciado una vez.

AUTOR:

Steen Nielsen, *WSP Dinamarca, DK-2630 Taastrup, Dinamarca*
Contacto: Steen Nielsen, *steen.nielsen@wsp.com*

Figura 1: Humedal para tratamiento de lodos y tanque de carga en Greve, Dinamarca

Figure 2: Humedal para tratamiento de lodos en Hanningfield, Inglaterra; visión general, carga de lodos y lodo residual tratado

El sistema HL de Hanningfield se estableció en 2012 y tiene una capacidad aproximada de 1.275 toneladas de sólidos secos provenientes de PTAP por año, y consta de 16 celdas con un área de proceso total en la superficie del filtro de 42.500 m². Cada celda tiene un área de proceso de aproximadamente 2.700 m² en la superficie del filtro y una tasa de carga superficial máxima de 30 kg MS/m²/año. El sistema HL Hanningfield todavía está en el primer ciclo operativo y aún no se ha vaciado.

Resumen técnico

Tabla resumen

ESSEX & SUFFOLK WATER (INGLATERRA) Y KLAR UTILITY (DINAMARCA)		
PTAP/PTAR	HANNINGFIELD	MOSEDE
PTAP/PTAR	MBK	MBKDN
SISTEMA HSL	HANNINGFIELD	GREVE
TIPO DE LODO	Lodos de potabilización de agua	Domésticos; Lodos activados
EDAD DE LODOS (DÍAS)	-	18–22
NÚMERO DE CELDAS	16	10
ÁREA DE PROCESAMIENTO (m²)	42.500	16.500
CARGA SUPERFICIAL (kg MS/m²/año)	30	45
CARGA DIARIA (m³)	400	250
DÍAS DE CARGA	3–4	5
NÚMERO DE CARGAS DIARIAS	1–2	1–2
DÍAS DE REPOSO	45–50	45–50
CICLOS DE OPERACIÓN	10–15 años	10–15 años

LODOS A TRATAR (VALORES ESTANDAR DE OPERACIÓN)	
PH	6.5–8.5
MASA SECA (%)	0.4–1.5%
PÉRDIDA DE PESO POR IGNICIÓN (%)	50–65%
GRASAS (mg/kg MS)	Máximo 5.000
ACEITES (mg/kg MS)	Máximo 1.000

Diseño y construcción

El dimensionamiento del HL se basa en la producción de lodos (toneladas de sólidos secos por año), el origen de los lodos, la calidad (valores estándar para los lodos de alimentación, ver tabla resumen) y el clima. Estos criterios de dimensionamiento definen el área de proceso, la carga superficial (kg MS/m²/año), el número de celdas, y los períodos de carga y descanso (ver tabla resumen). Se recomienda que la máxima carga superficial anual para un HL cargado con excedentes de lodos activados se mantenga entre 30 y 60 kg MS/m². En climas cálidos, podría ser mayor. Para los lodos de digestores, lodos con un alto contenido de grasa o baja edad de lodos (<20 días), la recomendación es de 30 kg MS/m²/año. Estas recomendaciones deben tenerse en cuenta al planificar el número de celdas y la superficie total de un nuevo HL.

Un sistema HL consta de varias celdas individuales (Figuras 1 y 2), a menudo 8 o 10 e incluso hasta 24 celdas. En un HL, cada celda está revestida con una membrana para evitar la lixiviación de agua, nutrientes u otros, al medio ambiente. El fondo de la celda está cubierto con una capa de material filtrante (Figura 3). Incrustados en el material filtrante hay dos sistemas de tuberías diferentes (el sistema de carga), que conduce el lodo a las celdas, y el sistema de agua de rechazo/aireación, que recoge el agua que drena del residuo de lodo, y además, conduce el aire de la atmósfera al residuo de lodo.

Sobre las capas de material filtrante hay una capa de medio de crecimiento en la que se siembran las plantas seleccionadas. A medida que la capa de residuos de lodos en una celda se vuelve más gruesa, las plantas se enraízan en el residuo de lodos.

Al planificar las dimensiones y el número de celdas para un nuevo HL, se debe tener en cuenta la calidad de los lodos y los requisitos de capacidad. Además, también debe prepararse un plan de carga básico adaptado a estas dimensiones específicas y al número de celdas. Cuando el HL se pone en funcionamiento, el plan de carga debe revisarse continuamente de acuerdo con el estado de operación de las celdas individuales.

Tipo de afluente / tratamiento

La producción de lodos a partir de las PTAR consiste en lodos activados directamente de la planta y de los tanques de decantación final. Los dos tipos de lodos se cargan individualmente o se mezclan en cada entrega antes de agregarse al sistema HL. El lodo se bombea a través de un tanque de mezcla y un edificio de válvulas,

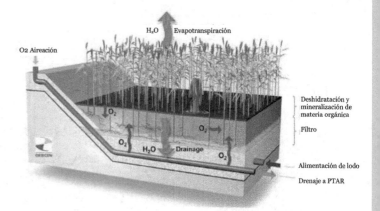

Figura 3: Esquema de la construcción del filtro, y sistemas de carga y deshidratado (Nielsen, 2016)

donde se registran los flujos de lodos y sólidos secos antes de ser conducidos a las celdas respectivas. El régimen de carga del sistema consiste en aplicaciones aproximadas de 150-200 m³ de lodos, que se aplican una o dos veces al día a las celdas individuales con un sólido seco de 0.5-0.8% MS.

Eficiencia de tratamiento

Los HL utilizan menos energía, no contienen productos químicos, reducen los volúmenes de lodos y producen biosólidos con un contenido de sólidos secos entre el 20% y el 50% dependiendo del clima, la calidad de los lodos y la carga superficial.

La experiencia ha demostrado que, los lodos tratados en un sistema HL, representan un producto de alta calidad, con muy buena eliminación de patógenos y mineralización de compuestos orgánicos peligrosos y, es ideal para reciclar de forma segura el fósforo en tierras agrícolas como fertilizante. La calidad del producto final de lodos es el resultado de procesos de deshidratación y biodegradación de la materia orgánica (Nielsen et al., 2015b).

La contaminación interna en la PTAR como consecuencia de la deshidratación de lodos en los HL es muy baja. La calidad del filtrado representa una liberación de capacidad en la PTAR, si la deshidratación de lodos cambia de deshidratación mecánica a deshidratación y tratamiento en un HL. Un estudio indicó que los lodos de un HL con más condiciones aerobias, los residuos de los lodos emitieron menos metano y óxido nitroso que los lodos mecánicos deshidratados y almacenados en un área de almacenamiento (Larsen et al., 2017).

Estrategia operacional y mantenimiento

Un HL comúnmente puede funcionar durante más de 30 años. Durante este período, se completan de dos a tres ciclos operativos de 10 a 15 años. Un ciclo operativo consta de cuatro fases:

1) entrada en servicio;

2) operación normal;

3) vaciado y disposición final de lodo residual; y

4) restablecimiento del sistema.

Durante el funcionamiento, las bombas y válvulas requieren mantenimiento. Los caudalímetros y los medidores seco-sólidos necesitan control y calibraciones. Antes de que un nuevo HL pueda entrar en pleno funcionamiento, o antes de que una celda pueda volver a funcionar diariamente después del vaciado, debe someterse a un período de puesta en marcha. Durante este período, la cantidad de lodos cargados en la celda se incrementa lentamente, hasta que se aplica una carga completa. Un período de puesta en marcha debe tener una duración de 1 a 2 años dependiendo del clima. Durante un ciclo operativo, las diferentes celdas del HL se vacían por turnos. Esto evita una situación en la que todas las celdas deben vaciarse y ponerse en marcha al mismo tiempo. Un ciclo operativo se completa cuando se han vaciado todas las celdas. Una forma común de manejar esto es tener todas las celdas en funcionamiento normal durante la primera parte del ciclo de tratamiento y durante la última parte para excavar las celdas. Cuando algunas de las celdas están fuera de funcionamiento o reciben una cuota reducida debido al vaciado o la puesta en marcha, la cuota debe aumentarse para las otras celdas. Por lo tanto, al planificar y dimensionar un HL, esto debe tenerse en cuenta. Normalmente, el funcionamiento diario y la carga del sistema deben planificarse individualmente para cada HL específico.

La estrategia básica de carga es cargar una celda a la vez, mientras que todas las demás celdas descansan. Una celda generalmente se carga durante varios días (un período de carga definido). Cuando se completa un período de carga en una celda, la carga se desplaza a la siguiente celda de la fila, y la celda recién cargada, entra así en un período de reposo. Los cambios entre los períodos de carga y descanso son cruciales para obtener residuos de lodos de alta calidad: si las celdas se cargan demasiado y no tienen tiempo suficiente para desaguar adecuadamente, el residuo de lodos tendrá un mayor contenido de agua y la mineralización de la materia orgánica será menos eficiente. Después de haber recibido lodos durante 10-15 años, una celda debe vaciarse.

Originalmente, la idea era llevar a cabo el vaciado después de la cosecha a finales de verano o a principios de otoño inmediatamente antes de su eliminación para su aplicación en tierra. Sin embargo, otra posibilidad, que se ha logrado en los últimos años en Dinamarca es excavar a principios de primavera y situar

el residuo de lodo para su posterior tratamiento en un área de almacenamiento, abierta o con techo de invernadero, hasta la aplicación a la tierra después de la cosecha en el otoño posterior. La idea detrás de esto es que la temporada de crecimiento comienza en primavera: si el vaciado ocurre antes del inicio de la temporada de crecimiento, la caña se recuperará durante el verano y la celda está lista para entrar en el período de puesta en marcha en verano. Si el vaciado ocurre en otoño, la caña no se recuperará hasta el verano del próximo año.

Costos

Los HL son más económicos en comparación con los dispositivos mecánicos de deshidratación como las centrífugas (Nielsen, 2015a, 2016). El gasto operativo anual (OPEX) para el tratamiento de lodos correspondientes a 550 toneladas de sólido seco se considerará a continuación para dos escenarios: deshidratación en prensa de tornillo o centrífuga, y tratamiento en un HL.

La inversión estimada para un dispositivo mecánico de deshidratación y la construcción de un HL es de US$0,8 y 1,7 millones, respectivamente. Sin embargo, el OPEX anual, que depende de las condiciones del sistema individual, incluida la depreciación de los costos de inversión para el equipo mecánico de deshidratación, se estima en aproximadamente US $ 0,22-0,27 millones, mientras que el OPEX, incluida la depreciación del costo de inversión para el funcionamiento de un HL, se estimó en aproximadamente en US $ 0,15-0,18 millones. El mayor OPEX para la deshidratación mecánica se debe a la necesidad de agregar polímero antes de la deshidratación, una mayor demanda de energía, mantenimiento y transporte (Nielsen, 2015a, 2016). La diferencia en el OPEX no solo afecta a la economía, sino también al impacto ambiental. Los HL tienen bajos impactos ambientales debido al menor consumo de electricidad, la menor demanda de transporte y mantenimiento, y una demanda inexistente de adición de polímeros.

Co-beneficios

Beneficios sociales y ecológicos

Los HL representan una solución sostenible de tratamiento y deshidratación de lodos que cumple con los Objetivos de Desarrollo Sostenible de las Naciones Unidas. Los sistemas HL también representan una amenidad estética y comunitaria, así como la biodiversidad y el hábitat de la vida silvestre.

Contraprestaciones

Los sistemas HL fueron diseñados con cargas superficiales entre 45 y 60 kg MS/m²/año. Teniendo en cuenta el tamaño y la proximidad a la PTAR de la zona para el sistema de tratamiento, podrían surgir las siguientes posibles contraprestaciones:

- mayores costos de inversión para ubicar el sistema de tratamiento en las proximidades del sitio de producción de lodos, pero en un terreno con mayor valor;
- mayores costos de inversión y/o la ocupación de tierras para satisfacer una menor carga superficial, pero una mayor eficiencia.

Lecciones aprendidas

Retos y soluciones

La experiencia general mostró que una gran parte de los sistemas se encontraron con problemas operativos con una baja eficiencia, es decir, un bajo contenido de sólidos secos en el lodo residual tratado. Los problemas se observaron en la vegetación, el bajo grado de deshidratación y el rápido desarrollo de la capa de lodos residuales anaeróbicos húmedos; la vegetación se estresó, se marchitó e incluso se produjo la muerte de la vegetación debido a un cambio en la calidad del lodo.

Antes del diseño, dimensionamiento y construcción de un sistema, es importante determinar la calidad de los lodos, sus características de deshidratación y la relación entre sólidos orgánicos e inorgánicos (fase 1). El objetivo principal es probar en un HL piloto, si el lodo fuese adecuado para un tratamiento posterior en un sistema HL.

Retroalimentación de los usuarios / valoración

Se ha demostrado que los sistemas HL son un método de manejo de lodos sostenible y económicamente viable, con muy pocas reinversiones operativas necesarias durante el período de operación de 8 (Hanningfield) a 20 (Greve) años de duración, respectivamente.

Los principales argumentos para establecer el HL se basan en investigaciones exhaustivas y con más de 30 años de experiencia con los sistemas HL, e incluyen los siguientes:

- la manipulación de lodos en la PTAR se ha reducido durante las horas de trabajo;
- eliminación| de productos químicos, especialmente polímeros;
- se ha mejorado el entorno de trabajo, principalmente debido al contacto limitado con los lodos y aerosoles;
- menor impacto ambiental;
- un mínimo de emisiones de gases del cambio climático;
- alta flexibilidad con respecto al tiempo y la cantidad de lodos para el reciclaje en la agricultura;
- el producto resultante: alta calidad para la reutilización en la agricultura, así como la obtención de fósforo para el futuro;
- desarrollo de una estrategia basada en los Objetivos de desarrollo Sostenible de la ONU.

Referencias

Larsen, J. D., Nielsen, S., Scheutz, C., (2017). Gas composition of sludge residue profiles in a sludge treatment reed bed between loadings. *Water Science & Technology*, **76**(9), 2304–2312.

Nielsen, S., Larsen, J. D. (2016). Operational strategy, economic and environmental performance of sludge treatment reed bed systems - based on 28 years of experience. *Water Science & Technology*, **74**(8), 1793–1799.

Nielsen, S., Peruzzi, E., Macci, C., Doni, S., Masciandaro, G. (2014). Stabilisation and mineralisation of sludge in reed bed systems after 10–20 years of operation. *Water Science & Technology*, **69**(3), 539–545.

Nielsen, S. (2015a). Economic assessment of sludge handling and environmental impact of sludge treatment in a reed bed system. *Water Science & Technology*, **71**(9), 1286–1292.

Nielsen, S., Bruun, E. (2015b). Sludge quality after 10-20 years of treatment in reed bed system. *Environmental Science and Pollution Research*, **22**(17), 12.885–12.891

Nielsen, S., Cooper, D. (2011). Dewatering of waterworks sludge in reed bed systems. *Water Science and Technology*, **64**(2), 361–366.

Peruzzi, E., Macci, C., Doni, S., Volpi, M., Masciandaro, G. (2015). Organic matter and pollutants monitoring in reed bed systems for sludge stabilization: a case study. *Environmental Science and Pollution Research*, **22**(4), 2447–245.

MUROS VERDES PARA EL TRATAMIENTO DE AGUAS GRISES

AUTORES

Bernhard Pucher, *Instituto de Ingeniería Sanitaria y Control de la contaminación del agua, Universidad BOKU, Muthgasse 18, 1190 Viena, Austria*
Contacto: *bernhard.pucher@boku.ac.at*
Anacleto Rizzo, Fabio Masi, *Iridra Srl, Via La Marmora 51, 50121 Florencia, Italia*

1 - Influente
2 – Sistema de alimentación
3 – Pared/muro
4 - Plantas
5 – Medio poroso
6 – Macetas modulares
7 – Sistema de drenaje
8 - Efluente

Descripción

Los muros verdes o paredes vivas (Living Walls, LWs por su acrónimo en inglés), son identificados como una tecnología propicia para contrarrestar los efectos del cambio climático en las zonas urbanas y para mejorar el manejo del ciclo del agua iniciando con la escala de una casa familiar. Debido a su configuración vertical, esta tecnología permite solucionar uno de los mayores retos en zonas urbanas, la falta de espacio. Los LWs ofrecen diversos beneficios entre los que se encuentran: mitigación de altas temperaturas, aislamiento término para las construcciones, incremento de la biodiversidad urbana, al tiempo que brindan tratamiento basado en plantas para el aire y el agua. El uso de agua gris para el riego de estos sistemas, así como su tratamiento para su reutilización, agrega una fuente adicional de agua que puede ayudar a contrarrestar la escases de agua y detener la degradación del recurso hídrico.

El agua gris constituye una fuente constante, estando disponibles entre 17 y 100 litros de esta por día per cápita. Los LWs son capaces de proveer un tratamiento completo y suficiente al agua gris para que esta sea usada para otros usos como riego o reutilización en sanitarios. El bajo requerimiento de superficie (horizontal) los convierte en una opción económicamente viable para la reutilización de agua y su uso eficiente.

Ventajas	Desventajas

Ventajas

- Provee una fuente adicional continua de agua para uso en riego o reutilización en el sitio (por ejemplo, para reutilizar en sanitaros)
- Brinda aislamiento para la construcción (térmico y sonoro)
- Requiere una menor cantidad de área de construcción comparado con otras SBN.
- **No representa ningún riesgo para la propagación de mosquitos**
- No se requiere área adicional de construcción en el sitio donde es instalado

Desventajas

- Costos de construcción elevados
- Requiere de consideraciones especiales y la intervención de un experto para su diseño

Co-Beneficios

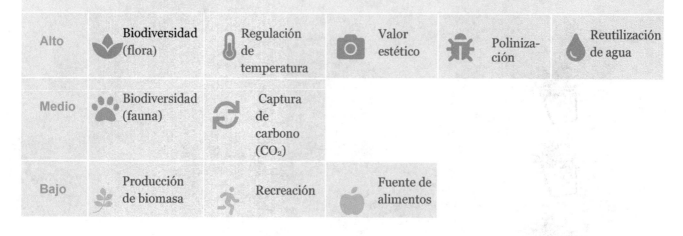

Alto	Biodiversidad (flora)	Regulación de temperatura	Valor estético	Poliniza-ción	Reutilización de agua
Medio	Biodiversidad (fauna)	Captura de carbono (CO_2)			
Bajo	Producción de biomasa	Recreación	Fuente de alimentos		

Compatibilidad con otras SBN

El agua tratada puede ser usada para el riego de otras SBN como techos verdes, celdas de biorremediación o jardines.

Casos de estudio

En esta publicación

- Muros vivos en Marina di Ragusa, Italia
- VertECO®: Un Ecosistema Vertical para el tratamiento de Agua.

Operación y mantenimiento

Regularmente

- Controlar la eficiencia del tratamiento primario y eliminar sólidos, grasas y aceites.
- Plantar y cosechar dependiendo de la especie.
- Control del sistema de alimentación.
- Inspección del sistema de distribución.
- Control del efluente previniendo taponamientos, inclusive por raíces

Extraordinarios

- Remover plantas con alta densidad de raíces para evitar taponamientos.
- Vaciar el sistema de riego o alimentación cuando este tapado.

Problemas comunes

- Bloqueo del efluente como consecuencia de exceso de raíces en el sistema

Literatura

Boano F., Caruso A., Costamagna E., Ridolfi L., Fiore S., Demichelis F., Galvão A., Pisoeiro J., Rizzo A., Masi F. (2019). A review of nature-based technologies for greywater treatment: applications, hydraulic design, and environmental benefits. *Science of the Total Environment*, **711**, 1–26.

Kadewa, W. W., Le Corre, K., Pidou, M., Jeffrey, P. J., Jefferson, B. (2010). Comparison of grey water treatment performance by a cascading sand filter and a constructed wetland. *Water Science & Technology*, **62**(7), 1471–1478.

Detalles técnicos

Recomendaciones generales

Los materiales usados, así como la cantidad de material y agua que puede contener el sistema, dependen de la capacidad máxima de carga de la estructura de soporte colocada en la fachada.

Cada caja para plantas debe de estar forrada con alguna tela no tejida. Esto coadyuba a tener un periodo de retención hidráulico correcto y sirve como una capa de aislamiento para prevenir exceso de temperatura durante el verano.

Tipo de afluente

- Agua gris

Eficiencia de tratamiento

- DQO — 15–99%
- DBO_5 — ~42%
- NT — 15–95%
- $N-NH_4$ — ~19%
- PT — 3–61%
- SST — 15–93%
- Coliformes fecales — ≤ 2–3 $\log_{10}$

Requerimientos

- Área requerida: 1–2 m² per cápita
- Necesidades eléctricas: bombeo es requerido para el Sistema de irrigación.
- Otros
    - Infraestructura de colección y distribución.
    - Alto de las cajas para plantas > 20 cm

Criterios de diseño

- Carga hidráulica: hasta 0,1–0,5 m³/m²/día
- Carga orgánica: 10–160 g DQO/m²/día
- Material ligero (Arcilla expansiva agregada, Perlita, cascara de coco) mezclado con arena
- Tamaño de partícula de 0–8 mm, dependiendo del régimen hidráulico de entrada.
- Conductividad hidráulica ~ 10^{-4} m/s
- Porosidad ~ 0,4

Literatura

Masi, F., Bresciani, R., Rizzo, A., Edathoot, A., Patwardhan, N., Panse, D., Langergraber, G. (2016). Green walls for greywater treatment and recycling in dense urban areas: a case-study in Pune. *Journal of Water, Sanitation and Hygiene for Development*, **6**(2), 342–347.

Pradhan, S., Al-Ghamdi, S.G., Mackey, H. R. (2019). Greywater recycling in buildings using living walls and green roofs: A review of the applicability and challenges. *Science of The Total Environment*, **652**, 330–344.

Prodanovic, V., Hatt, B., McCarthy, D., Zhang, K., Deletic, A. (2017). Green walls for greywater reuse: understanding the role of media on pollutant removal.

Detalles técnicos de la SBN

Configuraciones implementadas regularmente

- Instalación vertical en la fachada
- El flujo puede ser horizontal o vertical en la caja de las plantas
- Flujo horizontal (FH) con medio saturado o insaturado (alimentado continuamente)
- Flujo vertical (FV) sistema con llenado por lotes o por sistema multietapa (FV+FH FH+FV)

Condiciones climáticas

Ideal para climas cálidos, pero posible para climas fríos (el mayor problema puede ser el congelamiento durante el invierno)

MUROS VERDES EN MARINA DI RAGUSA, ITALIA

Antecedentes del proyecto

TIPO DE SOLUCIÓN BASADA EN LA NATURALEZA (SBN)
Muros verdes (MV) para el tratamiento de agua gris

LOCALIZACIÓN
Marina di Ragusa, Sicilia, Italia

TIPO DE TRATAMIENTO
Tratamiento de agua gris con MV

COSTO
€10.000,00 (2018)

FECHAS DE OPERACIÓN
Mayo de 2018 hasta la fecha

ÁREA/ESCALA
Muro vivo: 9 m²

El muro verde (MV) (también conocido como muro vivo) para tratamiento y reutilización de agua gris ha sido desarrollado como un proyecto demostrativo siendo parte del proyecto "ConsumelessMed" en la Playa Margarita, en Marina di Ragusa, Italia. El objetivo fue contar con un proyecto ambiental y económicamente sustentable que purificara y recuperara aguas grises para su reutilización en actividades propicias como riego o su uso para sanitarios. Esto ha sido posible a través del MV que utiliza la capacidad purificadora de las plantas y su substrato para remover impurezas, similar al proceso llevado a cabo en un humedal para tratamiento. El MV estima ahorrar alrededor de 350 litros de agua potable por día.

AUTORES:

Anacleto Rizzo, Ricardo Bresciani, Fabio Masi
IRIDRA Srl, via Alfonso La Mamora 51, Florencia, Italia
Contacto: Anacleto Rizzo, *rizzo@iridra.com*

Figura 1: Playa Margarita, Marina di Ragusa (RG - Italia) localización, 36° 46′ 54.98′′ N, 14° 33′ 31.06′′ E

Figura 2: El muro verde en Playa Margarita, Marina di Ragusa (RG – Italia)

Resumen técnico

Tabla resumen

TIPO DE AFLUENTE	Aguas grises
DISEÑO	
Caudal (m³/día)	0,35
Población equivalente (Hab.-Eq.)	3 (considerando solo aguas grises ligeras, por ejemplo, se excluyen aguas de la cocina)
Área (m²)	9 m² de muro
Área por población equivalente (m²/Hab.-Eq.)	3
COST	
Construcción	€10.000,00
Operación (anual)	€200,00

Diseño y construcción

El sistema colecta el agua gris producida en las regaderas en pequeños contenedores para separar la arena, para posteriormente ser bombeada hasta el MV donde es filtrada y recibe un tratamiento biológico. El MV está compuesto de ocho módulos, que forman una cuadrícula fijada a la pared; en cada módulo tres contenedores de un metro de ancho están colocados en serie, mismos que son rellenados con agregados expandidos de arcilla (material ligero y poroso). Pequeñas tuberías con válvulas de salida colocadas en cada módulo colectan el agua y permiten la percolación hacia el siguiente modulo. Por último, el agua se colecta en una tubería plástica que está conectada con un tanque de 1,000 litros de capacidad. Desde ese punto el agua puede ser usada para riego o descarga de sanitarios.

Tipo de afluente/ tratamiento

El tipo de afluente es agua gris producida en las regaderas de la Playa Margarita. El flujo estimado máximo de entrada es de 350 L/día.

Eficiencia de tratamiento

El MV es una actividad del Proyecto "ConsumelessMed", y sirve como un proyecto demostrativo. Por lo tanto, no existió campaña de monitoreo. Por otro lado, el agua gris tratada fue usada exitosamente durante la temporada turística de verano en 2018, destacando un tratamiento eficiente y con calidad suficiente para su reutilización (irrigación y descarga de sanitarios).

Operación y mantenimiento

La operación y mantenimiento es realizada por personal no especializado, y puede ser categorizado en dos tipos: mantenimiento ordinario y extraordinario.

El mantenimiento ordinario busca mantener el sistema funcionando de manera efectiva.

El mantenimiento ordinario incluye las siguientes actividades:

• Inspección del tratamiento primario (contenedor para separación de arena)
• Verificación de funcionamiento de la bomba;
• Inspección visual para identificar hierbas, la salud de las plantas y problemas con pestes.

Figura 3: Representación esquemática del muro verde instalado en Playa Margarita, Ragusa. (Versión original en inglés, sin traducción).

El mantenimiento extraordinario debe de llevarse a cabo cada vez que el sistema presente fallas.

Costos

Los gastos de capital ascendieron a €10.000,00 e incluyeron los siguientes conceptos:

- Construcción del MV (paneles, medio filtrante, plantas);
- Unidades preliminares de tratamiento (trampas de arena);
- Tuberías y sistema de alimentación;
- Tanque de recolección de agua gris tratada.

Los costros de operación están estimados en €200 por año e incluyen los siguientes conceptos:

- Consumo energético (mínimo, solo para el bombeo);
- Mantenimiento adicional (substitución de plantas) y actividades de supervisión.

Las operaciones de mantenimiento son llevadas a cabo directamente por el dueño de la Playa Margarita y su staff.

El sistema fue financiado por el Proyecto "ConsumelessMed", una iniciativa cofinanciada por el Fondo de Desarrollo Regional Europeo. (*https://www.consumelessmed.org*).

Beneficios colaterales

Beneficios ecológicos

El muro verde fue también diseñado para ser un punto de encuentro para la biodiversidad urbana. Diferentes tipos de plantas fueron usadas tales como *Iris pseudacorus, Lytrum salicaria, Juncus effusus, Carex pendula, Eleocharis palustris, Caltha palustris*, and *Lysimachia vulgaris*.

Beneficios sociales

El agua gris tratada fue reutilizada exitosamente durante la temporada de verano de 2018, contribuyendo a reducir el consume de agua potable hasta por 350 litros por día, sustituyéndola con agua de fuente no convencional. El agua gris tratada fue usada en interiores, descarga de agua de sanitario, exteriores y para riego de jardines.

La evapotranspiración de las plantas localizadas en el MV permitió la reducción del calor en la zona urbana al generar un efecto de isla, que es particularmente importante para un hotel de playa durante la temporada de verano.

La instalación del MV fue una oportunidad para renovar la estética, al tiempo que se incrementó la imagen verde y sustentable del hotel.

Contraprestaciones

En el mundo existen muy pocas aplicaciones de los MV para el tratamiento de aguas grises y su reutilización (ver por ejemplo Massi et al., 2016). Esto llevo a ejecutar un diseño conservador en el MV instalado en el hotel Playa Margarita.

Lecciones aprendidas

Retos y soluciones

Reto/solución 1: falta de espacio para SBN en zonas urbanas

El muro verde permitió el uso de SBN para el tratamiento de aguas grises y su reutilización en una zona urbana. Este tipo de soluciones regularmente son difíciles de implementar en zonas urbanas debido a la falta de espacio, considérese por ejemplo los humedales para tratamiento.

Retroalimentación del usuario / evaluación

El dueño de Marina Beach gratamente aprecia el bajo costo y la simplicidad de mantenimiento del sistema, al tiempo que mejora la imagen del verde resort en términos de sustentabilidad.

Referencias

Masi, F., Bresciani, R., Rizzo, A., Edathoot, A., Patwardhan, N., Panse, D., Langergraber, G. (2016). Green walls for greywater treatment and recycling in dense urban areas: a case-study in Pune. *Journal of Water Sanitation and Hygiene for Development*, **6**(2), 342–347.

VERTECO®: UN ECOSISTEMA VERTICAL PARA EL TRATAMIENTO DE AGUA

TIPO DE SOLUCIÓN BASADA EN LA NATURALEZA (SBN)
Muros verdes para el tratamiento de aguas grises

CLIMA/REGIÓN
Mediterráneo, áreas semiáridas, áreas con escases (temporal) de agua.

TIPO DE TRATAMIENTO
Tratamiento de aguas grises usando un sistema vertical para interiores o exteriores con cuatro módulos en cascada combinados con un humedal subsuperficial de flujo horizontal (FH)

COSTO
Dependiendo del tamaño y material. Alrededor de US$9.500 por m³ de capacidad de tratamiento diario.

FECHAS DE OPERACIÓN
2015 al presente

Antecedentes del proyecto

Ocho categorías de tecnologías innovadoras fueron integradas y expuestas dentro del "FP7 European project demEAUmed, demonstrating integrated innovative technologies for an optimal and safe closed water cycle in Mediterranean tourist facilities" (2014–2017; *http://www.demeaumed.eu/index.php/inno*). vertECO® – el ecosistema vertical para tratamiento de agua residual– fue uno de ellos. Fue diseñado, instalado y probado por Alchemia-nova GMBH (*https://www. alchemia-nova.net/*) con el objetivo de aplicar sistemas descentralizados de tratamiento de aguas grises para reutilización en instalaciones turísticas en el mediterráneo y otras zonas con escasez de agua.

vertECO® tiene es un sistema con cuatro estaciones en cascada que se combinan con un humedal horizontal de flujo subsuperficial, proveyendo reutilización al agua gris como agua de servicio (en descargas de sanitarios, irrigación o para limpieza). Muchos sistemas piloto vertECO® fueron instalado por toda Europa, incluyendo el Hotel Samba en Lloret de Mar, Girona, España, un sistema de exhibición en Upper Austria, y dos más en Viena, Austria.

AUTORES:

Esther Mendoza, Gianluigi Buttiglier, *ICRA-Instituto Catalán de Investigación del Agua, Girona-España;* Joaquim Comas, *ICRA- Instituto Catalán de Investigación del Agua, Girona-España, LEQUIA, Laboratori d'Enginyeria Química i Ambiental, Girona-España;* Heinz Gattringer, Miquel Esterlich, *Blue Carex Phytotechnologies.* Contacto: Esther Mendoza, *emendoza@icra.cat*

Resumen técnico

Tabla resumen

TIPO DE AFLUENTE	Aguas grises, amarillas y residuales
DISEÑO	
Caudal (m³/día)	2
Población equivalente (Hab.-Eq.)	30
Área (m²)	8
Área de población equivalente (m²/Hab.-Eq.)	0,27–4
AFLUENTE	
Demanda Bioquímica de Oxigeno (DBO$_5$) (mg/L)	~100
Demanda Química de Oxigeno (DQO) (mg/L)	~210
Sólidos Suspendidos Totales (SST) (mg/L)	~68
EFLUENTE	
DBO$_5$ (mg/L)	~4
DQO (mg/L)	~12
SST (mg/L)	~0,3
COSTOS	
Construcción	~US$16.000–38.000
Operación (costo anual de electricidad)	~US$200 con luz natural

Figura 1: Unidad vertECO® en Kunst Haus Vienna (Hundertwasser Museum)

Diseño y construcción

vertECO® trata agua residual o gris a través de un humedal plantado de tipo vertical. vertECO® es un sistema modular que es diseñado de acuerdo a las necesidades del cliente. El periodo de fabricación y pruebas puede tomar de 3 a 4 meses. La instalación del vertECO® incluye un tanque para acumular agua residual y bombearla, para garantizar un flujo continuo de agua al sistema. El agua tratada también puede ser acumulada en un tanque antes de ser enviada a cuerpos de agua o áreas verdes.

El agua residual es bombeada al sistema desde la parte superior del mismo. Mientras el agua pasa a través de los módulos plantados (flujo horizontal dentro de los módulos y flujo vertical para pasar de uno a otro), los contaminantes son removidos por los microorganismos en el sistema y consumidos por las plantas (eliminaciones mayores a 90% de DBO$_5$, DQO, SST, y turbidez; Zraunig et al., 2019).

El principio subyacente de este tipo de tecnología para tartar agua residual, es la actividad microbiológica y el uso de aireación y ciertas especies de plantas, en una secuencia especial para tratar el agua contaminada, y permitir su reutilización (US EPA, 1999). Al implementar un sistema vertical y mejorar la eficiencia de la digestión a través de una aireación parcial en intervalos, el uso de espacio es optimizado. vertECO®
puede ser instalado en exteriores y en interiores, demostrando su capacidad de integrar servicios ecosistémicos y estética verde en construcciones, resultando en múltiples beneficios.Esta tecnología está protegida bajo la patente número AT516363 - Humedal gradual vertical construido para purificar agua residual y agua residual industrial.

Tipo de afluente/ tratamiento

El tipo de afluente tratado es agua residual proveniente de regaderas, lavabos, lavandería y urinales; agua residual libre de solidos está actualmente en evaluación. Para aguas negras, el sistema puede ser combinado con otras tecnologías como biorreactores de membrana y puede llevar a cabo un tratamiento secundario de manera eficiente.

Eficiencia de tratamiento

La tecnología cumple con lo establecido por la "EU Directive for Urban Wastewater Treatment 91/271/EC" para la reutilización de aguas tratadas, también con la regulación EU 2020/741 respecto los mínimos requerimientos para la reutilización de agua tratada, y con la legislación española para la reutilización del agua RD1620/2007 (Gattringer et al. 2016). Las legislaciones regularmente contemplan la reutilización para riego, descarga en sanitarios, cuerpos de agua ornamentales, y limpieza de calles. También, una serie de micro contaminantes orgánicos son degradados (Zraunig et al. 2019).

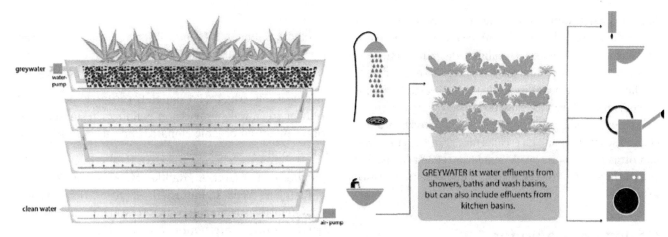

Figura 2: Flujo de agua en el vertECO®. Versión original en inglés, sin traducción.

PARÁMETROS	LÍMITES DE ACUERDO CON EU 91/271	AFLUENTE	AGUA TRATADA POR EL vertECO®	REDUCCION (%)
DQO (mg/L)	125	209	17	92
DBO$_5$ (mg/L)	25	96	4	96
Carbono Orgánico Total (COT) (mg/L)	n.a.	51	6	88
Escherichia coli (UFC/100mL)	0	1.10×10^6	No detectada	>99
Sufactantes aniónicos (mg/L)	n.a.	57	0,3	99
Turbidez (NTU)	2	68	0,3	99

Operación y mantenimiento

Es necesario llevar a cabo trabajos normales de jardinería para mantener las plantas del sistema. La bomba/compresor también debn de recibir mantenimiento y las tuberías necesitan ser limpiadas ocasionalmente.

Costos

El costo de instalación de un sistema con capacidad para tratar 1,5 m³/día es de US$16.000–38.000 (dependiendo del costo de los sensores). El costo de operación es de US$200/año (con iluminación natural).

Co-beneficios

Beneficios ecológicos

vertECO® trata agua residual con una demanda muy baja de energía eléctrica (1,5 kWh/m³ de agua tratada) al funcionar con principios fotosintéticos que toman la energía de la luz a través de las plantas. vertECO® puede reducir la cantidad de agua consumida por una edificación hasta en un 50% si el agua es tratada y reutilizada en el sitio.

Beneficios sociales

Mas allá del tratamiento de agua y la reducción en el consumo de esta, el vertECO® ofrece todas las ventajas de un muro verde: mejora la calidad del aire, genera un balance natural de humedad, reduce la necesidad de calefacción o aire acondicionado, reduce el ruido, mejora la biodiversidad, reduce el estrés, tiene valor estético, etc. (Alexandri et al., 2008; Djedjig et al., 2017). Además, cuando se implementa en escalas más grandes o integrado con otras soluciones, puede ayudar a reducir las islas de calor urbanas, y puede contribuir a mantener más frescos los climas.

Contraprestaciones

El vertECO® puede dimensionarse de acuerdo con las necesidades. Si la micro climatización es importante, vertECO® será dimensionado para poder evaporar la mayor cantidad de agua posible; si el objetivo es poder aprovechar la mayor cantidad de agua, entonces la mayor cantidad de agua será tratada para reutilización. La huella de carbono puede limitar el sistema en algunos casos si es necesario tratar grandes cantidades de agua.

Lecciones aprendidas

Retos y soluciones

Debido a que las plantas y los microorganismos son organismos vivos, el sistema también es dinámico y reacciona de forma autoadaptable a cada cambio. La solución ofrece suficiente espacio para un volumen de raíces activo, que esté preparado para diversos cambios en las condiciones de operación.

Retroalimentación del usuario/evaluación

Inclusive terminado el proyecto demEAUmed, el vertECO® fue conservado en el Hotel, mientras otras soluciones fueron desmanteladas. Los huéspedes y los trabajadores del Hotel aprecian el muro verde y lo consideran un elemento estético placentero además de valorar su función como una tecnología sustentable para el tratamiento del agua.

Referencias

Alexandri, E., Jones, P. (2008). Temperature decreases in an urban canyon due to green walls and green roofs in diverse climates. *Building and Environment*, **43**(4), 480–493.

Djedjig, R., Belarbi, R., Bozonnet, E. (2017). Experimental study of green walls impacts on buildings in summer and winter under an oceanic climate. *Energy and Buildings*, **150**, 403–411.

Gattringer, H., Claret, A., Radtke, M., Kisser, J., Zraunig, A., Rodriguez-Roda, I., Buttiglieri, G. (2016). Novel vertical ecosystem for sustainable water treatment and reuse in tourist resorts. *International Journal of Sustainable Development and Planning*, **11**(3), 263–274.

US EPA (1999). Constructed Wetlands Treatment of Municipal Wastewaters.

Zraunig, A., Estelrich, M., Gattringer, H., Kisser, J., Langergraber, G., Radtke, M., Rodriguez-Roda I., Buttiglieri, G. (2019). Long term decentralized greywater treatment for water reuse purposes in a tourist facility by vertical ecosystem. *Ecological Engineering*, **138**, 138–147.

HUMEDAL EN EL TECHO

AUTHOR

Maribel Zapater-Pereyra, *Independent Researcher,*
Gottfried-Keller-Straße 25, 81245 Munich, Germany
Contact: *maribel_zapater@hotmail.com*

1 – Entrada de agua del edificio
2 – Sistema de alimentación
3 – Medio filtrante
4 – Sistema de drenaje
5 - Edificio
6 - Plantas
7 – Sistema de aireación
8 - Impermeabilización
9 – Estructura de inspección
10 – Salida del agua hacia el edificio

Descripción

El humedal en el techo, también llamado techo verde para tratamientos de aguas residuales, es un sistema que combina las características de los humedales construidos con la de los techos verdes. El primer ejemplo conocido fue construido en el techo de un edificio en Holanda (Países Bajos) para tratar agua residual doméstica y ser reutilizada en la descarga de sus propios inodoros. El medio filtrante del humedal tenía 9 cm de profundidad y estuvo compuesta por una mezcla de arena, arcilla expandida (arlita) y perlas (cuentas) de ácido poliláctico. Este medio rodeaba a geoceldas de estabilización y por encima estaba recubierto con champas de césped (césped natural en rollos). Otra composición de este medio y diseño de estos sistemas es posible dependiendo de la estructura del edificio que lo soportará y las condiciones climáticas, entre otros factores. Además, se podría decir que, tanto los humedales de flujo horizontal (FH) como los de flujo vertical (FV), rellenos con materiales livianos de granulometrías seleccionadas, podrían funcionar adecuadamente como humedales en el techo.

Ventajas

- Necesidades de suelo más bajas en comparación con otras soluciones basadas en la naturaleza (SBN) (o m² de suelo por población equivalente (Hab.-Eq.))
- Ningún peligro especifico relacionado con la reproducción de mosquitos
- No necesita superficie adicional
- Posibilidad de reutilización del agua a escala de edificio (descarga de inodoros, riego)
- Aislamiento (térmico y acústico))

Desventajas

- Costos de construcción altos
- Necesita un edificio con alta capacidad de carga (capacidad portante)
- Susceptible a fluctuaciones climáticas

Co-beneficios

Alto	Biodiversidad (flora)	Regulación de temperatura	Valor estético	Polinización	Reutilización de agua
Medio	Biodiversidad (fauna)	Mitigación de eventos extremos	Secuestro de carbono		
Bajo	Producción de biomasa	Recreación	Fuente de alimentación		

Compatibilidad con otras SBN

Puede ser combinado con diferentes sistemas dependiendo del objetivo del tratamiento.

Caso de estudio

En esta publicación

- Humedales en el techo en Tilburg, Países Bajos

Operación y mantenimiento

Regular

- Continuo: cortar césped con un robot (p.ej. con el cortacésped eléctrico posicionado permanentemente en el techo)

- Una vez al año: revisión de los equipos y elementos técnicos (panel de control, bombas, tuberías a presión, válvulas, etc)

Extraordinario

- Si se usa un tanque séptico, debe ser vaciado cada cierto tiempo (p. ej. cada par de años, dependiendo del sistema primario de tratamiento y de la calidad del agua residual)

Referencias

Avery, L. M., Frazer-Williams, R. A. D., Winward, G., Pidou, M., Memon, F. A., Liu, S., Shirley-Smith, C., Jefferson, B. (2006). The role of constructed wetlands in urban grey water recycling. In: Proceedings of the 10th International Conference on Wetland Systems for Water Pollution Control, Lisbon, Portugal, 23–29 September 2006, Vol. I, pp. 423–434.

Frazer-Williams, R., Avery L., Winward, G., Shirley-Smith, C., Jefferson, B. (2006). The Green Roof Water Recycling System - a novel constructed wetland for urban grey water recycling. In: Proceedings of the 10th International Conference on Wetland Systems for Water Pollution Control, Lisbon, Portugal, 23–29 September 2006, Vol. I, pp. 411–421.

Ramprasad, C., Smith, C. S., Memon, F. A., Philip, L. (2017). Removal of chemical and microbial contaminants from greywater using a novel constructed wetland: GROW. *Ecological Engineering*, **106**, 55–65.

Thon, A., Kircher, W., Thon, I. (2010). Constructed wetlands on roofs as a module of sanitary environmental engineering to improve urban climate and benefit of the onsite thermal effects. *Miestų želdynų formavimas*, **1**, 191–196.

Detalles técnicos

Tipo de afluente

- Agua residual con tratamiento primario
- Agua gris

Eficiencia de tratamiento

- DQO   ~80%
- DBO_5 >90%
- NT   70–90%
- $N-NH_4$ 86%
- PT   80–97%
- SST   85–90%

Requerimientos

- Área neta:
  - Edificio robusto capaz de sostener una estructura
  - impermeabilización del techo
  - Necesita 0 m² de área en el suelo por Hab.-Eq. En el techo necesita aproximadamente 170 m² por Hab.-Eq.

- Necesidades de electricidad: necesita una bomba y un panel de control que active las bombas automáticamente cuando haya suficiente agua residual para ser enviada al humedal en el techo. Los costos de la energía deben ser considerados.

Criterios de diseño

Carga orgánica superficial (kg/ha/día):
- DQO: 12–60
- NT: 5–39
- PT: 0,6–2,0

CONFIGURACIONES COMUNMENTE IMPLEMENTADAS

- Techo verde para tratamiento de agua + muro verde

Referencias

Transfer, The Steinbeis Magazine. (2010). The magazine for Steinbeis Network employees and customers. Issue 2, p. 8.

Vo, T. D. H., Bui, X. T., Lin, C., Nguyen, V. T., Hoang, T. K. D., Nguyen, H. H., Nguyen, P. D., Ngo, H. H., Guo, W. (2019). A mini-review on shallow-bed constructed wetlands: a promising innovative green roof. *Current Opinion in Environmental Science & Health*, **12**, 38–47.

Vo, T. D. H., Bui, X. T., Nguyen, D. D., Nguyen, V. T., Ngo, H. H., Guo, W., Nguyen, P. D., Lin, C. (2018). Wastewater treatment and biomass growth of eight plants for shallow bed wetland roofs. *Bioresource Technology*, **247**, 992–998.

Vo, T. D. H., Do, T. B. N., Bui, X. T., Nguyen, V.T., Nguyen, D. D., Sthiannopkao, S., Lin, C. (2017). Improvement of septic tank effluent and green coverage by shallow bed wetland roof system. *International Biodeterioration & Biodegradation*, **124**, 138–145.

Winward, G. P., Avery, L. M., Frazer-Williams, R., Pidou, M., Jeffrey, P., Stephenson, T., Jefferson, B. (2008). A study of the microbial quality of grey water and an evaluation of treatment technologies for reuse. *Ecological Engineering*, **32**, 187–197.

Zapater-Pereyra, M. (2015). Design and Development of Two Novel Constructed Wetlands: The Duplex-Constructed Wetland and the Constructed Wetroof. CRC Press/Balkema.

Zapater-Pereyra, M., van Dien, F., van Bruggen, J. J. A., Lens, P. N. L. (2013). Material selection for a constructed wetroof receiving pre-treated high strength domestic wastewater. *Water Science & Technology*, **68**(10), 2264–2270.

Zapater-Pereyra, M., Lavrnić, S., van Dien, F., van Bruggen, J. J. A., Lens, P. N. L. (2016). Constructed wetroofs: a novel approach for the treatment and reuse of domestic wastewater. *Ecological Engineering*, **94**, 545–554.

Zehnsdorf, A., Willebrand, K. C., Trabitzsch, R., Knechtel, S., Blumberg, M., Müller, R. A. (2019). Wetland roofs as an attractive option for decentralized water management and air conditioning enhancement in growing cities—a review. *Water*, **11**(9), 1845.

Detalles técnicos

Condiciones climáticas

- Ideal para climas cálidos, con la posibilidad de tener un sistema de descarga cero
- No recomendado en ambientes lluviosos, porque afecta el tiempo de retención hidráulica
- No hay estudios sobre el rendimiento a bajas temperaturas del medio filtrante (aproximadamente <2 °C). A la fecha se recomienda apagar el sistema en temperaturas bajas y enviar el agua residual a otro sistema en la zona o descargar en la red de alcantarillado

HUMEDAL EN EL TECHO
TILBURG, PAISES BAJOS

TIPO DE SOLUCION BASADA EN LA NATURALEZA (SBN)
Humedal en el techo / techo verde para el tratamiento de aguas residuales (CWR)

CLIMA/REGION
Clima templado, Tilburg, Países Bajos

TIPO DE TRATAMIENTO
Tratamiento secundario con CWR

COSTO
Construcción: US$54.300

Impermeabilización del techo: US$24.600

FECHA DE OEPRACIÓN
Mayo 2012 al presente

ÁREA/ESCALA
Área del CWR: 306 m^2 170 m^2/Hab.-Eq. en el techo,
0 m^2/p.e. en el suelo

Antecedentes del proyecto

Los espacios verdes y los sistemas naturales de saneamiento pueden parecer incompatibles con la rápida urbanización y el crecimiento urbano. Las ciudades se vuelven cada vez más "grises" (concreto), incrementando el efecto isla de calor y disminuyendo los servicios ecosistémicos que las áreas verdes pueden proporcionar (regulación de la escorrentía debido al drenaje en el suelo, incremento de los niveles de oxígeno, efecto positivo en la calidad de vida y armonía de los habitantes, biodiversidad, entre otros).

Una combinación de techo verde con humedal construido, llamado en inglés "constructed wetroof" (CWR), fue construido sobre el techo de un edificio administrativo en Tilburg, Países Bajos, con el fin de reutilizar el agua residual para descarga de inodoros. Brindando, de esta manera, un espacio verde capaz de tratar localmente agua residual sin la necesidad de un espacio en el suelo.

AUTOR:

Maribel Zapater-Pereyra
Gottfried-Keller-Straße 25, 81245 Munich, Germany
Contacto: Maribel Zapater-Pereyra, *maribel_zapater@hotmail.com*

Figura 1: Vista lateral del CWR y una representación
esquemática del edificio de oficinas

Diseño y construcción

El CWR fue construido en abril 2012 sobre el techo de un
edificio de oficinas en Tilburg, Países Bajos, y sigue
funcionando exitosamente hasta la fecha. Tras
experimentos preliminares (Zapater-Pereyra et al., 2013)
se encontró que una mezcla de dos tipos de arena, arcilla
expandida (arlita) y perlas (cuentas) de ácido poliláctico,
con geoceldas de estabilización incrustadas, y recubierto
con una capa de césped, era la composición óptima para el
CWR. Debido a la capacidad portante del edificio (100
kg/m2), la cama o medio filtrante del CWR solo podía
tener 9 cm de profundidad.

El área total del CWR fue de 306 m², divididas en cuatro camas
(76,5 m² cada una). La pendiente era de 14,3°, el largo 3 m y el
tiempo de retención aproximadamente 3,8 días.

El agua residual fue tratada primero en un tanque séptico
y luego bombeada al CWR con un panel de control que era
activado automáticamente dependiendo de la producción
de agua residual. Las camas recibían agua una después de
la otra.

Más información sobre el sistema CWR se puede
encontrar en Zapater-Pereyra et al. (2013, 2016) y
Zapater-Pereyra (2015).

Tipo de afluente/ tratamiento

El afluente tratado es agua residual doméstica de un edificio
de oficinas, incluyendo aguas provenientes de los baños y
cocina (por ejemplo, cinco inodoros, dos urinarios, cinco
lavabos, un fregadero de cocina y un lavavajillas)

Eficiencia del tratamiento

Porcentaje de eliminación de DBO_5, 96,6%; DQO, 82,5%;
SST, 91,3%; NT, 92,6%; PT, 97,2%.

Operación y mantenimiento

La operación y el mantenimiento incluyen:

- Mantenimiento técnico una vez al año, incluyendo
  revisión del rendimiento y operación de la bomba, panel
  de control, tuberías a presión, válvulas, cortacésped
  eléctrico y tanque séptico, y una limpieza parcial del
  sumidero de la bomba;

- El vaciado completo del tanque séptico se hace cada 4-6 años

Resumen técnico

Tabla resumen

TIPO DE AFLUENTE	Agua residual doméstica
DISEÑO	
Caudal (m³/d)	1,2
Población equivalente (Hab.-Eq.)	1,8
Área (m²)	306
Área por población equivalente (m²/Hab.-Eq.)	170
AFLUENTE	
Demanda bioquímica de oxígeno (DBO$_5$) (mg/L)	217
Demanda química de oxígeno (DQO) (mg/L)	754
Solidos suspendidos totales (SST) (mg/L)	190
EFLUENTE	
DBO$_5$ (mg/L)	
DQO (mg/L)	132
SST (mg/L)	17
COSTO	
Construcción (subterráneo + instalación en el techo)	US$54.300
Operación y mantenimiento (anual)	US$750–1500

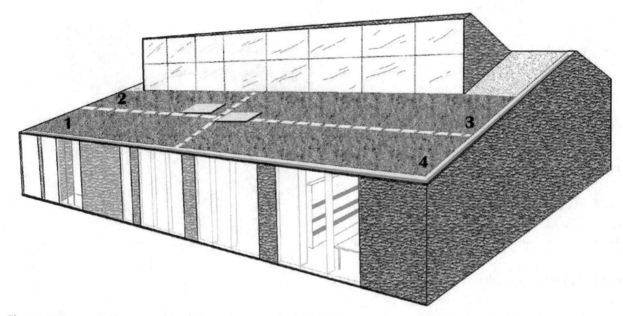

Figure 2: Representación esquemática de las cuatro camas (1-4) del CWR construidas en el techo de un edificio de oficinas.

Costos

Diseño y desarrollo: €15.000 (US$16.800). Este fue un costo único, por lo que era un sistema que nunca se había intentado y, por lo tanto, necesitaba un diseño y experimentos novedosos.

No se requirió compra de terreno. Se construyó sobre el techo de un edificio existente.

Impermeabilización del techo:

€22.000 (US$24.600).

Construcción: €48.500 (US$54.300)

Operación y mantenimiento en curso: US$750–1500 por año.

Co-beneficios

Beneficios ecológicos

El CWR transforma un área sin uso (techo) en un ecosistema que mejora la biodiversidad y puede acoger animales.

Beneficios sociales

El CWR equilibra la temperatura del edificio, reduciendo costos de aire acondicionado. Reduce el efecto isla de calor en sus alrededores. Promueve la reutilización del agua, es bueno para el ambiente y reduce costos asociados con la irrigación de áreas verdes. También contribuye a una liberación lenta del agua de lluvia a el sistema de drenaje de la ciudad (dependiendo de la intensidad de la lluvia), contribuyendo así con las plantas de tratamiento durante eventos de lluvia. El sistema verde sobre el techo brinda beneficios estéticos a los edificios y a las ciudades, incrementando así la calidad de vida y el bienestar de los habitantes.

Compromisos

La profundidad del medio filtrante tenía que ser poco profunda (9 cm) por la capacidad de carga portante del edificio, complicando así el diseño e influenciando el comportamiento hidráulico y el rendimiento del sistema. Sin embargo, hasta ahora, no ha habido ningún deterioro en la calidad del efluente ni tampoco una sobrecarga para el edificio.

Lecciones aprendidas

Retos y soluciones

Desafíos sobre el diseño

La capacidad de carga portante del edificio fue el desafío principal. La estructura podía solamente cargar 100 kg/m2, lo que significaba que el sistema debía ser muy ligero. Sustratos convencionales, como arena y grava, son muy pesados y no hubieran proporcionado una profundidad adecuada a la cama del CWR. Además, el techo tenía una pendiente de 14,3°, haciendo que el agua residual fluyera rápidamente si el medio filtrante hubiera tenido una alta porosidad. Para vencer estos desafíos, sw utilizó arcilla expandida (arlita) y perlas de ácido poliláctico (para dar un volumen significativo sin incrementar mucho el peso) mezclados con arena y cubiertos por rollos de césped natural (suelo orgánico con césped).

Desafíos durante la operación

Cada cama tenía una longitud de 3 m y una profundidad de 9 cm. Durante los días de calor, la parte media de la cama se secó mucho (visualizado por las plantas secas), afectando la estética del sistema. Como medida preventiva, cuando hubo días continuos de calor sin lluvia (verano), se decidió usar aspersores para humedecer las camas. El agua residual se evaporaba a lo largo de cada cama, convirtiendo al sistema en un humedal de descarga-cero. Así, la eficiencia del tratamiento no se veía afectada ya que no había agua saliendo del sistema.

Durante días lluviosos, el agua fluía más rápido de lo normal, afectando el tiempo de retención del sistema. Sin embargo, la eficiencia del tratamiento del sistema no se veía afectada por el efecto de dilución de la lluvia.

Retroalimentación del usuario /evaluación

El sistema ha estado funcionando continuamente durante 7 años sin ninguna queja de los usuarios. Los usuarios están satisfechos con el sistema, ya que son conscientes de sus beneficios ambientales.

Al comienzo del proyecto, los usuarios se sorprendieron de que a veces el color del agua del inodoro fuera marrón. Sin embargo, desde que se publicó una comunicación de que este puede ser el color del efluente del CWR, no se han presentado más quejas. Esto es un problema menor durante la temporada de lluvias, ya que el color del agua se diluye.

Referencias

Zapater-Pereyra M. (2015). Design and Development of Two Novel Constructed Wetlands: The Duplex-Constructed Wetland and the Constructed Wetroof. Doctoral dissertation, CRC Press/Balkema.

Zapater-Pereyra M., Dien van F., Bruggen van J.J.A., Lens P.N.L. (2013). Material selection for a constructed wetroof receiving pre-treated high strength domestic wastewater, *Water Science and Technology*, **68**(10), 2264–2270.

Zapater-Pereyra M., Lavrnić S., Dien van F., Bruggen van J. J. A., Lens P. N. L. (2016). Constructed wetroofs: a novel approach for the treatment and reuse of domestic wastewater, *Ecological Engineering*, **94**, 545–554.

SISTEMAS HIDROPÓNICOS

AUTOR

Darja Istenič, *University of Ljubljana, Faculty of Health Sciences,*
Zdravstvena pot 5, 1000 Ljubljana, Slovenia
Contacto: *darja.istenic@zf.uni-lj.si*

1 - Plantas
2 - Luz
3 – Solución con nutrientes
4 - Calentador
5 - Reservorio
6 – Difusores

Descripción

En hidroponía, los cultivos y plantas crecen sin el uso de suelo. El agua de riego contiene los nutrientes que las plantas necesitan para crecer y las concentraciones son hechas a la medida de lo que la planta necesita en cada etapa de crecimiento. Hay tres tipos principales de hidroponía, que varían de acuerdo con el soporte físico que se les proporcione a las plantas: (1) las plantas crecen en un medio filtrante / en camas de sustratos; (2) en la técnica de película de nutrientes, las raíces de las plantas crecen en tubos anchos con un hilo de agua; y (3) en cultivos de aguas profundas o sistemas de balsas flotantes, las plantas flotan en balsas en un tanque de agua. La hidroponía usa mucha menos agua que la agricultura en el suelo, para producir la misma cantidad de cultivo, porque hay una pérdida mínima debido a la evaporación de la superficie, no hay infiltración al subsuelo, ni escorrentía ni malezas.

Ventajas

- Ningún peligro específico de reproducción de mosquitos
- **Forma de producción más sostenible para las plantas**
- Utiliza un 90% menos de agua que la agricultura tradicional en suelo
- Control orgánico de plagas y enfermedades
- Producción local de alimentos
- Huella de CO_2 reducida (cero millas de alimentos, sin almacenamiento, frescura)

Desventajas

- Consideraciones de diseño específicas y conocimiento experto necesario
- Altos costos de operación y mantenimiento para la granja si el objetivo es producir alimentos de alta calidad
- Amplio know-how necesario (tecnología, producción vegetal y manejo integrado de plagas)
- Concentraciones exactas de nutrientes requeridas para lograr un buen producto
- Alto mantenimiento
- Riesgo de pérdidas financieras considerables en casos de plagas/enfermedades de las plantas

Co-beneficios

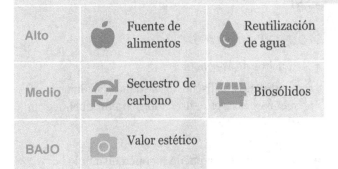

Alto	Fuente de alimentos	Reutilización de agua
Medio	Secuestro de carbono	Biosólidos
BAJO	Valor estético	

Notas

Otros tipos de co-beneficios incluyen los siguientes:

- Mitigación de inundaciones si se recolecta agua lluvia en la granja
- Generación de ingresos
- Reutilización de nutrientes
- Múltiples beneficios sociales si la granja es operada y diseñada adecuadamente

Compatibilidad con otras SBN

La hidroponía puede ser combinada con acuicultura (producción de peces), llamándose acuaponía. Los efluentes de diversos humedales para tratamiento pueden ser usados para alimentar los sistemas hidropónicos; sin embargo, probablemente ciertos nutrientes deban ser suplementados para un crecimiento óptimo de la planta y deba necesitarse desinfección del afluente.

Operación y mantenimiento

El nivel de mantenimiento depende del tipo de cultivo, medio seleccionado, tipo de flujo del agua y tamaño del sistema.

Diario

- Control de las plantas
- Supervisión del sistema 24/7 (Alarma por mensaje de texto, servicio de turno)
- Manejo integrado de plagas
- Monitoreo continuo del sistema de agua

Semanal

- Revisión técnica
- Ajuste de solución de nutrientes
- Limpieza del sistema (bombas e instalaciones)

Mensual

- Limpieza de ciertas partes del sistema
- Reemplazo de cultivos vegetales

Anual

- Limpieza del sistema

Extraordinario: solución de problemas

- Verificación del buen funcionamiento de las bombas, aireación, oxígeno, bloqueos y flujo de agua

Referencias

Junge, R., Antenen, N., Villarroel, M., Griessler Bulc, T., Ovca, A., Milliken, S. (editors) (2020). Aquaponics Textbook for Higher Education. Zenodo. *http://doi.org/10.5281/zenodo.3948179*

Detalles técnicos

Tipo de afluente

Por lo general, la hidroponía usa agua potable con la adición de nutrientes. Otras fuentes de agua pueden ser usadas de acuerdo con el tipo de cultivo:

- Agua lluvia
- Efluente secundario o terciario
- Agua gris tratada
- Aguas residuales diluidas en ríos

Eficiencia de tratamiento

- DQO   ~50%
- NT   ~66%
- $N-NH_4$ ~50%
- PT   ~30%
- SST   ~84%

Requerimientos

- Requisitos de área neta

  Dependiendo del diseño, los sistemas pueden ser pequeños y caseros o diseñados para producir a gran escala

- Consumo eléctrico; puede ser operado a flujo por gravedad, de lo contrario se requiere energía para bombas

Criterios de diseño

- Depende de cuántas plantas la granja quiera producir y de con cuánta área y recursos cuenten

Condiciones climáticas

- Temperatura: operación por estaciones o dentro de un invernadero
- Trópical: es posible operar todo el año
- Otros: dentro de un invernadero, con luz adicional para las plantas (ejemplo, invernaderos de producción de plantas)

SISTEMAS ACUAPÓNICOS

AUTORES

Ranka Junge, *Institute of Natural Resource Sciences, Zurich University of Applied Sciences (ZHAW), Grüentalstrasse 14, 8820 Wädenswil, Switzerland*
Contacto: *jura@zhaw.ch*

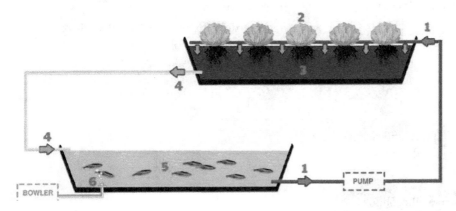

1 – Agua residual
2 – Plantas comestibles u ornamentales
3 – Medio filtrante
4 – Agua purificada
5 – Tanque de acuicultura
6 - Oxígeno

Descripción

Acuaponía es la combinación de un sistema hidropónico (cultivo de plantas en agua, sin uso de suelo) con otro de acuicultura con recirculación. El agua residual rica en nutrientes de los peces es usada para producir biomasa de plantas. Los nutrientes ingresan al sistema acuapónico principalmente en forma de alimento para peces, que es absorbido y metabolizado por los peces. Después de la nitrificación, el agua llega a la unidad hidropónica, donde las sustancias disponibles para las plantas se absorben antes de que el agua tratada fluya de regreso a la unidad de acuicultura. En el medio, se pueden agregar diferentes etapas de tratamiento dependiendo del objetivo de producción. La figura de arriba muestra un sistema de acuaponía de lecho de medios, donde las plantas crecen en un recipiente con arcilla expandida. En este sistema, el lecho es el biofiltro, es decir, las cuentas de arcilla expandida contienen bacterias que convierten el amoníaco excretado por los peces en nitrato que puede ser utilizado por las plantas. Por el contrario, el sistema de técnica de película de nutrientes requiere que se construya un biofiltro en el sistema. Para el funcionamiento de este ecosistema construido, es importante que los peces y las plantas estén sanos y en la proporción adecuada entre sí.

Ventajas

- Ningún peligro específico de reproducción de mosquitos
- Forma de producción de alimentos más saludables
- Ciclos de nutrientes casi cerrados basados en procesos naturales
- Producción de peces respetuosa con el medio ambiente sin aditivo ni antibióticos
- Utiliza un 90% menos de agua que la agricultura tradicional en suelo
- Las aguas residuales (con potencial de eutroficación) de la producción de los peces se reciclan
- Control orgánico de plagas y enfermedades
- Producción local de alimentos
- Huella de CO2 reducida (cero millas de alimentos, sin almacenamiento, frescura)

Desventajas

- Consideraciones de diseño específicas y conocimiento experto necesario
- Uso de componentes tecnológicos delicados, que no son necesarios en los sistemas regulares de tratamiento pasivo de agua
- Altos costos de operación y mantenimiento para la granja si el objetivo es producir productos de alta calidad
- Amplio know-how necesario (tecnología, producción y bienestar de los peces, producción vegetal y manejo integrado de plagas)
- Suplemento de nutrientes específicos requeridos para lograr buenos productos y absorber de manera eficiente los nutrientes de las aguas residuales
- Alto mantenimiento
- Riesgo de pérdidas financieras considerables en casos de enfermedades/plagas de peces y/o plantas

Co-beneficios

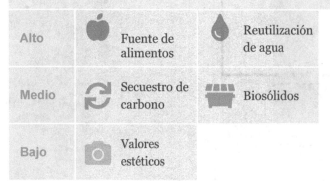

Alto	🍎 Fuente de alimentos	💧 Reutilización de agua
Medio	♻ Secuestro de carbono	🗑 Biosólidos
Bajo	📷 Valores estéticos	

Diferentes sistemas acuapónicos

Hoy en día, distinguimos entre acuaponía a gran y pequeña escala, entre sistemas cerrados, semicerrados y de circuito abierto, así como entre sistemas de baja y de alta tecnología. La acuaponía es compatible con diferentes sistemas de pretratamiento y de humedales que producen agua con una calidad adecuada para usar en la fertiirrigación de cultivos, especialmente si hay suficiente área disponible (para ver ejemplos, consulte la sección de referencias). También es posible pretratar las aguas residuales de una instalación de biogás y usarlas para fertilizar estanques de peces, que luego pueden usarse en un sistema acuapónico.

Notas

Otros tipos de co-beneficios son los siguientes:

- Mitigación de inundaciones si es que se recolecta agua lluvia en la granja
- Generación de ingresos
- Reutilización de nutrientes
- Múltiples beneficios sociales si la granja es operada y diseñada adecuadamente

Casos de estudio

Otros

- Urban Farmers, Basel, Switzerland (Graber et al., 2014)
- BioAqua, Somerset, United Kingdom (*http://bioaquafarm.co.uk/*)

Operación y mantenimiento

Diario

- Control de peces y plantas
- Supervisión del sistema 24/7 (Alarma por mensaje de texto, servicio de turno)
- Alimento a los peces
- Manejo integrado de plagas
- Monitoreo continuo del sistema de agua

Semanal

- Revisión técnica
- Limpieza del sistema (bombas, sedimentos e instalaciones técnicas)

Mensual

- Limpieza de las partes del sistema
- Reemplazo de cultivos vegetales

Anual

- Limpieza del sistema (tuberías)

Extraordinario: solución de problemas

- Verificación del buen funcionamiento de las bombas, aireación, oxígeno, bloqueos y flujo de agua
- Apenas haya un mal funcionamiento, se debe tomar acción inmediata para reducir el riesgo de dañar a los peces

Referencias

Gartmann, F., Schmautz Z., Junge, R., Bulc, T.G., (2019). Aquaponics. Fact sheet.

Graber, A., Junge, R. (2009). Aquaponic systems: nutrient recycling from fish wastewater by vegetable production. *Desalination*, **246**, 147–156.

Detalles técnicos

Tipo de afluente

Además de agua potable, otras fuentes de agua también pueden ser:

- Agua lluvia
- Efluente secundario o terciario
- Agua gris (tratada)
- Aguas residuales diluidas en ríos

Eficiencia de tratamiento

- DQO   >73%
- NT   62–90%
- $N\text{-}NH_4$ ~34%
- PT   60–90%
- SST   >90%

Requerimientos

- Requisitos de área neta

  - Dependiendo del diseño, los sistemas pueden ser pequeños y caseros con un acuario (500 L) o diseñados para producir a gran escala (100 m³)

- Tiempo de mantenimiento: depende del tipo de cultivo y de peces que se estén produciendo, del medio filtrante seleccionado, tipo de flujo de agua y tamaño del sistema

- Consumo eléctrico: puede ser operado por flujo a gravedad, de lo contrario se requiere energía para bombas

Criterios de diseño

- Depende de cuántas plantas y peces la granja/finca quiera producir y de con cuánta área y recursos cuenten

Configuraciones comúnmente implementadas

Una gran variedad de opciones. Ver también Maucieri et al. (2018) y Palm et al. (2018)

Condiciones climáticas

- Templado: operación por estaciones o dentro de un invernadero
- Trópical: es posible operar todo el año
- Otros: dentro de un invernadero, con luz adicional para las plantas (ejemplo, invernadero para producir plantas)

Referencias

Kloas, W. (2015). A new concept for aquaponic systems to improve sustainability, systems to improve sustainability, increase productivity, and reduce environmental impacts. *https://aquaculture-fisheries.conferenceseries.com/speaker-pdfs/2015/werner-kloas-leibniz-institute-of-freshwater-ecology-and-inland-fisheries-r-ngermany.pdf* (accessed 7 August 2020).

Maucieri, C., Forchino, A. A., Nicoletto, C., Junge, R., Pastres, R., Sambo, P., & Borin, M. (2018). Life cycle assessment of a micro aquaponic system for educational purposes built using recovered material. *Journal of Cleaner Production*, **172**, 3119–3127.

Palm, H. W., Knaus, U., Appelbaum, S., Goddek, S., Strauch, S. M., Vermeulen, T., Jijakli, M. H., Kotzen, B. (2018). Towards commercial aquaponics: a review of systems, designs, scales and nomenclature. *Aquaculture International*, **26**(3), 813–842.

Trang, N. T. D., Brix, H. (2014). Use of planted biofilters in integrated recirculating aquaculture-hydroponics systems in the Mekong Delta, Vietnam. *Aquaculture Research*, **45**(3), 460–469.

Detalles técnicos SBN

Otra información
Huella de carbono (Kloas, 2015)

- Emisiones de CO_2 ~ 1,3 kg/kg biomasa
- Agua 600–1.500 L/kg biomasa
- ~1 kg alimento/kg biomasa para pez

RESTAURACIÓN DEL CAUCE

AUTORES

Katharine Cross, *International Water Association, Export Building, First Floor,*
2 Clove Crescent, London, E14 2BE, UK
Contacto: *katharine.cross@iwahq.org*
Laura Castañares, *Institut Català de Recerca de l'Aigua (ICRA), Edifici H2O,*
Carrer Emili Grahit, 101, 17003 Girona, Spain
Contacto: *lcastanares@icra.cat*

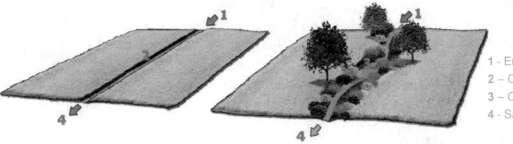

1 - Entrada
2 – Corriente no restaurada
3 – Corriente restaurada
4 - Salida

Descripción

La restauración dentro de la corriente de un río generalmente se refiere a enfoques que mejoran la salud de la corriente, brindando a los ríos una forma más natural y restaurando las funciones que se han perdido o deteriorado con el tiempo. A menudo, esto implica una combinación de diferentes prácticas, como la estabilización de la corriente en los canales y la erosión de los bancos (orillas), la eliminación de ductos de hormigón, el relleno de canales excavados para elevar el lecho del río, la eliminación de sedimentos depositados, la plantación de árboles y arbustos en una zona de amortiguamiento a lo largo de la corriente y la reconexión del terreno inundable natural al canal.

Todavía hay incertidumbres sobre la magnitud y el rango de eliminación de nutrientes. Por lo tanto, la restauración de la corriente debe complementar las estrategias de gestión basadas en cuencas hidrográficas para reducir las fuentes de nitrógeno y fósforo, como el control de fuentes, métodos agrícolas mejorados e infraestructura verde para la gestión de aguas pluviales.

Ventajas	Desventajas
• Bajo consumo de energía (alimentación por gravedad) • Robusto contra las fluctuaciones de carga • Reduce la carga de sedimentos al estabilizar los bancos • Reduce el P ya que se adhiere al sedimento y reduce las bacterias al mejorar la penetración de la luz en la columna de agua • Las restauraciones vuelven a conectar las llanuras aluviales desconectadas y brindan control de inundaciones • Las restauraciones también mejoran el oxígeno disuelto mediante el restablecimiento de piscinas escalonadas secuenciales mediante el uso de estructuras en la corriente y la modificación de la geometría de la corriente.	• El uso de técnicas no está generalizado y hay un número limitado de empresas con la experiencia para diseñar y construir proyectos de restauración de corrientes naturales. • Los impactos positivos de la restauración de ríos en la corriente pueden no ser evidentes de inmediato y los cambios notables pueden llevar años.

Co-beneficios

Alto	Biodiversidad (fauna)	Biodiversidad (flora)	Mitigación de inundaciones	Valores estéticos	Recreación
Medio	Secuestro de carbono	Fuente de alimentos			
Bajo	Producción de biomasa				

Notas

Las metas principales de la restauración de ríos en el cauce son la estabilización de bancos, la mejora de infraestructura antigua y la reparación de daños a la propiedad. El alto costo debe equilibrarse con los beneficios para las comunidades naturales y humanas dentro del corredor y más allá. La disminución de la sedimentación y otros contaminantes en el arroyo se traducirá en menores costos de tratamiento de agua potable. Al agregar valor estético y recreativo, un aumento en el turismo puede impactar la economía de toda la región mediante la creación de empleos y la generación de ingresos desde fuera del estado. La disminución de la contaminación, junto con un mayor beneficio económico, puede ir más allá del corredor y tener un impacto a largo plazo.

Compatibilidades con otras SBN

Es posible acoplar humedales y/o lagunas de tratamiento en paralelo a la corriente. Se podrán instalar lagunas de sedimentación en la zona ribereña.

Estudio de caso

En esta publicación

• Restauración del cauce, Baltimore, Maryland, USA

Operación y mantenimiento

Regular

- Plantación de árboles, pastos y otras especies de plantas en la zona ribereña

Extraordinario

- Meandros creados artificialmente

Solución de problemas

- Eliminación manual de sedimentos

Referencias

Hunt, P. G., Stone, K. C., Humerik, F. J., Matheny, T. A., Johnson, M. H. (1999). Stream wetland mitigation of nitrogen contamination in a USA coastal plain stream. *Journal of Environmental Quality* **28**(1), 249–256.

Filoso, S, Palmer, M. A. (2011). Assessing stream restoration effectiveness at reducing nitrogen export to downstream waters. *Ecological Applications* **21**(6), 1989–2006.

Kaushal, S., Groffman, P. M., Mayer, P. M., Striz, E., Gold, A. (2008). Effects of stream restoration on denitrification in an urbanizing watershed. *Ecological Applications* **18**, 789–804.

Newcomer-Johnson, T., Kaushal, S. S., Mayer, P. M., Smith, R., Sivirichi, G. (2016). Nutrient retention in restored streams and rivers: a global review and synthesis. *Water* **8**(4), 116.

Ren, L. J., Wen, T., Pan, W., Chen, Y. S., Xu, L. L., Yu, L. J., Yu, C. Y., Zhou, Y., An, S. Q. (2015). Nitrogen removal by ecological purification and restoration engineering in a polluted river. *Clean-Soil Air Water* **43**(12), 1565–1573.

Detalles técnicos

Tipo de afluente

- Aguas residuales con tratamiento secundario
- Agua de rebose de un alcantarillado combinado
- Aguas residuales diluidas en ríos

Eficiencia de tratamiento

- NT   20–27 %
- N-NH$_4$ 10–26 %
- PT   8 %

Requerimientos

- El tamaño del área de restauración del cauce, la conectividad hidrológica y el tiempo de residencia hidráulico, son factores clave que afectan la retención de nutrientes en toda la cuenca, incluso en las áreas urbanas (ver Newcomer-Johnson et al. (2016) para más información).

Criterios de diseño

- El aumento del tiempo de residencia hidráulico junto con el volumen de agua que interactúa con biopelículas reactivas y sedimentos, mejorará la retención de nutrientes (teniendo en cuenta que la eliminación de nitrógeno y fósforo puede ser muy variable). Por lo tanto, las cuatro dimensiones de una red de corrientes o un continuo de cuencas urbanas deben considerarse en el diseño: lateral, longitudinal, vertical y temporal (ver Newcomer-Johnson et al. (2016) para más información).
- El costo de la restauración de corrientes naturales puede ser alto debido a los costos de construcción.
- Las prácticas de restauración de corrientes para el manejo de aguas pluviales que crean conectividad entre el arroyo y la zona ribereña, pueden aumentar las tasas de desnitrificación in situ en las orillas. En consecuencia, la eliminación masiva de N-nitrato puede ser sustancial en la interfaz ribereña-zona-arroyo (ver Kaushal et al. (2008) para más información)
- La inclusión de macrófitas en los diseños de restauración de corrientes puede contribuir potencialmente a la retención de nitrógeno y fósforo. Esto se debe a que las raíces pueden oxigenar el suelo para la nitrificación-desnitrificación y la inmovilización del fósforo (ver Newcomer-Johnson et al. (2016) para más información).

Detalles técnicos

Configuraciones comúnmente implementadas

• La restauración en la corriente se puede usar sola introduciendo algunas acciones de restauración; sin embargo, se pueden instalar lagunas paralelas y humedales para tratamiento para mejorar la eliminación de contaminantes

• Las lagunas de sedimentación se pueden instalar antes del sistema de entrada

Condiciones climáticas

• La restauración en la corriente se puede aplicar en todo tipo de condiciones climáticas: tropical, seca, templada y continental. La fauna y la flora están adaptadas a su clima autóctono.

RESTAURACION DEL CAUCE, BALTIMORE, MARYLAND, USA

TIPO DE SOLUCIÓN BASA EN LA NATURALEZA (SBN)
Restauración del cauce

LOCALIZACION
Minebank Run (MNBK), Baltimore, Maryland, USA

TIPO DE TRATAMIENTO
Restauración del río para reducir erosión y aumentar la desnitrificación

COSTO
US$4 millones

FECHAS DE OPERACIÓN
Restaurado en 1998 y completado en 2005

ÁREA/ESCALA
Cuenca baja Gunpowder, 11.828 hectáreas (47,9 km²)

La longitud total de la corriente es aproximadamente 3,3 millas (4,82 km)

Antecedentes del proyecto

Los cuerpos de agua costeros en los EE. UU., como la bahía de Chesapeake en Baltimore, Maryland, reciben grandes cantidades de nitrógeno antropogénico de múltiples fuentes, como fertilizantes, fugas de tuberías de alcantarillado y deposición atmosférica de la combustión de combustibles fósiles. Los arroyos urbanos que desembocan en la Bahía de Chesapeake han sufrido degradación, erosión y daño del canal como resultado de la urbanización, superficies impermeables que conducen flujos mayores y escorrentía descontrolada de aguas pluviales por el desarrollo urbano aguas arriba. Como consecuencia de los aportes de sedimentos y nutrientes de estos arroyos urbanos, la Bahía de Chesapeake está altamente contaminada con nitrógeno, y la calidad del agua en degradación, lo que genera zonas hipóxicas e impactos negativos en la pesca y la recreación. Minebank Run (MNBK) es un arroyo urbano de segundo orden en la cuenca de Gunpowder Falls, en el este del condado de Baltimore en Maryland. El arroyo comienza en Towson en el extremo norte del área metropolitana de Baltimore y desemboca en el río Gunpowder y, finalmente, en la bahía de Chesapeake. MNBK drena 2.135 acres y constituye aproximadamente el 7% de la cuenca hidrográfica de 29.470 acres de Gunpowder Falls (Doheny et al., 2006, 2007, 2012; USEPA, 2009). El uso del suelo para la cuenca baja Gunpowder se estimó en 2006 como 32% forestal, 30% agrícola, 19% suburbano, 18% urbano y 1% otros (Doheny et al., 2006). La cuenca alguna vez fue usada principalmente para la agricultura, pero ahora está densamente desarrollada en áreas específicas (USEPA, 2009).

AUTOR:

Lisa Andrews, *LMA Water Consulting+, The Hague, Netherlands*
Contacto: Lisa Andrews, *lmandrews.water@gmail.com*

Figura 1: MNBK (39° 20′ 06″ N, 76° 31′, 46″ W) (Fuente: Google Earth)

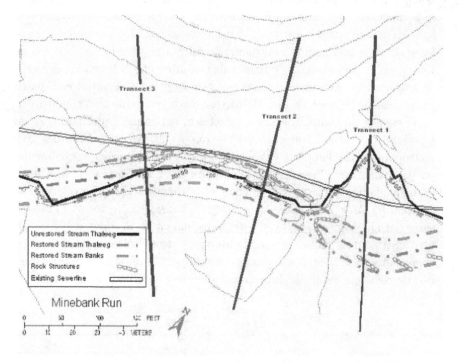

Figura 2: Representación esquemática del diseño de muestreo de aguas subterráneas (transectos, superpuesto sobre el diseño de restauración en MNBK (modificado de planos aportados por Baltimore County DEPRM) (Versión original en inglés, sin traducción)

MNBK fue elegido por el Departamento de Protección Ambiental y Gestión de Recursos del Condado de Baltimore (DEPRM) para ser restaurado y así abordar numerosos problemas geomórfológicos (Figura 2) y de calidad del agua. El desarrollo urbano en MNBK precede a las regulaciones de gestión de aguas pluviales en esta jurisdicción y, por lo tanto, la escorrentía descontrolada ha causado problemas significativos en la calidad del agua. Las pendientes pronunciadas y los flujos extremos durante la tormenta causaron una erosión excesiva de los bancos y contribuyeron a depositar sedimentos en la corriente. Esto, agravado por las estructuras de hormigón y la eliminación de amortiguadores ribereños para dar paso al desarrollo residencial y comercial, ha aumentado la intensidad de los flujos extremos. En conjunto, esto condujo a redes de alcantarillado y desagües pluviales expuestos, y a daños a los caminos del parque y los puentes de acceso. Además, los datos de Maryland Biological Stream Survey, confirmaron que el número y la diversidad de especies acuáticas eran inferiores a lo normal, lo que indica que el MNBK se encontraba en una condición insalubre y degradada (USEPA, 2009) et al., 2016; Sivirichi etal., 2011; Striz and Mayer 2008)

Resumen técnico

Tabla resumen

Debido a la naturaleza de este caso de estudio, no hay datos disponibles sobre los parámetros de afluentes y efluentes como se ve en otros casos de estudio. Los parámetros monitoreados se discuten en las secciones sobre "Eficiencia de tratamiento", con las variaciones observadas como resultado de la solución basada en la naturaleza implementada.

Diseño y construcción

DEPRM evaluó MNBK para su restauración en 1999, completando la primera fase de restauración en el 2002, reconstruyendo 7.900 pies (2.400 m) del arroyo comenzando con su cabecera (nacimiento). La segunda fase de restauración, que duró desde junio de 2004 hasta febrero de 2005, reconstruyó los restantes 10.800 pies lineales (3.290 m) a través de Cromwell Valley Park hasta la confluencia con el río Gunpowder (Doheny et al., 2006; USEPA, 2009).

El MNBK se reconstruyó utilizando principios geomorfológicos fluviales como el diseño de canales naturales (Rosgen 1996), medidas de bioingeniería del suelo y características del hábitat acuático (Duerksen y Snyder 2005; Sortman 2002). El diseño de la restauración para MNBK tenía la intención de imitar la morfología natural del valle y la llanura aluvial, incluidos los tipos de arroyos con piscinas escalonadas y con rápidos, así como un patrón de meandro estable y una sección transversal destinada a proporcionar acceso a una llanura aluvial relativamente plana y, en general, ampliar la capacidad de la corriente para reconectarse con la llanura aluvial (Biohabitats; DEPRM, inédito; Kaushal et al., 2008; USEPA, 2009).

La restauración del río en MNBK tenía como principal objetivo abordar la erosión severa del canal, pero los cambios hidrogeomorfológicos también tenían el potencial de mejorar la absorción de nitrógeno al reconectar el canal y la llanura aluvial, reduciendo así la sequía hidrológica común en los ríos urbanos (Groffman et al., 2003). La reconfiguración de los bancos para eliminar su daño también puede permitir que los suelos ribereños ricos en carbono se saturen y/o permanezcan más húmedos, resultando en condiciones biogeoquímicas favorables para la transformación de nutrientes (Newcomer-Johnson et al., 2016). Las estructuras, instaladas en el canal de la corriente para reducir la erosión, también pueden atrapar materia orgánica el tiempo suficiente para crear zonas anóxicas enriquecidas donde podría ocurrir la desnitrificación (Groffman et al., 2005). Los humedales en meandro fuera del cauce se crearon cortando canales extremadamente serpenteantes (Harrison et al., 2011, 2012, 2014).

La segunda fase de restauración fue mucho más extensa, incluida la eliminación de un canal de concreto de 150 m que transporta las aguas pluviales, el aumento de la sinuosidad del arroyo y la plantación de vegetación ribereña, todo lo que ayudó a disipar la energía del flujo, reducir la erosión, moderar la temperatura del agua y crear un hábitat ribereño en la corriente (Duerksen y Snyder2005; Rosgen 1996; Sortman 2002; USEPA, 2009).

Figura a: Sección restaurada de MNBK en Cromwell Valley Park en primer plano, con el canal del arroyo original visible al fondo (Fuente: Doheny et al., 2012).

Se construyeron estructuras de roca para blindar el banco del río en el lado donde la línea de alcantarillado corre paralela al canal (Figura 2). Se diseñaron estructuras rocosas adicionales para redirigir el flujo de la corriente lejos de bancos que podrían erosionarse y para reducir la velocidad del agua. En otros lugares, los bancos fueron reformados para eliminar la incisión profunda de la erosión.

Tipo de afluente/tratamiento

La escorrentía de aguas pluviales es la principal fuente de agua del arroyo MNBK. El agua subterránea también contribuye al caudal base (Mayer et al., 2010; Striz y Mayer 2008).

Eficiencia del tratamiento

Las actividades de restauración se centraron en aumentar la conectividad hidrológica entre el arroyo y la llanura aluvial, lo que puede mejorar las tasas de desnitrificación al aumentar la disponibilidad de carbono orgánico del suelo y alterar las rutas de flujo hidrológico (Groffman et al., 2005; Kaushal et al., 2008; Mayer et al., 2010; Newcomer- Johnson et al., 2016). Dichos enfoques generalmente disminuyen el flujo de la corriente y reconectan el canal con la hidrología de la llanura aluvial, lo que genera un aumento de la residencia del agua subterránea y la actividad del subsuelo. La restauración en el cauce puede aumentar la disponibilidad de carbono orgánico necesario para la desnitrificación (Mayer et al., 2010; Newcomer-Johnson et al., 2016; Sivirichi et al., 2011).

Las corrientes restauradas con conexión hidráulica entre las orillas y el canal tienen tasas de desnitrificación más altas que los ríos restaurados con arroyos no conectados (Kaushal et al., 2008; Mayer et al., 2013).

Los resultados de las evaluaciones de las medidas de restauración indicaron que las concentraciones de nitrógeno biorreactivo se redujeron significativamente en las aguas superficiales y subterráneas. Las concentraciones de nitrógeno disminuyeron entre un 25 y un 50 % (1,5 a 0,8 mg/l), mientras que las tasas de desnitrificación aumentaron casi al doble en los pozos de prueba (Kaushal et al., 2008). Se estimó que aproximadamente el 40 % de la carga diaria de nitrato se eliminó a través de la desnitrificación en el tramo restaurado (Klocker et al., 2009). La remoción de nitrógeno está fuertemente influenciada por el tiempo de residencia hidrológica, lo que sugiere que la restauración que puede "reconectar" los canales de la corriente con las llanuras aluviales puede aumentar las tasas de desnitrificación (Kaushal et al., 2008; Klocker et al., 2009, Mayer et al., 2010). Además, se estimó que, como resultado, 50.000 libras (25 toneladas) de sedimentos típicamente descargados anualmente en la corriente se eliminaron, y las reducciones de fósforo asociadas, podrían oscilar entre 100 y 200 libras anuales (USEPA, 2009).

Operación y mantenimiento

Una vez que se completaron los dos proyectos de restauración, evaluaciones geomorfológicas y de monitoreo durante fueron realizadas durante varios años por diversos socios del proyecto (USEPA, 2009). Varios socios, incluidos la USEPA, el Servicio Geológico de EE. UU., la Universidad de Maryland y el Instituto de Estudios de Ecosistemas, realizaron estudios sobre los efectos de la restauración de arroyos en la reducción de nitrógeno (USEPA, 2006).

Costos

La DEPRM fue la encargada de restaurar el MNBK con los siguientes costos totales:

Fase I en 1999 – 7.900 pies lineales (2.408 m) - US$1.200.000;

Fase II en 2005 – 9.500 pies lineales (2.895,6 m) - US$4.420.000 (incluye US$1.635.000 para infraestructura).

Co-beneficios

Beneficios ecológicos

La restauración del cauce puede mejorar la calidad del agua y reducir la erosión del canal. La restauración puede ayudar a mejorar los hábitats de los ríos, proteger y reparar la infraestructura obsoleta y promover la estabilidad de las riberas. Se demostró que la restauración en MNBK vuelve a conectar el cauce del arroyo a la llanura aluvial, aumenta el carbono orgánico disponible, mejora la actividad bacteriana para la desnitrificación, reduce crecidas repentinas de la corriente, aumenta la residencia del agua subterránea y aumenta la biomasa microbiana (Gift et al., 2010; Groffman et al., 2005; Kaushal et al., 2008; Mayer et al., 2010; Pennino et al., 2016). Como resultado, la cantidad de nitrógeno en el agua se redujo a través de procesos microbianos naturales.

Beneficios sociales

La restauración del cauce puede proteger contra la erosión de bancos y canales y brindar protección a largo plazo para redes de alcantarillado sanitario, caminos y puentes (USEPA, 2006). La infraestructura de alcantarillado en MNBK que había estado expuesta y en riesgo de daño se protegió como consecuencia de la restauración y estabilización del banco. Los bancos estabilizados en los vecindarios residenciales también ayudan a prevenir pérdidas y daños a la propiedad adyacente al río. Como resultado de la restauración de los bancos, el valor de las propiedades supuestamente aumentó.

Contraprestaciones

Se eliminaron árboles ribereños maduros a lo largo de algunas secciones del arroyo para despejar la llanura aluvial para la reconfiguración del canal. Algunas características de restauración en la corriente, como los vertederos de roca, fallaron debido a las altas tensiones de corte en la corriente (Doheney et al., 2012). No todos los tramos de arroyos fueron restaurados o estaban sujetos a rediseño de canales y, por lo tanto, la erosión continuó a lo largo de algunos tramos produciendo un movimiento significativo de material río abajo. Asimismo, no todos los tramos de la corriente fueron igualmente eficientes en la eliminación de nitrógeno. Solo los bancos bajos reconstruidos, donde el arroyo y la llanura aluvial habían mejorado la conexión, demostraron una mayor desnitrificación después de la restauración (Kaushal et al., 2008; Mayer et al., 2013). Las sales de las carreteras que crean una alta salinidad tanto en las aguas superficiales como en las subterráneas en MNBK pueden contrarrestar los beneficios de la restauración al afectar la calidad del agua y la biota (Cooper et al., 2014).

Lecciones aprendidas

Retos y soluciones

Reto 1: educar a los propietarios sobre el mantenimiento

A menudo, el mayor desafío es educar a los propietarios sobre la importancia de mantener zonas de amortiguamiento vegetativas a lo largo de los arroyos (EPA, 2006). DEPRM trabaja con los propietarios para establecer plantaciones nativas que requieran un mantenimiento mínimo y brinden beneficios estéticos (USEPA, 2006).).

Reto 2: alta variabilidad en los beneficios de los proyectos de restauración

Los proyectos de restauración del cauce difieren entre sí, por lo que existe una gran variabilidad en el efecto o beneficio. En algunos casos, tales beneficios pueden no aparecer por algún tiempo después de que se complete el proyecto. La evaluación definitiva de los beneficios cuantitativos requiere estudios y seguimiento intensivos para medir el efecto, lo que puede tener un costo prohibitivo.

Reto 3: la restauración es solo parcialmente efectiva en la gestión del nitrógeno y el fósforo

La restauración es solo parcialmente efectiva en el manejo del nitrógeno o el fósforo. Es necesario implementar simultáneamente otras medidas, como el control de fuentes, la gestión de aguas pluviales y la reparación de alcantarillas.

Reto 4: costos

La restauración es costosa, por lo que no todas las áreas metropolitanas pueden invertir en este esfuerzo como parte de sus planes de gestión de cuencas.

Comentarios / evaluación de los usuarios

A pesar de los resultados positivos en la reducción de nitrógeno, se necesita un monitoreo y una evaluación a largo plazo para comprender los verdaderos beneficios de. La restauración del cauce debe combinarse con otras soluciones integradas para mejorar la calidad del agua, reducir la erosión y mejorar la desnitrificación para identificar qué tipos de prácticas de restauración de la corriente serán más eficaces para eliminar el nitrógeno (Kaushal et al., 2008).

"Minebank Run ha sido un buen comienzo y se está trabajando en diferentes sitios para ver si podemos hacer algunas generalizaciones sobre los beneficios de características específicas de la restauración. Hay muchas preguntas que todavía tenemos que responder. ¿Qué sucede con la desnitrificación cuando el banco de arena se convierte en vegetación? ¿Cuántos arroyos deben restaurarse para ver un beneficio de nitrógeno en un afluente principal? ¿Es más importante restaurar las cabeceras o los arroyos más grandes?", dijo Sujay Kaushal, profesor del Centro de Ciencias Ambientales de la Universidad de Maryland y científico investigador que ha dirigido una extensa investigación colaborativa en MNBK y en otros lugares del área de la Bahía de Chesapeake.

Referencias

Biohabitats. (N.D.) Minebank Run Stream Restoration. Biohabitats. *http://www.biohabitats.com/project/minebank-run-stream-restoration* (accessed June 2020)

Cooper C. A., Mayer, P. M., Faulkner, B. R. (2014). Effects of road salts on groundwater and surface water dynamics of sodium and chloride in an urban restored stream. *Biogeochemistry*, **121**, 149–166

Doheny E. J., Dillow J. J. A., Mayer P. M., Striz E. A. (2012). Geomorphic responses to stream channel restoration at Minebank Run, Baltimore County, Maryland, 2002–08: U.S. Geological Survey Scientific Investigations Report 2012–5012.

Doheny E. J., Starsoneck R. J., Mayer P. M., Striz E. A. (2007). Pre-restoration geomorphic characteristics of Minebank Run, Baltimore County, Maryland, 2002-04. USGS Scientific Investigations Report 2007–5127. *http://md.water.usgs.gov/publications/sir-2007-5127/*

Doheny E. J., Starsoneck R. J., Striz E. A., Mayer P. M. (2006). Watershed characteristics and pre-restoration surface-water hydrology of Minebank Run, Baltimore County, Maryland, water years 2002–04. USGS Scientific Investigations Report 2006–5179, 42. *https://md.water.usgs.gov/publications/sir-2006-5179/*

Duerksen C., Snyder C. (2005). Nature-Friendly Communities: Habitat Protection and Land Use Planning. Washington, D.C.: Island Press.

Gift D. M., Groffman P. M., Kaushal S. S., Mayer P. M. (2010). Root biomass, organic matter and denitrification potential in degraded and restored urban riparian zones. *Restoration Ecology* **18**, 113–120.

Groffman P. M., Crawford M. K. (2003). Denitrification potential in urban riparian zones. *Journal of Environmental Quality*, **32**, 1144–1149.

Groffman P. M., Dorsey A. M., Mayer P. M. (2005). N processing within geomorphic structures in urban streams. *Journal of the North American Benthological Society*, **24**, 613–625.

Harrison M. D., Groffman P. M., Mayer P. M., Kaushal S. S. (2012a) Nitrate removal in two relict oxbow urban wetlands: a 15N mass-balance approach. *Biogeochemistry*, **111**(1-3), 647–660.

Harrison M. D., Groffman P. M., Mayer P. M., Kaushal S. S. (2012b). Microbial biomass and activity in geomorphic features in forested and urban restored and degraded streams. *Ecological Engineering*, **38**, 1–10.

Harrison M. D., Groffman P. M., Mayer P. M., Kaushal S. S., Newcomer, T. A. (2011). Denitrification in alluvial wetlands in an urban landscape. *Journal of Environmental Quality*, **40**, 634–646.

Harrison M. D., Miller A. J., Groffman P. M., Mayer P. M., Kaushal, S. S. (2014). Hydrologic controls on nitrogen and phosphorous dynamics in relict wetlands adjacent to an urban restored stream. *Journal of the American Water Resources Association*, **50**(6), 1365–1382.

Kaushal S. S., Groffman P. M., Mayer P. M., Striz E., Gold A. J. (2008). Effects of stream restoration on denitrification in an urbanization watershed. *Ecological Applications*, **18**, 789–804.

Klocker C. A., Kaushal S. S., Groffman P. M., Mayer P. M., Raymond P. M. (2009). Nitrogen uptake and denitrification in restored and unrestored streams in urban Maryland, USA. *Aquatic Sciences*, **71**(4), 411–424.

Mayer P. M., Groffman P. M., Striz E., Kaushal S. S. (2010). Nitrogen dynamics at the ground water-surface water interface of a degraded urban stream. *Journal of Environmental Quality*, **39**, 810–823.

Mayer P. M., Reynolds S. K., McCutchen M. D., Canfield T. J. (2007). Meta-analysis of nitrogen removal in riparian buffers. *Journal of Environmental Quality*, **36**, 1172–1180.

Mayer P. M., Schechter S. P., Kaushal S. S., Groffman P. M. (2013). Effects of stream restoration on nitrogen removal and transformation in urban watersheds: lessons from Minebank Run, Baltimore, Maryland. Watershed Science Bulletin (Spring) Vol. 4, Issue 1, online: *https://www.cwp.org/ watershed-science-bulletin-past-issues/*.

Newcomer-Johnson T., Kaushal S. S., Mayer P. M., Smith R., Sivirichi G. (2016). Nutrient retention in restored streams and rivers: a global review and synthesis. *Water*, **8**(4), 116.

Pennino M. J., Kaushal S. S., Mayer P. M., Utz R. M., Cooper C. A. (2016). Stream restoration and sewers impact sources and fluxes of water, carbon, and nutrients in urban watersheds. *Hydrology and Earth System Sciences*, **20**, 3419–3439.

Rosgen D. (1996). Applied River Morphology. Wildland Hydrology, Pagosa Springs, CO. Sortman VL. 2002. Complications with Urban Stream Restorations Mine Bank Run: A Case Study. ACSE.

Sivirichi G. M., Kaushal S. S., Mayer P. M., Welty C., Belt K., Newcomer T. A., Newcomb K. D., Grese M. M. (2011). Longitudinal variability in streamwater chemistry and carbon and nitrogen fluxes in restored and degraded urban stream networks. *Journal of Environmental Monitoring*, **13**, 288–303.

Sortman, V. (2002). Complications with urban stream restorations Mine Bank Run: a case study. In: Protection and Restoration of Urban and Rural Streams, June 23–25, 2003, eds M. Clar, D. Carpenter, J. Gracie, L. Slate, pp. 431–436. American Society Civil Engineers.

Striz E. A. and Mayer P. M. (2008). Assessment of Near-Stream Groundwater-Surface Water Interaction (GSI) of a Degraded Stream Before Restoration. EPA/600/R-07/058. *http://www.epa.gov/nrmrl/pubs/600r07058/600r07058. pdf*.

U.S. Environmental Protection Agency (USEPA). (2006). Baltimore County Stream Restoration Improves Quality of Life. *https://mde.state.md.us/programs/Water/TMDL/ Documents/www.mde.state.md.us/assets/document/ Appendix_H2_Baltimore_County_Stream_Restoration. pdf*.

U.S. Environmental Protection Agency (USEPA). (2011). Nonpoint source program success story. Section 319, Office of Water, Washington DC, USA.

U.S. Environmental Protection Agency (USEPA). (2009). DC. EPA 841-F-09-001KK. *https://www.epa.gov/sites/ production/files/2015-10/documents/md_minebank.pdf*

Lecciones aprendidas

Esta publicación ha proporcionado un portafolio de diferentes SBN para el tratamiento de aguas residuales. Algunos son enfoques antiguos que existen desde hace más de 100 años, como la infiltración al suelo y los HT; otros son diseños más recientes, como humedales flotantes y sistemas de sauces. En las últimas tres décadas, los avances científicos se han complementado con experiencias prácticas, lo que ha llevado a estándares de diseño de SBN más confiables y mejores eficiencias de tratamiento para una variedad de contaminantes (von Sperling, 2007; Kadlec y Wallace, 2009; Resh, 2013; Thorarinsdottir, 2015; Dotro et al., 2017; Verbyla, 2017; Langergraber et al., 2020; Junge et al., 2020). Como resultado de estos desarrollos, ha surgido una nomenclatura más coherente (Fonder y Headley, 2013) con una base científica bien establecida y prácticas que demuestra la eficacia y la eficiencia de las SBN (Stefanakis, 2018; Langergraber et al., 2020). A partir de esto, esta publicación ha reunido varias SBN para el tratamiento de aguas residuales en una estructura que permite la comparación de opciones, incluidos los co-beneficios. Varias lecciones clave han surgido de las hojas informativas y los casos de estudio, que se destacan a continuación. El objetivo de este conjunto de lecciones es recordar a los usuarios lo que las SBN pueden proporcionar y lo que se debe tener en cuenta al evaluar las opciones de las SBN para el tratamiento de aguas residuales, desde el costo-beneficio, hasta la integración con la infraestructura gris y los compromisos que se van a tomar en el proyecto

1. Las SBN pueden proporcionar una opción rentable a largo plazo para el tratamiento de aguas residuales

Al construir un sistema para el tratamiento de aguas residuales, se debe considerar el ciclo de vida del proyecto para determinar la longevidad y los beneficios de aplicar un tipo particular de sistema. En términos de escala de tiempo, tanto los sistemas de tratamiento "grises" (por ejemplo, proceso LAC), como las SBN, están diseñados para una vida útil mínima de 30 años. Sin embargo, a menudo, las SBN tienen menores requisitos de operación y mantenimiento durante su vida útil; por ejemplo, mientras que una planta de tratamiento de LAC necesita supervisión diaria, las SBN como los HT tipo FS requieren solo una inspección semanal. Los requisitos para el reequipamiento o la actualización de las SBN pueden ser menos intensivos que para una planta de tratamiento de LAC. Además, las SBN, como la infiltración lenta en el suelo y los HT, requieren menos energía y pueden actuar como sumideros de carbono (Machado et al., 2007) y, en general, son más rentables

en términos de costos operativos y de mantenimiento (Rizzo et al., 2018). Por lo tanto, las SBN suelen ser más rentables en términos de energía, impacto ambiental, durabilidad y mantenimiento que los enfoques convencionales (Risch et al., 2021).

2. Se pueden combinar diferentes SBN para el tratamiento de aguas residuales

Diferentes tipos de SBN pueden ser combinadas para el tratamiento de aguas residuales dentro de un sistema dado; estas combinaciones se detallan en las fichas técnicas (ver compatibilidades con otros tipos de SBN y configuraciones comúnmente implementadas). Por ejemplo, la restauración del cauce puede combinarse con HT y/o lagunas en paralelo para mejorar la eliminación de contaminantes. Se pueden combinar diferentes tipos de HT, como se ilustra en el ejemplo de "Kaštelir, Croacia", que tiene HT FH y FV, junto a HL. Cada tecnología de SBN no es necesariamente una opción independiente, sino que se puede considerar como parte de un sistema de tratamiento de aguas residuales, ya sea con otra SBN o con infraestructura gris. La combinación depende de las características del afluente y los objetivos del tratamiento, así como de la disponibilidad de tierra, mano de obra, energía y otras restricciones

3. La combinación de SBN con infraestructura gris puede reducir los costos y brindar servicios más resilientes

Invertir en un enfoque combinado que integre SBN con infraestructura gris puede mejorar el rendimiento de manera rentable, promover la resiliencia y brindar múltiples beneficios a las comunidades (Browder et al., 2019). Muchas de las SBN presentadas se pueden utilizar con infraestructura gris u otros tipos de SBN. Por ejemplo, algunas de las SBN pueden recibir aguas residuales después del tratamiento primario hecho con infraestructura gris. Una combinación comúnmente observada de infraestructura verde y gris es el uso de HT para el desbordamiento de alcantarillados combinados, lo que mejora el tratamiento de aguas residuales en el área de captación. Otros ejemplos son los HS, como en "Dos humedales de flujo superficial para el tratamiento terciario de aguas residuales en Suecia"; el afluente que ingresa a los humedales es agua residual municipal altamente tratada (mecánica, biológica, química, filtrante) proveniente de la PTAR, y los HS brindan tratamiento terciario. Este también es el caso del "Sistema de flujo libre/superficial para el tratamiento terciario en Jesi, Italia" donde el efluente de la PTAR va primero a una laguna de sedimentación y luego a una HT de flujo horizontal, seguida por la HT-FS.

4. Las SBN puede ser parte de sistemas de tratamiento de aguas residuales centralizados o descentralizados

Aunque la mayor parte de la investigación y el desarrollo técnico de SBN históricamente se relaciona con el tratamiento descentralizado en áreas rurales (Oral et al., 2020), las SBN para el tratamiento de aguas residuales también se puede aplicar como sistemas centralizados en áreas urbanas. Por ejemplo, en el caso de estudio del "Humedal para tratamiento de flujo del vertedero de excesos en Kenten, Alemania", los HT apoyaron a la PTAR local proporcionando un volumen de almacenamiento adicional y un tratamiento rápido en caso de derrames del alcantarillado. Otro ejemplo es el "Humedal Francés de Flujo Vertical en el Municipio de Orhei, Moldavia", donde el HT reemplazó al antiguo sistema. Además, las SBN se pueden utilizar para el tratamiento descentralizado de aguas residuales en áreas urbanas. La gran demanda de área en espacios urbanos densamente poblados se puede superar mediante el diseño vertical y la colocación en techos. Por ejemplo, los muros vivos (muros verdes) y los humedales en los techos (techos verdes) pueden usar la superficie exterior de los edificios, proporcionando tratamiento de aguas grises y brindando espacio verde adicional al entorno urbano (Boano et al., 2020). En el caso de "Tilburg, Países Bajos", el humedal en el techo proporciona un área verde capaz de tratar las aguas residuales domésticas localmente, sin necesidad de espacio en el suelo.

5. Un mantenimiento más sencillo no significa que no haya mantenimiento

Los límites de la capacidad de carga de los ecosistemas deben ser entendidos para garantizar que la carga de contaminantes y sustancias tóxicas no provoque daños irreversibles (WWAP, 2018). Las SBN utilizadas para el tratamiento de aguas residuales deben recibir mantenimiento para garantizar una eficiencia del tratamiento y prevenir impactos negativos al ecosistema. Toda tecnología requiere operación, mantenimiento y monitoreo. Si se diseña, construye y opera adecuadamente, las SBN pueden lograr los mismos o mejores niveles de tratamiento que las soluciones técnicas (Danube Water Program, 2021). De hecho, la operación y el mantenimiento apropiados para la SBN elegida son factores claves para su éxito. Especialmente en áreas rurales, se deben favorecer a las tecnologías que sean simples, robustas y que tengan bajos costos y requisitos de operación y mantenimiento. Por ejemplo, en el caso de "Sistema de Flujo Subsuperficial Horizontal para la Penitenciaría de Gorgona, Italia", el sistema es monitoreado a través de un contrato de operación y mantenimiento, el cual permite verificaciones anuales de la idoneidad del sistema de tratamiento

Los costos de esto son bajos, ya que los trabajadores pueden capacitarse fácilmente para monitorear y realizar controles regulares, lo que asegura el funcionamiento a largo plazo del sistema sin renovación alguna durante más de 24 años. Las hojas informativas de este libro brindan una descripción general de las necesidades de operación y mantenimiento para cada tipo de SBN y ayudan a los tomadores de decisiones a seleccionar las soluciones adecuadas. Los casos de estudio dan ejemplos de operación y mantenimiento en la práctica.

6. La aplicación de SBN puede presentar contraprestaciones

Considerar el uso de las SBN para el tratamiento de aguas residuales puede requerir de un compromiso en la decisión, ya que a veces ciertas restricciones, el contexto local y los objetivos pueden competir entre ellos. Los planificadores y los profesionales deben evaluar cuidadosamente tales compromisos al comienzo del desarrollo del proyecto. Con la ayuda de esta publicación y de perspectivas de diversos grupos interesados, podrían obtener estas consideraciones. En los casos de estudio se ilustran diferentes tipos de contraprestaciones. Por ejemplo, en el caso del "Humedal Francés de Flujo Vertical en el Municipio de Orhei, Moldavia", se necesitaron mayores costos de inversión para cumplir con las regulaciones locales y para ubicar la planta de tratamiento más cerca de donde se pudiera reutilizar el agua tratada. También se deben considerar contraprestaciones y co-beneficios entre diferentes SBN y entre otras alternativas de tratamiento. En el estudio de caso sobre "Dos humedales de flujo superficial/libre para el tratamiento terciario de aguas residuales en Suecia", se observó que la tierra podría haberse utilizado para otros fines, como la agricultura o la silvicultura, lo que podría haber proporcionado beneficios económicos más inmediatos.

7. Las SBN deben adaptarse a las condiciones locales

La aplicación de SBN es específica al contexto y debe diseñarse e implementarse para cumplir con las condiciones y necesidades locales, al mismo tiempo que se consideran cuidadosamente los compromisos que conlleva dicha aplicación. Varios factores determinan la consideración de las SBN para el tratamiento de aguas residuales, incluido el terreno requerido para el tratamiento, la mano de obra y la electricidad necesarias para la construcción y operación, compromisos y costos. Otras consideraciones son los tipos de afluentes, los requisitos de tratamiento, el clima y los incentivos o barreras regulatorias, entre otros. Los casos de estudio muestran cómo se puede aplicar una SBN en diferentes situaciones. Un ejemplo de ello se demuestra en el caso del "Humedal para tratamiento de Taupinière", en el que se adaptó este tipo de HT a un clima tropical como el de Martinica.

8. Los análisis de costo-beneficio deben considerar los co-beneficios de las SBN

Aunque los enfoques tradicionales de costo-beneficio no necesariamente toman en cuenta los diversos beneficios colaterales que se derivan de las SBN (McCartney, 2020), hay un número cada vez mayor de herramientas que brindan una valoración más holística de las SBN en la gestión del agua (y aguas residuales) que sí incluyen los co-beneficios para poder guiar mejor las decisiones de inversión (ver, por ejemplo, Mander et al., 2017; CRC for Water Sensitive Cities, 2020; Watkin et al., 2019; Rizzo et al., 2021). Más allá de la capacidad de la tecnología SBN para cumplir las funciones principales de tratamiento de aguas residuales, la consideración de los co-beneficios puede generar mayores beneficios sociales (WWAP, 2018). Las hojas informativas y los casos de estudio de SBN que se proporcionan en esta publicación destacan los beneficios colaterales sociales y ecológicos potenciales, destacando esta información, ya que el valor que brindan puede ser un elemento decisivo para alentar a los tomadores de decisiones a invertir en estas opciones (Droste et al., 2017).

9. La transición a una economía circular es una oportunidad para promover el uso de SBN en el tratamiento de aguas residuales

La gestión del agua dentro de la economía circular se puede lograr mediante el uso de diversos enfoques y tecnologías (Masi et al., 2018). Las SBN pueden respaldar un enfoque circular, ya que a menudo permiten la recuperación de recursos, como la reutilización del agua, la producción de biomasa y la recolección de biosólidos. En el estudio de caso del "Sistema de Jesi, Italia", el sistema fue diseñado siguiendo un enfoque de economía circular, con lodos reutilizados como enmienda del suelo y agua reutilizada en la industria (para una industria azucarera) como agua refrigerante. La evidencia basada en demostraciones puede aumentar la conciencia entre las autoridades locales, las empresas de agua y el público sobre cómo se pueden utilizar las SBN en un enfoque de economía circular.

10. Un enfoque multidisciplinario e integrado puede maximizar el potencial de las SBN

La implementación de SBN requiere la participación de diferentes partes interesadas para asegurar los co-beneficios y una implementación exitosa. De hecho, diferentes disciplinas deberían estar involucradas desde la etapa de diseño. Por ejemplo, en el caso de desarrollar HT, existen interrelaciones dinámicas entre la vegetación, la hidrología/hidráulica y el sustrato en el medio del humedal. Esto requiere un enfoque holístico de la gestión de los humedales que tenga en cuenta las disciplinas de la biología, la ingeniería y la geología de sedimentos (Zeff, 2011). En el estudio de caso sobre el "Parque acuático Gorla Maggiore, Italia", el HC-CSO desarrollado fue diseñado para la reducción de inundaciones, la biodiversidad y la recreación. Un biólogo y un ecólogo brindaron información sobre el monitoreo de la biodiversidad, y una asociación de voluntarios mantiene el parque, lo que demuestra la importancia de conectarse y coordinarse con varias partes interesadas.

Referencias [3]

Baker, F., Smith, G.R., Marsden, S.J., and Cavan, G. (2021). Mapping regulating ecosystem service deprivation in urban areas: a transferable high-spatial resolution uncertainty aware approach. *Ecological Indicators*, **121**, 107058.

Brears, R. (2018). Blue and Green Cities. London: Palgrave Macmillan.

Brix, H. (1995). Treatment Wetlands: An Overview. In: Conference on constructed wetlands for wastewater treatment, Technical University of Gdansk, Poland, pp.167-176.

Boano, F., Caruso, A., Costamagna, E., Ridolfi, L., Fiore, S., Demichelis, F., Galvão, A., Pisoeiro, J., Rizzo, A. and Masi, F. (2020). A review of nature-based solutions for greywater treatment: Applications, hydraulic design, and environmental benefits. *Science of the Total Environment*, **711**, 134731.

Browder, G. Ozment, S. Rehberger Bescos, I., Gartner, T. and Lange, G-M. (2019). Integrating Green and Gray: Creating Next Generation Infrastructure. Washington, DC: World Bank and World Resources Institute.

Chen J., Liu Y. S., Deng W. J. and Ying G. G. (2019). Removal of steroid hormones and biocides from rural wastewater by an integrated constructed wetland. *Science of the Total Environment*, **660**, 358–365.

Cohen-Shacham, E., Walters, G., Janzen, C. and Maginnis, S. (eds.). (2016). Nature-Based Solutions to Address Global Societal Challenges. International Union for Conservation of Nature and Natural Resources (IUCN). Gland, Switzerland.

CRC for Water Sensitive Cities (2020). Investment Framework for Economics of Water Sensitive Cities. Cooperative Research Centre for Water Sensitive Cities. Melbourne, Australia:

Danube water program, (2021). Beyond utility reach? How to close the rural access gap to wastewater treatment and sanitation services. Rural wastewater treatment workshop, January 19-20, 2021. World Bank, IAWD and ICPDR. *https://www.iawd.at//files/File/events/2021/RWWT_Webinar/2021_RWWT_Workshop_Report.pdf* (accessed March 31st, 2021).

Droste, N., Schröter-Schlaack, C., Hansjürgen, B., and Zimmermann, H. (2017) Implementing Nature-Based Solutions in Urban Areas: Financing and Governance Aspects. In: Nature-Based Solutions to Climate Change Adaptation in Urban Areas—Linkages Between Science, Policy and Practice. eds. Kabisch, N., Korn, H., Stadler., J & Bonn, A. Springer, Switzerland, pp. 307—321.

Dotro, G., Langergraber, G., Molle, P., Nivala, J., Puigagut, J., Stein, O. and von Sperling, M. (2017). Treatment Wetlands. IWA Publishing, London.

Elzein Z., Abdou A. and Abdelgawad I. (2016). Constructed Wetlands as a Sustainable Wastewater Treatment Method in Communities. *Procedia Environmental Sciences*, **34**, 605—617.

European Investment Bank. (2020). Investing in nature: financing conservation and nature-based solutions. Luxembourg, Luxembourg.

Fonder, N., and Headley, T. (2013). The Taxonomy of Treatment Wetlands: A Proposed Classification and Nomenclature System. *Ecological Engineering*, **51**, 203—211.

Gómez Martín, E., Giordano, R., Pagano, A., van der Keur, P., & Máñez Costa, M. (2020). Using a system thinking approach to assess the contribution of nature-based solutions to sustainable development goals. *Science of the Total Environment*, **738**, 139693

Haines-Young, R. and. Potschin, M.B (2018). Common International Classification of Ecosystem Services (CICES) V5.1 and Guidance on the Application of the Revised Structure. Available from *www.cices.eu*

Huang, Y., Tian, Z., Qian, K., Junguo, L., Irannezhad, M., Dongli, F., Meifang, H., and Laixiang, S. (2020). Nature-based solutions for urban pluvial flood risk management. *Wiley Interdisciplinary Reviews: Water*, **7** (3), e1421.

Ilyas, H., Masih, I. and van Hullebusch, E.D. (2020). Pharmaceuticals' removal by constructed wetlands: a critical evaluation and meta-analysis on performance, risk reduction, and role of physicochemical properties on removal mechanisms. *Journal of Water and Health*, **18**(3), 253—291.

---

[3] Referencias para la introducción y lecciones aprendidas. Referencias para cada ficha técnica y caso de estudio son entregadas de forma separada

International Organization for Standardization (2018). ISO 2670 Water reuse — Vocabulary. *https://www.iso.org/obp/ui/#iso: std:iso:20670: ed-1: v1: en* (accessed March 15th, 2021).

Junge, R., Antenen, N., Villarroel, M., Griessler Bulc, T., Ovca, A., and Milliken, S. (Eds.) (2020). Aquaponics Textbook for Higher Education (Version 1). Zenodo

Kadlec R.H., Wallace S.D. (2009). Treatment Wetlands, 2nd edn, CRC Press, Boca Raton, Florida, USA

Kim, S-Y. and Geary, P.M. (2001). The impact of biomass harvesting on phosphorus uptake by wetland plants. *Water Science and Technology*, **44** (11—12), 61–67.

Langergraber, G., Dotro, G. Nivala, J., Rizzo, A. and Stein, O.R. (eds) (2020). Wetland Technology: Practical Information on the Design and Application of Treatment Wetlands. IWA Publishing, London, UK.

Machado, A.P., Urbano, L., Brito, A., Janknecht, P., Salas, J. and Nogueira, R. (2007). Life cycle assessment of wastewater treatment options for small and decentralized communities. *Water Science and Technology*, **56**(3), 15–22.

Mander, M., Jewitt, G., Dini, J., Glenday, J., Blignaut, J., Hughes, C., Marais, C., Maze, K., Van der Waal, B. and Mills, A. (2017). Modelling potential hydrological returns from investing in ecological infrastructure: Case studies from the Baviaanskloof-Tsitsikamma and uMngeni catchments, South Africa. *Ecosystem Services*, **27** (Part B), pp. 261–271.

Mara, D. D. (2003). Domestic Wastewater Treatment in Developing Countries. Earthscan, London.

Masi, F., Rizzo, A. and Regelsberger, M., (2018). The role of constructed wetlands in a new circular economy, resource oriented, and ecosystem services paradigm. *Journal of Environmental Management*, **216**, 275–284.

McCartney, M. (2020). Is Green the New Grey? If Not, Why Not? WaterSciencePolicy. *https://watersciencepolicy. com/article/is-green-the-new-grey-if-not-why-not-59b112d98d9f* (accessed February 28th, 2021).

Millennium Ecosystem Assessment (MEA). (2005). Ecosystems and Human Well-being: Synthesis. Island Press, Washington, DC.

Nika, C.E., Gusmaroli, L., Ghafourian, M., Atanasova, N., Buttiglieri, G. and Katsou, E., (2020). Nature-based solutions as enablers of circularity in water systems: A review on assessment methodologies, tools and indicators. *Water Research*, **115**, 115988.

Oral H.V., Carvalho P., Gajewska M., Ursino N., Masi F., Hullebusch E.D., Kazak J.K., Exposito A., Cipolletta G., Andersen T.R., Finger D.C., Simperler L., Regelsberger M., Rous V., Radinja M., Buttiglieri G., Krzeminski P., Rizzo A., Dehghanian K., Nikolova M. and Zimmermann M. (2020). State of the art of implementing nature-based solutions for urban water utilization towards resourceful circular cities. *Blue-Green Systems*, **2**(1), 112–136.

Pradhan S., Al-Ghamdi S. G. and Mackey H. R. (2019). Greywater recycling in buildings using living walls and green roofs: a review of the applicability and challenges. *Science of the Total Environment*, **652**, 330—344.

Resh, H.M. (2013). Hydroponic Food Production: A Definitive Guidebook for the Advanced Home Gardener and the Commercial Hydroponic Grower (7th edition). CRC Press, Boca Raton, Florida, USA.

Risch E., Boutin C. and Roux P. (2021). Applying life cycle assessment to assess the environmental performance of decentralised versus centralised wastewater systems. Water Research, **196**, 116991.

Rizzo, A., Bresciani, R., Martinuzzi, N. and Masi, F., (2018). French reed bed as a solution to minimize the operational and maintenance costs of wastewater treatment from a small settlement: an Italian example. *Water*, **10**(2), 156.

Rizzo, A.; Conte, G.; Masi, F. (2021). Adjusted unit value transfer as a tool for raising awareness on ecosystem services provided by constructed wetlands for water pollution control: an Italian case study. *International Journal of Environmental Research and Public Health*, **18**, 1531.

Seifollahi-Aghmiuni, S., Nockrach, M. and Kalantari, Z. (2019). The potential of wetlands in achieving the sustainable development goals of the 2030 Agenda. *Water*, **11**(3), 609.

Stefanakis, A.I. ed., (2018). Constructed wetlands for industrial wastewater treatment. John Wiley & Sons, Inc., Hoboken, New Jersey, USA.

TEEB (2010), The Economics of Ecosystems and Biodiversity Ecological and Economic Foundations. Edited by P. Kumar. Earthscan, London and Washington.

Thorarinsdottir, R.I. (ed.) (2015). Aquaponics Guidelines. EU Lifelong Learning Programme, Reykjavik.

United Nations Convention on Biological Diversity (1992). *https://www.cbd.int/doc/legal/cbd-en.pdf* (accessed February 22nd, 2021).

United Nations (2016). Report of the Secretary-General, Progress towards the Sustainable Development Goals, E/2016/75. United Nations, New York, USA.

United Nations Framework Convention on Climate Change (UNFCCC). (2021). Glossary of climate change acronyms and terms. *https://unfccc.int/process-and-meetings/the-convention/glossary-of-climate-change-acronyms-and-terms* (accessed February 23rd, 2021).

US Environmental Protection Agency (2021s). Basic Information about Biosolids. *https://www.epa.gov/biosolids/basic-information-about-biosolids* (accessed March 2nd, 2021).

US Environmental Protection Agency (2021b). Basic Information about Water Reuse. *https://www.epa.gov/waterreuse/basic-information-about-water-reuse* (accessed July 13th, 2021).

Verbyla, M.E. (2017). Ponds, Lagoons, and Wetlands for Wastewater Management. (F. J. Hopcroft, editor). Momentum Press, New York, NY, USA.

von Sperling, M. (2007). Waste Stabilisation Ponds. Volume 3: Biological Wastewater Treatment Series. IWA Publishing, London, UK.

Vymazal, J. and Březinová, T. (2015). The use of constructed wetlands for removal of pesticides from agricultural runoff and drainage: a review. *Environment International*, **75**, 11—20.

Vymazal J. (2010). Constructed wetlands for wastewater treatment. *Water*, **2**(3), 530—549.

Watkin, L.J., Ruangpan, L., Vojinovic, Z., Weesakul, S. and Sanchez Torres, A. (2019). A Framework for Assessing Benefits of Implemented Nature-Based Solutions. *Sustainability*, **11**, 6788.

WWAP (United Nations World Water Assessment Programme). (2018). The United Nations World Water Development Report 2018: Nature-Based Solutions for Water. Paris, UNESCO.

Zeff M.L. (2011) The Necessity for Multidisciplinary Approaches to Wetland Design and Adaptive Management: The Case of Wetland Channels. In: LePage B. (eds) Wetlands. Springer, Dordrecht.